The Tell-Tale Brain

명령하는 뇌, 착각하는 뇌

당신의 행동을 지배하는 뇌의 두 얼굴

V. S. 라마찬드란 지음 | 박방주 옮김

알키

| 차례 |

> 지식에 목말라하는 모든 이에게는 인간의 격을 높여주는 중요한 지적 우월감의 본질보다 더 흥미를 일으키는 주제는 없나니…….
> **_에드워드 블리스** Edward Blyth

지난 25년 동안 나는 인지신경학이라는 떠오르는 분야에서 일했다. 이는 실로 경이로운 축복이 아닐 수 없다. 정신과 육신 사이는 엉킨 실타래와 같다. 내 필생의 역작인 이 책은 그 실타래의 매듭을 푸는 데 주력했다.

우리는 어떻게 이 세상을 인식하는가? 정신과 육신 간의 관계는 무엇인가? 무엇이 당신의 성적性的 정체성을 결정하는가? 의식이란 무엇인가? 자폐증은 무엇이 잘못된 것인가? 과연 우리는 참으로 인간적인 것, 즉 예술, 언어, 은유법, 창의성, 자기인식, 종교적인 감수성 등과 같은 신비한 능력에 얼마나 기대할 수 있는가?

나는 어떤 강렬한 호기심에 이끌려 원숭이 뇌를 연구한 적이 있다. 그때 뇌가 경탄할 정도의 지적능력을 가지도록 진화했다는 사실에 놀라고는 했다. 이와 같은 의문을 풀기 위해 뇌에 이상이 생겨 기이한 행동을 보이는 환자들을 연구했다. 환자들의 뇌는 서로 다른 어떤 부분에 손상을 입었거나, 특이한 유전적 요인으로 기형이었다.

그렇게 몇 년 동안 신경학적인 장애를 입은 수백 명의 흥미로운 환자들을 연구했다. 정말 흔치 않은 경험이었다. 예를 들어, 뮤지컬 곡조를 '본다'거나, 손으로 만져 사물의 감촉을 '맛본다'거나, 또는 영혼이 육체를 이탈하여 천장 가까이 떠 있으면서 자신의 육체를 내려다보는 경험을 한 사람들을 연구했다.

이런 장애를 접하면 처음에는 항상 당황스럽다. 그러나 마법 같은 과학적 방법을 사용한 덕에 제대로 된 실험을 하게 되었고, 그 결과 이러한 장애들을 이해할 수 있었다. 이런 사례 연구를 통해 끌어낸 결과를 이 책에서 설명하려고 한다.

각각의 사례를 설명함으로써, 내가 직접 가보고 스스로 해답을 터득한, 추론의 길을 보여주려 한다. 하나의 임상적인 수수께끼가 풀릴 때마다 새로운 해석이 나온다. 건강한 뇌는 어떻게 정상적으로 작동하며, 지적능력이 어떻게 기대 이상의 통찰력을 만들어내는가 하는 해석들이 그것이다. 이는 내가 가장 애착을 느끼는 분야다. 여러분도 이 여행에 많은 흥미를 가질 것으로 기대한다.

수년 동안 내 작품을 유심히 지켜본 독자들은 어느 정도의 사례를 알 것이다. 왜냐하면 이전의 작품인 《라마찬드라 박사의 두뇌 실험실*Phantoms in the Brain*》《인간 의식 속으로 떠나는 간단한 여행*A Brief tour of human Consciousness*》에 이미 소개된 것들이기 때문이다. 독자들은 내가 이전에 발견하고 관찰한 것보다 더 새로운 얘깃거리가 있다는 것을 보고는 즐거워할 것이다. 뇌 과학은 최근 15년 새 놀라운 속도로 발전했다. 매서운 과학의 그늘 속에서 버둥댄 지십수 년 만에 드디어 진정한 태동기를 맞았다고 할 수 있다. 이렇게 빠른 발전이 길잡이 역할을 했고 연구의 질을 풍부하게 해주었다.

과거 200년 동안 과학은 많은 분야에서 숨 막힐 정도로 비약적인 발전을 이루었다. 물리학을 보자. 일부 지식인들은 19세기 후반에 물리 이론이 완성되었다고 선언했다. 그러나 아인슈타인은 시간과 공간이 우리가 이전의 철학에서 꿈꾸었던 어느 것보다 더 기묘하다는 것을 새롭게 보여주었다. 하이젠베르크는 원자보다 작은 수준에서는 원인과 결과의 가장 기본적인 개념조차도 세분화된다고 지적했다. 인류는 오랜 노력으로 블랙홀, 양자 얽힘을 비롯한 수많은 새로운 비밀을 밝혀냈다. 이것들은 앞으로도 수세기 동안 우리의 외경심을 자아낼 것이다. 우주가 '신의 음악'에 맞춰 춤추는 줄로 만들어졌다고 누가 생각했겠는가?

유사한 목록이 다른 분야에서도 만들어질 수 있다. 우주론은 팽창하는 우주, 암흑물질, 그리고 상상을 뛰어넘는 수십억 개의 끝없는 은하수를 우리에게 선사했다. 화학은 원소 주기율표로 세상을 설명하고 경이로운 신약과 플라스틱을 주었다. 수학은 우리에게 컴퓨터를 제공했다. 비록 많은 '순수한' 수학자들은 그런 실용적인 사용이 그들의 규칙을 훼손하는 것을 원치 않았지만 말이다. 생물학에서는 해부학과 생리학의 발전에 힘입어 인체의 비밀이 속속들이 드러났고, 진화 메커니즘도 아주 명료해졌다. 역사의 태동과 더불어 인류에게 만연했던 질병도 마술이나 신이 내린 벌이라는 미신에 맞서 결국 실체가 드러났다. 혁명은 수술에서, 약리학에서, 공중 보건에서 일어났다. 인간의 수명은 선진국에서 단 4~5세대 만에 두 배로 늘어났다.

결정적인 혁명은 1950년대의 유전자 판독이었다. 이는 현대 생물학의 탄생을 견인했다. 비교하자면, 정신에 관한 과학은—정신의학, 신경과학, 심리학은—수세기 동안 시들했다. 사실 20세기의 마지막 25년까지 인식 · 감정 · 인지 및 지능 같은 이론은 어디에도 설 자리가 없었다. 20세기 대부분에 걸쳐 인간행위를 설명하는 방법으로 우리가 내세웠던 것은 프로이트주의와 행동주의라는 이론 체계였다. 둘 다 1980년대와 1990년대에 극적으로 퇴색했다. 이 시기에 신경과학은 마침내 '청동기 시대'를 넘어섰다. 역사적으로 볼 때 그것은 그리 오래되지 않았다. 물리학 · 신경과학 등은 여전히 초기 단계다. 그러나 이 짧은 기간에 이루어진 발전이 얼마나 대단한지 모른다. 유전자에서 세포 · 순환계 · 인식까지, 오늘날의 신경과학의 심오함은—대통일 이론에는 아직 멀었다 하더라도—내가 그 분야에서 일을 시작할 때보다 몇 광년을 넘어섰다. 지난 10년 동안 신경과학은 전통적으로 인문학이 주도해온 지식체계에 상상력을 불어넣을 만큼 발전을 이루었다. 현재는 신경경제학, 신경마케팅, 신경건축, 신경고고학, 신경법률, 신경정치학, 신경미학(4장과 8장을 보라), 그리고 신경신학까지 영역을 넓혔다. 좀 과장된 것 같지만 전체적으로 보았을 때 이는 현실이며 많은 분야에 영향을 미치고 있다.

신경과학의 발전이 엄청나다지만 우리가 이룬 것은 인간의 뇌에서 아주 조그만 부분일 뿐이라는 것을 잘 알아야 한다. 그렇지만 이렇게 작은 발견과 지식도 이야기로 꾸미면 어떤 셜록 홈즈 Sherlock Holmes 소설보다 더 흥미진진할 것이다. 이러한 발전은 다가오는 10년 동안 지속될 것이라고 확신한다. 그리고 100년 전에 고전물리학을 뒤집은 개념혁명과 같은 변화가 일어날 것으로 보인다. 예를 들어 개념의 전환과 기술적 변천은 인간 정신의 비하와 고양을 동시에 일으키고, 직관력을 요동치게 하며, 사고방식의 전환을 가져올 것이다. "사실이 소설보다 더 이상하다"는 속담은 특히나 뇌의 활동에 있어서는 진실 같아 보인다. 이 책에서 나는 동료들과 수년간 끈기 있게 정신과 뇌의 수수께끼를 한 겹 한 겹 벗겨내면서 느꼈던 그 신비한 경외심을 일부라도 전달하고자 한다. 신경외과의 개척자 월더 펜필드 교수가 '운명의 장기'라고 불렀고 우디 앨런이 거만한 태도로 인간이 '두 번째로 애정을 쏟는 장기'라고 언급한 뇌에 여러분의 관심이 한층 높아지길 기대한다.

인간 뇌의 비밀을 깨는 위대한 시도

이 책은 넓은 영역을 다루지만 정말 중요한 것이 몇 가지 있다. 하나는 인간은 단지 영장류와 다른 종이 아니라 유일하고 특별하다는 것이다. 이렇게 말하면서 나는 만만찮은 방어가 필요하다는 것에 약간의 놀라움을 금치 못한다. 그것은 단지 반진화론주의자들의 광란에 대항해서가 아니라, 적지 않은 내 동료들에 맞서야 하기 때문이다. 그들은 "원숭이에 불과한 인간"이라고 아무렇게나 조롱과 실망을 주는 어조로 말하면서 무척이나 우리를 초라하게 만든다. 때때로 나는 중얼거린다. 이것이 아마도 세속적인 원죄라고 하는 인간의 형태인가?

또 하나의 가닥은 진화에 대한 전망이다. 뇌가 어떻게 진화할지를 이해하지 않고는 그것이 어떻게 작용하는지 이해할 수 없다. 위대한 생물학자 테오도시우스는 이렇게 말했다. "생물학에서 진화의 도움 없이는 어떤 것도 말이 안 된다." 이것은 대부분의 다른 역설계逆設計 문제와는 대조된다. 예를 들어 영국의 위대한 수학자 앨런 튜링은 나치가 만든, 비밀 메시지의 암호화에 쓰이는 장치인 에니그마Enigma의 암호를 해독할 때 그 장치를 연구하거나 개발 역사를 알아볼 필요가 없었다. 그 장치의 시제품이나 이전 모델도 알 필요가 없었다. 필요한 것은 단지 작동하는 기계 견본 하나와 메모지 그리고 명석한 두뇌뿐이었다. 그러나 생물학적인 체계에서는 구조와 기능 · 기원 간에 하나의 큰 공통점이 있다. 그래서 어느 하나를 이해하려면 나머지 두 개를 잘 알아야 한다.

우리들의 고유한 정신적인 특징 중 많은 것이 원래는 다른 원인으로 진화한 뇌 구조의 새로운 배치를 통해 진화한 것으로 보인다. 이것은 진화에서 늘 일어나는 문제다. 예를 들어 새의 깃털은 비늘에서 진화했는데 원래 역할은 나는 것보다는 단열에 있었다. 박쥐와 익룡의 날개는 원래는 걷기 위해 디자인된 앞다리였다. 인간의 폐는 부양 조절을 위해 진화한 물고기의 부레에서 진화한 것이다. 진화의 기회주의적이고 우발적인 속성은 많은 작가들이 사용하던 용어다. 스티븐 제이 굴드Stephen Jay Gould의 유명한 에세이 《자연의 역사*Natural history*》가 대표적인 예다. 같은 원칙이 인간 뇌의 진화에 좀더 강력하게 적용된다고 나는 주장한다. 진화는 원숭이 뇌의 많은 기능을 급격하게 바꿔 전적으로 새로운 기능을 창조했다. 그중 몇몇은—예를 들면 언어—너무나 강렬했다. 생명이 화학과 물리학의 일반적인 변화를 초월할 정도로 원숭이 종의 한계를 뛰어넘은 어떤 종을 만든 것이다.

나는 이 책을 인간 뇌의 비밀을 깨려는 위대한 시도에 바치려고 한다. 인간 뇌는 수많은 연결고리와 부품으로 되어 있으며 나치가 만든 암호해독기 에니그마보다 더 무한한 신비로움을 만들어낸다.

도입 부분은 인간 의식의 유일함에 대한 관점과 역사를, 또 인간 뇌의 해부에 관한 기초 지식을 제시한다. 1장은 인간 뇌의 변화에 대한 경이로운 능력에 초점을 맞춘다. 많은 사지절단환자들이 경험한 의사수족증으로 내 초기의 실험을 그려본다. 그리고 가소성의 확장된 형태가 어떻게 진화와 문화의 발전을 이끌었는지 보여준다. 2장은 수용되는 감각정보, 특히 시각정보를 뇌가 어떻게 처리하는지를 설명한다. 여기에서도 나는 인간의 유일함에 초점을 맞춘다. 비록 우리 뇌가 다른 포유류들의 그것과 같은 기초적인 감각-진행 방법을 쓰지만 인간은 이 방법을 새로운 차원으로 바꾸었다. 3장은 감각의 기묘한 혼합인 공감각을 다룬다. 흔치 않은 뇌회로 때문에 경험하는 아주 흥미로운 현상이다. 공감각은 유전자와 뇌의 연결로 들어가는 창문을 열어준다. 어떤 사람들은 그 창문을 특별하게 창조적으로 만든다. 그리고 인간이 창조적인 종種이 된 원인의 실마리는 어쩌면 이 유전자와 뇌 사이의 연결성에 있을지도 모른다.

다음 3개의 장에서는 우리를 인간답게 만드는 데 특히 중요한 신경세포의 종류를 살펴본다. 4장에서는 거울신경mirror neuron이라 불리는 특별한 세포를 알아본다. 인간의 거울신경은 영장류의 수준 낮은 거울신경과는 비교할 수 없을 만큼 정교하며 성숙한 문화를 이룩하는 데 필요한 진화의 열쇠인 것으로 보인다.

5장은 거울신경 시스템의 문제점이 어떻게 극도의 정신적인 소외와 사회적 격리로 특징 지워지는 발달장애인 자폐증의 기저를 이루는지를 탐험한다. 6장에서는 거울신경이 인간의 대표적인 상징인 언어에 어떤 역할을 했는지를 탐구한다(좀더 기술적으로는 공통 기본어라 하고 언어에서 구문론을 뺀 것이다). 7장과 8장은 미美에 대한 인류의 독특한 감수성으로 옮겨간다. 문화와 종의 경계를 넘나드는 미학의 법칙이 있다고 나는 제안한다. 반면에 예술Art은 인간만이 할 수 있다.

마지막 장에서는 가장 도전적인 문제를 꺼낸다. 자각의 본성은 의심할 여지없이 인간에게만 있는 것이다. 해법을 찾는 척하는 것은 아니다. 나는 여러 해 동안 어렵사리 얻은 흥미진진한 탁견을 공유할 것이다. 그것은 정말 주목할 만한 증상에 관한 것이고, 정신분석학과 신경학 간의 중간지대에 있는 증상이다. 예를 들어, 정신이 일시적으로 육체를 떠난 사람들은 그 시간 동안 신을 보거나, 심지어 자신들의 존재를 부정한다. 어떻게 인간이 자신의 존재를 부정할 수 있는가? 부정 자체가 존재를 암시하는 것은 아닌가? 그는 이 신들린 악몽을 벗어날 수 있는가? 신경정신병학은 이러한 역설로 꽉 차 있어서 내가 20대 초반에 의학도로서 병원 복도를 배회할 때 나에게 저주를 던졌다. 이런 환자들의 고통은 말 그대로 가슴 아프도록 슬프다. 그런가 하면 놀랍게도 그들의 병은 자신의 고유한 존재를 깨닫는 인간능력인 통찰력의 귀중한 발견물이기도 하다.

내 이전의 저서처럼 《명령하는 뇌, 착각하는 뇌》도 일반 대중을 위해 대화형식으로 썼다. 과학에 대한 어느 정도의 흥미와 인간본성에 관한 호기심을 고려하긴 했다. 그러나 정형화된 과학적 지식이나 친밀감까지는 넣지 않았다. 나는 이 책이 모든 계층 및 배경의 학생들에게, 다른 훈련을 받는 동료들에게, 그리고 이러한 화제에 개인적인 또는 전문적인 이해관계가 전혀 없는 평범한 독자들에게 교육적이길, 또한 영감을 불러 넣기를 희망한다. 그래서 이 책을 쓸 때 대중화라는 문제가 크게 걸렸다. 그것은 단순화 및 정확성 사이에 놓여있는 섬세한 줄을 밟는 것과 같은 것이었다. 단순화하면 콧대 높은 동료들의 분노를 살 수 있다. 더 나쁜 것은 독자로 하여금 그들이 폄하되었다고 느끼게 만드는 것이다. 반대로, 너무나 세밀하게 적어 놓으면 비전문가들에게 호감을 주지 못한다. 일반 독자는 친숙하지 않은 주제에 대해서 가볍게 둘러볼 수 있는 정도의 내용만 원한다. 즉, 논문도 아니고 두꺼운 책도 아니다. 나는 안정된 균형을 깨려고 최선을 다했다.

정확히 말하자면 이 책에 제시하는 생각 중 일부는 추측에 근거했지만 많은 부분은 확실한 근거에 기반을 두었다. 즉, '유령(잘린)의 팔다리'에서 내 작품, 시각인식, 공감각, 그리고 카그라스 망상 Capgras delusion 등이다. 또한 약간 찾기 어렵고 도표화하기 어려운 부분이 있다. 예술의 기원이라든지 자기성찰의 본성과 같은 것들이다. 이러한 경우 기왕에 했던 추측 방법과 직관으로 짜 맞췄다. 확실한 실험 데이터에 허점이 보이는 곳은 대부분 그렇게 했다. 이것은 전혀 부끄러운 일이 아니다. 과학에 대한 연구를 할 때 모든 처녀지處女地는 이러한 방법으로 한다. 과학적인 진행과정의 기초적인 요소는, 데이터가 드물거나 대충 있을 때, 그리고 현재의 이론이 빈약할 때 과학자들의 창조적인 집단사고를 통해 이뤄진다. 최상의 가설, 추측, 미성숙한 직관으로 그것들을 테스트할 방법을 찾기 위해 뇌를 괴롭혀야 한다. 과학의 역사에서 이런 경우는 많다.

원자의 초기 모델들 중의 하나를 보자. 원자라는 두꺼운 반죽 속에 자두가 자리 잡은 모양을 '자두 푸딩'에 비유했다. 수십 년 후에 물리학자들은 원자를, 별 주위를 도는 행성처럼 전자가 질서정연하게 핵을 선회하는 태양계의 축소판으로 생각했다. 이러한 각각의 모델은 유용했고, 우리를 진실에 더 가깝게 다가서도록 했다.

나는 동료들과 함께 정말 신비스럽고 미묘한 능력을 더 많이 이해하고 발전시키려고 최선을 다한다. 생물학자인 피터 메더워Peter Medawar가 했던 "모든 훌륭한 과학은 어떤 것이 사실일 것이라고 상상하는 데서 나온다"는 말을 기억할 필요가 있다. 그래도 나는 동료들을 꽤 성가시게 할 것이다. BBC의 로드 라이스 사장은 언젠가 이렇게 말했다. "성가시게 하는 게 임무인 사람들도 있다."

생물학에 매료된 어린 시절

"자네는 내 방법을 알지? 왓슨!"

결정적인 단서를 어떻게 발견했는지 설명하기 전에 셜록 홈즈가 한 말이다. 인간 뇌의 신비한 부분으로 더 깊이 여행하기 전에 접근 방법에 대한 개요를 설명해야겠다. 이것은 무엇보다도 호기심과 끊임없는 질문이 만들어낸 광범위한 접근이다.

지금 내 관심은 신경학에 있지만, 과학에 대한 애정은 인도 첸나이에서 보낸 유년시절로 거슬러 올라간다. 나는 자연현상에 끝없이 매료되었고, 가장 좋아하는 과목은 화학이었다. 나는 한 생각에 푹 빠져 있었다. 우주는 유한한 공간 속에서 원소들 간의 단순한 상호작용에 기초한다는 상상이었다. 그러다가 나중에는 환상적인 복잡성을 가진 생물학에 끌렸다. 12살 때 아홀로틀Axolotl에 대해 읽은 것이 생각난다. 그 놈은 기본적으로 도롱뇽의 일종으로 수생 애벌레 단계에서 진화했다. 도롱뇽과科 동물이지만 개구리와 같이 변태를 멈추고 물속에서 성숙함으로써 아가미를 유지하게 되었다. 입이 딱 벌어지게 놀란 것은, 녀석들에게 '변태호르몬(갑상선 추출물)'을 주입함으로써 수생애벌레 단계에서 진화한 멸종된 조상 도롱뇽으로 만들 수 있다는 것을 읽었을 때다. 지금은 지구상에 살지 않는 선사시대 동물을 부활시킴으로써 시간을 거슬러 올라갈 수 있는 것이다. 또한 나는 성숙한 도롱뇽은 꼬리가 잘려도 다시 나지 않는다는 것을 알았다. 올챙이 때는 다시 난다.

호기심을 따라 의문점이 꼬리를 물었다. 도롱뇽이 현재의 올챙이처럼 잃어버린 나리를 재생산할 수 있지 않을까? 단순히 호르몬을 주입함으로써 조상 시절의 형태로 부활시킬 수 있는 도롱뇽과 같은 생물이 지구상에 얼마나 더 있을까? 진화를 거듭한 끝에 유년기의 특징을 유지하는 원숭이인 인간이, 호르몬을 적절히 배합하여 호모 에렉투스Homo Erectus를 닮은 조상의 형태를 만들 수 있을까? 내 마음은 의문과 의혹의 실타래를 풀어댔고, 나는 영원히 생물학의 고리에 걸려들고 말았다.

도처에서 수수께끼와 가능성을 발견했다. 18살 때 잘 알려지지 않은 의학 도서에서 어떤 각주를 읽었다. 연섬유근에 발병하는 육종이라는 고약한 암이 있는데 고열을 일으키는가 하면 때로는 완전한 차도를 보인다는 것이었다. 암이 열 때문에 줄어든 것일까? 이것이 실질적인 암 치료법이 될까? 나는 이러한 기묘하고, 기대치 못한 가능성에 매료되었다. 하나의 중요한 교훈도 얻었다. 명확하다고 해서 당연하다고 여기지 마라. 과거에 4파운드의 돌이 2파운드의 돌보다 두 배 빠른 속도로 땅에 떨어진다는 것은 너무나 당연하게 생각되므로 아무도 실제로 실험하려 하지 않았다. 갈릴레오 갈릴레이가 간단한 실험을 통해 기존의 직관에 반하는 결과를 내놓으며 과학사를 바꾸기 전까지는 그러한 고정관념이 죽 이어졌던 것이다.

나는 유년시절 식물학에도 심취했다. 다윈이 '세상에서 가장 경이로운 식물'이라고 불렀던 끈끈이주걱을 어떻게 구할 수 있을까 걱정한 기억이 난다. 끈끈이주걱의 함정 속의 털을 재빠르게 픽픽 연속으로 건드리면 놈은 입구를 닫아버린다. 두 번 연속으로 건드리면 놈이 벌레의 움직임에 반응하도록 한 것으로 보인다. 무작위로 떨어지거나 날아다니는 쓰레기를 구별하는 것이다. 일단 먹이를 잡으면 잎을 닫은 채로 소화 효소를 분비한다. 그러나 오직 실제로 먹이를 잡았을 경우에만 그렇다. 호기심이 일었다. 무엇을 보고 먹이인 줄 알까? 아미노산에도 그런 반응을 보일까? 지방산? 탄수화물? 당? 감미료? 사카린? 녀석의 소화계에서 음식 탐지기는 얼마나 정교한가? 불행하게도 결국 나는 끈끈이주걱을 애완식물로는 얻지 못했다.

어머니는 내 어린 시절에 과학에 대한 흥미를 북돋아주었고, 세계 각국에서 동물표본을 가져다 주셨다. 어머니가 조그마한 마른 해마海馬를 준 것이 특히 기억난다. 아버지도 내 집념을 인정하셨다. 아버지는 내가 10대 초반일 때 칼 자이스Carl Zeiss 연구용 현미경을 사다 주셨다. 고성능 대물렌즈를 통해 짚신벌레와 볼복스Volvox를 보는 것은 큰 즐거움이었다(내가 알기로 볼복스는 지구상에서 실제 바퀴를 가진 유일한 생명체다). 그 후 대학에 갔을 때 나는 아버지에게 기초과학에 빠져 있다고 고백했다. 그 외의 과목은 내 관심을 전혀 자극하지 못했기 때문이다. 현명하셨던 아버지는 나에게 의학을 공부하라고 설득하셨다.

"너는 이류 의사가 될 수 있고, 깨끗한 삶을 살 수 있다. 그러나 이류 과학자가 될 수는 없다. 즉 이것은 하나의 모순이지만 말이다."

아버지가 지적하기를 의학을 공부하면 안전한 게임을 할 수 있고, 항상 열린 문을 통해 출입이 자유로우며 졸업 후에도 연구의 길이 끊길지 아닐지 빨리 판단할 수 있다는 것이었다.

내 유년시절의 모든 불가사의한 탐구 행위는 정겹지만 한물간 빅토리아 시대의 향료로 여겨진다. 빅토리아 시대는 100년 전(기술적으로는 1901년 이전)에 끝났으나 21세기 신경과학으로부터는 머나먼 거리에 떨어져 있는 듯하다. 그러나 나는 19세기 과학과의 로맨스를 언급하지 않을 수 없다. 왜냐하면 그것은 내 사고와 행동 연구의 형식에 중요한 영향을 끼쳤기 때문이다.

단순하게 정의하면, 이 '스타일'은 개념적으로 단순하고 쉬운 실험을 강조한다. 학생으로서 나는 현대생물학뿐만 아니라 과학의 역사에 대해서도 닥치는 대로 책을 읽었다. 마이클 패러데이의 책을 읽은 기억이 난다. 그는 하층계급이면서 독학으로 전자기의 원리를 발견한 과학자다. 그는 1800년대 초 종이 뒤에 막대자석을 댄 뒤 종이 위에 쇳가루를 뿌렸다. 쇳가루는 순식간에 활 모양으로 정렬했다. 자기장을 시각적으로 증명한 순간이었다. 이것은 자기장이 실재하며, 수학적인 추측이 아니란 것을 보여주었다. 다음으로 패러데이는 자석을 구리선 코일 사이 앞뒤로 움직였다. 보라! 전류가 코일에 흐르지 않는가! 그는 완전히 분리된 두 물질의 공간에 하나의 연결성이 존재한다는 사실을 증명했다. 바로 자석과 전기다. 이것은 수력발전과 전동기 · 전자석 등에 실제 적용되었을 뿐만 아니라 제임스 클러크 맥스웰이 이론적 토대를 만드는 데 길을 닦아주었다. 막대자석과 종이와 구리선만으로 패러데이는 물리학의 새로운 지평을 열었다.

나는 이러한 실험의 단순성과 우아함에 충격을 받은 기억이 있다. 갈릴레오가 돌을 떨어뜨린 것과 뉴턴이 빛의 성질을 조사하기 위해 분광기를 사용한 것은 다르지 않다. 좋든 나쁘든 간에 이와 같은 이야기는 나를 생의 초기에 신기술을 두려워하는 사람으로 만들어 버렸다. 나는 여전히 아이폰을 사용하는 일이 곤혹스럽지만 신기술 두려움 증상은 다른 면에서는 큰 역할을 했다.

어떤 동료들은 나에게 물리학과 생물학의 초창기인 19세기에는 무서움증이 별 상관이 없었으나 '거대한 과학'을 해야 하는 현대에는 그렇지 않다고 조언했다. 중요한 발견과 발전은 첨단 기계를 사용함으로써 이룰 가능성이 크다는 말이었다. 나는 동의하지 않는다. 부분적으로 맞다 하더라도 '작은 과학'은 재미있고, 발견으로 이어진다고 본다. 여전히 흥미를 돋우는 것은, 의사수족증 실험(1장)에 필요한 재료가 면봉, 온수와 냉수가 담긴 유리잔, 그리고 보통의 거울뿐이라는 사실이다. 히포크라테스, 수시루타, 내 조상인 현자 바라드와자, 그리고 고대와 현대 사이의 물리학자들도 같은 기초 실험을 할 수 있었으리라. 그러나 아무도 그렇게 하지 않았다.

모든 의사가 알고 있듯이 산acid이나 스트레스가 궤양의 원인이 아니라, 박테리아가 원인임을 보여주는 배리 마셜의 연구를 보라. 마셜은 자신의 이론에 회의적인 이들을 설득하기 위해 대담한 실험을 했다. 그는 실제 헬리코박터 파일로리균의 배양액을 직접 삼킨 뒤 위벽이 궤양으로 변한 것을 보여주었다. 물론 신속하게 항생제를 복용해 치료했다. 이후 마셜 박사는 동료와 함께 위암과 심장마비 등 많은 질병이 미생물로 인해 촉발될 수 있다는 것을 지속적으로 보여주었다. 마셜 박사는 수십 년간 사용해온 재료와 방법을 이용하여 단 몇 주 만에 의학의 새로운 시대를 열었다. 10년 후 그는 노벨상을 받았다.

낮은 수준의 기술을 선호하는 내 취향은 장점과 단점을 동시에 가졌다. 게으른 탓도 있지만 나는 이것을 즐긴다. 물론 모든 사람이 다 좋아하는 것은 아니지만 이것은 하나의 좋은 방법일 수 있다. 과학에는 다양한 스타일의 접근이 필요하다. 모든 개인 연구자들은 전문화될 필요가 있다. 그러나 전체적으로 과학은 과학자들이 서로 다른 드럼소리에 맞춰 행진할 때 더욱 원기왕성해진다. 동질성은 허약함을 초래한다. 다채로운 등장인물은 이러한 질병에 강력한 항생제 역할을 한다.

과학은 다음과 같은 사람들로부터 득을 본다. 혼란스러운 추상적 개념의 내포자, 건망증 심한 교수들, 독선적이며 강박관념이 있는 사람, 고약한 통계에 의존하는 마약쟁이, 선천적으로 반대의견을 가진 악귀 같은 변호사, 데이터 위주의 냉철한 직해주의자, 그리고 중도에 자주 비틀거리며 고위험과 고소득 모험에 승선하는 몽상가 등이다. 모든 과학자가 나와 같으면, 빗을 청소하거나 주기적인 사실 확인을 요구하는 사람도 없을 것이다. 그러나 모든 사람이 다 빗 청소부이며, 정립된 사실에서 결코 벗어나지 않는 타입이라면, 과학은 달팽이 걸음 속도로 발전할 것이다. 변화를 모색하는 것도 쉽지 않을 것이다. 막다른 좁은 골목, 회원만이 축하해주고 서로 투자하는 이들에게만 개방된 클럽과 같이 폐쇄적인 공간에 갇힌다는 것은 현대 과학에 있어서 직업 재해다.

뇌 스캐너와 유전자 순서기보다 면봉과 거울을 선호한다고 해서, 내가 과학기술을 전적으로 피하는 것은 아니다(단지 현미경 없이 생물학을 연구한다고 생각하라!). 나는 신기술을 두려워하는 것이지 신기술 반대론자는 아니다. 내 관점은 이렇다. 과학은 '왜'라는 의문이 중요하지, 방법론이 앞서서는 안 된다는 것이다.

여러분 부서에서 100만 달러를 액체 헬륨 냉각 뇌 영상장치에 썼을 때, 여러분은 언제나 그것을 사용해야 한다는 압박을 받는다. '가진 도구가 망치뿐이라면, 모든 게 못으로 보인다'라는 속담도 있지 않은가? 그러나 나는 첨단 뇌 스캐너도 절대 반대하지 않는다(망치도 결코 반대하지 않는다). 사실 뇌 영상 촬영을 곳곳에서 한다. 그 덕에 적지 않은 중요한 발견도 나올 것으로 보인다(우연이라도 그렇게 되었으면 좋겠다).

어떤 이는 첨단의 장치를 가진 현대의 도구상자는 연구에 필수적이라고 당당하게 말할 것이다. 그리고 저급 기술에 의존하는 나와 동료도 자주 뇌 영상 덕을 본다. 그러나 이는 구체적인 가설을 테스트할 때로 국한된다. 그것은 효과가 있기도 하고 없기도 하다.

그러나 우리는 항상 사용가능한 첨단기술을 가졌다는 점에 감사한다. 우리가 그 필요성을 느낀다면 말이다.

책장을 열면서

짧고 가볍게 떠나는 뇌 여행

> "난 알고 있네, 왓슨. 기이하고, 관례에서 벗어나고, 그리고 따분한 일상생활에 대한 내 사랑을 자네가 공유하고 있다는 것을."
> **—셜록 홈즈**

인간의 뇌는 약 1,000억 개의 신경세포, 즉 뉴런neuron으로 구성되어 있다(그림 1). 뉴런은 실과 같은 섬유를 통해 서로 '대화'하는데 그것은 두텁고 잔가지가 많은 덤불[1]과, 물결 모양의 긴 전송 케이블[2]을 번갈아 닮았다. 각 뉴런은 1,000개에서 1만 개까지 다른 뉴런과의 연결을 만든다. 시냅스synapse라고 불리는 뉴런의 연결점들은 바로 뉴런 사이에서 정보가 공유되는 부분이다. 각 시냅스는 흥분성이거나 억제적인 것일 수 있고, 어떤 경우에도 연결 상태 또는 단절 상태일 수 있다. 이 모든 치환置換을 합하면 가능한 뇌의 상태는 상상 이상으로 무한하다. 사실 그 숫자는 우주에 있는 기본 입자수를 가볍게 능가한다.

이 혼란스러운 복잡성을 감안한다면, 의학도들이 신경해부학을 고된 과정으로 생각한다는 것은 놀라운 일도 아니다. 한 100개 정도의 구조가 있는데, 대부분의 이름이 불가사의하게 발음된다. 나는 혀를 굴려 발음하는 이런 라틴 이름을 좋아한다. 메-둘-아Meh-

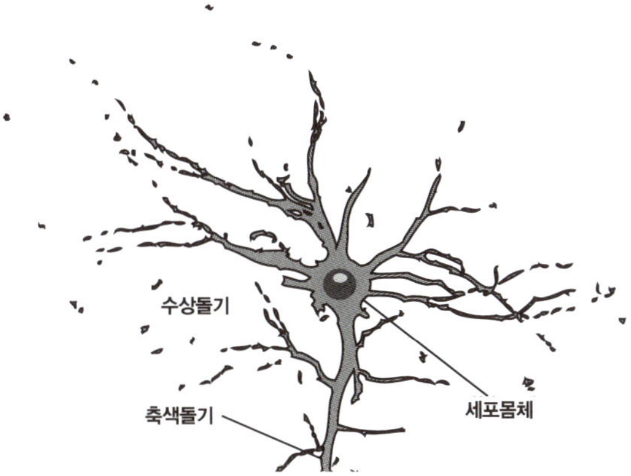

그림 1 세포몸체(cell body), 수상돌기(dendrite), 축색돌기(axon)를 보여준다. 축색돌기는 정보(신경 충돌자극 형태)를 사슬에서 다음 뉴런에 전달. 축색돌기는 아주 길고, 그것의 부분만 보인다. 수상돌기는 정보를 축색돌기에서 받는다. 정보의 흐름은 항상 단일방향이다.

dull-a 오블롱-가-타oblong-gah-ta! 그중 내가 좋아하는 것은 서브스타시아 이노미나타Substantia innominata라는 물질인데 이는 말 그대로 '이름 없는 물질'이라는 뜻이다. 그리고 몸에서 가장 작은 근육은, 새끼빌가락을 외진하는 데 사용되는 외진근外轉筋이라 하는데, 오시스 메타타르시 디지티 퀸티 미니미ossis metatarsi digiti quinti minimi라 명명했다. 마치 시를 읊는 듯 들린다.

다행스럽게 이런 복잡함의 기저에는 이해하기 쉬운 신경 조직의 기본 전략이 깔려 있다. 뉴런은 정보를 처리할 수 있는 망과 연결되어 있다. 뇌의 수많은 구조들은 궁극적으로 모두 목적이 있는 뉴런의 네트워크이고, 보통 내부조직이 우아하다. 각각의 구조는 각각의 인지(항상 해독하기가 쉽지는 않다) 또는 생리적인 기능을 수행한다. 또 다른 뇌 구조와 일정한 연결을 만들고, 회로를 형성한다. 회로는 정보를 앞뒤로 통과시키고 그 과정을 반복한다. 뇌 구조와

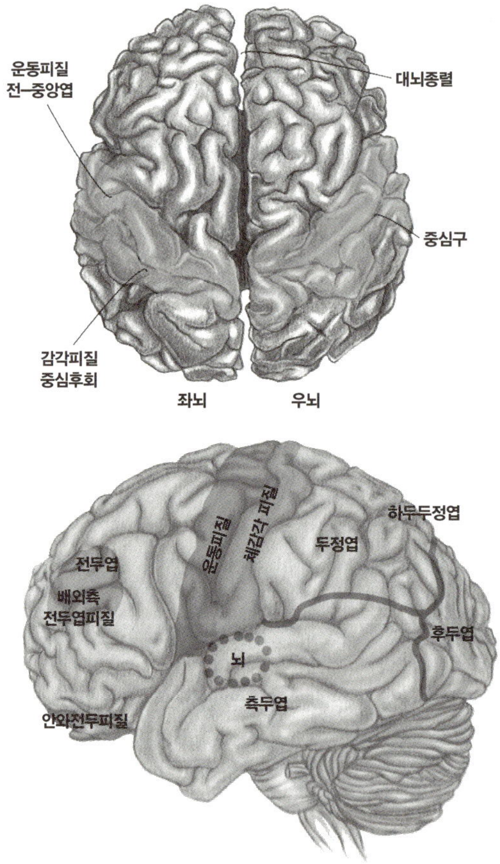

그림 2 위와 왼쪽에서 바라본 인간의 뇌. 위쪽 그림은 거울에 비친 듯한 뇌의 두 반구를 보여준다. 각각 신체의 반대편의 동작을 조절한다(이 규칙에는 다소 예외가 있다).

함께 활동하여 수준 높은 통찰력과 사고, 행동을 하도록 한다.

뇌 구조 간에 일어나는 정보 처리는 아주 복잡하지만 비전문가들이 인정하고 이해할 만하다. 결국 이것은 인간 마음을 생성하는 정보처리 엔진이다. 앞으로 나올 장에서 이러한 많은 부분을 심도 있게 다시 살펴볼 것이다. 그러나 각 영역에 대해 얻은 기초 지식

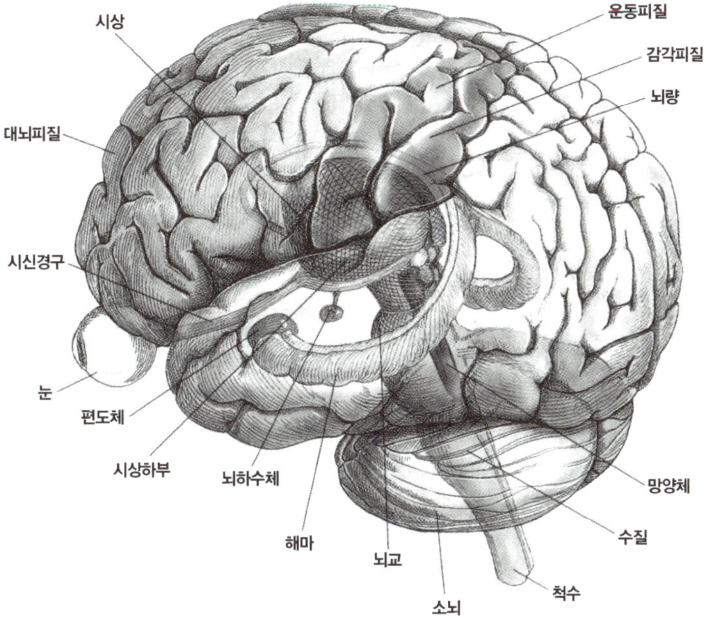

그림 3 인간 뇌의 도식적인 그림. 편도체, 해마, 기저핵, 시상하부 등을 보여준다.

으로도 어떻게 이러한 전문화된 영역들이 함께 작용하여 마음과 개성, 행동을 결정하는지 제대로 인식할 수 있다.

인간의 뇌는 두 개의 반쪽 거울 영상을 합해놓은 호두 모양과 같다(그림 2). 껍질 같은 절반이 대뇌 피질이다.

뇌 피질은 가운데가 두 개의 반구로 나뉘어져 있다. 하나는 왼쪽에, 하나는 오른쪽에 있다. 인간의 피질은 아주 크게 자라서 대단히 복잡해지는데, 마치 꽃양배추 모양의 모습을 보인다(대조적으로, 대부분의 다른 포유류의 피질은 매끈하고 납작하다. 표면에 접힌 부분이 거의 없다). 피질은 차원 높은 사고의 영역으로서 인간이 가장 높은 지적능력을 수행하는 곳이다. 잘 알다시피 이는 돌고래와 영장류, 두 그룹의 포유류에서 특히 발달했다. 나중에 다시 피질로 돌아가 논의하겠다.

지금은 뇌의 다른 부분을 들여다보자. 척추 중심부를 오르락내리락 달리는 것은 굵은 신경 섬유 다발 즉, 척수인데 여기서는 뇌와 육체 간에 끊임없이 메시지가 흐른다. 이러한 메시지는 피부에서 오는 촉감과 통증을 위시하여, 근육으로 내려가는 운동명령도 포함한다. 제일 중요한 척수는 척추라는 뼈로 된 보호막 안에서 위로 쭉 올라가 두개골로 들어간다. 그런 뒤 두껍고 둥글게 자란다(그림 3). 이렇듯 두텁게 자라는 것을 뇌간腦幹이라 부르고, 이는 3개의 엽葉으로 나뉜다.

뇌교판 위의 수질과 핵(신경군)은 호흡, 혈압, 그리고 체온과 같은 필수적이고도 중요한 기능을 조절한다. 이런 곳에 혈액을 공급하는 조그만 동맥에서 출혈이 발생하면 즉시 사망에 이를 수 있다(역설적으로 뇌의 고등영역은 비교적 큰 충격을 잘 견딘다. 그리고 환자를 살아있게 하고 적응하게도 한다. 예를 들어 전두엽에 발생한 큰 종양은 겨우 감지할 정도의 신경학적인 증상을 보인다).

뇌교의 윗부분에 놓여 있는 것은 소뇌인데, 이것은 운동의 올바른 조화를 조절하고 균형, 걸음걸이 그리고 자세 유지에 관여한다. 운동 피질(자발적인 운동명령을 내는 뇌의 고등영역)은 척수를 경유하여 근육에 신호를 보낼 때, 그런 신호의 복사본이 소뇌에 전달된다. 소뇌도 몸 전체를 통해 근육과 수용기로부터 감각의 피드백을 받는다. 그래서 소뇌는 의도된 행동과 실제 행동 간에 일어나는 어떤 불일치도 감지해낼 수 있다. 그리고 그 대응으로 적절한 교정명령을 외부로 나가는 운동 신호에 집어넣을 수 있다. 이러한 실시간 피드백-구동 메커니즘은 자동제어폐회로로 불린다. 소뇌의 손상은 이 순환이 오락가락하게 하는 증상을 야기한다. 예를 들어, 한 환자가 자신의 코를 만지려고 한다. 그녀의 손이 더 멀리 지나치는 것을 느낀다. 그러자 반대행동으로 보상하려고 하는데 이는 그녀의 손을 더 급격하게 반대방향으로 뻗치도록 만든다. 이것을 기도진전企圖進展이라고 한다.

뇌간의 윗부분을 둘러싼 것은 시상[3]과 기저핵이다. 시상은 감각기관에서 중요한 입력 정보를 받아들여 좀더 복잡한 처리를 하기 위해 감각피질에 넘겨준다. 우리가 중계소를 필요로 하는 이유는 거의 분명치 않다. 기저핵은 이상하게 생긴 구조의 집합인데, 복잡한 의지행동과 연관된 자동운동의 조절에 관계한다. 예를 들어, 다트를 던질 때 어깨 높이를 조정하거나 길을 걷는 동안 신체 곳곳의 수십 개 근육의 힘과 장력을 조화시킨다.

기저핵에 있는 세포가 손상을 입으면 파킨슨병 같은 장애가 나타난다. 환자의 몸은 뻣뻣해지고, 얼굴에는 표정이 없고, 발을 질질 끌며 걷는 특징을 보인다(내가 다니던 의과대학 신경학 교수는 옆방 환자의 발걸음 소리만으로 파킨슨병을 진단하곤 했다. 물론 이러한 것들은 첨단영상장비인 자기공명영상촬영장치MRI가 나오기 전의 일이다).

대조적으로 기저 핵에 있는 뇌의 화학물인 도파민[4]이 과도하면 무도병[5]으로 알려진 장애를 겪을 수 있다. 무도병은 겉으로는 춤추는 듯한 통제 안 되는 움직임을 보이는 것이 특징이다.

마지막으로 우리는 뇌 피질에 이른다. 각각의 뇌 반구는 4개의 엽葉으로 세분화된다(그림 2). 후두, 측두, 두정, 전두다. 이러한 엽은 좀더 기능적으로 영역 구분이 확실하다. 실제로는 이 영역들 간에 엄청나게 많은 상호작용이 일어난다. 후두엽은 주로 시각처리에 관여한다. 사실 이것들은 30개나 되는 처리영역으로 세분화되는데, 각각은 부분적으로 색깔, 움직임, 그리고 형태 등과 같은 시각의 여러 측면으로 특성화되어 있다.

측두엽은 좀더 높은 고등 지각 기능으로 특성화되며, 얼굴과 다른 사물을 인식하고 그것들을 적절한 감정으로 연결하는 역할을 한다. 이것들은 측두엽의 앞쪽 줄에 위치한 편도체[6]와 긴밀한 협조하에 후자의 일을 한다. 또한 각 측두엽 곁에 따로 떨어져 있는 것은 해마海馬다. 이곳에 새로운 기억의 흔적을 저장해 둔다. 무엇보다도 좌측 측두엽 윗부분에는 베르니케 영역Wernicke's area[7]으로 알려진 피질의 한 부분이 있다. 인간의 이 영역은 비대해져 침팬지의 같은 부위에 있는 그것보다 7배나 된다. 베르니케 영역은 인간이 틀림없이 고유하다고 단정할 수 있는 몇 안 되는 뇌 영역이다. 베르니케 영역이 하는 일은 바로 인간과 단순한 유인원의 차이를 설명하는, 의미의 이해와 언어의 의미론적인 측면을 해독하는 것이다.

두정엽은 주로 촉각과 근육 처리에 관여하고, 몸에서 오는 정보의 연결과 시각 · 청각에 그것을 결합한다. 또한 신체 자체와 그 주변 환경의 많은 '멀티미디어'를 이해할 수 있도록 균형을 잡는다. 오른쪽 두정엽의 손상은 보통 반공간태만증hemispatial neglect이라고 불리는 증상으로 이어진다. 환자는 자신이 보는 공간의 왼쪽 절반을 인식하지 못한다. 게다가 더욱 주목할 만한 것은 신체망상분열증인데, 이는 환자가 자신의 왼팔이 자신의 것이 아니라고 완강하게 부인하면서 남의 것이라고 주장하는 증상이다.

두정엽은 인간의 진화 과정에서 아주 커졌다. 그러나 두정엽의 어떤 부분도 하부두정소엽inferior parietal lobule(IPL:그림 2)보다 더 자라지는 않는다.

과거 어느 시점에 두정엽의 커다란 한 부분은 각회와 연상회라고 불리는 2개의 새로운 처리 영역으로 나뉘었다. 인간만이 지닌 이 두 영역은 인간 능력의 정수로 자리 잡았다. 오른편 두정엽은 일반 세상의 공간 배치에 대한 지적인 모델을 만드는 데 관여한다. 여기에는 바로 맞닥뜨리는 주변 환경에 더해 사물의 모든 위치(식별까지 하는 것은 아니다), 위험물, 그 범위 안의 사람들 등에 대한 물리적인 관계가 포함된다. 그래서 여러분은 물건을 집고, 미사일을 피하고, 장애물을 돌아갈 수 있다.

오른쪽 두정엽, 특히 오른쪽 상부 소엽(하부두정엽 바로 위)은 신체 이미지 구성을 맡는다. 즉 공간에서 신체의 배치와 움직임을 아주 잘 알아챈다. '이미지'라고 불리지만, 신체 이미지는 전부가 시각적인 구성이 아니라는 것을 주목해야 한다. 즉, 그것은 부분적으로 촉각과 근육이 바탕을 이룬다. 결국 맹인도 신체 이미지가 있는데, 이는 아주 대단한 능력이다. 실제로, 전극으로 오른쪽 각회를 툭 건드리면 여러분은 유체이탈을 체험할 수 있다.

이제 왼쪽 두정엽을 보자. 왼쪽 각회는 인간에게 중요한 고유 기능인 연산, 추상, 단어 찾기와 비유 등에 관여한다. 반면에 좌측 연상회는 익숙한 행동—예를 들어 바느질하기, 못 박기, 작별 인사할 때 손 흔들기 등—을 떠올리고 실행에 옮긴다. 결과적으로 좌측 각회가 손상되면 독서, 글쓰기, 연산 같은 추상적 기능을 잃게 된다. 반면에 좌측 연상회를 다치면 익숙한 동작을 조율하는 데 어려움을 겪는다. 내가 인사를 청하면, 여러분은 인사의 시각적 이미지를 떠올린다. 그리고 감각적으로 이미지를 이용해 팔을 움직이도록 한다. 그러나 왼쪽 연상회가 손상을 입으면 그저 당황해서 손을 응시하거나 손을 심하게 흔들어댄다. 비록 그것이 마비되지 않았거나 약해지지 않았어도 그리고 분명히 명령을 이해하더라도, 손은 의도대로 움직이지 않는다.

전두엽은 몇 가지 확실하게 구별되는 결정적인 기능을 수행한다. 이 영역인 운동 피질은—뇌의 중앙에 있는 큰 고랑 바로 앞에서 기능하는 수직 피질 조각(그림 2)—단순한 운동명령을 내리는 데 관여한다. 다른 부분은 행동을 계획하고 충분히 긴 시간 동안 마음속에 목표를 정하고서 실행에 옮기는 데 관여한다. 전두엽의 또 다른 조그만 부분이 있는데 여기서는 사물을 기억 속에 충분히 긴 시간 동안 가두어두고 무엇을 처리해야 하는지 관장한다. 이런 능력을 활성기억 또는 단기기억이라고 부른다.

지금까지는 무난하다. 그러나 전두엽의 좀더 앞쪽에는 뇌에서 가장 불가사의한 미지의 세계가 있다. 즉 전전두엽 피질이다(그림 2에서 식별되는 부분). 기이하게도 인간은 이 부위에 큰 손상을 입고도 살아갈 수 있고, 신경이나 인지적인 결손의 기미도 없이 그러한 손상에서 벗어날 수도 있다. 만일 여러분이 몇 분 동안 그런 환자와 스스럼없이 접촉한다면 그 환자는 완벽하게 정상적으로 보일 것이다. 그러나 그녀의 친척들은 그녀가 완전히 다르게 변했다고 말해줄 것이다. "그녀는 예전의 그녀가 아니다. 이렇게 완전히 달라진 사람은 처음봤다"라는 말을 그녀의 남편이나 오랜 친구들로부터 자주 듣는다. 가슴 아픈 진술이기도 하다. 그리고 여러분이 이 환자와 몇 시간이나 며칠 동안 접촉해 본다면 뭔가 심각하게 정상이 아니라는 것을 알게 될 것이다.

왼쪽 전전두엽에 손상을 입으면 아마도 사회생활을 피해 틀어박힐 것이고, 무엇을 하더라도 마지못해 억지로 한다는 인상을 보일 것이다. 이것은 완곡한 표현으로 의사疑似우울증이라 불린다. 암울한 느낌 또는 만성적으로 부정적인 생각을 하는 패턴처럼, 우울증을 식별하는 어떤 기준도 없기 때문에 '의사疑似'라고 표현했지만 심리학이나 신경학 연구로 속속 그 실체가 드러나고 있다. 한편 반대로, 오른쪽 전전두엽에 손상을 입었다면, 환자의 감정은 큰 기쁨을 느끼는 듯이 보인다. 물론 실제로는 그렇지 않다. 전전두엽 손상은 특히 주위 사람들한테 많은 고통을 준다. 환자는 자신의 미래에 대한 모든 관심을 잃어버린 것처럼 보이고, 아무런 도덕적 죄책감을 보이지 않는다. 그는 장례식에서 웃거나 노상 방뇨를 하기도 한다.

엄청난 역설은 그가 모든 면에서 정상으로 보인다는 점이다. 그의 언어, 기억, IQ까지도 영향을 받지 않은 상태다. 그러나 그는 인간의 본성을 정의하는 가장 본질적인 특성 중 많은 것을 잃어버린 상태다. 야망, 감정이입, 예지력, 복합적 개성, 도덕성, 인간으로서의 존엄성에 관한 감각 등이 그렇다(흥미롭게도, 부족한 공감共感과 도덕적 기준, 자제력은 자주 반사회적 인격장애자에게서 보인다. 신경학자 안토니오 다마시오Antonio Damasio는 그들에게 아마 임상적으로 찾아내기 어려운 전두엽 기능장애가 있으리라고 지적했다). 이러한 이유로 전전두엽 피질은 오랫동안 '인간성의 자리'라고 간주되어 왔다. 비교적 작은 뇌 한 덩어리가 이렇게 세련되고, 한데 모으기 어려운 기능을 어떻게 오케스트라처럼 조정하는지 정말 여전히 어안이 벙벙할 뿐이다.

오웬Owen이 시도한 바와 같이, 인간을 고유하게 만드는 뇌 부위를 따로 분리할 수 있을까? 전혀 그렇지 않다. 애초에 명석한 디자이너가 뇌 속에 구조나 영역이라는 것을 심어놓지 않았기 때문이다. 해부학적인 차원에서 보면 우리 뇌의 모든 부분은 고등 유인원의 뇌와 아주 유사하다. 그러나 최근의 연구는 기능적인 또는 인지적인 측면에서 아주 공을 들인 작은 뇌 영역을 확인했는데 정말 신기하고 독특한 것으로 볼 수 있다.

위에서 세 가지 이러한 영역을 언급했다. 좌측 측두엽에 있는 베르니케 영역, 전전두엽 피질, 그리고 각 두정엽에 있는 하부두정소엽IPL이 그것이다. 사실 IPL에서 나눠진 연상회와 각회는 해부학적으로 유인원에게는 존재하지 않는다(오웬이 이를 알았다면 좋아했을 것이다). 인간의 이 영역이 놀랄 정도로 빠르게 발전한 것은 틀림없이 어떤 결정적인 일이 벌어졌다는 점을 암시한다. 그리고 임상적으로도 그 부분이 관찰된다.

거울신경이라고 불리는 신경세포의 특별한 층이 이 영역의 어느 부분에 존재한다. 이 신경은 어떤 행동을 할 때뿐만 아니라 다른 사람이 같은 행동을 하는 것을 관찰할 때도 작동한다. 이것은 너무나 쉽게 들려서 그 속에 숨은 엄청난 뜻을 곧잘 놓쳐버리기 쉽다. 이 세포가 하는 일은 타인과 공감하고, 사람의 의중을 읽어 미리 행동을 파악하는 것이다. 여러분은 자신의 신체 이미지를 사용해 그 사람의 행동을 가상으로 해봄으로써 의도를 읽어낸다.

예를 들어 누군가가 물컵에 손을 뻗는 것을 본다면 거울신경은 자동적으로 상상 속에서(때때로 잠재의식 속에서) 모의실험을 해본다. 거울신경은 종종 한 걸음 더 나아가서 여러분으로 하여금 다른 사람이 곧 할 것으로 보이는, 즉 물잔을 들어 그녀의 입술로 가져가서 들이키는 행동을 하게 한다. 이 과정에서 여러분은 자동적으로 그녀의 의도와 동기를 추정한다. 그녀는 목이 마르고 그 갈증을 푸는 단계를 밟는 것이다. 이 예측이 틀릴 수 있다. 즉, 그녀가 그 물로 불을 끄거나 천박한 구혼자 얼굴에 뿌리려는 의도일 수도 있다. 그러나 일반적으로 거울신경은 적절한 선에서 다른 사람의 의도를 추정한다. 이처럼 거울신경의 공감은 자연이 우리에게 선사한 텔레파시에 가장 가까운 능력이다.

이러한 능력은 (그리고 근원적인 거울신경회로는) 유인원한테서도 볼 수 있다. 그러나 오직 인간에서만 발전을 거듭하여 행동보다 마음을 읽는 경지까지 도달하게 되었다. 필연적으로 이런 능력은 추가적인 연결이 필요할 수밖에 없었을 것이다. 그래야 복잡한 사회 상황에 대처하기 위해 그런 회로를 좀더 정교하게 펼쳐놓을 수 있기 때문이다. 이러한 연결 본질을 해독하는 것이 현재 뇌 연구의 주요 목표 중의 하나다. "신경세포가 그렇게 했다"라고 말하는 것보다 더 깊게 들어가는 것이다.

거울신경과 그 기능의 이해가 얼마나 중요한지를 과장해서 말하기는 어렵다. 사회적 학습, 모방, 그리고 문화 전승의 사고방식과 기능이 그 핵심일지 모른다. 우리가 '말'이라고 부르는 소리 집합도 거기에 포함될 것이다.

과도하게 발전하는 거울신경 시스템에 의해, 진화는 실제로 문화를 새로운 유전자로 변화시켰다. 인간은 문화로 무장하여 어려운 새 환경에 적응할 수 있었고, 이전에는 접근 불가능이었거나 독이 있는 음식을 찾아내는 방법을 한두 세대 만에 생각할 수 있게 되었다. 그러한 적응은 수백 수천 세대를 거치는 것이 아닌 유전자 진화를 통해 얻었을 것이다.

그래서 문화는 뇌가 더 나은 거울신경 시스템과 모방학습 시스템을 선택하도록 진화를 압박하는 새로운 힘이 되었다. 결과적으로 우리는 자신의 마음을 들여다보고 전체 우주가 그 속에 비춰지는 것을 알았던 유인원인 호모 사피엔스가 되었다. 굴러내리면서 스스로 커지는 눈덩이 효과 중의 하나였던 셈이다.

1장 | 유령의 팔과 플라스틱 뇌

뇌의 생물학적인 기능

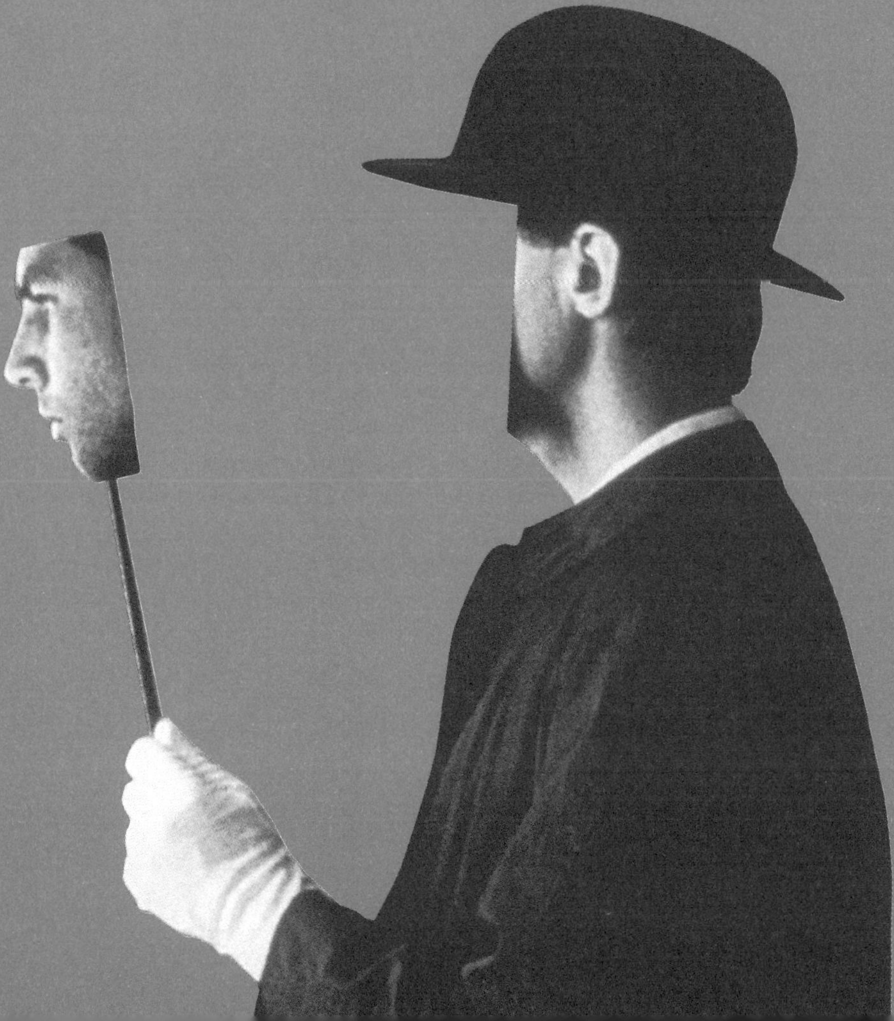

> 나는 바보들의 실험들을 사랑한다. 나는 항상 그러한 실험들을 한다.
> **–찰스 다윈**

의과대학에 다니며 신경학 순환근무를 할 때 미키Mikhey라는 환자를 검사한 적이 있다. 일상적인 임상검사법은 그녀의 목을 날카로운 바늘로 찌르는 것이었다. 꽤나 고통스러웠을 텐데, 매번 찌를 때마다 그녀는 간지럽다고 하면서 크게 소리내어 웃곤 했다. 그것은 극단적인 역설이었다. 즉, 고통스런 얼굴에 이는 웃음, 난치병의 축소판이었다. 결국 나는 원하는 만큼 미키를 검사할 수 없었다.

이 일 직후에, 나는 인간의 시각과 인식을 연구하기로 마음먹었다. 리처드 그레고리의 명저 《눈과 뇌*Eye and Brain*》가 결정하는 데 크게 영향을 주었다. 나는 신경물리학과 시각인식에 관한 연구로 여러 해를 보냈는데, 처음에는 케임브리지트리니티 대학, 그 다음은 칼텍Caltech의 잭 페티그루Jack Pettigrew와 공동 연구를 했다. 그러나 나는 의대생으로서 신경학 순환근무 기간 중 만났던 환자 미키를 결코 잊지 못한다. 신경학 차원에서 너무나 많은 의문이 풀리지 않은 채 남아 있다.

왜 미키는 바늘에 찔렸을 때 웃었을까? 뇌졸중 환자의 발 바깥쪽 가장자리를 때리면 왜 엄지발가락이 올라갈까? 측두엽 발작장애가 있는 환자들은 왜 그들이 신을 경험한다고 하며, 하이퍼그라피아[1] 증상을 보이는가? 또는 오른쪽 두정엽 손상을 입은 똑똑하고 영리한 환자들이 왜 그들의 왼쪽 팔이 자신들의 것이라는 것을 거부하나? 많이 수척한 신경성거식증환자가 거울을 보고는 왜 자신이 비만이라고 주장하는가? 그렇게 시각 전공으로 몇 년을 보낸 후, 나는 첫사랑인 신경학으로 돌아왔다. 나는 이 분야의 풀리지 않은 많은 의문들을 연구하고 의사수족증phamtom limbs이라는 한 구체적인 과제에 집중하기로 결정했다. 내 연구가 인간 뇌의 경이로운 가소성[2]과 적응성과 관련하여 전례가 없는 증거를 만들어낼 줄은 꿈에도 몰랐다.

한 세기 이상 알려진 사실은 어떤 사람이 절단 수술로 팔 하나를 잃어버려도 여전히 그 팔의 존재를 생생하게 느낀다는 것이다. 마치 팔의 유령이 사라지지 않고 이전의 잘린 팔에 들러붙어 있는 것과 같다. 소원 성취를 비는 괴짜 프로이트학파의 시나리오에서부터 실체가 없는 영혼에 대한 주문呪文까지 망라하여 이러한 당혹스러운 현상을 설명하려는 시도가 많았다. 그러나 의문을 풀지 못한 나는 신경과학 차원에서 그 현상을 연구해보기로 했다.

나는 빅토르라는 환자를 대상으로 거의 한달 내내 집중적인 실험을 했다. 그는 3주 전에 왼쪽 팔꿈치 아래 절단수술을 받았다. 우선 나는 그가 신경학적으로는 전혀 문제가 없는 것을 확인했다. 즉, 그의 뇌는 손상을 입지 않았고 지적능력도 정상이었다. 뭔가 짚이는 것이 있어서 그의 눈을 가리고 면봉으로 몸 여러 곳을 건드

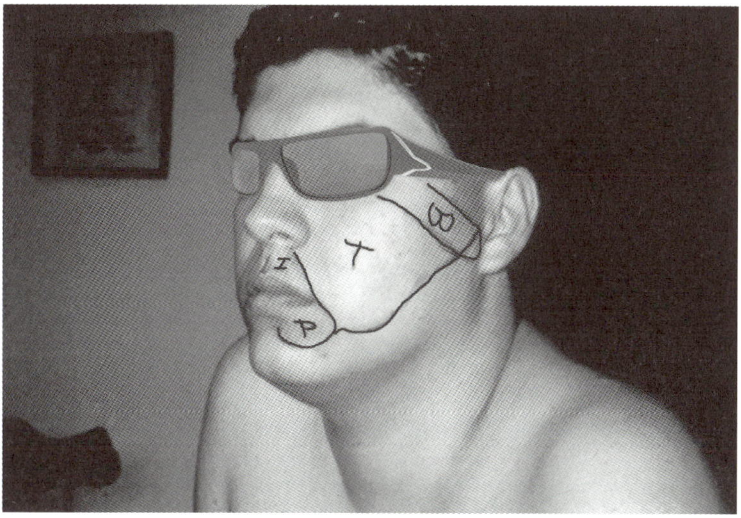

그림 1-1 가상의 왼쪽 팔을 가진(왼팔이 잘린) 환자. 그의 얼굴 여러 부분을 만지면 가상의 팔의 여러 부분에서 감각을 느낀다. P; 새끼손가락, T; 엄지손가락, B; 엄지 손가락볼, I; 검지

리면서 어디에서 어떤 느낌을 받았는지 물어보았다. 내가 그의 얼굴 왼쪽 부분을 만질 때까지 그의 답변은 정상적이었다. 그런데 이상한 일이 일어났다.

"선생님, 제 가상의 손에서 그게 느껴져요. 지금 제 엄지손가락을 만지네요."

나는 무릎 망치를 이용하여 그의 턱 아랫부분을 톡톡 쳤다.

"이건 어때요?"

그가 대답했다.

"뭔가 날카로운 게 새끼손가락에서 손바닥을 가로질러 움직여요."

이 과정을 반복함으로써 나는 그의 얼굴에 잃어버린 손에 대한 전체 지도가 있다는 사실을 알았다. 손가락으로 정확하게 지도를 그렸는데(그림 1-1) 놀랄 정도로 정확하고 연속적이었다. 젖은 면봉으로 그의 볼을 눌러서 물 한 방울을 눈물처럼 그의 얼굴 아래로 흘려보내 그의 느낌을 관찰했다. 그는 정상적인 감각으로 물이 뺨을 흐르는 것을 느꼈다. 그런데 물방울이 그의 가상의 팔(잘린 팔) 아래로 흘러내리는 것도 느꼈다고 했다.

그는 오른손 검지손가락으로 잘린 팔 앞의 허공에 대고 물방울의 구불구불한 궤적을 추적하기까지 했다. 나는 호기심에 그에게 잘린 팔을 올려 천장 쪽을가리켜보라고 요청했다. 놀랍게도 그는 물방울이 가상의 팔 위로 흐르는 것을 느꼈다. 중력의 법칙을 거부하면서 말이다.

***

빅토르는 예전에는 전혀 얼굴에서 가상의 손을 느끼지 못했다고 말했다. 그러나 그것을 발견하자마자 이용하는 방법을 찾았다. 전에는 가상의 손바닥이 가려울 때마다 미치도록 괴로웠는데, 이제는 얼굴에서 거기에 해당하는 곳을 긁음으로써 고통을 경감시킨다고 했다.

왜 이런 일이 생기는가? 답은 뇌의 해부학적 구조에 있다. 인체의 좌측 부분의 전체 피부표면은 '중심후방 뇌회(머리말의 그림 2)'라고 불리는 뇌의 오른쪽을 흐르는 한 줄의 피질 위에 보여진다. 이 지도는 뇌 표면이 그림으로 그려진 사람의 삽화로 종종 쓰인다(그림 1-2).

대부분은 정확하나, 몇몇 부분은 신체의 실제 도식이 뒤섞인 상태다. 지도에서 얼굴이 '당연히' 있어야 할 목 근처에 있는 것이 아니라 손 옆에 있는 것을 주목하라. 이것이 내가 찾던 실마리를 제공했다.

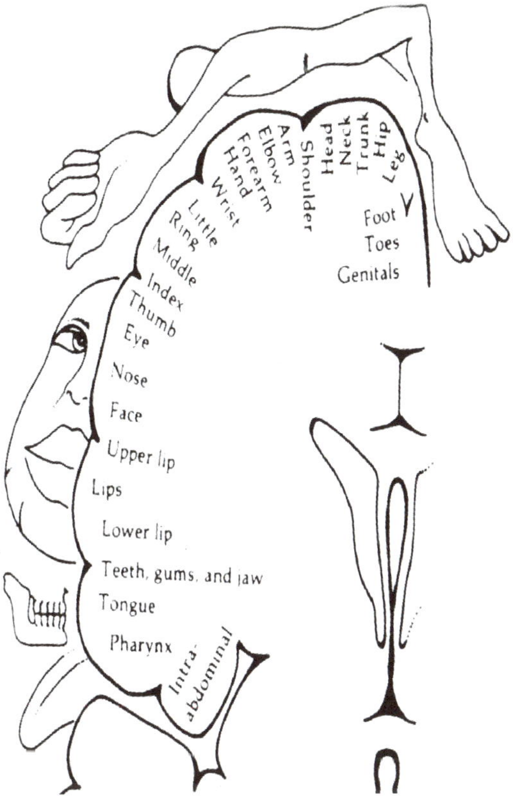

그림 1-2 중앙후방 뇌회 피부표면의 펜필드(Penfield) 지도(그림 2 참조). 중앙후방 뇌회의 높이에서 뇌 중앙을 지나는 두정 영역(대략 대각선 영역)을 보여준다. 뇌 표면 위에 인체를 장식한 예술가의 기발한 묘사로 특정 인체 부분(얼굴과 손)의 과장된 표현과 손지도가 얼굴 지도 바로 밑에 있는 것을 보여준다.

팔이 절단되면 신체에서 팔은 더이상 존재하지 않으나, 뇌에는 여전히 팔의 지도가 존재한다. 이 지도의 할 일은, 즉 '존재이유'는 팔을 표현하는 것이다. 팔은 없어졌지만 뇌의 지도는 특별히 할 일도 없이 계속 일을 한다. 뇌 지도는 계속 팔을 표시한다. 매일매일, 매순간 이 지도의 존재는 살과 피가 붙어있는 팔이 잘린 뒤에도 감각이 유지되는 의사수족증 현상을 설명한다.

얼굴에서 일어나는 접촉 감각을 가상의 팔 탓이라고 하는 이 기이한 현상을 어떻게 설명할 것인가? 외톨이가 된 지도는 계속하여 없어진 팔과 손을 나타낸다. 그러나 실제로 어떤 접촉 입력을 받는 것은 아니다. 그것은 죽은 채널에 귀를 기울이는 것이고, 감각신호를 애타게 기다리는 것이다. 이 현상에 대한 두 가지 가능성이 있다.

첫 번째는 얼굴 피부에서 뇌 속의 얼굴 지도까지 떠도는 감각입력이, 없어진 손에 부합하는 빈 영역을 적극적으로 침범한다. 보통 얼굴 피질에 주사되는, 얼굴 피부로부터 나오는 신경섬유는 팔 지도에 기어오르는 수천 가지 신경 덩굴손의 싹을 틔운다. 그런 다음 강력하고 새로운 시냅스를 형성한다. 이 혼선의 결과로, 얼굴에 적용된 감각 신호는 얼굴지도를 활성화시킬 뿐만 아니라, 통상 그러듯이, 피질 속의 손 지도도 활성화시킨다. 더 높은 뇌 영역을 향해 "손!"이라고 소리치며 말이다. 그 결과 환자가 자신의 얼굴을 만질 때마다 가상의 손이 접촉을 느낀다는 것이다.

두 번째 가능성은 절단되기 이전부터 얼굴로부터의 감각 입력이 마치 행동에 들어갈 준비가 된 예비 부대처럼 얼굴에 전달될 뿐만 아니라 부분적으로 손 영역을 잠식한다는 것이다. 그러나 이 비정상적인 연결은 보통 말이 없다. 아마도 비정상적인 연결들이 끊임없이 방해를 받거나, 손 그 자체로부터 정상 행동 기준에 가깝게 옅어졌을 것이다. 절단 수술할 때 이러한 통상적으로 침묵의 시냅스의 정체가 드러남으로써 얼굴을 만지는 것이 뇌 속의 손 영역 세포를 활성화한다. 그것이 결국 환자가 없어진 손에서 일어나는 것과 같은 감각을 경험하게 한다.

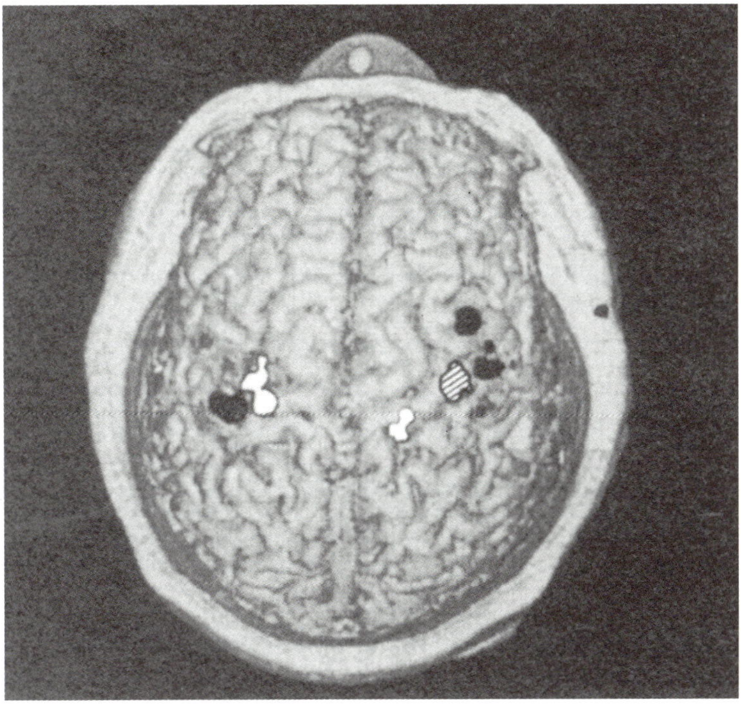

그림 1-3 오른팔 절단 환자의 신체 표면의 MEG 지도. 녹색점: 손, 빨간점: 얼굴, 푸른점: 팔 상부. 오른손(녹색점)에 부합하는 영역은 왼쪽 반구에서 실종 상태. 그러나 이 영역은 얼굴이나 팔 위쪽을 만짐으로써 활성화된다.

신경의 싹이 나거나 정체가 드러난다는 두 가지 이론이 옳은 것과는 상관없이, 여기에 아주 중요한 숙제가 있다. 의대생들은 뇌의 수천억 개의 신경 연결이 태아기와 유아기에 형성되고 성인의 뇌는 새로운 연결 형성 능력을 상실한다고 배웠다. 이는 가소성이 부족한 환자를 설명할 때 자주 하는 말이다. 즉, 왜 뇌졸중 또는 충격적인 뇌 손상을 당한 환자들이 그 기능 회복을 기대하기 어려운가에 대한 설명이다.

우리의 관찰은 성인 뇌의 기본 감각 지도조차 몇 센티미터나 다르게 표시될 수 있다는 사실을 처음으로 보여줌으로써 이런 독단적인 학설을 여지없이 반박했다. 그리고 뇌 영상 기술을 사용하여 우리의 이론이 옳다는 것을 직접 보여줄 수 있었다. 빅토르의 뇌 지도는 정말로 예측한 대로 변했다(표 1-3).

***

우리가 발표한 지 얼마 안 되어 이 발견을 확인하고 더 발전시키는 증거가 많은 다른 그룹으로부터 쇄도했다. 두 명의 이탈리아 연구원인 지오비니 베를루치Giovanni Berlucchi와 살바토레 아글리오티Salvatore Aglioti는 손가락 절단 후 얼굴을 가로질러 선명하게 드러나는, 손가락 한 개에 해당하는 '지도' 하나가 기대한 대로 존재한다는 것을 발견했다. 삼차신경(얼굴에 공급되는 감각신경)이 절단된 환자의 경우 곧 얼굴지도가 손바닥에 나타났다. 즉 우리가 본 것과 정확히 반대다.

마지막으로, 발이 절단된 또 다른 환자는 성기의 감각을 가상의 발에서 느꼈다(사실 그 환자의 오르가즘이 발로 확산되었고, 이전에 그러했던 것보다 '훨씬 더 큰' 느낌을 주었다). 이러한 현상은 신체에 대응하는 뇌 지도의 또 다른, 이상한 불연속성 때문이다. 지도를 보면 생식기는 발 바로 옆에 있다.

가상의 팔에 대한 나의 두 번째 실험은 더욱 간단했다. 간략하게 말하면, 보통의 거울을 사용하여 쓸모없어진 가상의 팔을 움직이게 하고, 가상의 고통을 줄이는 간단한 기구를 만든 것이다. 작동 방법을 이해하기 위하여, 나는 왜 어떤 환자들은 가상의 팔이 '움직이고' 다른 사람들은 그렇지 않은지 설명할 필요가 있다.

가상의 수족을 지닌 많은 환자들은 잃어버린 수족을 움직일 수 있는 생생한 감각을 유지한다. "작별 인사로 팔을 흔들고 있어"라고 하거나 "전화를 받으려고 팔을 뻗치고 있어"라는 식으로 말을 한다. 물론, 환자 자신들도 손이 실제로 이러한 행동을 하지 않는다는 사실을 안다. 그들은 망상증 환자가 아니고, 단지 팔이 없을 뿐이다. 그러나 그들은 주관적으로 그 가상의 손을 움직인다는 현실적인 감각이 있다. 이러한 느낌은 어디에서 오는가?

추측컨대 나는 그런 느낌이 뇌의 앞부분에 있는 운동명령센터에서 온다고 생각한다. 도입 부분에서 설명한 바와 같이 소뇌가 서보-루프servo-loop(자동제어장치 고리) 과정을 이용해 우리의 행동을 얼마나 미세하게 조정하는지 기억할 것이다. 내가 언급하지 않은 것은 두정엽도 이 자동제어 과정에 똑같은 메커니즘으로 참여한다는 점이다.

다시 한 번 더 간단히 설명하면, 근육으로 나가는 운동신호는 사실상 두정엽에 전달되는데, 거기에서 근육과 피부, 관절, 눈에서 보내온 피드백feedback 감각신호와 비교된다. 만일 두정엽이 의도한 운동과 손의 실제 운동 간의 어떤 불일치를 감지하면, 그다음 운동신호가 정확하게 바로잡는다. 여러분은 이 자동제어 시스템을 항상 사용하고 있다. 무거운 주스병을 식탁 위의 빈 공간에 엎지르거나 부딪히지 않고 내려놓을 수 있는 것도 이 때문이다.

만일 팔이 절단된다면 무슨 일이 생길지 상상해보라. 뇌 앞부분에 있는 운동명령센터는 팔이 떨어져나간 것을 모른다—그것들은 자동조종장치 위에 있다—그래서 없어진 팔에 운동명령신호를 계속 보낸다.

마찬가지로 운동명령센터는 두정엽으로 가는 이 신호들을 계속

복제한다. 이러한 신호는 두정엽에 있는, 외톨이가 되어 입력신호에 굶주린 신체-이미지센터의 손 영역으로 흘러들어간다. 운동명령을 참조한 이 신호들을 뇌는 가상의 실제 운동으로 잘못 해석한다. 만일 이것이 사실이라면, 여러분은 의도적으로 한쪽 팔을 움직이지 않게 단단히 고정했다고 상상할 때 왜 이와 똑같은 가상의 움직임을 느끼지 못하는지 궁금할 것이다.

여기 내가 수년 전에 제시한 설명이 있는데 나중에 뇌 이미지 연구로 확인되었다. 팔이 온전할 때는 눈이 보내는 시각적 피드백과 마찬가지로 피부, 근육으로부터의 감각 피드백, 팔 관절 감각들은 일제히 여러분의 팔이 실제로 운동하지 않는다고 증언한다. 비록 운동 피질이 "움직여"라는 신호를 두정엽에 보내도 감각 피드백이 상쇄시키는 증거는 하나의 강한 거부권으로 작동한다. 결과적으로 여러분은 마치 그것이 실제인 것처럼 상상한 움직임을 경험하지 못한다.

그러나 팔이 없어진다면 근육, 피부, 관절, 눈은 확실히 현실을 확인할 수 없다. 거부에 대한 피드백이 없다면 두정엽으로 입력되는 가장 강한 신호는 손으로 가는 운동명령이다. 결과적으로 여러분은 실질적인 운동 감각을 경험한다.

가상의 팔을 움직이는 것은 참으로 묘하고, 이상하기까지 하다. 가상의 팔을 가진 많은 환자들은 정확히 반대의견을 말했다. 그들의 유령은 쓸모가 없어졌다. "박사님, 유령이 꼼짝하지 않아요." "시멘트 덩어리 속에 있어요." 이러한 환자들 중 일부는 유령이 비틀어져서 거북하고도, 극도로 고통스러운 처지로 전락해버렸다. 한 환자가 언젠가 나에게 말했다.

"그것을 움직일 수만 있다면 그게 고통을 완화시켜줄 텐데요."

나는 처음 이런 현상을 보았을 때 당황스러웠다. 말도 안 되는 일이었다. 그들은 팔을 잃어버렸다. 그러나 그들 뇌에서의 감각-운동 연결은 절단수술을 받기 전과 같은 상태였으리라. 나는 당황하여 몇몇 환자들의 차트를 검사해보고는 곧 실마리를 찾았다. 절단수술에 앞서 많은 환자들은 주변 신경 부상 때문에 실제로 팔이 마비되었다. 팔과 연결된 신경이 척수에서 찢겨나간 것이다. 험한 사고 때문에 콘센트에서 뽑힌 전화 코드 처지가 된 셈이다.

그래서 팔은 온전했으나 수술받기 전 몇 달 동안 마비 증상을 겪었다. 어쩌면 실제로 마비가 온 이 기간에 그 마비 상태가 몸에 익어 버리지 않았을까 생각했다. 추측컨대 절단수술을 하기 전에 운동피질이 운동명령을 팔에 내릴 때마다, 두정엽에 있는 감각피질이 근육, 피부, 관절, 눈에서 부정적인 피드백을 받았으리라. 전체 피드백 순환회로는 죽어버렸다. 경험은 신경을 연결하는 시냅스를 강하게도 하고 약하게도 함으로써 뇌를 변화시킨다는 것은 잘 알려져 있다. 이 변화 과정은 학습으로 알려져 있다.

변화 양상이 끊임없이 보강될 때, 예를 들어 뇌가 사건 B는 언제나 사건 A를 따르는 것으로 본다고 해보자. 그러면 A를 대표하는 신경과 B를 대표하는 신경 간의 시냅스는 강화된다. 반면에, 만일 A와 B가 서로 관계를 확실하게 끊어버린다면, A와 B를 대표하는 신경은 새로운 현실을 반영이라도 하듯이 공동의 연결 문을 닫아버린다.

여기서 우리는 운동피질이 끊임없이 운동명령을 팔에 보내는 상황에 놓이는데, 두정엽이 본 바로는 근육이나 감각적인 효과는 전혀 없다. 시냅스가 만들어낸 운동명령과 감각 피드백 사이의 상호 관계를 강하게 지원하던 시냅스 자신도 거짓말쟁이가 되어버렸다. 매번 새롭고 무력한 운동신호가 이러한 추세를 강화시켰는데, 그 결과 시냅스는 점점 약해지고 결국 빈사 상태가 된다. 다시 말해서 마비는 환자의 뇌로 인해 학습되었고, 몸 이미지를 만들었던 회로 속에 각인되었다. 나중에 팔 절단수술을 받았을 때 그 학습된 마비가 유령 속으로 전달되고, 그렇게 유령은 마비 상태를 느낀다.

누가 이런 이상한 이론을 시험하려고 할 것인가? 그림 1-4와 같이 거울상자를 만들어보자는 아이디어가 떠올랐다. 골판지로 만든 박스의 위와 앞은 제거하고, 가운데에 수직으로 거울을 놓았다. 박스 앞에 서서 거울 쪽으로 두 손을 내밀어 어느 한 각도에서 그 손들을 내려다보자. 그러면 한쪽 손이 다른 쪽 손의 느낌이 있는 장소에 정확하게 겹쳐져 비치는 것을 볼 수 있다.

다시 말하면, 여러분은 생생하기는 하나 양손을 보고 있다는 거짓 인상을 받을 것이다. 사실, 실제로 보는 것은 한쪽 손과 그 손이 비친 이미지다. 정신과 두 손이 멀쩡하다면 거울상자로 이러한 환영 놀이를 해보는 것도 즐거운 일이 될 수 있다.

예를 들어, 여러분은 관현악단 지휘를 하듯이 손을 동시에, 대칭적으로 움직여 볼 수 있다. 그러다 갑자기 동작을 다른 방법으로 취해본다. 그것이 환상이란 것을 알지만 이 놀이를 할 때마다 마음을 끊임없이 자극하는 은근한 놀라움이 생길 것이다.

놀라운 일은 두 갈래 피드백 간의 갑작스러운 불일치에서 일어난다. 거울 뒤의 손에서 전달되는 피부-근육 간 피드백이 한 가지다. 그러나 반사된 손에서 전달되는 시각적인 피드백 즉, 두정엽이

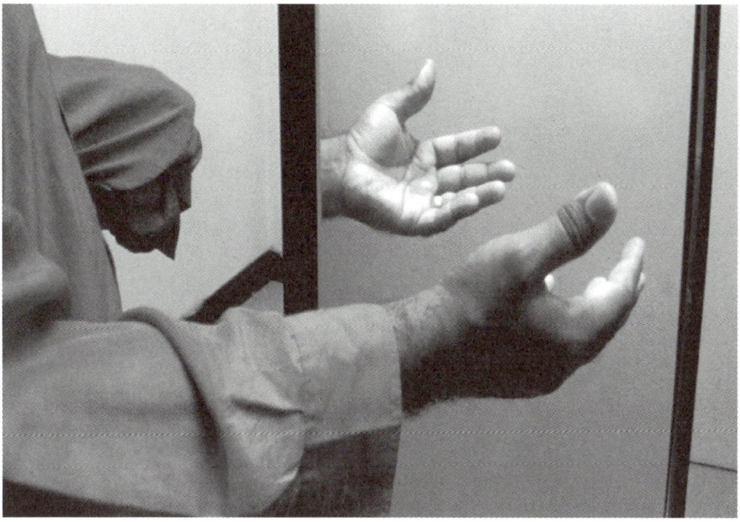

그림 1-4 가상의 손에 생기를 불어넣기 위한 거울 배치를 보여준다. 환자의 마비된 왼손을 거울 뒤, 손상되지 않은 오른손을 거울 앞에 둔다. 거울 오른편에 반사된 오른손을 쳐다보면, 그의 가상의 손이 부활한 것 같은 착각이 든다. 실제 손을 움직이면 가상의 손이 움직이는 느낌이 든다. 많은 환자에게서 이런 훈련은 가상의 손의 경련과 연관된 고통을 경감한다. 임상 실험에서 거울 시각 피드백도 뇌졸중이 원인인 만성 국부 통증, 증상과 마비현상에 대한 전통적인 방법보다 더 효과적인 것으로 나타났다.

숨어 있는 손이라고 확신하는 피드백은 다소 다른 움직임을 보여준다.

이제 이 거울상자가 마비된 가상의 팔을 가진 환자에게 어떤 영향을 주는지 보자.

우리가 시도한 첫 번째 환자인 지미Jimmie는 온전한 오른팔과, 가상의 왼팔을 갖고 있었다. 고통의 주된 원인인 가상의 팔을 의사들도 어떻게 해볼 도리가 없었다.

그 환자에게 거울상자를 보여주기 전, 우리는 우리가 시도하려는 치료법이 생소하게 느껴질 것이고, 어떤 효과가 있으리라고 보증

할 수 없다는 것을 설명했다. 그는 기꺼이 즐거운 마음으로 시도하겠다고 나섰다. 마비된 가상의 팔을 거울 왼쪽 편에 내밀고는, 상자 오른쪽을 내려보고는 조심스럽게 그의 오른손을 위치시켰다. 그것의 이미지가 가상의 손이 느껴지는 위치와 같은 형태와 크기로 거울 속에 겹쳐 비춰졌다. 이것이 그 환자에게는 즉각적으로 가상의 손이 부활했다는 놀라운 인상을 주었다. 그때 그에게 거울 속을 쳐다보는 동안 양손과 팔을 대칭적으로 움직여 보라고 했다. 그가 외쳤다.

"팔이 되살아난 것 같아요!"

이제 그는 가상의 팔이 그의 명령을 따른다는 인상을 받았다. 놀랍게도 수년간 괴롭혀온 경련의 고통도 처음으로 완화되었다. 거울 시각 피드백MVF이 그의 뇌에게, 학습으로 몸에 굳어버린 마비를 '잊으라고' 한 것처럼 보인다.

론Ron이라는 환자는 집에 거울상자를 갖고 가서 시간이 날 때마다 3개월 정도 이 훈련을 했다. 그 결과 가상의 팔과 고통이 함께 사라져버렸다. 우리가 충격을 받은 것은 당연했다. 단순한 거울상자 하나가 유령을 불러냈다. 어떻게 된 일일까? 아직 아무도 이 메커니즘을 입증하지 못했다. 내가 추측하는 작용 메커니즘은 다음과 같다. 서로 상충되는 엄청난 양의 감각정보—관절이나 근육 피드백이 없고, 힘 빠진 운동명령 신호들, 그리고 지금 거울상자를 거치면서 꼬이고 서로 어긋난 시각적 피드백—가 입력되면 뇌는 그저 포기해 버린다. 그리고 실제로 이렇게 내뱉는다.

"맙소사, 팔이 없어요."

뇌는 대안이 없으면 부정하는 쪽에 의존한다. 나는 종종 의사 동료들에게 이번이 의학사상 의사수족증 절단수술에 성공한 첫 사례라고 말한다.

MVF 훈련으로 가상의 팔이 사라지는 것을 처음 관찰한 나 자신도 이 사실을 확실히 믿지 않았다. 거울을 이용하여 가상의 팔을 잘라낼 수 있다는 생각이 이상하게 보일 수 있다. 그러나 지금은 다른 그룹의 연구자들이 따라하는데, 하이델베르크대학교의 신경과학자 헤르타 플로어Herta Flor가 대표적이다. 가상의 팔의 고통 경감에 대해 메릴랜드 주의 월트 리드 육군의학센터의 잭 타오 박사의 연구팀도 확인했다. 그들은 24명의 환자(16명은 플라시보 조절 환자)를 대상으로 플라시보[3] 조절 임상연구를 진행했다.

거울을 이용한 8명의 환자는 3주 만에 유령의 팔 고통이 사라졌다. 반면 조절 환자(아크릴 수지와 거울 대신에 시각적 이미지를 사용한 사람들)들은 전혀 좋아지지 않았다. 이 환자들도 거울 훈련으로 바꾸자 처음의 실험 그룹이 그러했던 것처럼 잠재적인 고통 완화 현상을 보였다. 더욱 중요한 점은, MVF가 현재 뇌졸중 후유증인 마비증상을 회복하는 데 사용된다는 것이다. 박사후연구원 시절 동료인 에릭 알출러와 나는 1998년 〈랜싯*The Lancet*〉(영국의 의학잡지)에 이 결과를 공동으로 보고했다. 그러나 우리의 샘플 규모는 9명으로 매우 적었다. 크리스천 돌Christian Dohle이 이끄는 독일의 한 연구 그룹은 50명의 뇌졸중 환자를 대상으로 서로 무엇을 하는지 모르게 삼중으로 통제한 연구[4]에서 그 기술을 시도했다. 그 결과 환자 대부분이 감각과 운동 기능을 회복했다. 이 시술을 받은 6명 중 한 명 꼴로 뇌졸중이 더 심해지는 것으로 밝혀졌는데, 아주 중요한 발견이다.

MVF의 임상 적용은 지속적으로 부각된다. 하나는 복합적국부 고통증후군인 Type II(CRPS-II[5])라는, 이상한 이름을 가진 고통 장애에 적용된다. 이것을 뭐라고 부르든 간에, 이러한 고통은 아주 흔해서 뇌졸중 환자의 10퍼센트에서 나타난다. 잘 알려진 변종 장애는 손바닥 뼈 한 개에 대수롭지 않은 가느다란 금이 가는 것과 같은 조그만 부상 이후에 생긴다. 초기에는 당연히 손이 부러질 때 수반하는 통증이 있다. 대개 뼈가 나아감에 따라 통증이 점차 사라지지만 불운한 일부 환자는 증상이 호전되지 않는다. 그들은 만성적이고 극심한 고통을 겪는데, 부상이 나은 후에도 통증은 끝없이 이어진다. 의과대학에서 내가 배운 바로 이 병은 치료책이 없다.

이 문제를 푸는 데 진화적인 접근이 도움이 될 수도 있다. 보통 통증은 한 가지라고 생각하지만 기능적인 관점에서 보면 적어도 두 가지다. 뜨거운 화로에 무심코 손이 닿았을 때 악 하고 소리를 지르는 극성통증과, 오랜 시간 지속되고 재발하는 손바닥 골절과 같은 만성통증이 있다. 이 두 가지는 통증이라는 점에서 같기는 하지만, 생물학적인 기능과 진화학적 기원은 서로 다르다. 극성통증은 화로에 닿은 손을 잽싸게 빼게 하여 심한 손상을 방지한다. 만성통증은 골절된 손을 고정시켜 치유하는 동안 재부상을 방지한다.

학습으로 인한 마비가 못 움직이게 고정한 유령을 설명할 수 있다면, 아마도 CRPS-II는 '학습으로 인한 통증'의 한 형태로 보인다. 손이 골절된 한 환자를 상상해보라. 또 요양기간 중에 그가 움직일 때마다 어떻게 통증이 손을 통해 뻗쳐지는지 상상해보라. 환자의 뇌는 항상 'A이면 다음에는 B'라는 사건들의 양상을 알고 있다. A는 움직임이고, B는 통증이다. 그래서 이 두 사건에 해당하는 여러 가지 신경 간의 시냅스는 매일(또는 매달) 기능이 강화된다. 결과적으로 손을 움직이려고만 해도 극심한 통증을 일으킨다.

통증은 팔에까지 퍼져 환자를 꼼짝 못하게 만든다. 일부 이런 사람의 팔은 마비증상으로 발전될 뿐만 아니라 실제 부풀어 오르고 염증이 발생한다. 수덱Sudek이라는 환자의 위축증 사례처럼 뼈가 위축될 수도 있다. 이 모든 것이 몸과 마음의 상호작용이 엉망이 되어버린 이상한 징후로 보이기도 한다.

1996년 10월 캘리포니아대학교 샌디에이고 캠퍼스에서는 내가 조직한 '뇌의 10년' 심포지엄이 열렸다. 이곳에서 나는 거울상자가 학습으로 인한 의사수족증 통증을 완화시키는 데 도움을 줄 수 있다고 제안했다. 환자는 거울을 들여다보는 동안 고통스러운 팔이 자유로이 움직이는 환영을 만든다거나 양팔을 동시에 움직여볼 수 있다. 어떠한 통증도 유발되지 않는다. 반복하여 주시함으로써 학습으로 인한 통증을 '잊어먹기 학습'으로 유도할 수도 있다. 몇 년 후에 거울상자는 두 개의 연구 그룹에 의해 테스트되었는데 대부분의 CRPS-II 환자 치료에 효과적이라는 판정을 받았다. 두 연구는 플라시보 조절을 이용한 이중맹검[6] 상태에서 이루어졌다. 솔직히 말하자면 나는 놀라움을 금치 못했다. 그 후 두 개의 다른 이중맹검의 무작위 연구가 이 방법의 현저한 효과를 확인했다(뇌졸중 환자들의 15퍼센트에서 나타나는 CRPS-II의 변종에도 거울 치료는 효과적이다).

의사수족증에 관한 마지막 관찰을 얘기하자면 전술한 것들보다 훨씬 더 주목할 만하다. 나는 전통적인 거울상자를 사용하는 것에 손 돌리기를 새로 추가했다. 척Chuck이라는 환자가 있었는데 우리는 그의 온전한 팔을 거울 속에 비춰지게 하여 시각적으로 가상의 팔이 사고 전처럼 부활하게 했다. 그러나 이번에는 팔을 움직이라고 요구하는 대신 그의 시선과 거울 사이에 오목렌즈를 두고서는 그를 움직이지 않게 했다. 척의 관점에서 보면 가상의 팔은 실제 크기의 절반 또는 3분의 1 정도로 보인다. 척이 놀라 물었다. "굉장합니다. 박사님, 내 가상의 팔이 작게 보일 뿐 아니라 작게 느껴져요. 그리고 통증도 같이 줄어들었어요! 이전보다 4분의 1의 강도로 낮아졌어요."

이것은 아주 흥미로운 의문을 떠올리게 했다. 실제 팔을 핀으로 콕 찔러서 야기된 통증을 광학적으로 핀과 팔을 축소시킴으로써 줄일 수 있을까? 앞서 설명한 여러 실험에서 우리는 강하거나 약한 요인시각要因視覺이 의사수족증 통증과 운동 마비에 얼마나 영향을 미치는지를 보았다. 만일 이런 종류의 광학적인 간접 마취가 온전한 손에 작용하는 것을 보여줄 수 있다면, 그것은 마음과 몸 사이의 상호작용이라는 또 하나의 놀라운 사례가 될 것이다.

***

마이크 메르제니크Mike Merzenich와 존 카스John Kaas의 선구자적인 동물 연구, 레오나도 코언Leonardo Cohen과 폴 바흐 이 리타Paul Bach y Rita의 기발한 임상실험 결과 나타난 발견들은 신경학계, 특히 신경재활의학의 새로운 시대를 열었다. 이들은 우리가 뇌를 생각하는 방법에 급격한 변화를 가져왔다.

1980년대에 만연했던 낡은 시각은 뇌가 전문화된 모듈로 구성되어 있는데 태어나면서부터 특정한 일을 수행하도록 고정되어 있다는 것이다(해부학 교재에 나오는, 표와 화살표로 이뤄진 뇌의 연결성에 관한 도해는 의과대학생들 세대의 머리에 아주 잘못된 기억을 심어주었다. 심지어 몇몇 교재는 오늘날에도 코페르니쿠스 이전의 시각을 지속적으로 대변하는 실정이다).

1990년대에 들어서자 뇌에 대한 고정적인 시각은 훨씬 더 역동적인 모습으로 대체되어 왔다. 뇌의 모듈은 격리되어서 일을 수행하지 않는다. 모듈 간 수많은 앞뒤 상호작용이 우리가 이전에 추측한 것보다 훨씬 더 많이 존재한다. 한 모듈 작용의 변화는—말하자면 손상이나 성숙 또는 학습과 삶의 경험으로부터—그 모듈과 연결된 다른 많은 모듈의 작용에 중대한 변화를 가져올 수 있다. 놀라운 것은 하나의 모듈은 다른 하나의 기능을 인수할 수 있다는 점이다.

뇌의 배선은 태아기의 유전적 청사진에 따라 융통성 없이 정해지는 것이 아니라 무척 유동적이다. 유아기와 소년기에만 그런 것이 아니고, 성인이 되어도 평생 그러한 특성을 유지한다. 우리가 본 바와 같이 뇌의 기본적인 '촉각' 지도조차도 비교적 먼 거리로 변형될 수 있다. 가상의 팔도 거울상자 치료를 통해 절단수술을 할 수 있다. 이제 뇌가 이례적으로 가소성을 갖는 생물학적 시스템으로 외부세계와 역동적 균형 상태를 유지한다고 자신 있게 말할 수 있다. 뇌의 기본적인 연결조차도 변화를 요구하는 감각의 요구에 반응하여 끊임없이 개선된다. 그리고 만일 거울신경을 고려한다면, 여러분의 뇌는 다른 뇌와 동기화 상태에 있다는 추론이 가능하다. 이는 마치 끊임없이 변화하고 서로 질을 높여가는 인터넷의 페이스북 친구와 유사하다.

어마어마한 임상적인 중요성은 차치하고라도, 의사수족증과 가소성, 뇌의 이야기가 인간의 고유함과 무슨 관계가 있느냐 하는 점이 궁금할 만하다. 평생의 가소성이 확실한 인간적 특성인가? 사실은 그렇지 않다. 하등 영장류들은 의사수족증이 나타나지 않는가? 그렇다. 그러면 가소성이 인간의 고유함과 관련하여 무엇을 말해주는가?

유전자가 아니라 평생 지속되는 가소성이 인간의 고유성 진화에 핵심 요인이라는 것이 답이다. 우리의 뇌는 자연선택을 통하여 지적인 위상 변천을 촉진하기 위해 학습과 문화를 이용하는 능력을 진화시켰다. 인간을 호모 플라스티쿠스Homo Plasticus라 부를 수 있다. 다른 동물들의 뇌도 가소성을 보여주기는 하지만 인간은 뇌의 개량과 진화의 핵심 선수로 가소성을 사용하는 유일한 종이다. 우리가 신경학적 가소성을 성층권 높이까지 올린 주된 방법 중의 하나는 유형성숙[7]으로 알려졌다. 즉, 터무니없이 긴 유아기와 소년기를 말하는 것으로 이것이 우리를 어른 세대에 10년 이상이나 과다 의존하게 만든다. 인간의 어린 시절은 성인의 사고방식으로 가는 기초공사를 하는 데 도움을 준다. 그러나 가소성은 일생을 통해 대세로 남는다. 유형성숙과 가소성이 없다면 우리는 여전히 불도, 도구도, 저술도, 구전 지식도, 믿음이나 꿈도 없이 초원의 벌거벗은 유인원으로 남아 있을 것이다. 이런 것이 없다면 우리는 실제로 영감을 불어넣는 천사 대신 한낱 유인원으로만 존재했을 것이다.

의대생 시절에 만난 환자, 통증으로 비명을 질러야 할 상황에서 웃기만 하던 미키를 직접 연구할 기회는 없었으나, 결코 그녀를 잊은 적이 없다. 미키의 웃음은 하나의 흥미 있는 질문을 던졌다. 어떤 사람은 왜 아무 일에나 웃는가? 웃음은 현재 모든 문화에서 나타나는 일반적 특징이다. 몇몇의 유인원도 간지럼을 태울 때 웃는다고 알려져 있다. 그러나 뚱뚱한 유인원이 바나나 껍질에 미끄러져 엉덩방아를 찧을 때도 동료 유인원이 웃을지는 의문이다. 제인 구달Jane Goodall은 침팬지가 서로 팬터마임 촌극 공연을 한다고 보고한 적이 결코 없다. 왜, 어떻게 유머가 인간에게서 진화했는가 하는 것은 불가사의한 일이나, 미키의 고충이 나에게 해결의 실마리를 주었다.

어떤 농담이나 유머러스한 일은 다음의 형태를 갖는다. 연설가는 청중이 기대하게 하면서 차례차례 이야기한다. 그러고 나서 예상치 않은 뒤틀기, 핵심 파고들기, 앞 사건을 완전히 재해석할 수 있는 실마리 소개하기 등을 한다. 그러나 그것으로 충분치 않다. 자신의 이론 체계가 하나의 추한 사실로 인해 완전히 허물어진 과학자는 그것을 절대로 재미있다고 생각지 않는다(날 믿으라. 내가 해봤으니까!). 기대감을 줄이는 것은 필요하지만 충분치는 않다.

추가할 만한 구성요소는, 새로운 설명이 별 볼 일 없어야 한다는 점이다. 설명을 하겠다. 의과대학 학장이 길을 걷다가 바나나에 미끄러져 자빠졌다. 뼈가 부러지고 피가 난다면, 여러분은 급히 달려가 부축하고 구급차를 부를 것이다. 여러분은 웃지 않는다. 그러나 그가 다치지 않았고 비싼 바지에 묻은 바나나를 털어낸다면, 웃음을 터뜨릴 것이다. 그것을 슬랩스틱 코미디라 부른다.

차이점은 첫 번째 경우에는 긴급하게 주의를 요하는 진짜 비상상황이고 두 번째 경우는 거짓 비상상황이라는 것이다. 이때 웃음을 짓는 것은 학장한테 달려가 구급행동을 하는 에너지를 쓰지 말라고 주변 동료들에게 알려주는, '모두 괜찮다'라는 신호다. 설명되지 않은 채 남겨진 것은, 남의 불행을 보고 느끼는 약간의 쾌감이다.

그러면 미키의 웃음은 어떻게 설명할 것인가? 당시에는 몰랐다. 한참 뒤 나는 도로시Dorothy라는 다른 환자를 만났는데, 그녀에게도 '아파서 웃는' 유사한 증상이 있었다. 컴퓨터 단층촬영CT을 통해 그녀의 뇌 속의 고통 경로 중 하나가 손상을 입었음이 나타났다.

비록 우리는 고통을 하나의 감각으로 생각하지만 사실 거기에는 대여섯 개의 층이 있다. 고통의 감각은 뇌도Insula('섬'이라는 뜻)라는 조그만 구조에서 처리된다. 뇌도는 뇌의 양 측면에 있는 측두엽 깊은 곳에 접혀 있다(머리말의 그림 2를 보라). 고통 정보는 뇌도에서 전두엽에 있는 전측대상회로 전달된다. 여기가 예상한 위험에 대한 불쾌함, 즉, 극도의 고통과 그 두려움을 느끼는 장소다.

도로시처럼 고통 경로가 끊어졌다면(아마 미키도 그럴 것 같다) 뇌도는 고통의 기본감각을 계속 제공하지만, 예상한 두려움이나 극도의 고통을 야기하지는 않는다. 즉, 전측대상회는 메시지를 받지 못한다. 단지 "괜찮아"라고만 한다. 여기서 웃음의 두 가지 구성요소를 알 수 있다. 뚜렷하고 분명한 암시 즉, (뇌도에서) 경고가 발생되고 '큰 소란 없음'이 뒤따르는 것이 그것이다. 그래서 환자는 대책 없이 웃는 것이다.

똑같이 웃음을 자아내는 것이 있다. 거구의 어른이 어린아이에게 위협하듯이 다가선다. 아이는 상대가 되지 않는 먹잇감이고, 그저 괴물의 처분만 바라는 처지다. 아이의 어떤 본능도—아이 내면의 영장류는 독수리와 표범과 거대한 뱀으로부터 벗어날 준비가 되었다—어쩔 수 없는 처지에서 상황 판단만 해놓은 상태다. 그런

데 괴물이 신사로 돌변하고, 아이가 예상한 두려움은 줄어든다. 날카로운 송곳니와 발톱이 아이의 늑골을 치명적으로 파고들 거라는 예상이 빗나가고 신사의 부드러운 손가락이 아이를 간지럽힌다. 빗나간 것이다. 그리고 꼬마는 웃는다.

거짓-경고 이론은 익살을 설명한다. 그것이 농담이라는 인지적 차원의 익살로 어떻게 진화적으로 흡수되었는지(기술적 용어로 굴절적응) 알아보는 것은 어렵지 않다. 인지적 익살은 거짓으로 만들어진 예상된 위험을 줄이는 역할을 한다. 그 위험은 가상의 위험 속에서 소재를 소진하는 결과를 가져온다. 실제로 유머가 최악의 위험에 맞서는 부질없는 몸부림에 대한 효과적인 해독제 역할을 한다고 말하는 이도 있다.

마지막으로, 인간의 보편적인 인사 제스처인 미소를 생각해보자. 유인원은 다른 유인원이 접근하면 잠재적으로 위험한 이방인이라고 추정한다. 그래서 얼굴을 찡그려서 송곳니를 있는 대로 드러내고 싸움에 대비하라는 신호를 보낸다. 이것이 진화를 거듭하여 의례적으로 침입자에게 잠재적인 복수를 한다는 경고성 위협 몸짓인 가짜 위협 표정으로 바뀌었다. 그러나 다가오는 유인원이 친구로 인식되면, 송곳니를 드러내는 위협 표정이 절반은 날아간다. 송곳니를 부분적으로 감춘 절반의 찡그림은 안도와 친근감의 표정으로 바뀐다. 다시금, 잠재적인 위협(공격)은 갑자기 없어졌다. 즉 웃음의 주요 요소가 생긴 것이다. 미소에 웃음과 같은 주관적인 느낌이 있다는 것은 이상한 일이 아니다.

이것은 같은 논리를 포함하고, 아마도 같은 신경회로에 편승하는 것으로 보인다. 연인이 여러분을 보고 미소를 지을 때, 사실은 그녀가 짐승의 후손임을 상기시키는 송곳니를 반쯤 드러낸다는 사실은 얼마나 묘한가!

이렇게 우리는 에드거 앨런 포에게서 왔다고 여겨지는 이상한 수수께끼와 더불어 시작하여, 셜록 홈즈의 방법을 적용하고, 미키의 증상을 진단하고 설명할 수 있다. 덧붙여서, 무척 소중하고 심오하며 수수께끼 같은, 인간 정신의 가능한 진화와 생물학적인 기능을 설명할 수 있다.

2장 | 보는 것과 아는 것

시각의 유혹

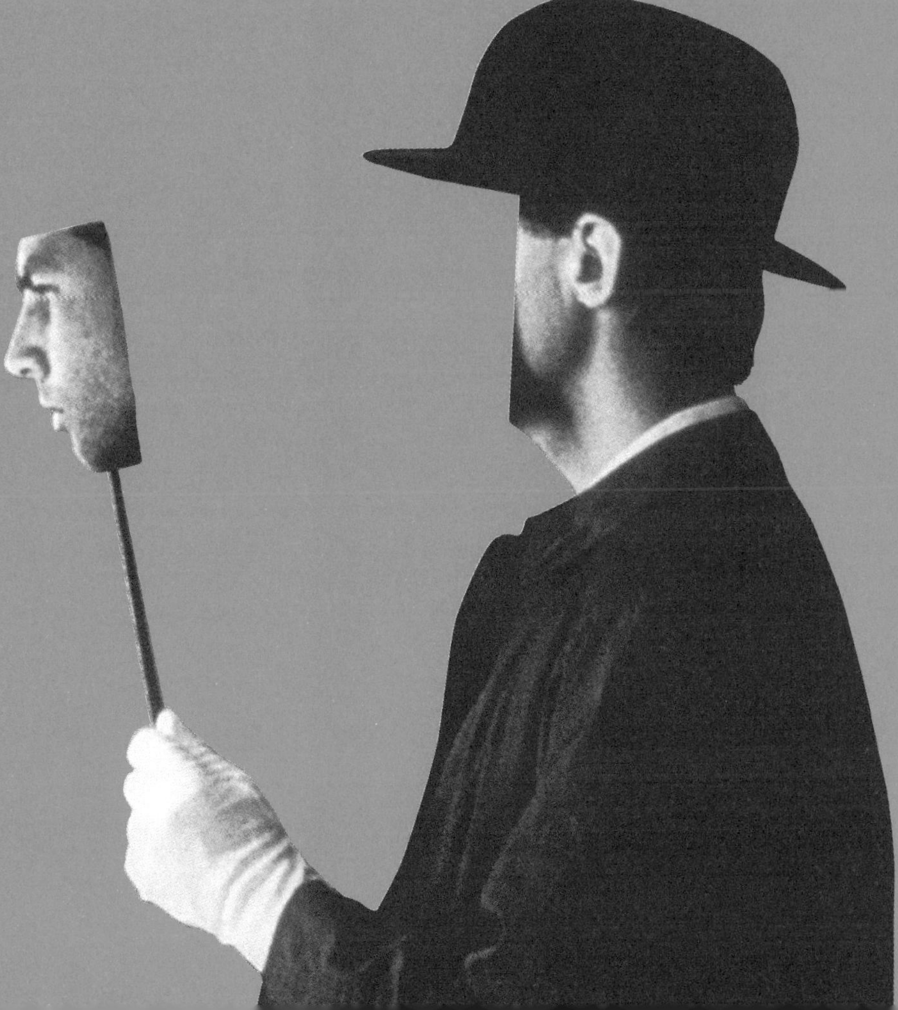

여러분은 보기는 하되 관찰하는 건 아니다.
– 셜록 홈즈

이 장에서는 시각에 관해 얘기한다. 물론 눈과 시력은 멀리 볼 수 있다고 해서 인간에게만 고유한 것은 아니다. 사실, 보는 능력은 너무나 필요하여 생명의 역사상 수많은 진화를 거듭했다.

믿기 어렵지만 문어의 눈은 인간의 눈과 비슷하다. 우리 공통 조상이 무려 5억 년 전에 지구에서 잘 살았던 눈 먼 수생 괄태충이나 달팽이 같은 생물이었다는 사실에도 불구하고 그렇다. 눈은 우리에게 고유한 것은 아니다. 그러나 시각은 눈에서 일어나는 것은 아니다. 뇌에서 생긴다. 지구상의 어떤 다른 생명체도 인간이 사물을 보는 방식으로 보는 종은 없다.

몇몇 동물들은 우리의 눈보다 훨씬 더 시각이 예민하다. 독수리가 50피트 떨어진 거리에서 조그만 신문기사를 읽을 수 있다는 얘기를 들어보았을 것이다. 물론 독수리는 글을 모른다.

이 책은 왜 인간이 특별한가를 다룬다. 반복되는 주제는 우리의 고유한 지적 특성이 뇌 구조보다 앞서 진화했음에 틀림없다는 것이다.

시지각視知覺으로 여정을 시작하자. 이유는 두 가지다. 다른 어느 뇌 기능보다 복잡성이 더 많이 알려졌기 때문이고 시각영역의 발달이 영장류의 진화, 궁극적으로 인간으로의 진화에 대단한 촉진제 역할을 했기 때문이다. 육식동물과 초식동물은 아마도 12개보다 적은 시각영역과 흑백의 시각을 갖고 있다. 나뭇가지 위를 뛰어다니던 조그만 야생의 식충동물이었던 우리 조상도 마찬가지다. 그들은 후손이 어느 날 지구를 물려받고 자신들이 멸종되리라는 것을 몰랐다. 그러나 인간은 12개가 아닌 무려 30개의 시각영역이 있다. 양 한 마리가 훨씬 적은 시각을 갖고 있는 점을 감안할 때 그 많은 인간의 시각들은 무슨 일을 하는 걸까?

뾰족뒤쥐 같은 우리 조상들이 원원류原猿類나 원숭이로 진화하면서 주행성으로 변했을 때, 그들은 더 정교한 시각운동 능력을 발달시켰다. 나뭇가지와 잔가지와 잎을 정확하게 움켜지고 조종하기 위해서다. 더욱이 조그만 야행성 벌레를 잡아먹던 식습관이 빨강, 노랑, 푸른색의 과일로, 게다가 영양 가치가 녹색, 갈색, 노란색의 다양한 색으로 나타나는 잎을 먹는 것으로 변하면서 정교한 색 분별력의 출현을 촉진시켰다. 색 지각의 보상적인 측면은 나중에 영장류 암컷에게서 나타났다. 매달 일어나는 성적인 수용성과 발정기의 배란상태를 드러내기 위함이었다. 즉, 엉덩이가 눈에 띄는 색으로 변하고 부풀어 마치 잘 익은 과일처럼 변했다(인간의 여성한테는 이 특징이 사라졌는데, 한 달 내내 성교가 가능하도록 끊임없이 진화했기 때문이다).

우리의 유인원 조상들이 두 다리로 서는 쪽으로 진화를 거듭할 수록, 발갛게 부푼 엉덩이의 매력은 통통한 입술로 옮겨졌을 것이다.

다음도 하나의 역설적인 생각이다. 우리가 모네와 반 고흐의 그림이나 로미오와 줄리엣의 키스 등을 즐겨 보는 것은 궁극적으로 잘 익은 과일과 엉덩이에 대한 고대시대의 매력을 더듬는 일이라는 것이다

아주 민첩한 우리의 손가락들, 그중에서도 인간의 엄지손가락은 고유한 안관절鞍關節을 발달시켜 검지와 마주 잡게 됐다. 정확하게 잡는 힘이라 불리는 이 특징은 하찮아 보이지만 작은 과일, 호두, 벌레 등을 집는 데 유용하다. 또한 바느질, 손도끼 사용, 셈, 또는 부처가 평화의 몸짓을 표시하는 데도 더없이 유용하다. 미세하고 독립적인 손가락 움직임, 마주 대는 엄지, 눈과 손의 동작을 정교하게 일치시키는 능력은 초기의 영장류 계통에서 활발하게 가동된 진화의 영역이었다. 이런 능력에 대한 요구는 뇌에서 정교한 시각과 시각운동 영역을 과다하게 발달시키도록 이끈 선택적 압력의 마지막 원천이었을 것이다. 이러한 영역이 전부 없다면 키스하고, 글 쓰고, 셈하고, 다트를 던지고, 담배를 피우고, 또는 (여러분이 왕이라면) 권력을 휘두르는 것을 할 수 있을지 의문이다.

행동과 인식 간의 연결은 지난 10년간 전두엽에서 기본 신경이라고 불리는 새로운 층의 신경 발견으로 아주 분명해졌다. 이 신경은 어떤 관점에서는 앞 장에서 소개한 거울신경과 유사하다. 각각의 기본 신경은 거울신경처럼 잔가지나 사과를 집으려고 손을 뻗치는 등의 특정한 행동을 할 때 활성화된다. 그러나 그 신경은 잔가지나 사과 등을 단순히 보기만 해도 활성화될 것이다. 말하자면,

마치 집는 능력이라는 추상적인 특성이 목적물의 시각적 형상의 본질적인 측면으로 코드화되는 것과 같다.

인식과 행동 간의 구별은 일상 언어에도 존재한다. 그러나 뇌가 항상 분명하게 따라 주는 것은 아니다. 시각 인식과 물건을 잡을 수 있는 행동 사이의 구분은 영장류 진화에서 끊임없이 흐릿해졌다. 마찬가지로 인간 진화에서도 시각 인식과 시각적 상상 사이의 구분이 그렇게 되었다. 개, 원숭이 또는 돌고래는 덜 발달된 형태의 시각적 이미지에서 산다. 그러나 오직 인간만이 상징적인 시각적 징표를 만들 수 있고, 그것들을 마음의 눈으로 독창적인 병렬배치를 시도하기 위해 적절히 바꿀 수도 있다.

유인원은 아마도 바나나 또는 그 무리의 우두머리 수컷의 모습을 마음속에 그림으로 불러낼 수 있을 것이다. 그러나 오직 인간만이 날개가 돋은 아기(천사) 또는 반인반수(켄타우로스)의 존재 같은 새로운 조합을 만들기 위해 의식적으로 시각적 상징을 적절히 배합할 수 있다. 이러한 상상과 실물 상징의 적절한 배합은 아마도 인간의 또 다른 고유한 특징인 언어에 대한 필요조건일 수 있다(이 내용은 6장에서 다루겠다).

* * *

1988년 60세 환자가 영국 미들섹스에 있는 한 병원의 응급실로 실려왔다. 존은 2차 세계대전 당시 공군 조종사였다. 어느 날 갑자기 심각한 복통과 구토를 하기 전까지 그는 아주 건강했다. 당번의사인 데이비드 맥피David McFee는 그의 병력을 어렵게 끌어낼 수 있었다. 통증은 배꼽 근처에서 시작되어 복부 우측 하부로 옮아갔다. 맥피 박사가 보기에는 전형적인 맹장염이었다. 태아의 맹장은 배꼽 바로 아래에서 자라다가 내장이 길어지고 복잡해짐에 따라 복부의 우측 아래로 밀려 내려간다. 그러나 뇌는 맹장의 원래 위치를 기억하므로 배꼽 바로 아래에서 첫 통증을 느낀다. 염증은 곧 복부벽 전체로 퍼지고 통증은 오른쪽으로 넘어간다.

다음으로 맥피 박사는 반동압통이라고 불리는 전통적인 진단법을 사용했다. 그는 손가락 세 개로 아주 천천히 오른편 복부 벽을 눌렀다. 그리고 통증이 없음을 주목했다. 그러나 그가 갑자기 손을 뗐을 때 잠깐의 시간차를 두고 통증이 왔다. 그 시간차는 손가락으로 눌린 맹장이 원래 위치로 되돌아오는 데 걸린 시간이다. 눌린 맹장은 다시 원위치로 되돌아오면서 복부 벽에 부딪친다.

마침내 맥피 박사가 존의 복부 왼쪽 아래를 누르자 존이 극심한 통증을 느꼈다. 바로 맹장 자리였다. 통증이 생긴 것은 눌렀을 때 가스가 결장의 왼쪽에서 오른쪽으로 밀려가면서 맹장을 살짝 부풀게 했기 때문이다. 고열과 구토와 함께 드러난 이 신호 덕에 박사는 정확하게 진단을 했고 곧바로 맹장수술 계획을 잡았다. 염증이 생겨 부푼 맹장은 아무 때라도 터져 내용물을 복강에 쏟아내고, 생명을 위협하는 복막염을 유발할 수 있다. 존의 수술은 잘되었고, 회복실로 옮겨져 휴식을 취했다.

존의 진짜 문제는 바로 이때 시작되었다. 일상의 회복이 대낮의 악몽으로 변한 것이다. 그의 다리 정맥에서 생긴 조그만 혈전 하나가 혈관을 따라 흐르다 뇌로 이어지는 동맥 하나를 막아 뇌졸중을 일으켰다. 첫 번째 신호는 그의 부인이 방에 들어섰을 때다. 존과 부인의 놀라움을 상상해보라. 그는 부인의 얼굴을 알아보지 못했다. 단지 부인과 얘기를 한다는 것만 알았는데 그것은 목소리를 알아들 수 있었기 때문이다.

그는 어떤 얼굴도 알아보지 못했으며 심지어 거울 속에 비친 자기 얼굴도 못 알아보았다.

"그 얼굴이 나라는 걸 알아."

그가 말했다. "내가 윙크하면 그 사람도 윙크해. 내가 움직이면 그 사람도 움직여. 명백히 그건 거울이야. 그러나 내가 아닌 것 같아."

존은 시력에는 잘못된 것이 없다고 반복하여 강조했다.

"내 시력은 문제없어요, 박사님. 내 머릿속에서 뭔가가 초점이 맞지 않는 것 같아요. 내 눈에서 그런 게 아니고."

더욱 놀라운 것은 그가 주변의 친숙한 사물도 알아보지 못했다는 점이다. 당근을 보여주었을 때 그가 말했다.

"길쭉한 것인데 끄트머리에 다발 같은 게 있어요. 붓인가요?"

존은 우리가 모두 그러듯이 물건의 전체를 보고 한번에 인식하는 대신에 물건의 각 부분을 보고 머릿속으로 그것이 무엇인지 추정하는 방법을 썼다. 염소 그림을 보여주었더니 이렇게 말했다.

"어떤 동물 같은데, 아마도 개인가?"

존은 그 대상이 속한 포괄적인 집단을 인식할 수는 있었다. 예를 들면, 식물을 보고 동물 이름을 말할 수 있었지만 그 집단의 구체적인 전형이 무엇인지는 말하지 못했다. 이 증상은 어떤 지적능력이나 세련된 언어능력의 제한으로 야기된 것은 아니다. 여기 존이 당근을 묘사한 글이 있다. 보통 우리가 하는 것보다 훨씬 더 세부적으로 기술되어 있다.

당근은 뿌리식물로 경작되고 세상 모든 사람이 먹는다. 매년 수확하는 곡물처럼 씨에서 자라나, 길고 얇은 잎을 뿌리 윗부분에서 만든다. 이것은 잎의 성장과 비교하여 땅속 깊은 곳에서 크게 자라고, 때로는 좋은 토양에서 자라나면 길이가 12인치나 되기도 한다. 당근은 날로 먹거나 요리해 먹고, 크기나 성장 상태에 관계없이 수확이 가능하다. 당근의 일반적인 모양은 길쭉한 원뿔 모양이고, 색깔은 빨강과 노랑 사이에 걸쳐 있다.

존은 이제 사물을 알아보지 못했지만 여전히 공간 확대, 치수, 움직임 등의 개념으로 그것들을 처리할 수 있었다. 그는 장애물에 부딪히지 않고 병원 주위를 산책할 수 있었다. 그는 심지어 도움을 약간 받고 운전도 할 수 있었다. 도로에 있는 모든 차량에 이해를 구해야 했던 이전 상황을 고려하면 이것은 실로 놀라운 일이었다. 그는 움직이는 차량의 대략적인 속도에 맞출 수 있었다. 비록 옆에 지나가는 차가 재규어인지 볼보인지, 또는 트럭인지 말할 수 없었지만, 실제로 운전하는 데는 별 지장이 없었다.

존이 집으로 돌아왔을 때 수십 년 동안 벽에 걸려 있던 세인트폴의 대성당 부조를 보았다. 어떤 사람이 그것을 자기에게 주었는데 무엇을 묘사한 것인지 잊어버렸다고 했다. 그는 그림의 갈라진 금을 포함하여 놀랄 정도로 세세한 부분까지 그려낼 수 있었다. 그러나 심지어 그렇게 해놓은 뒤에도 여전히 그것이 무엇인지 알지 못했다. 존은 아주 정확하게 볼 수 있었다. 단지 자신이 무엇을 보는지 모를 뿐이었다. 존에게 갈라진 금은 흠이 아니었다.

존은 뇌졸중에 걸리기 전에 성실한 정원사였다. 그는 병원에서 집으로 돌아온 뒤에 가지치기 가위를 집고는 울타리를 힘들이지 않고 정리했다. 그러나 정원을 정리하다 자주 꽃을 뽑곤 했다. 잡초와 꽃을 구별하지 못했기 때문이다. 존이 보기에 울타리를 자른다는 의미는 들쭉날쭉한 부분을 다듬는다는 것이었다. 대상이 무엇인지 확인할 필요도 없었다. 보는 것과 아는 것 사이의 구별은 존이 처한 곤경에서 잘 나타난다.

눈에 보이는 것이 무엇인지 알지 못하는 것이 제일 큰 문제였지만, 그에게는 또 다른 미묘한 불편함이 있었다. 예를 들어 그는 터널시각증[1]을 갖고 있어서, 나무를 보느라 기본적인 숲을 놓쳐버리곤 했다. 그는 손을 뻗어 커피잔을 잡을 수는 있었지만 이는 테이블이 어수선하지 않을 경우에 한해서였다. 일례로, 뷔페 식당에 갔을 때 그는 아주 혼란스러워했다. 커피잔에 크림을 부어야 하는데 마요네즈를 넣었다는 것을 알고 얼마나 놀랐을지 상상해보라.

세상일에 대한 평범한 지각은 보통 별로 힘들이지 않으며, 우리는 그것을 당연한 일로 여긴다. 보고, 관찰하고, 이해하는 것은 물이 낮은 곳으로 흐르는 것과 같이 자연스럽고 당연하다. 존 같은 환자처럼 뭔가 잘못되고 나서야 그것이 얼마나 놀랄 정도로 정교한지 우리는 깨닫는다. 우리가 보는 세상이라는 그림은 일관성 있고 통일되어 있는 듯하지만, 실제로는 뇌 속 피질에 있는 30개가 넘는 시각영역이 활동하기 때문에 나타나는 것이다. 각 영역은 다른 여러 개의 미세한 기능에 영향을 준다. 우리는 이 영역의 많은 부분을 수많은 다른 포유류와 공유하고, 그중 일부는 나눠져 지능이 더 높은 영장류에게 나타나는, 전문화된 새 모듈(단위)이 된다. 정확하게 우리의 시각영역 중에서 얼마나 많은 부분이 인간에게만 고유한지는 분명치 않다. 그러나 시각영역은 도덕성, 감정 그리고 야망 등의 기능에 관여하는 전두엽과 같은 다른 고등 뇌 영역보다 훨씬 더 많이 밝혀졌다. 시각 시스템이 실제로 작동하는 방식을 철저히 이해해야만, 뇌가 정보를 처리하는 데 사용하는 일반적인 전략을 통찰할 수 있을 것이다.

***

몇 년 전에 나는 캘리포니아 주의 라졸라La Jolla에 있는 대학교 수족관에서 데이비드 어텐버로 박사가 연 만찬 연설에 참석한 적이 있다. 내 옆에는 팔자수염을 기른 골격이 뚜렷한 남자가 앉아 있었다. 와인을 몇 잔 마시고 나서 그는 샌디에이고의 한 창조과학 재단에서 일한다고 말했다. 창조과학이라는 것은 모순이라고 말해주려는 순간 그가 나를 가로막고는 내가 어디서 일하고 현재 관심 있는 게 뭔지 물었다.

"요즘은 자폐증과 공감각, 그리고 시각에도 관심 있어요."

"시각? 시각에 대해 연구할 게 있나요?"

"당신은 어떤 사물을 볼 때, 예를 들어 저 의자를 볼 때 당신 머리에 무엇이 들어간다고 생각합니까?"

"내 눈에는 의자의 광학적 이미지가 있어요. 내 망막에 말입니다. 그 이미지는 신경을 통해 뇌의 시각영역으로 전달되어 보게 되는 겁니다. 물론, 눈 속의 이미지는 거꾸로 되어 있어요. 그래서 당신이 보기 전에 뇌에서 똑바로 일으켜야 하지요."

그의 대답은 난쟁이homunculus 오류라고 불리는 논리적인 오류를 포함한다. 망막의 이미지가 뇌에 전달되고 내부의 지적 화면에 '투사'되면, 여러분은 이미지를 쳐다보고 해석하거나 이해하기 위해 뇌 속에 가상의 난쟁이가 필요하다. 그러나 어떻게 난쟁이가 스크린에 순간적으로 비춰진 이미지를 이해할 수 있단 말인가? 난쟁이의 머릿속에 이미지를 쳐다보는 또 다른 조그만 녀석이 있어야 하지 않을까. 지각의 문제를 정말 풀지 못한다면 눈, 이미지, 그리고 난쟁이의 무한한 퇴보를 겪을 상황이다.

지각을 이해하려면 우선 눈 뒤쪽에 있는 이미지가 단순히 머리로 전달되어 스크린에 나타난다는 개념을 없애야 한다. 대신, 빛이 눈 뒤쪽에서 곧바로 신경자극으로 변환되지만 시각적 정보를 이미지로서 생각하게 하는 어떤 감각도 더 만들어내지 않는다는 점을 이해해야 한다. 우리는 이미지 상에 나타난 영상과 물체가 나타내는 상징적인 묘사를 고려해야 한다. 누군가가 알았으면 하고 바라는 것은 의자가 방을 가로질러 내게 무엇으로 보였느냐 하는 것이다. 내가 팔자수염 남자를 방으로 데리고 가서 의자가 무엇인지 가르쳐줌으로써 그가 스스로 그것을 보게 할 수도 있을 테지만 그것은 상징적인 묘사는 아니다. 그렇게 하지 않고 의자의 사진이나 그림을 보여줄 수도 있다. 그것도 상징적인 묘사가 아니다. 물질적인 유사성 밖에 안 되기 때문이다. 그러나 내가 누구에게 의자를 묘사하는 글을 써서 건네주면, 상징적인 묘사의 영역이 된다. 종이 위에 잉크로 구불구불하게 쓴 글자는 의자와 물질적인 유사성이 없다. 그것은 단순히 그것을 상징하기만 한다.

비슷하게, 뇌는 상징적인 묘사를 만들어낸다. 그것은 원래의 이미지를 재창조하지는 않으나 이미지의 여러 가지 특성과 양상을 전적으로 새로운 용어로 나타낸다. 물론 잉크로 구불구불하게 쓴 것이 아니라, 신경을 자극하는 심벌 자신의 알파벳을 사용한다. 이러한 심벌을 부호로 만드는 것은 망막 자체에서 부분적으로 하지만 대부분은 뇌에서 한다. 일단 거기서 심벌 부호는 포장되고 변형

되며, 결국 여러분으로 하여금 물체를 지각하게 하는, 시각 뇌 영역이라는 광범한 네트워크에 결합된다.

물론 대부분의 처리 과정은 의식 자각 속에 들어가지 않고 영상 뒤에서 진행된다. 나는 무한히 퇴보하는 그 논리적인 문제를 날카롭게 지적함으로써 난쟁이 오류를 일축했다. 그러나 그것이 사실은 오류라는 직접적인 증거가 있는가?

첫째, 여러분이 보는 것은 망막 위의 이미지가 될 수가 없다. 망막의 이미지는 영구히 남을 수 있지만 지각은 급격하게 바뀐다. 만일 지각이란 것이 내부 스크린상의 이미지를 전송하고 표시하는 것을 포함한다면, 어떻게 이것이 맞을 수 있을까? 둘째, 반대의 경우도 맞다. 망막의 이미지는 변할 수 있다. 그러나 물체에 대한 지각은 고정적으로 남아 있다. 셋째, 갑자기 이미지가 나타나더라도 지각에는 시간이 걸리고, 여러 번 반복해 본 결과로 일어난다.

첫 번째 이유는 가장 인식하기가 쉽다. 이것은 많은 시각 환영의 기본이다. 유명한 예가 네커 육면체로, 루이스 앨버트 네커Louis Albert Necker라는 스위스 결정학자가 우연히 발견했다(그림 2-1).

어느 날 네커는 현미경으로 육면체형의 크리스털을 응시하고 있었다. 그리고 크리스털이 갑자기 뒤집어진다면 어떨까 하고 상상했다. 그러자 그것이 바로 눈앞에서 방향을 오른쪽으로 바꿨다. 크리스털이 스스로 변한 것인지 알아내기 위해 그는 종잇조각 위에 철사 구조의 육면체를 그렸다. 그리고 그림도 똑같이 그렇게 되는 것을 알았다. 결론적으로 크리스털이 변한 것이 아니라 그의 인식이 변한 것이다.

여러분도 이것을 해볼 수 있다. 과거에 수십 번 해본 적이 있다

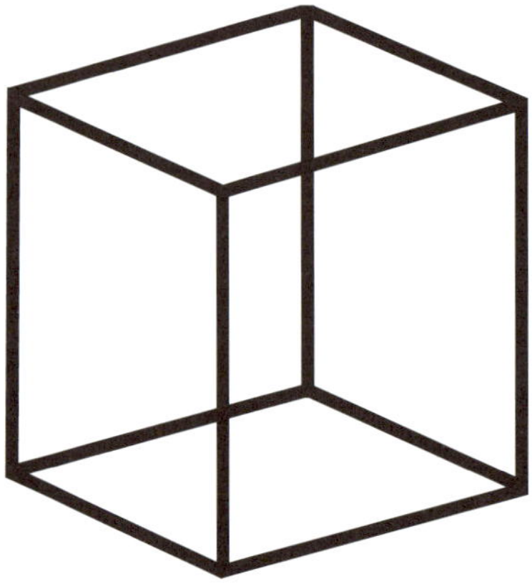

그림 2-1 육면체의 뼈대 구조 그림: 육면체는 바닥에 놓인 듯하기도 하고 천장에 붙은 것 같기도 하다.

하더라도 이것은 늘 재미있는 놀이다. 그림이 갑자기 뒤집히고 부분적으로, 오직 부분적으로 자의적인 조절이 가능하다. 변하지 않는 이미지에 대한 지각이 변할 수 있고, 순간적으로 뒤집혀 보이는 현상은 지각이 뇌 속에 단순하게 펼쳐진 이미지보다 더 많은 것을 포함한다는 증거다. 지각의 가장 단순한 행위조차도 판단과 해석을 포함한다. 지각이란 것은 눈에서 들어온 감각 정보에 대한 수동적인 행동보다 더 적극적으로 형성된 세상에 대한 의사표현이다.

또 다른 놀라운 예는 유명한 에임즈 방Ames room의 환각이다(그림 2-2). 일반적인 방의 한쪽 구석을 쭉 늘려서 천장이 다른 곳에 있는 구석보다 훨씬 더 크게 보이도록 한다고 상상해보라. 벽 아무 곳에나 구멍을 내고 방 안을 들여다보라. 어떤 각도에서 보든 이상하게 일그러진 사다리꼴 모양의 방이 보일 것이다. 그러나 놀랍게도 하나의 특정한 지점에서 보면 방이 지극히 정상적으로 보인다는 것을 알게 된다. 벽, 마루, 천장 등 모든 것이 잘 배치되어 있고 창문과 마루타일 등도 일정한 사이즈로 균형 있게 보인다.

그림 2-2 위 사진은 포토샵으로 만든 게 아니다! 일반카메라로 특별한 관찰지점에서 찍은 것인데 에임즈 방이 움직인다는 망상을 들게 한다. 이러한 망상의 재미있는 부분은 두 사람이 방의 서로 마주보는 반대끝 쪽에서 걸을 때 일어난다. 모든 사람들에게 마치 그들이 상대편으로부터 몇 피트 떨어져 서 있는 것 같이 보이고 그들 중 한 사람이 거인으로 커버린 듯 보인다. 손이 천장에 닿고, 반면에 다른 사람은 동화 속 요정의 크기로 작아져 보인다.

이러한 환상에 대한 일반적인 설명은 이렇다. 특별한 투시지점에서 보았을 때 망막에 맺힌 일그러진 이미지는, 정상적인 방에서 만들어졌을 이미지와 같다. 일그러진 이미지는 단지 기하학적인 시각이다. 정확하게 이 특별한 지점에서 정상적인 방을 볼 때 어떻게 보이는지 시각 시스템이 어떻게 알 수 있는가?

문제를 완전히 뒤집어서, 작은 구멍으로 정상적인 방을 들여다본다고 가정하자. 사실은 정확하게 같은 이미지를 만들어내는 뒤틀린 마름모꼴의 에임즈 방이 수없이 많이 있지만, 여러분은 안정적으로 하나의 정상적인 방을 지각한다. 지각은 100만 번의 가능성 사이에서 왔다 갔다 하지는 않는다. 그것은 순간적으로 정확한 해석으로 곧장 나아간다. 이렇게 할 수 있는 유일한 길은 세상에 대한 확실한 고정관념이나 수평의 벽, 정사각형의 마루타일 등과 같은 감춰진 추정을 불러옴으로써 수많은 거짓 방들을 없애는 것이다.

지각의 연구는 이러한 추정과 방식을 다룬다. 실물 크기의 에임즈 방을 건축하는 것은 어렵다. 그러나 몇 년에 걸쳐 심리학자들은 지각을 만들어내는 추정을 경험하도록 교묘하게 고안된 장치로 수백 개의 착시를 만들어냈다. 착시는 상식을 뛰어넘기 때문에 쳐다보기에 재미있다. 그러나 엔지니어에게 고무 타는 냄새가 그렇듯이—즉, 거부할 수 없는 원인을 캐고야 말겠다는 다급한 심정—인지심리학자들은 착시에서 똑같은 효과를 본다(생물학자 피터 메더워가 다른 맥락에서 언급한 것을 인용했다).

아이작 뉴턴이 착안하고, 토머스 영Thomas Young(이집트 상형문자를 우연히 해독한 영국의 의사)이 만들어낸 가장 간단한 착시를 보자. 빨간색과 녹색의 원을 흰색의 스크린 위에 투사하면, 눈에 보이는 것은 노란색이다. 번쩍이는 빨강, 초록, 푸른색인 3대의 투사기가 있다면 각 투사기의 밝기를 조절하여 어떠한 색깔의 무지개라도 만들 수 있다. 실제 정확한 비율로 섞기만 하면 수백 가지의 색깔이 가능하다. 흰색도 만들어낼 수 있다.

이 착시는 너무나 놀라운 것이어서 사람들이 처음 볼 때는 잘 믿으려고 하지 않았다. 착시도 시각에 관한 근본적인 뭔가를 말해준다. 비록 여러분이 수천 가지의 색깔을 구별할 수 있지만, 눈 속에는 단지 세 가지 종류의 색깔에 민감한 세포만 있다. 즉, 하나는 빨강, 하나는 초록, 그리고 하나는 푸른색이다.

각 색깔은 광학적으로 단지 하나의 파장에 반응한다. 그러나 정도는 덜하지만 다른 파장에도 지속적으로 반응한다. 그래서 어떤 관찰된 색깔도 빨강, 초록, 파랑 수용체를 각각 다른 비율로 자극하고, 더 상위의 뇌 메커니즘은 각각의 비율을 각각의 색깔로 해석한다. 예를 들어, 노랑 빛은 스펙트럼에서 빨강과 초록 사이에서 절반 정도 떨어진 거리에서 빨강과 초록의 수용체를 똑같이 활성화한다. 그리고 뇌는 그 색이 노란색이라는 것을 배운다. 즉 그렇게 해석할 정도로 진화한다. 색깔 시각의 법칙을 이해하기 위해 색깔이 든 빛을 사용한 것은 시각 과학의 위대한 공적 중의 하나다. 그리고 이것이 컬러 인쇄—경제적으로 단지 세 가지 물감을 사용하여—와 컬러 TV의 길을 열었다.

지각의 기저를 이루는 숨은 추정을 발견하기 위해 우리는 여러 가지 착시를 쓴다. 내가 즐겨 보여주는 시범은 명암법을 이용한 형상이다(그림 2-3). 예술가들은 오랫동안 명암법을 이용하여 그림의 인상적인 깊이를 향상했지만, 과학자들이 그것을 조심스럽게 조사한 것은 불과 최근의 일이다. 예를 들면 1987년 나는 컴퓨터로 대여섯 개의 그림을 만들었다. 즉, 회색 판에 무작위로 흩어놓은 그림이다.

각각의 판은 한쪽 끝은 흰색에서 다른 쪽 검은색으로 넘어가는 부드러운 색깔변화도를 포함하는데, 바탕은 정확히 '중간 회색'으로 검은색과 흰색의 중간이다. 이러한 실험은 부분적으로 빅토리아 시대의 물리학자인 데이비드 브루스터David Brewster의 관찰에 영감을 받았다. 그림 2-3의 디스크를 살펴보면, 처음에는 오른쪽부

그림 2-3 각각의 동그란 판은 한쪽 끝이 흰색에서 다른 쪽 검은색으로 넘어가는 부드러운 색깔변화도를 포함한다. 바탕은 정확히 '중간 회색'으로 검은색과 흰색의 중간이다. 이러한 실험은 부분적으로 빅토리아 시대의 물리학자인 데이비드 브루스터의 관찰에 영감을 받았다. 그림의 오른쪽부터 불이 켜진 계란 한 세트처럼 보일 것이다. 그러나 좀더 시간이 지나면 왼쪽으로부터 불이 켜진 구덩이로 보인다.

터 불이 켜진 계란 한 세트처럼 보일 것이다. 약간의 수고를 하면, 왼편에 불이 켜진 구덩이로도 볼 수가 있다.

여러분이 애를 써봐야 디스크가 동시에 계란과 구덩이인 것으로 볼 수는 없다. 왜 그런가? 한 가지 가능성은 뇌는 디스크 전부를 같은 방법으로 보면서 기본적으로 가장 단순한 해석을 고른다는 것이다. 내가 보는 다른 가능성은 인간의 시각 시스템이 오직 하나의 광원으로 모든 장면 또는 많은 장면을 비춘다고 상정한다는 것이다. 많은 전구로 불을 밝힌 인공적인 환경은 엄밀하게 말하면 사실이 아니다. 그러나 태양계가 오직 하나의 태양을 가진 것에 비추어 보면, 이것도 크게 보아 자연계에 부합한다. 혹시 여러분이 외계인을 만난다면, 그에게 이 그림을 보여주면서 그의 태양계에는 태양이 몇 개 있는지 확인해보라. 태양이 두 개인 태양계의 한 별에서 온 외계인은 이러한 착시에 면역이 되어 있을 것이다.

그러면 어떤 설명이 올바른가? 좀더 단순한 해석을 선호하는가, 아니면 하나의 광원으로 모든 것을 본다고 상정하는가? 그것을 알아내기 위해서 나는 그림 2-4와 같이 좀더 명확한 실험을 했다. 위아래 줄에 있는 음영의 방향이 각각 다른 혼합형 그림이다. 이 그림에서 윗줄을 계란으로 본다면, 아랫줄은 항상 구덩이로 보인다. 그 반대도 마찬가지다. 그러나 두 줄 모두 동시에 계란으로 본다든지 또는 구덩이로 보는 것은 불가능하다. 이것은 단순해서 그런 것이 아니라 시각 시스템은 광원이 하나임을 상정하기 때문이다.

그림 2-5에서는 음영이 수평보다 수직으로 된 것을 보여준다. 빛이 위에서 비추는 것은 항상 계란으로 보이면서 여러분 쪽으로 튀어나오는 듯이 보인다. 반면에 윗부분이 어두운 것은 구덩이로 보인다. 결론적으로 그림 2-4에 보이는 것과 같이 하나의 광원 외에도, 또 하나의 훨씬 더 강하게 효과적으로 작용하는 광원이 있는 것으로 추정된다. 그것은 바로 빛을 위에서 비출 때다. 자연계에서 태양의 위치를 고려하면 일리가 있다.

물론 이것이 항상 옳다는 말은 아니다. 즉, 가끔 태양은 수평선상에 있기 때문이다. 그러나 통계학적으로는 맞는 얘기다. 그리고 태양은 결코 발밑에 위치하지 않는다. 그림을 뒤집어 보라. 그러면 튀어나오고 들어간 모든 부분이 서로 자리바꿈을 한다. 반면에 정확히 90도로 기울이면 그림 2-4처럼 음영 부분이 애매모호하게 보인다. 왜냐하면 여러분에게는 빛이 왼쪽이나 오른쪽에서 나온다고 상정하는 고정관념이 없기 때문이다.

그림 2-4로 되돌아가서 다른 실험을 해보자. 이번에는 그림을 똑바로 들고, 몸과 머리를 기울여 귀가 어깨에 닿고 머리가 바닥과

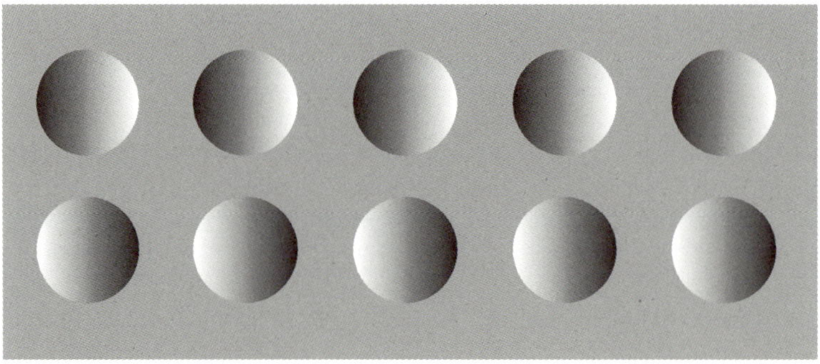

그림 2-4 음영 처리된 두 줄의 디스크. 윗줄이 계란으로 보이면, 아랫줄은 구덩이로 보인다. 역도 같은 결과다. 두 줄 모두 같은 방식으로 본다는 것은 불가능하다. 이는 인식 진행 과정에서 '하나의 광원'을 상정했음을 보여준다.

수평이 되게 하라. 어떤 일이 일어나는가? 애매모호한 상태가 사라진다. 윗줄은 항상 돌출되어 보이고, 아랫줄은 움푹 들어간 것처럼 보인다.

이는 여러분의 머리와 망막을 기준으로 했을 때 윗줄에 지금 빛이 비추기 때문이다. '태양'을 기준으로 보면 오른쪽에 빛이 든다. 달리 말하면 머리와 망막 위쪽에서 빛이 비춘다는 상정은 머리를 중심에 두고 한 것이지 하늘을 중심에 둔 것도 아니고, 신체의 축을 중심에 둔 것도 아니다. 추정한다면 이는 마치 태양이 머리 위에 걸려 있어서 머리를 90도 기울일 때도 고정된 상태가 유지된다는 것이다!

왜 이런 바보 같은 상정을 하는가? 왜냐하면 통계학적으로 여러분의 머리는 대부분의 시간 동안 항상 똑바른 상태기 때문이다. 우리의 조상인 유인원들은 머리를 숙인 채 생활했지 하늘을 쳐다보면서 걸어다닌 적이 거의 없다. 그래서 시각 시스템은 지름길을 택

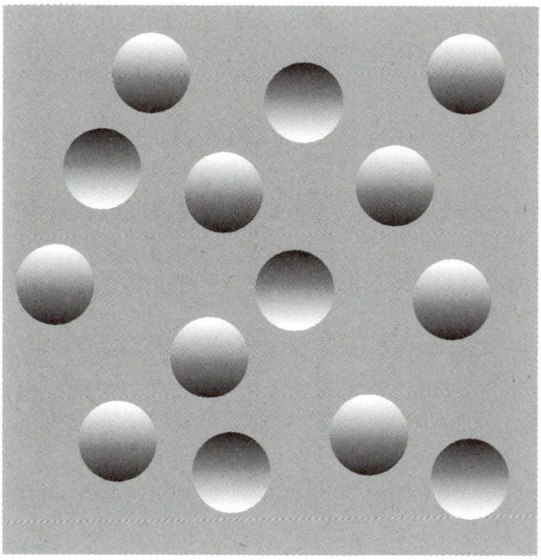

그림 2-5 광원이 위에 있다. 절반의 디스크(빛이 위에서 비춤)가 계란으로, 절반은 구덩이로 보인다. 이러한 착시는 시각 시스템이 자동으로 빛을 위에서 비추는 것으로 상정함을 보여준다. 이 그림을 뒤집어보면 계란과 구덩이가 바뀌어 보인다.

했다. 즉, 태양이 머리 위에 걸려 있다는 단순한 상정을 한다. 시각의 목적은 사물을 항상 똑바로 보는 것이 아니라 자주, 재빨리 그렇게 함으로써 여러분이 가능한 한 오랫동안 살아남아 자손을 많이 두는 것이다.

진화가 관심을 갖는 것은 그것이 전부다. 물론 시각이 택한 지름길은 잘못된 판단을 유도하는 취약함도 있다. 즉, 여러분이 머리를 숙일 때와 같은 경우다. 그러나 이것은 실생활에서 잘 하지 않는 행동이어서 뇌는 이처럼 나태한 면은 잘 보지 않는다. 시각적 착시는 여러분이 어떻게 비교적 단순한 디스플레이로 시작하고, 할머니가 질문할 법한 그런 질문을 하고, 몇 분 안에 어떻게 우리가 세상을 지각하는 통찰력을 얻는가를 실제로 보여준다.

착시는 뇌의 블랙박스에 접근하는 한 예다. 블랙박스로 비유하는 것이 훨씬 공학적이다. 한 공과대학 학생이 전기 단자와 전구가 붙은 봉합된 상자를 받는다고 하자. 전기를 어떤 단자를 통해 흘려

보내면 어떤 전구에는 불이 들어온다. 그러나 간단하게 일대일로 연결되는 구조는 아니다. 학생의 과제는 여러 가지 방법으로 전기 입력 조합을 시도해 어떻게 하면 어떤 전구에 불이 들어오는지 알아내고, 시행착오를 거쳐서 상자를 열지 않고 박스 속의 배선을 줄여나가는 것이다. 우리는 인지심리학에서 이와 같은 기초적인 문제에 자주 봉착한다. 뇌가 어떤 종류의 시각정보를 어떻게 처리하는지 알아보기 위해 가설의 범위를 좁혀보자. 단순하게 감각 입력에 변화를 주어 사람들이 보는 것이 무엇인지, 또는 무엇을 본다고 믿는지 집중적으로 살펴보았다.

이러한 실험으로 시각 기능의 규칙을 발견할 수 있다. 이와 거의 비슷한 방법으로 그레고르 멘델Gregor Mendel 박사는 여러 가지 특성을 가진 식물을 이종교배함으로써 유전 법칙을 발견했다. 물론 유전 법칙을 분자적으로나 유전자 메커니즘으로 알아낼 방법은 전혀 없었지만 그런 성과를 얻었다.

시각의 경우 토머스 영의 예측이 가장 좋은 예다. 그는 빛의 색상에 따라 작동하는 세 가지 종류의 색깔 수용체가 눈에 존재한다고 했다. 지각을 연구하고 그 기저를 이루는 법칙을 발견할 때, 조만간 누군가는 이러한 법칙이 실제로 신경에서 어떻게 일어나는지를 알고 싶어한다. 그 유일한 방법은 뇌를 직접 실험해 블랙박스를 여는 것이다.

여기에는 세 가지 방법이 있다. 신경학(뇌질환 환자연구), 신경생리학(신경회로 또는 단세포 활동의 모니터), 그리고 뇌 이미지 촬영이다. 각 분야의 전문가들은 서로 배타적이고, 자신의 방법론이 뇌 기능 연구의 가장 중요한 도구라고 생각했다. 그러다 최근에서야 합동으로 뇌 연구를 할 필요성을 깨달았다. 철학자들도 이 대열에 합류했다. 그들 중 팻 처치랜드Pat Churchland와 대니얼 드네트Daniel Dennett와 같은 사람은 시야가 넓다. 이런 움직임은 대다수의 신경과학자들이 빠져 있는, 전문성이라는 함정에서 탈출하는 좋은 방법이였다.

***

인간을 포함한 영장류는 후두엽, 측두엽, 두정엽으로 구성된 뇌의 큰 덩어리 부분이 시각에 집중적으로 관여한다. 이 덩어리 속의 30개 가량의 시각영역은 완전하거나 부분적인 시계視界 지도를 가지고 있다.

시각을 단순하다고 생각하는 사람은 데이비드 반 에센David Van Essen이 원숭이의 시각 경로 구조를 그린 해부학적인 도표(그림 2-6)를 보아야 한다. 그러면 원숭이의 시각 경로가 인간의 시각 경로보다 더 복잡하다는 것을 알게 된다.

각각의 시각정보 처리 단계는 이전 단계로 되돌아오는 경로가 계층 구조상 각 시각영역에서 다음 단계의 고등 시각처리 영역으로 넘어가는 섬유 수만큼이나 많다는 것을 알아야 한다.

이미지를 단계단계 순차적으로 분석한다는 기존 관념은 지금까지 알아본 것처럼 세련미가 더욱 증가하고, 너무나 많은 피드백이 존재한다는 사실이 밝혀짐으로써 완전히 깨졌다. 뇌 뒷부분에 이미지를 투사하는 것은 누구나 추측할 수 있다.

그러나 뇌가 지각 문제에 대한 부분적인 해법, 즉 물체가 무엇인지와 위치, 움직임 등을 매번 잘 찾아낼 때가 각각의 처리 단계라고 나는 생각한다. 뇌의 부분적인 해법은 이전 단계로 즉시 피드백

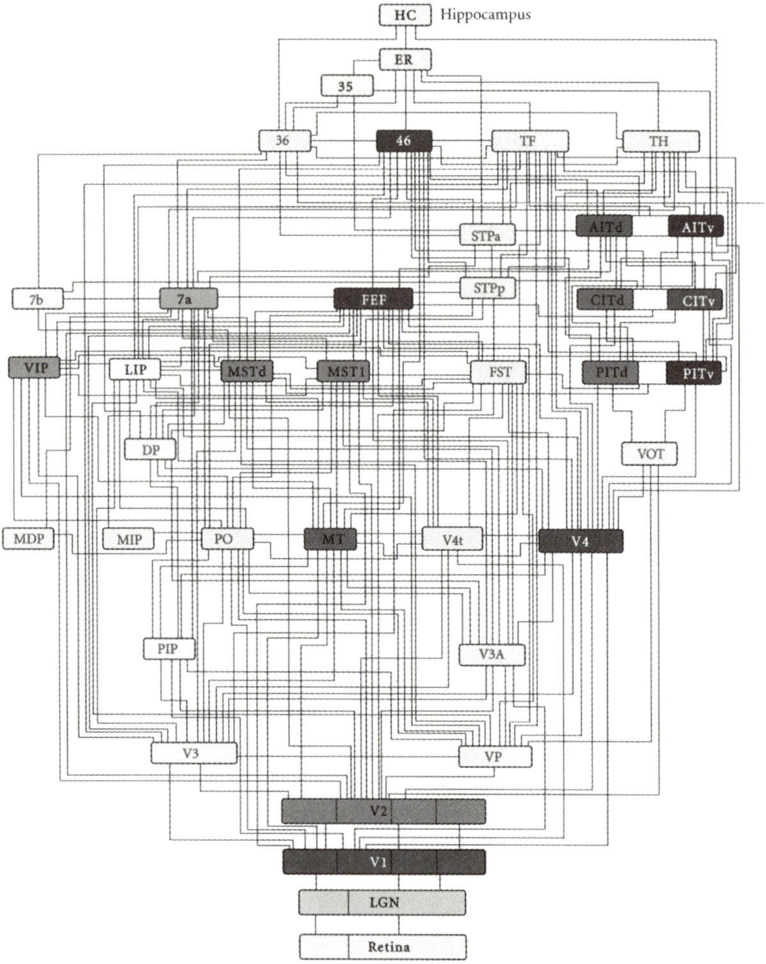

그림 2-6 영장류에 있는 시각영역 사이의 놀랄 정도로 복잡한 연결을 기술하는 데이비드 반 에센의 도표이다. '블랙박스'가 열렸는데, 거기에 더 작은 블랙박스들의 전체 미로가 있을 줄이야! 어떤 신도 우리 자신을 알아내는 것이 쉽다고는 약속하지 않았다.
이러한 반복과정은 어디에선가 끝나버리게 하는 종단점을 없애거나, 위장된 물건(그림 2-7에 '숨겨진' 장면처럼)과 같은 '요란스러운' 시각적 이미지를 쳐다볼 때 나올 수 있는 틀린 해법을 내지 않도록 도움을 준다.

그림 2-7 무엇이 보이는가? 처음에는 검은 잉크를 무작위로 흩뿌린 것 같이 보인다. 그러나 한참 쳐다보면 숨은 장면을 볼 수 있다.

하는 것이다.

말하자면, 뇌 뒷면 투사는 정답을 맞추면 재빨리 집으로 돌아 올 수 있도록 하는 소위 '스무 고개'라는 게임을 할 수 있다.

그것은 항상 우리 개개인이 환각을 보는 것 같다. 우리가 지각이라고 부르는 것은 단순히 막 입력된 정보와 가장 많이 일치되는 하나의 환각을 선택한다는 의미다. 물론 이것은 다소 과장된 면이 없지 않지만, 거기에는 아주 큰 진실이 담겨 있다(나중에 살펴보겠지만, 우리가 예술품을 감상하는 관점을 설명하는 데 도움이 될 것이다).

사물을 인식하는 정확한 방법은 여전히 베일에 가려져 있다. 예컨대 여러분이 하나의 대상을 쳐다볼 때 활성화되는 신경이 의자라고 하지 않고 얼굴로 인식하는가? 의자를 정의하는 속성은 무엇인가? 현대적인 디자이너가 만든 가구점에 볼 수 있는, 중앙 부분에 보조개가 들어가듯 구덩이가 파인 커다란 플라스틱 공이 의자가 인식된다. 그렇게 인식한 이유에는 4개의 다리를 가졌다거나 등받이 유뮤보다 앉는 데 사용한다는 용도가 결정적으로 작용했다. 여하튼 신경시스템은 '앉는 행위=의자로 인식'이라고 해석한다. 어떤 얼굴이 있다고 치자. 여러분이 일생 동안 수백만 명의 얼굴들을 만났고, 기억 은행에 그 얼굴에 해당하는 정보를 저장해놓았다고 해도 어떻게 즉시 그 사람을 알아보는가?

어떤 대상의 모습이나 특징은 그것을 인식하는 지름길 역할을 한다. 그림 2-8에는 원이 있고 그 안에 구불구불한 선이 있다. 그러나 여러분은 그것을 돼지의 엉덩이로 본다. 비슷하게, 그림 2-8(b)에는 한 쌍의 수직선에 4개의 방울이 달려 있다. 그러나 내가 발톱과 같은 어떤 특징을 더하자마자 그것이 나무를 오르는 곰으로 보일 것이다.

이러한 이미지는 어떤 간단한 특징도 더 복잡한 사물을 진단할 수 있는 징표 역할을 할 수 있음을 보여준다. 그러나 그 특징 자체가 어떻게 추출되고 인식되는지에 대한 기본적인 질문에는 답을 내놓지 못한다. 어떻게 꾸불꾸불한 선이 꾸불꾸불한 선으로 인식이 되는가? 그림 2-8(a)의 꾸불꾸불한 선은 원 안에 있다는 전후 사정에 비추어 오로지 꼬리가 될 수 있다. 만약 꾸불꾸불한 선이 원 바깥에 있다면 어떤 엉덩이로도 보이지 않을 것이다. 이는 물체를 인식하는 핵심 문제다. 즉, 시각 시스템이 사물을 식별하기 위하여 특징 간 연관성을 어떻게 결정할 수가 있는가? 우리는 여전히 거의 이해하지 못하는 부분이다.

얼굴 문제는 더욱 더 심각해진다. 그림 2-9(a)는 만화 얼굴이다.

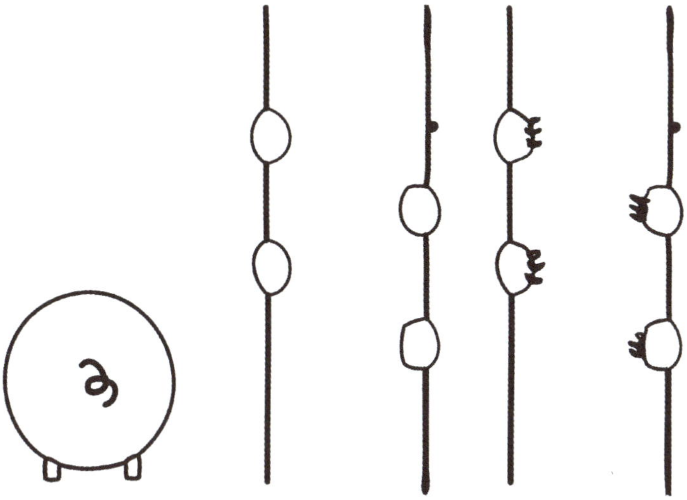

그림 2-8 (a) 돼지 엉덩이 (b) 곰

단순한 수평과 수직선으로 코, 눈, 그리고 입을 대신할 수 있다. 그러나 이는 오로지 그것들 간의 연관성이 올바를 때만이다. 그림 2-9(b)의 얼굴은 그림 2-9(a)와 특징이 똑같다. 그러나 뒤죽박죽이 되어있다. 여기에는 어떤 얼굴도 나타나 보이지 않는다. 여러분이 피카소가 아니라면 말이다. 각 특징들의 정확한 배열이 중요한 포인트다. 그러나 그보다 더한 것이 있다. 하버드대학교의 스티븐 코슬린Steven Kosslyn 박사가 지적한 대로, 우리는 단지 특징들 간의 연관성—코, 눈, 입 간의 올바른 상대적 위치—을 보고 그것이 얼굴이라고 얘기한다. 돼지 또는 당나귀라는 말은 하지 않는다. 즉, 그 얼굴이 누구의 얼굴이라는 말은 않는다.

개개인의 얼굴을 인식하려면 상대적인 사이즈와 특징들 간의 거리를 측정하는 것으로 바꾸어야 한다. 그것은 마치 여러분의 뇌가

그림 2-9 (a) 만화 얼굴 (b) 뒤죽박죽 얼굴

앞서 만난 수천 명 얼굴 평균을 내고, 포괄적인 인간 얼굴 견본을 만든 것과 같다. 새로운 얼굴을 만날 때는 얼굴 견본과 비교한다. 즉, 뇌신경이 새로 만난 얼굴로부터 수학적 평균을 낸다. 새 얼굴과 평균 얼굴 간 편차의 유형이 새 얼굴의 구체적인 견본이다.

예를 들어, 평균 얼굴과 비교하면 리처드 닉슨Richard Nixon(미국의 제37대 대통령)은 코가 둥글납작하고 눈썹이 텁수룩하다. 사실, 만평에 나타나는 얼굴은 일부러 특징의 이런 편차를 과장하여 그린다. 즉 원래의 닉슨 대통령보다 더 어울리는 얼굴을 말한다. 이것이 어떤 유형의 예술과 어떻게 연관성을 갖는지를 나중에 알게 된다.

그러나 우리는 명심해야 한다. '과장', '견본', '연관성' 같은 단어들은 우리를 안심시켜 실제 감각과 틀리게 설명한다. 그 단어들은 무지의 깊이를 감춰버린다. 우리는 뇌 속의 신경이 어떻게 이러한 작용을 수행하는지 모른다. 그렇지만 내가 대강 잡아놓은 계획은 이러한 의문을 풀 미래 연구를 시작하는 데 좋은 장소를 제공할 것으로 믿는다. 예를 들어, 20여 년 전에 신경 과학자들은 얼굴에 반응을 보인 원숭이의 측두엽에서 신경을 발견했다. 즉, 원숭이가 특별히 친근한 얼굴—수컷 우두머리인 조Joe나 조의 암컷인 라나Lana—을 볼 때 활성화되는 각 신경단위를 말한다. 나는 1998년 출간한 수필집에서, 그러한 신경은 역설적으로 원래의 얼굴보다 문제의 과장된 얼굴 희화戲畫에 더욱 강렬하게 반응하여 활성화된다는 것을 예측했다.

흥미롭게도 이 예측은 하버드대학교에서 진행한 명쾌한 일련의 실험에서 확인되었다. 이 실험들은 중요하다. 왜냐하면 시각과 예술을 놓고 이론적으로 한 어림짐작을 해석하도록 도와줄 것이기 때문이다. 시각 기능이 더욱 정밀하고, 테스트할 만한 모델이라는 것이다.

사물 인식은 어려운 문제다. 나는 각 단계에서 무엇이 포함되는지에 관한 몇몇 제안을 했다. 그러나 '인식'이라는 단어가 인식해야 할 얼굴 또는 사물이, 얼굴의 기억 연상 작용에 바탕을 둔 의미를 불러오는 방식을 설명할 수 없다면 별 의미가 없다. '신경이 의미를 어떻게 부호화하고 사물의 의미론적인 모든 연상을 일으키는가'라는 질문은 신경과학의 성배聖杯다. 기억과 지각, 예술을 연구하든 자각하든 그렇다.

* * *

왜 고등 영장류가 넓고 명확한 시각영역을 갖고 있는지 우리는 명확하게 알지 못한다. 그러나 시각영역은 각각 다른 시각 양상으로 모두 전문화되어 있다. 색을 구분하는 것, 운동을 보는 것, 모양을 보는 것, 얼굴을 인식하는 것 등이 그것이다. 시각영역에 대한 컴퓨터 같은 전략은 진화가 신경 하드웨어를 따로따로 발전시킨 차이였던 셈이다.

중간 측두MT 영역이 좋은 예다. 이는 하나의 피질 조직 덩어리고, 각 반구에서 발견되며, 주로 움직임을 보는 데 관여하는 것으로 보인다. 1970년대 후반 취리히에 잉그리드Ingrid라는 한 여성이 있었다. 뇌졸중을 앓고 나서 뇌의 양쪽 측면 부위의 중간 측두에 손상을 입었지만 나머지 부분은 멀쩡했다. 잉그리드의 시력은 모든 면에서 정상적이었다. 신문을 읽고 사물과 사람을 인식했다. 그러나 움직임을 보는 데 엄청난 어려움을 겪었다. 움직이는 차는 하나의 멈춰진 스냅 사진이 길게 연속적으로 보이는 것 같았다. 마치 현란하게 점멸하는 조명 아래에서 보는 것 같았다. 그녀는 차 번호판을 볼 수 있었고, 어떤 색깔의 차라고 얘기해줄 수도 있었다. 그러나 움직임에 대한 느낌은 전혀 없었다. 그녀는 길을 건널 때 경악했는데 차가 얼마나 빠른 속도로 접근하는지를 전혀 알 수가 없었기 때문이다. 주전자로 컵에 물을 따르면 물줄기가 정지된 고드름으로 보였다. 잉그리드는 물 따르기를 언제 멈춰야 하는지 몰랐다. 컵의 물의 수위가 올라오는 속도를 읽을 수가 없어서 항상 물이 넘치게 따랐다.

사람들에게 말하는 것조차 그녀에게는 '전화에 대고 말하는 것'과 같았다. 상대방의 입술 움직임을 읽을 수가 없었기 때문이다. 삶이 그녀에게는 이상한 시련이 되어 다가왔다. 추측건대 중간 측두 영역은 움직임을 보는 데 주로 관여하지만 이는 다른 시각의 문제는 아니다. 이런 견해를 지지하는 네 가지 증거가 있다.

첫째, 원숭이의 중간 측두에 있는 한 개의 신경세포로 기록할 수 있다. 세포는 움직이는 물체의 방향을 가리킨다. 그러나 색깔이나 모양에는 그렇게 관심이 없어 보인다. 둘째, 미세전극을 이용하여 원숭이 중간 측두 영역에 있는 조그만 세포덩어리를 자극할 수 있다. 그러면 세포가 활성화되고, 원숭이는 전류가 흐를 때 환각 움직임을 보인다. 우린 이것을 알 수 있다. 녀석이 시각영역에서 움직이는 상상 속 물체를 따라서 눈을 돌리기 때문이다. 셋째로 기능적 자기 공명 기록법fMRI으로 찍은 인간 자원자들의 뇌 이미지로 중간 측두 활동을 관찰할 수 있다. fMRI는 피실험자가 실험을 위해 제시된 뭔가를 보거나 행하는 동안 혈류의 변화에 의해 생성되는 뇌 속의 자기장을 측정한다. 이 경우 중간 측두 영역은 여러분이 움직이는 물체를 보는 동안 불이 들어온다. 그러나 정지된 그림, 색깔, 또는 인쇄된 글씨 등을 보는 경우에는 아니다. 넷째로 '경두개자기자극기'라고 불리는 장치를 이용하여 실험 자원자의 중간 측두 영역을 놀라게 할 수 있다. 즉 효과적으로 일시적인 측두뇌병변을 일으킨다는 의미다. 그러면 피실험자는 간단하게 잉그리드처럼 움직임에 깜깜하게 변해버린다. 반면에 시각 능력 외의 나머지는 그대로 멀쩡한 상태로 남아 있다. 이 네 가지 결과만으로는 중간 측두가 뇌의 운동영역이라는 단 하나의 관점을 입증하기에 다소 지나친 감이 없지 않다. 그러나 동일한 사안을 입증하는, 증거의 집중 라인을 갖는다는 것은 과학에서 나쁠 것 없다.

측두엽에는 V4라고 불리는 영역이 있는데 이는 색 처리를 전문적으로 담당하는 것으로 보인다. 이 영역이 손상을 입으면 세상에 색이 쏙 빠지고, 마치 흑백 동영상만 있는 것처럼 보인다. 그러나 환자의 다른 시각영역의 상태는 완벽하게 멀쩡하다. 움직임을 인식하고 얼굴을 알아보고 글을 읽는 등의 동작이 정상적이다. 그리고 중간 측두 영역과 더불어 fMRI, 직접 전기자극 등의 단일 신경

연구를 통해 V4가 뇌의 '컬러 센터'라는 증거의 집중 라인을 얻을 수 있다.

불행하게도 중간 측두, V4와 달리 영장류 뇌의 30개 정도의 시각영역 대부분은 그것에 병변이 생겼거나, 심상心象이 생겼거나, 피로할 때는 그 기능을 그다지 선명하게 드러내지 않는다. 이것은 아마도 시각영역들이 시각 종류처럼 정교하게 전문화되지 않았거나, (장애물 주위를 흐르는 물처럼) 기능이 다른 영역에 의해 더 쉽게 보정되거나, 또는 하나의 기능 구성에 대한 우리의 정의가 흐릿한 탓일 수 있다(컴퓨터 과학자가 말한 것처럼 '불량 설정 문제'의 의미). 그러나 어떤 경우든 우리를 당혹케 할 정도로 복잡한 해부학적 구조의 기저에는 하나의 단순한 조직적인 유형이 존재하며, 이는 시각 연구에 도움을 준다(그림 2-10).

우선 시각정보가 피질에 들어가는 두 가지 경로를 고려하기로 하자. 소위 '오래된 경로'는 망막에서 시작하여 상부 둔덕superior colliculus[2]이라는 고대부터 형성된 중간 뇌 구조로 연결된다. 그리고 시상침[3]을 경유하여 두정엽에 투사된다. 이 경로는 공간 시각에 관여한다. 물체가 무엇과 함께 있는 것이 아니고, 어디에 있는가 하는 것이다. 올드 경로는 물체 쪽으로 방향을 잡고 눈과 머리로 추적이 가능하게 한다. 햄스터의 이 경로를 손상시키면, 녀석은 기이한 터널시각증을 보인다. 바로 코앞에 놓여 있는 것만 보거나 인식하는 증상이다.

신생 경로는 인간과 영장류에서 일반적으로 높게 발달했다. 복잡한 장면과 물체의 정교한 분석, 인식을 하게 한다. 이 경로는 망막에서 시작해 시각피질 지도에서 처음이자 가장 넓은 부분인 V1

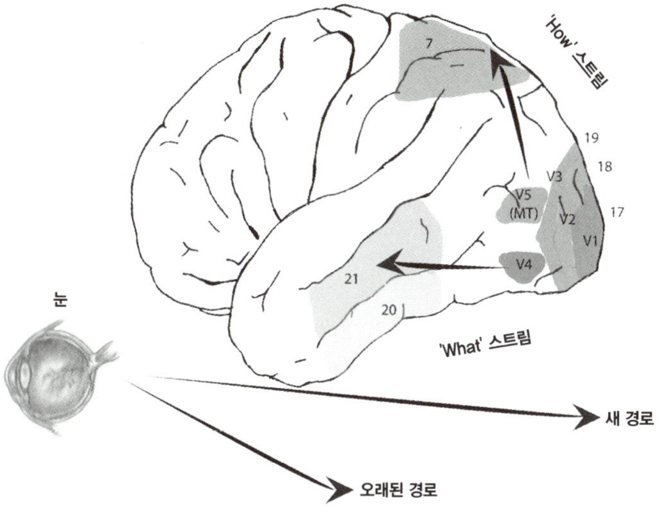

그림 2-10 시각정보는 두 가지 경로를 경유하여 망막에서 뇌로 전달된다. 하나는('오래된 경로'라 불림) 상부 둔덕을 통해 전달되어 궁극적으로 두정엽에 이른다. 다른 하나는('새 경로'라 불림) LGN(측면슬상관절핵)을 경유하여 시각 피질에 이르고, 다시 두 가지 줄기—'어떻게'와 '무엇'—로 갈라진다.

으로 투사되고, 그리고 거기에서 두 가지 하부경로나 스트림으로 나뉘진다. 경로 1, 즉 'how' 스트림으로 불리는 것과, 경로 2의 'what' 스트림이다.

'how' 스트림(때로는 'where' 스트림으로 불림)은 공간에서 시각적 대상 간의 연관성에, 반면 'what' 스트림은 시각적 대상 그 자체의 속성 연관성에 관여한다고 생각할 수 있다. 그래서 'how' 스트림의 기능은 어느 정도 오래된 경로와 겹치나, 공간 시각을 훨씬 더 정교하게 만든다. 물체의 위치보다는 시각적 장면이 종합적으로 공간에 배치되도록 결정하는 기능이다.

'how' 스트림은 두정엽에 투사되고 운동 시스템에 강하게 연결된다. 날아오는 물건을 피할 때, 방에 놓인 물건들과 부딪치지 않고 돌아다닐 때, 나뭇가지 위나 구덩이 위에 발을 조심조심 옮겨놓을 때, 또는 물건을 잡으려 팔을 뻗을 때, 주먹을 피할 때 'how' 스트림에 의존한다. 이러한 것의 대부분의 연산은 무의식적이고, 고도로 자동화되어 있다. 많은 안내나 모니터링이 필요 없는 로봇이나 좀비를 조종하는 것과 같다.

'what' 스트림을 고려하기 전에 맹시盲視라는 재미있는 현상에 대해 얘기하겠다. 이는 1970년대 말 옥스퍼드대학교의 심리학자 래리 바이츠크란츠Larry Weizkrantz가 발견했다. 기Gy라는 환자가 왼쪽 시각 피질에 심각한 손상을 입었다. 그곳은 'how'와 'what' 스트림에 대한 출발점에 해당한다. 그 결과 그의 오른쪽 시각영역이 기능하지 않아 거의 맹인이 되어버렸다. 하여튼 처음에는 그렇게 보였다. 기의 손상되지 않은 시력을 테스트하는 도중에 와이즈크란츠 박사는 오른쪽에 조그만 한 광점光點이 있다고 말한 뒤 기에게 손을 뻗어서 그것을 만져보라고 했다. 기는 그것을 볼 수도 없고, 어떤 점도 없다고 했다. 그러나 박사는 일단 해보라고 했다. 그러자 놀랍게도 기는 정확하게 그 광점을 만졌다. 기는 추측으로 그렇게 했을 뿐이며, 광점을 정확하게 만졌을 때 놀랐다고 했다. 그러나 반복된 시도는 그것이 운 좋게 어쩌다 만진 것이 아니라는 것을 입증했다. 기는 비록 광점이 어디에 있는지, 어떻게 생겼는지 본 적도 없었지만 손가락으로 목표를 정확하게 짚었다. 바이츠크란츠 박사는 이런 현상을 역설적으로 강조하기 위하여 맹시 증상이라고 이름 붙였다. 초감각적 지각ESP이 없다면 이런 현상을 어떻게 설명할 수 있을까? 어떻게 볼 수 없는 물건의 위치를 정확하게 찾아낼 수 있을까? 그 답은 뇌의 '오래된' 경로와 '새로운' 경로 사이에 존재하는 해부학적 부분에서 찾을 수 있다. 기의 V1을 통해 달리는 신생 경로는 손상을 입었으나, 오래된 경로는 온전하게 살아 있었다. 광점의 위치 정보는 그의 두정엽에 여유롭게 전달되었고, 손을 정확한 광점 위치에 갖다대도록 안내했다.

맹시에 대한 설명은 제법 폭넓게 인정받았다. 그러나 더욱 더 흥미로운 질문이 나타났다. 오직 신생 경로만이 시각적 의식을 가졌다는 것을 암시하는가? 신생 경로가 막혔을 때 기의 경우처럼, 시각적 자각은 끝나버린다. 반면 경로는 분명하게 복잡한 연산 작업을 해 손을 제대로 안내한다. 이것이 내가 이 경로를 로봇이나 좀비 조종자로 비유한 이유다. 왜 이렇게 될까? 결국 오래된 경로와 신생 경로는 단지 유사하게 보이는 신경으로 만들어진 두 개의 병렬 경로다. 그래서 둘 중 하나가 의식의 자각에 연결된 경로라는 것인가? 정말 왜일까? 내가 이 장에서는 이 문제를 어려운 의문으로 제기하고, 의식적 자각에 대한 의문은 대단히 중요한 것으로 마지막 장을 위해 남겨두기로 한다.

이제 'what' 스트림인 경로 2를 알아보자. 이 스트림은 주로 하나의 대상이 무엇이며, 무엇을 의미하는가를 인식하는 데 관여한다. 경로 2는 V1에서 방추상회[4]까지 투사되고(그림 3-6), 거기서 측두엽의 다른 부분으로 투사된다. 방추상회는 주로 물체의 단순한 면을 보고 분류하는 일을 한다. 즉 Qs와 Ps를, 손톱handsaw과 매hawks를, 제인Jane과 조Joe를 구별한다. 그러나 그 어떤 것에도 의미를 부여하지는 않는다. 이런 역할은 조개껍질 채집가(패류학자)나 나비 채집가가 하는 분류와 비슷하다. 즉, 이들은 수백 가지 견본을 분류하고 라벨을 붙여 겹치지 않도록 조심스레 분류통에 집어 넣는다. 그러나 정작 각 견본은 알지 못한다(이것은 대략 맞으나 전부 그렇다는 것은 아니다. 몇몇 의미론적 측면은 아마도 좀더 고기능 부위로부터 방추상회로 피드백된다고 본다).

그러나 경로 2가 방추상회를 지나 측두엽의 다른 부분으로 진행될 때는 물체의 이름뿐만 아니라 그것과 관련해서 연상되는 기억과 사실의 그림자도 불러온다. 넓게 말하면 물체의 의미론 또는 의미라고 한다. 여러분은 조의 얼굴을 조로 인식할 뿐 아니라, 그에 관한 모든 정보를 기억한다. 즉 그는 제인과 결혼했고 유머감각이 좀 삐딱하고 고양이 알레르기가 있고, 볼링팀의 일원이라는 것 등이다. 이러한 의미론적인 검색과정은 측두엽의 광범한 활동에 관여한다. 그러나 베르니케 언어영역과 하부 두정소엽을 포함하는 아주 작은 '병목 지점'에 집중되는 것으로 보이는데, 이는 읽기와 쓰기, 연산 같은 참으로 인간적인 능력에 관여한다. 병목 영역에서 의미가 일단 추출되면, 메시지는 편도체[5]에 전달된다. 편도체는 측두엽의 전반부 속에 있는 것으로, 누구를 또는 무엇을 보는 것에 대한 느낌을 불러오는 기능을 한다.

경로 1과 경로 2 외에도 물체에 대한 정서적인 반응과 관련해서 다소 많은 반사 반응을 하는 선택적인 경로가 있는데 이를 경로 3이라고 하겠다. 처음 두 개가 'how'와 'what' 스트림이었다면 이것은 'so what' 스트림으로 생각할 수 있다. 이 경로에서 눈, 음식, 얼굴 표현, 그리고 운동(누군가의 걸음걸이, 제스처)과 같은 생리학적으로 핵심적인 자극은 방추상회로부터 측두엽에 있는 상측두구superior temporal sulcus라고 불리는 하나의 영역을 통과한다. 그리고는 곧바로 편도체로 넘어간다. 다른 말로 하면, 경로 3은 우회해 고차원으로 물체를 지각한다(그리고 많은 희미한 연상 정보들은 모두 경로 2를 거쳐 떠올려졌다). 그런 다음 뇌의 정서적인 핵심 출입구이고 대뇌 변연계 시스템[6]인 편도체로 빠르게 이동한다. 이런 감정들의 지름길은 아마도 위험하거나 상황이 좋은 쪽으로 신속하게 반응하도록 진화되었다.

편도체는 당신이 무엇을 보든지 간에 과거에 저장된 기억과 정서적인 의미를 판단하는 변연계 시스템 안의 또 다른 구조들과 함께 작업을 한다. 저것은 친구인가, 적인가, 동료인가? 음식인가, 물인가, 위험인가? 또는 일상적인 일인가? 만일 그것이 중요치 않다면—통나무, 한 조각 천, 바스락거리는 바람소리 등과 같이—별 감흥이 일어나지 않고 보통 그것을 무시한다. 그러나 그것이 의미가 있다면 뭔가를 금방 느낀다. 만일 그것이 강렬한 느낌이면 편도체 신호는 시상하부로 쏟아져 내린다. 이것이 호르몬 방출을 조절할 뿐만 아니라 자율 신경계를 활성화하여 적절한 행동을 하도록 준비하게 한다. 먹이 주기, 싸우기, 도망가기, 또는 구애하기 등(의과대학생들은 F로 시작하는 4개의 단어라는 연상기호(4F)를 써서 이것을 기억한다)이 그렇다.

이런 자율반응은 심장 박동률, 빠르고 얕은 호흡, 땀 분비의 증가와 같은 심리학적으로 강한 감정적인 신호 전부를 포함한다. 인간의 편도체는 전두엽으로부터의 독특한 입력 정보를 받는다. 이것이 원시적 정서인 '4F' 칵테일에 미묘한 향을 더한다. 그래서 분노와 피로, 두려움뿐만 아니라 칭찬과 자부심, 조심, 존경, 아량, 기타 자율반응류의 감정도 느낀다.

***

다시 뇌졸중 환자인 존의 얘기로 돌아가 보자. 내가 약간 과장하긴 했지만 시각 시스템의 개괄적인 구획 상에서 최소한 그의 몇몇 증상들을 설명할 수 있는가? 존은 확실히 맹인이 아니었다. 비록 그가 무엇을 그리는지 인식하지 못했지만 생 폴 성당의 부조를 거의 완벽하게 복제할 수 있었다는 것을 기억하라.

초기 단계의 시각 처리는 별 탈이 없었다. 그래서 존의 뇌는 선과 형상을 추출할 수 있었고 그들 간 연관성도 구별하기까지 했다. 그러나 'what' 스트림 상의 결정적인 다음 연결, 즉 방추상회로부터 시각정보가 인식, 기억, 감정을 촉발할 수 있는 연결이 끊어져 버렸다. 실인증이라는 이 장애는 볼 수는 있어도 알아보지는 못한다. 지그문트 프로이트Sigmund Freud가 이름 붙였다(존이 사자와 염소를 구별할 수 없을망정 사자에게 정서상의 반응을 제대로 하는지 알아보는 것은 참 흥미로웠을 것이다. 그러나 연구자들은 그런 시도를 하지 않았다. 이는 경로 3을 선택적으로 약간만 할애했다는 것을 의미한다). 존은 여전히 사물을 '보고' 팔을 뻗어 집을 수 있고, 그리고 장애물을 피하면서 방 주위를 돌아다닐 수 있다. 'how' 스트림이 전반적으로 멀쩡했기 때문이다. 실제로 어떤 사람이 걷고 있는 존을 관찰한다고 해도 결코 인식능력에 심각한 문제가 생겼다고 의심하지는 않을 것이다.

기억하라. 그는 병원에서 집으로 돌아와 울타리 나무를 자를 수 있었고, 마당에서 풀을 뽑을 수도 있었다. 그러나 꽃과 잡초를 구별할 수 없었다. 같은 문제로 얼굴과 자동차를, 크림과 샐러드드레싱을 구별할 수 없었다. 한편으로 기이하고 이해하기 어려운 것으로 보였던 증상도 내가 설명한 개요에서 보듯 해부학적 측면에서 다중 시각 경로가 있다는 것을 감안하면 설득력이 있다.

존의 공간 감각이 멀쩡하다고 말하려는 것은 아니다. 그가 홀로 떨어져 있는 커피잔은 잘 잡을 수 있었지만 여러 가지가 섞여 있는 뷔페 테이블에서는 당황해서 버벅거린 일을 상기하자. 이는 시각 연구자들이 분할이라고 하는 어떤 시각 처리 과정에 혼란을 겪는다는 것을 시사한다. 분할은 여러 조각의 시각 장면이 단일 사물을 구성하는 집합이라는 사실을 아는 것을 말한다.

분할은 'what' 스트림에서 물체의 인식을 위한 결정적인 서곡인 셈이다. 예를 들어, 만일 당신이 소 한 마리의 머리와 후반신이 나무기둥 맞은편에 나와 있는 것을 본다면, 자동으로 그 전체 동물을 인식한다. 물어볼 필요도 없이 마음의 눈이 가운데 빈 부분을 채워 넣기 때문이다.

우리는 초기 시각 처리 단계에서 어떻게 신경이 이러한 연결을 그리 수월하게 수행하는지 알지 못한다. 존은 분할 처리 부분이 손상을 입은 것으로 보인다.

추가적으로 존의 컬러 시각이 빈약한 것은 컬러 영역인 V4에 손상이 있다는 것을 암시한다. V4가 얼굴 인식 영역과 동일한 뇌 영역인 방추상회에 놓여 있는 것은 그리 놀랄 일이 아니다. 존의 주요 증상은 시각 기능의 특정한 부분이 손상을 입은 것과 연관시켜 부분적으로 설명이 가능하다. 물론 몇몇은 그렇지 않다. 가장 흥미로운 증상은 존에게 기억 속의 꽃을 그려보라고 하면 분명하게 나타난다.

그림 2-11은 존이 그린 그림들이다. 그는 자신 있게 장미, 튤립,

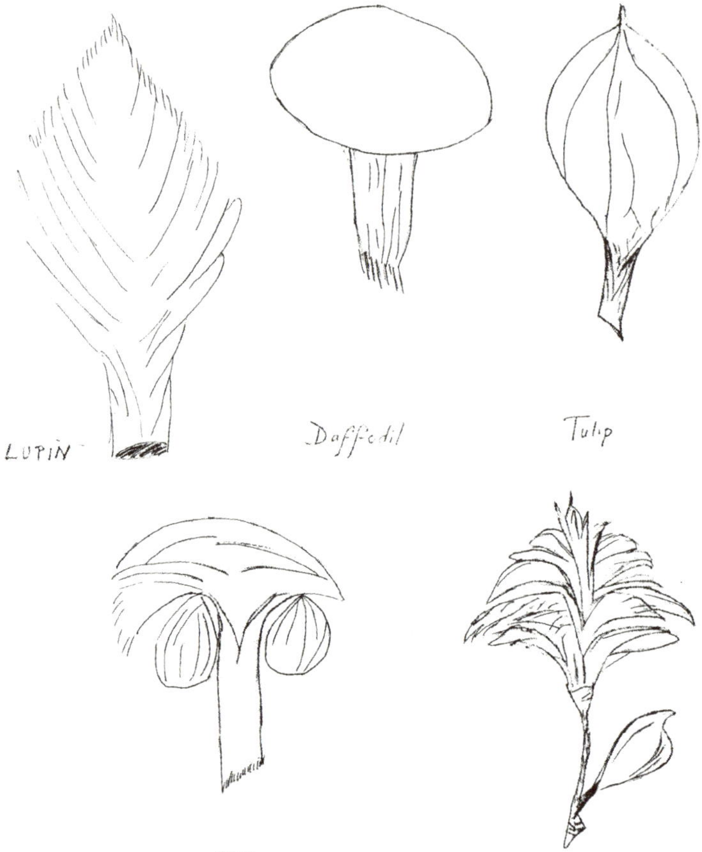

그림 2-11 화성의 꽃. 존에게 특정한 꽃을 그리라고 했을 때 그는 꽃이 무엇인지 알지도 못하면서 기억 속에 있는 꽃을 불러내 그렸다.

아이리스라고 라벨을 붙였다. 제법 잘 그렸는데 우리가 아는 실제의 꽃과 같아 보이지 않는다.

존은 꽃에 관한 일반적인 개념을 갖고 있지만 실제 꽃에 대한 기억이 빈약한 상태였다. 때문에 실제 존재하지도 않는 '화성의 꽃'

을 그려낸다. 몇 년 후 존은 집으로 돌아왔다. 그의 부인은 사망하고, 그는 여생을 보호시설에서 보냈다(이 책이 출간되기 몇 년 전에 그는 사망했다). 그가 머물던 보호시설의 작은 방은 모든 것을 쉽게 알아볼 수 있도록 잘 정리되어 있었다.

존의 외과의사인 글린 험프리Glyn Humphreys가 지적한 것처럼 존은 외출하는 것이 무척 두려웠을 것이다. 심지어 한번은 정원에서도 길을 잃은 적이 있다. 그러나 마지막까지 정신을 추스르고 불굴의 의지와 용기를 보여주었다.

존의 증상은 참으로 이상했지만 얼마 지나지 않아 만난 데이비드란 환자의 증상은 더 이상했다. 그의 문제는 물체나 얼굴 인식 같은 것이 아니라 정서적 반응에 있었다. 나는《라마찬드란 박사의 두뇌 실험실》에 데이비드에 관해 썼다. 데이비드는 내 학급의 학생이었는데 교통사고로 2주간 혼수상태였다. 깨어난 뒤 몇 달 만에 놀랄 정도로 회복되었다. 분명하게 생각하고, 조심성 있고, 누가 말하는 것도 곧잘 이해하곤 했다. 또한 말하고, 글 쓰고, 그리고 비록 발음 중 극히 일부분이 불분명하게 들리기는 했지만 유창하게 책을 읽기도 했다. 존과 달리 그는 물체나 사람을 인식하는 데 전혀 문제가 없었다. 그러나 데이비드는 하나의 깊은 망상에 빠져 있었다. 그는 어머니를 볼 때마다 이렇게 말하곤 했다.

"선생님, 이 여자는 내 어머니를 아주 닮았어요. 그러나 어머니가 아니에요. 그저 내 어머니인 체하는 사기꾼이에요."

데이비드는 아버지에 대해서도 비슷한 망상을 해본 적이 있으나 다른 사람에 대해서는 그렇지 않았다. 데이비드는 카그라스 증후군Capgras syndrome을 앓았다. 이 병명은 증세를 처음 발견한 내과의사가 이름 붙였다. 데이비드는 내가 만난 첫 카그라스 증후군 환자였다. 나는 처음에는 그런 증상이 믿기지 않았지만 나중에는 믿지 않을 수 없었다. 몇 해에 걸쳐 나는 잡다한 각종 증후군을 경계하는 법을 배웠다. 증후군 중 대부분은 실제로 있다. 그러나 정신과의사나 신경과의사들이 이름을 날리려고 자신의 이름을 붙인 몇몇 그저 그런 것도 있다.

데이비드를 보고서 나는 그의 카그라스 증후군이 진짜라고 확신했다. 무엇이 이런 이상한 망상을 일으키는가? 고전이 된 프로이트 정신과 교과서에서 하나의 해석을 찾았다. 설명에 따르면 데이비드는 모든 남자들처럼 어릴 때 그의 어머니에게서 강한 성적매력을 느꼈다. 소위 오이디푸스 콤플렉스다. 다행스럽게도 성인이 되었을 때 그의 피질은 원시 정서적 구조를 통제하여 어머니를 향한 이러한 금지된 성적 충동을 억누를 수 있었다. 그러나 사고 충격이 피질에 손상을 입혔고 그 결과 억제력을 유지하기 어려웠고, 잠자던 성적 절박함이 의식적인 행동으로 나타났다. 갑자기, 그리고 불가사의하게 데이비드는 어머니에게 성적 충동을 느낀다는 것을 알았다. 이것을 합리화할 유일한 방법은 어머니를 자신의 어머니가 아니라고 생각하는 것이었다. 망상은 이렇게 생겨났다.

이런 설명은 가히 천재적이다. 그러나 나는 그렇게 생각하지 않았다. 예를 들어, 내가 데이비드를 만난 지 얼마 안 되어 비슷한 착각 환자인 스티브를 만났다. 스티브의 망상 대상은 애견 푸들이었다. 그는 이렇게 말하곤 했다.

"이 개는 피피랑 꼭 닮았어. 그렇지만 실제로는 아니야. 그냥 피피를 닮았어."

프로이트의 이론은 어떻게 이러한 현상을 설명할 수 있을까? 세상 모든 남자들의 잠재의식 속에 도사린 야수의 성향으로 보아야 할지, 아니면 마찬가지로 그 어떤 부조리한 것으로 보아야 할지 모른다.

정확한 설명은 해부학에서 찾아야 한다(아이러니컬하게도 프로이트는 이렇게 말한 적이 있다. "해부는 숙명이다"). 앞서 언급한 대로 시각정보는 처음에 방추상회로 보내진다. 거기에서 얼굴을 포함한 각종 물체는 첫음 구분 단계를 거친다. 방추상회에서 나온 정보는 경로 3을 통해 편도체에 전달된다. 편도체는 물체나 얼굴의 정서 상태를 살피고, 이어 적절한 정서적인 반응을 하도록 한다.

그러나 데이비드는 어떤가? 내 생각에는 교통사고가 데이비드의 방추상회를 연결하는 경로 3의 신경섬유에만 손상을 입힌 것 같다. 방추상회는 부분적으로 상측두구[7]를 경유하여 편도체에 연결된다. 그렇지만 경로 2뿐만 아니라 편도체와 방추상회의 구조는 아주 온전했다. 경로 2(의미와 언어)는 영향을 받지 않았기 때문에 그는 여전히 어머니의 얼굴을 모습으로 알아보았고, 그녀에 대한 모든 것도 기억했다. 그리고 편도체와 변연계의 나머지 부분도 영향을 입지 않았다. 그래서 여전히 다른 정상적인 사람들과 같이 웃거나 상실감을 느낄 수 있다. 그러나 인식과 정서 사이의 연결이 끊어져버린 뒤라 어머니의 얼굴에서 기대하는 포근한 느낌을 불러내지 못했다.

다르게 말하면 인식은 하지만 기대하는 감정의 느낌은 없다. 데이비드가 이러한 갈등과 타협하는 유일한 방법은 그녀가 어머니를 사칭하는 사기꾼이라는 결론을 내림으로써 합리화하는 것이다. 이것이 극단적인 합리화로 보이기도 한다. 그러나 마지막 장에서 보게 되겠지만 뇌는 어떤 종류의 모순도 싫어한다. 그리고 터무니없는 망상이 때로는 유일한 탈출구 역할을 한다.

프로이트의 견해에 대한 신경생리학 이론의 이점은 실험적으로 테스트 가능하다는 것이다. 앞서 보았듯이 호랑이나 연인, 어머니와 같은 정서적으로 뭔가를 연상시키는 것들을 보았을 때 편도체는 시상하부[8]에 신호를 보내어 몸이 행동을 취하게 준비시킨다. 이러한 투쟁도주반응[9]은 모 아니면 도가 아니고, 연속선상에서 작동한다. 정서적인 경험을 부드럽게, 적절하게, 또는 심오하게 겪으면 자율신경 반응도 부드럽고 적절하고 심오하게 나타난다. 그리고 체험에서 오는 연속적인 자율신경 작용의 한 예가 극미량의 땀을 흘리는 증상이다. 손바닥을 포함한 몸 전체는 감정적인 자극정도가 순간적으로 올라가거나 내려가는 정도에 따라 축축해지거나 건조해진다. 과학자들에게는 이런 증상이 좋은 뉴스거리가 된다. 땀의 미세한 양을 단순히 측정하기만 해도 현재 보고 있는 사물에 대한 감정적인 반응을 간단히 알아낼 수 있기 때문이다. 측정은 간단하게 할 수 있다. 두 개의 전극을 피부에 붙이고, 옴미터ohmmeter라 불리는 장치에 연결한다. 그러면 GSR(전류피부저항), 즉 피부의 전기저항 변화를 순간순간 모니터할 수 있다. GSR은 SCR이라고도 하며 피부 전도성 반응을 말한다. 그래서 섹시한 미녀의 사진이나 섬뜩한 수술사진 등을 볼 때 신체는 땀을 흘리게 되고, 피부저항은 떨어지며, 그리고 큰 GSR을 갖는다. 반면 문의 손잡이나 친숙하지 않은 얼굴과 같이 누가 봐도 평범한 뭔가를 본다면 GSR에 전혀 변화가 없다(프로이트 심리분석에서는 문의 손잡이도 GSR을 만들어낸다고 한다).

GSR을 애써 측정하여 정서적인 흥분 상태를 모니터할 필요가 있는지 궁금해할 수도 있다. 그냥 사람들에게 뭔가에 대한 느낌을 어떻게 갖게 되었느냐고 물어보면 되지 않을까? 대답은 여기 있다. 정서적 상호작용 단계와 구술 리포터 간에는 여러 층의 복잡한 처리 과정이 있다. 그래서 여러분은 감정이 배제되었거나 검열에서 이것저것 잘려나간 대본과 같은 것을 자주 접한다. 예를 들어, 한 피실험자가 동성애자임을 숨기는 사람이라면 그가 치펀데일Chippendales 댄서[10]를 보고 성적으로 흥분되는 것을 부인할 수도 있다.

그러나 GSR은 속일 수 없다. 피실험자가 그것을 조절하지는 못하기 때문이다(GSR은 거짓말 탐지기로 불리는 다용도 기록계에 사용되는 생리학적인 신호다). 말로 하는 것은 어떤 사실을 조작할 수 있지만 GSR은 감정 상태 변화의 진위 여부를 가리는 데 틀릴 가능성이 거의 없는 테스트다. 그리고 믿거나 말거나, 모든 정상적인 사람들은 그들의 어머니 사진을 볼 때 높은 GSR이 나타난다. 그렇다고 유대교 신자가 될 필요는 없다!

우리는 데이비드의 GSR을 측정했다. 테이블과 의자 같은 평범한 사진을 보여주었지만 GSR은 변화가 없었다. 친숙하지 않은 얼굴을 보여주었을 때도 그랬다. 이때까지는 전혀 이상한 기미가 없었다. 문제는 그의 어머니 사진을 보여주었을 때도 GSR의 변화가 전혀 없었다는 점이다. 정상적인 사람한테서는 결코 일어나지 않는 현상이다. 이러한 관찰은 우리의 이론에 확신을 심어주었다.

그러나 만일 이것이 사실이라면 데이비드는 왜 우체부를 사기꾼이라고 부르지 않을까? 추정하건대 사고 나기 전에도 그는 우체부를 알고 있었다. 결국 시각과 정서 간의 단절은 그의 어머니에게만 적용되는 것이 아니라 우체부에게도 똑같이 적용해야 한다. 즉, 똑같은 증상으로 나타나야 하지 않을까? 데이비드의 뇌가 우체부를 볼 때는 정서적인 느낌을 기대하지 않는다는 것이 답이다. 어머니는 생기를 불어넣어주는 존재인 반면 우체부는 단지 어떤 사람일 뿐이다.

또 다른 역설은 어머니가 가까운 방에서 그에게 전화를 걸었을 때는 이러한 사기꾼 망상이 일어나지 않는다는 점이었다. 그는 "아, 엄마, 반가워요. 어떻게 지내세요?"라고 말하곤 했다.

내 이론으로 어떻게 이것을 설명할 것인가? 데이비드 어머니가 누군가에게 전화를 거는 것이 아니라 직접 모습을 나타낼 때 어떻게 그 사람이 데이비드 어머니에 대해 망상을 가지게 되나? 사실 설명은 간단하다. 뇌의 청각 센터로(청각피질)부터 편도체까지는 각각의 분리센터해부학적 경로가 있다는 것이 밝혀졌다. 데이비드는 이러한 경로가 손상되지 않았다. 그래서 그의 어머니의 목소리는 그가 느끼기를 기대한 강렬하고 적극적인 정서를 불러온다. 이 경우 그가 망상을 일으킬 필요가 없다.

데이비드의 증상에 대한 우리의 발견이 〈런던왕립학회보〉라는 영국 학술지에 발표된 지 얼마 지나지 않아 나는 조지아 주에 사는 터너라는 한 환자에게서 편지를 받았다. 그는 내 이론을 좋아하게 되었다고 했다. 왜냐하면 지금 그가 미치거나 정신이 나가지 않았다는 것을 이해할 수 있었기 때문이었다. 그는 자신의 이상한 증상을 논리적으로 잘 설명했으며, 가능하면 극복해보려는 것 같았다.

터너는 자신을 가장 괴롭히는 것은 사기꾼 망상이 아니고 더는 시각적인 장면을 즐기지 못하게 된 것이라고 덧붙였다. 아름다운 풍경과 꽃이 있는 정원 등은 사고가 나기 전에 그에게 무한한 즐거움을 안겨준 것들이었는데 이제는 그렇지 않았다. 그뿐 아니라 이전에 좋아했던 위대한 예술작품도 감상하지 않게 되었다.

터너는 뇌 속의 신경 단절 때문에 이런 문제가 일어난 것을 알았지만 꽃과 예술에 대한 매력을 회복하지는 못했다. 나는 이런 연결이 우리가 예술을 즐길 때 어떤 역할을 할지 궁금했다. 신경 연결을 연구하면 미에 대한 미적 반응을 하는 신경의 기초를 탐험해볼 수 있지 않을까? 이 질문은 7장과 8장에서 다시 살펴보자.

이런 증상을 엉뚱한 데 써먹으려는 사람도 있었다. 어느 날 밤 전화소리에 깼는데 새벽 4시였다. 런던의 한 변호사가 나를 찾았다.

"라마찬드란 박사님?"

"네, 그렇습니다."

나는 여전히 잠이 덜 깨서 중얼거렸다.

"왓슨입니다. 당신의 의견이 필요한 사건이 하나 있어서요. 아마도 당신이 이곳으로 와서 환자 한 명을 좀 봐주시면 좋겠는데."

"무슨 일인지요?"

애써 짜증을 감추면서 물었다.

"내 의뢰인인데 도브라고 해요. 차 사고로 며칠간 의식을 잃었다가 깨어났는데, 모든 게 정상적입니다. 단지 사고가 난 뒤로 말을 하다가 단어를 찾지 못해 애를 먹는 것을 빼고는요."

"그래요. 얘길 들으니까 기쁘네요. 단어 찾기에 어려움을 겪는 것은 뇌 부상을 입고 난 후에 일어나는 지극히 일반적인 현상입니다. 머리 어디에 부상을 입었든지 말입니다."

잠시 침묵이 흘렀다. 내가 다시 물었다.

"뭘 도와드릴까요?"

"도브는 자신의 차를 들이받은 사람들을 상대로 민사소송을 제기하려고 해요. 잘못은 전적으로 그 사람들한테 있으니까요. 그런데 보험회사는 도브에게 차량 파손에 대한 보상만을 하려고 합니다. 영국은 법 제도가 아주 보수적입니다. 내과 의사들 판단은 도브가 육체적으로는 온전하다는 겁니다. MR도 정상이고요. 그의 몸 어디에도 신경학적인 증상이나 부상은 없다는 겁니다. 그래서 보험회사는 도브에게 순전히 차량보상만 하려고 합니다. 어떤 신체 이상에 관한 사항에 대해서는 아니고요."

"그래서요?"

"문제는 그가 카그라스 증상을 호소한다는 겁니다. 도브가 부인을 쳐다보는 것을 자신도 알지만, 그녀가 종종 이방인으로 보인다는 겁니다. 낯선 사람처럼 말이죠. 그게 도브를 극도로 혼란스럽게 해요. 그래서 가해 차량 운전자에게 영구적인 신경정신 장애를 입힌 책임을 물어 100만 달러 손해배상 소송을 걸려고 해요."

"계속해보세요."

"그러나 자가 진단은 별 도움이 되지 못했죠. 증세는 그대로인 상태였어요. 그래서 도브와 나는 가해자에게 이런 영구적인 신경정신 장애를 일으킨 책임으로 100만 달러짜리 소송을 걸려고 해요. 도브는 심지어 이 일로 부인과 이혼할까 봐 두려워해요. 그런데 사고가 일어나고 얼마 안 있어 누군가가 내 의뢰인의 테이블에 놓인 당신의 책을 봤어요. 그 사람이 박사님 책을 읽은 뒤 도브가 카그라스 증상을 보이는 것을 알았어요. 박사님, 문제는 당신 책을 읽은 도브가 이 모든 것을 조작했다고 검사가 주장한다는 겁니다. 생각해보세요. 카그라스 증상을 모방하기는 쉽잖아요. 도브와 내가 당신 있는 곳으로 날아가서 GSR 테스트를 받고 그리고 법정에 그가 진짜 카그라스 증세가 있다고 입증하고 싶어요. 박사님이 이 테스트를 조작할 수는 없잖아요."

그 변호인은 말을 끝냈다. 그러나 나는 런던으로 날아가서 이런 테스트를 할 마음이 전혀 없었다.

"왓슨 씨, 뭐가 문제입니까? 만일 도브 씨가 생각하기에 매번 부인을 볼 때마다 새로운 여자로 보인다면, 부인이 실제로 매력적이라고 본다는 것인데, 이건 좋은 일이잖아요. 전혀 불행한 일이 아니잖아요. 우린 모두 행운이라는 생각이 마구 드는데요!"

이런 무미건조한 농담을 한 것은 내가 여전히 잠이 깨지 않았기 때문이라고 변명하고 싶다. 잠깐 동안의 침묵이 흘렀다. 그리고 반대편에서 수화기를 내려놓은 소리가 들렸다. 다시는 그의 소리를 들을 수 없었다. 내 유머 감각이 항상 잘 받아들여지는 것이 아닌가 보다. 비록 내가 한 말이 경솔하게 들렸는지 몰라도 전적으로 틀린 말은 아니었다.

'쿨리지 효과'라는 잘 알려진 심리학적인 현상이 있다. 미국 대통령인 캘빈 쿨리지의 일화에서 유래했다. 이는 10여 년 전 심리학자들이 쥐를 이용해 한, 널리 알려지지는 않은 실험에 근거를 둔다. 우리에 교미를 거의 하지 못한 수놈 쥐 한 마리를 넣는다. 거기에 암놈 쥐 한 마리를 넣는다. 수놈이 암놈을 올라타고, 대여섯 번이나 교미를 하고는 기력이 떨어져 쓰러진다. 즉 그렇게 보인 것일 수도 있다. 재미있는 것은 새로운 암컷 쥐를 넣어줄 때다. 수놈은 다시 올라타고서는 대여섯 번의 교미 후에 기력이 다 떨어져 쓰러진다. 세 번째 암놈을 넣으면, 기력이 완전히 고갈된 것으로 보이던 놈이 그래도 다시 덤빈다.

이 관음증적인 실험은 성적 매력과 수행에 있어서 새로움이 갖는 강력한 효과를 그대로 보여주는 놀라운 실례다.

나는 이런 효과가 수놈을 구애하는 암놈 쥐의 경우에도 같은 결과일지 종종 궁금해하곤 했다. 그러나 내가 알기로는 그런 실험은 아무도 하지 않았다. 심리학자들의 대부분은 남자들이기 때문일 수 있다.

쿨리지 대통령과 영부인이 오클라호마 주를 방문했을 때다. 거기서 어떤 닭장을 보게 되었다. 분명히 아주 매력 있는 관광코스 중의 하나였을 것이다. 대통령은 우선 연설을 한 번 해야 했다. 그러나 영부인은 그 연설을 많이 들었기 때문에 한 시간 전에 닭장을 보러 가리라 결정했다. 농부가 그녀에게 주위를 구경시켜주었다.

그런데 놀랍게도 닭장에는 수십 마리의 암탉이 있는 반면에 오직 한 마리의 수탉만 보이는 것이었다. 가이드에게 왜 그런지 물었다.

"저놈은 멋진 수놈입니다. 저놈은 밤낮 가리지 않고 암탉들에게 서비스합니다."

"밤새요?" 영부인이 말했다.

"하나 부탁해도 될까요? 대통령이 잠시 뒤 여기 오면 똑같이 얘기 좀 해주세요. 나에게 해준 말 그대로 말입니다."

한 시간 후에 대통령이 도착했을 때 농부는 그 얘기를 반복했다. 대통령이 물었다.

"얘기해봐요. 저 수놈이 밤새 한 마리하고 그래요? 아니면 다른 암놈하고도 그러나요?"

"당연히 다른 암놈하고도 하지요." 농부가 대답했다.

"부탁하나 할까요?" 대통령이 말했다.

"영부인에게 당신이 내게 한 말을 해줘요."

이 얘기는 사실이 아닐지도 모른다. 그러나 하나의 재미난 궁금증을 일으킨다.

카그라스 증상을 가진 환자는 그의 부인에게 결코 싫증이 나지 않을까? 부인이 항시 새롭고 매력적으로 보일까? 만일 그 증세가 '경두개 자기자극'으로 일시적으로 만들어질 수 있다면 누군가 엄청난 돈을 벌 수 있을 텐데 말이다.

3장 | 화려한 색깔과 요염한 여자

공감각의 오해

> "내 인생은 살아가는 것의 진부함에서 벗어나려는 오랜 노력으로 소진되었다. 이 조그만 문제들이 내가 그리 하는 데 도움이 된다."
> **-셜록 홈즈**

프란체스카는 눈을 감고서 어떤 특별한 감촉을 느낄 때마다 생동감을 경험한다. 데님은 극단적인 슬픔, 비단은 평화와 평온함, 오렌지 껍질은 충격, 왁스는 당황함 등이다. 그녀는 때때로 감정의 미묘한 차이를 느낀다. 등급 60의 사포는 죄책감을 만들어내고, 등급 120은 새빨간 거짓말의 느낌을 불러낸다.

미라벨은 반대로 숫자를 볼 때마다 색깔을 경험한다. 숫자가 검은 잉크로 인쇄되어 있어도 그렇다. 전화번호를 떠올리면 숫자에 부합하는 색깔의 스펙트럼이 나타나고, 이어 색깔에 따라 숫자를 추정하면서 숫자 하나하나를 읽어낸다.

에스메랄다는 피아노에서 C$^{\#}$음이 연주되는 것을 들을 때마다 푸른색을 본다. 각각의 음표는 다른 특정한 색깔을 떠오르게 한다. 너무나 자주 그렇다. 그래서 그녀는 각각의 피아노 건반이 실제로 색깔로 부호가 매겨진 것으로, 기억과 음계 연주를 쉽게 한다.

에스메랄다 같은 여성들은 미치지도 않았고 신경정신적인 장애도 없다. 이들을 포함한, 보통 사람들과는 다른 수백만 명이 감각과 인식, 감정을 초현실적으로 섞을 수 있는 공감각을 갖고 있다.

공감각 소유자들(그런 사람들을 이렇게 부른다)은 세상을 평범하지 않은 방식으로 경험한다. 마치 현실과 환상 사이에서 사람이 살지 않는 이상한 땅에 사는 느낌이 든다. 그들은 색깔의 맛을 보고, 소리를 보며, 모양을 듣고, 또는 무수히 많은 배합의 감정을 촉감으로 느낀다.

나와 연구실 동료는 1997년에 처음 공감각을 우연히 접하게 되었다. 그날 이후 공감각은 우리를 참으로 인간답게 만드는 신비의 문의 빗장을 여는 중요한 열쇠가 되었다. 약간 별난 이 현상은 보통의 감각 처리 과정을 조명할 뿐만 아니라, 추상적인 사고를 하거나 비유하는 것과 같은 인간의 마음 중 가장 알기 어려운 측면과 맞닥뜨리게 한다. 아마도 이것이 창조성과 상상력 중요한 기저를 이루는 인간 뇌 구조와 유전자의 특성을 밝혀줄 것으로 보인다.

12년 전 이 여정을 시작했을 나는 네 가지 목표를 가슴속에 지녔다. 첫째, 공감각은 사람들이 단순히 만들어내는 것이 아니라 실재라는 것을 보여준다는 것이다. 둘째, 공감각을 가진 사람과 그렇지 않은 사람의 차이는 뇌에서 나타난다. 나는 공감각을 가진 뇌 속에서 정확히 무슨 일이 벌어지는지에 대한 이론을 제시할 것이다. 셋째, 조건에 맞는 유전학을 연구한다. 넷째, 가장 중요한 것인데, 단순한 호기심 차원을 넘어 공감각이 인간 정신의 가장 신비스러운 측면—언어, 미학, 그리고 추상적인 사고 등 너무나 쉽게 다가와서 당연하게 여기는 능력—을 이해하는 데 중요한 실마리를 제공할지도 모를 가능성을 탐구한다.

마지막으로, 보너스다. 공감각은 형언할 수 없는 경험의 원초적인 자질을 말하는 특질에 대한 오래된 철학적인 질문과 의식을 조명하게 해줄지도 모른다.

이후 내가 해온 연구는 전반적으로 성공적이었다. 위의 네 가지 목표에 대해 부분적이긴 하지만 해답을 제시했다. 더 중요한 것은 대중에게 공감각에 대한 대대적인 관심을 불러일으켰다는 점이다. 실제로 현재 공감각을 주제로 한 십여 권의 책이 발행되었다.

***

공감각이 언제부터 인간의 한 특징으로 인식되었는지는 모른다. 아이작 뉴턴이 경험했을 것이라는 말도 있다. 소리의 음조가 파장에 달려 있다는 것을 잘 알았던 뉴턴이 장난감 하나(건반악기)를 발명했는데 음표용 화면 위에 여러 가지 색깔이 번쩍이게 했다.

그래서 모든 노래는 만화경 같은 다채로운 색깔의 배열로 나타난다. 소리-색깔의 공감각이 뉴턴의 발명에 영감을 주지 않았을지 궁금해 하는 사람도 있다. 뉴턴의 뇌 속의 색깔 혼합이 자신의 색 파장이론에 대한 원초적인 자극을 제공할 수 있었을까?(뉴턴은 백색광이 여러 빛의 혼합으로 구성되었으며, 빛의 파장별 색을 프리즘으로 분리할 수 있음을 입증했다.)

찰스 다윈의 조카인 프랜시스 골턴Francis Galton은 빅토리아 시대에 가장 잘나가던 괴짜 과학자였다. 그는 1890년대에 처음으로 공감각을 체계적으로 연구했으며, 심리학과 지능 측정에 많은 공헌을 했다. 불행히도 그는 극단적인 인종주의자였으며, 우생학이라는 사이비 과학을 전파하는 데 앞장섰다. 우생학의 목적은 인류를 길들인 가축과 같이 선별적으로 사육해 개량하자는 데 있었다.

골턴은 가난한 자들은 열등 유전자 때문에 가난한 것이라고 확신했다. 그렇기 때문에 가난한 자들이 너무 많이 번식하는 것을 막아야 한다고도 했다. 만약 막지 못한다면 토착 상류층과 골턴과 같은 부자들의 유전자 군群을 오염시킬 것이라고 경고했다. 우생학을 지지하지 않은 지성인들이 왜 그런 분위기를 방관했는지는 분명하지 않다. 내 생각은 골턴이 자신의 명성과 성공 요인을 기회 · 환경에서 찾기보다는 선천적인 천재성으로 돌리려는 무의식적인 필요성을 느끼지 않았나 한다(아이러니컬하게도 그는 자식이 없었다).

유전학에 대한 골턴의 생각은 세월이 지나고 나서 보면 거의 코미디 수준이지만, 그의 천재성에는 이론이 없었다. 1892년 골턴은 학술지 〈네이처〉에 공감각에 대한 짧은 글을 기고했다. 별로 알려지지 않은 논문이지만 1세기가 지난 지금 내 흥미를 끌었다.

비록 골턴이 공감각을 처음으로 알아낸 사람은 아니지만 체계적으로 글로 정리하고 사람들에게 공감각 연구의 필요성을 널리 알렸다. 그의 논문은 공감각의 가장 일반적인 형태 두 가지를 집중적으로 다뤘다. 소리가 색깔을 불러오는 청각-시각 공감각, 그리고 인쇄된 숫자가 항상 일정한 색으로 보이는 문자소-컬러 공감각이다.

어떤 숫자의 경우 한 공감각 소유자에게는 같은 색으로 보이지만 숫자 별 색은 공감각 소유자별로 차이를 보인다. 다시 말하면, 모든 공감각 소유자가 5를 붉은색, 6을 푸른색으로 보지는 않는다. 메리에게는 5는 항상 푸른색, 6은 옅은 푸른색, 7은 연초록으로, 수전에게는 5는 주황색, 6은 연초록, 4는 노랑으로 보인다. 이런 사람들의 차이를 어떻게 설명할 것인가? 이들은 정신이상자들인가? 단순히 어린 시절의 기억과 연상을 생생하게 하는 것인가?

과학자들이 공감각 소유자와 같은 이례적인 기인을 만날 때 그들의 초기 반응은 때때로 공감각 소유자를 아래위로 훑어보고는 무시해 버리는 경향이 있다. 그러나 이런 태도가 겉으로 보이는 것만큼 그리 어리석은 것은 아니다. 내 많은 동료들도 여기에 약하기는 하다.

숟가락 구부리기, 외계인 납치, 엘비스 프레슬리 목격과 같은 대다수의 기이한 행동은 거짓으로 드러난다. 그래서 과학자들이 자신을 안전하게 지키기 위해서 기인들을 무시하는 것을 나쁘다고는 할 수 없다. 기인들은 일생 동안 중합수重合水(괴짜 과학에 기초한 물의 가상의 형태), 텔레파시, 또는 상온핵융합과 같은 기이한 연구를 하는 데 소모했다. 비록 공감각이 알려진지 100년 이상이 되지만 말도 안 된다며 하나의 호기심 차원으로 취급 받아온 것이 그리 놀랄 일이 아니었다.

지금도 공감각은 종종 사이비로 치부된다. 내가 평상시 공감각을 말하려 하면 한 발짝도 더 나가지 못하는 경우를 많이 겪었다. 사람들은 "그래서 당신은 마약쟁이를 연구하는가?" 그리고 "와우! 미쳤구나!"라고 한다. 그러고는 무시해버린다. 불행하게도 내과의사들조차 받아들이지 않았다. 그러나 내과의사가 이를 알지 못하면 사람들 건강을 아주 위험에 빠뜨릴 수 있다. 나는 그런 사례를 적어도 하나는 안다. 한 공감각 소유자가 정신분열증이 있는 것으로 잘못 진단을 받아 환각 증세를 없애기 위해 향정신성 약을 처방받았다. 다행히 그녀의 부모들이 약을 받아 든 뒤 수소문 끝에 공감각이라는 글을 우연히 읽게 되었다. 결국 처방을 했던 의사가 공감각에 관심을 갖고, 곧바로 약 복용을 중지시켰다.

실제 현상으로서의 공감각은 공감각에 관한 두 권의 책 《공감각, 감각의 통일》, 《모양을 맛본 남자The man who tasted shapes》을 쓴 리처드 시토윅 박사를 포함하여 몇몇 지지자가 있었다. 시토윅은 선구자였으나 마치 거친 황무지에서 설교하는 예언자 같았다. 기득권층은 그를 여지없이 무시했다. 그가 공감각을 설명하려고 내놓은 이론이 다소 애매모호했던 문제는 어쩔 수가 없었다. 그는 현상이라는 것은 일종의 좀더 초기 뇌 상태로 진화적 회귀를 하는 것으로 보았다. 초기 뇌는 감각들이 충분히 분리되지 않아 뇌의 정서적인 중심에 섞인 상태였다.

나는 미분화된 원시 뇌라는 아이디어를 이해할 수 없었다. 만일 공감각 소유자의 뇌가 초기 상태로 돌아간다면, 경험의 특성을 어떻게 명확하고 구체적적으로 설명한단 말인가? 예를 들어, 에스메랄다는 왜 C#음을 항상 푸른색으로 볼까? 만일 시토윅이 옳다면 여러분은 감각들이 서로 섞여서 모호한 혼란을 만들 것으로 예측할 수 있다. 두 번째 설명은 공감각 소유자들이 어린 시절의 기억과 연상을 한다고 한다. 아마도 이렇게 설명하는 사람들은 어릴 적 5는 빨강, 6은 푸른색이라고 쓰인 냉장고 부착용 자석으로 게임을 했을지 모른다.

아마도 이들은 장미의 냄새나 마르미트(이스트 추출물), 커리, 봄에 개똥지빠귀의 지저귀는 소리를 떠올리는 것과 같은 연상을 생생하게 기억하는지 모른다. 물론 이 이론은 왜 소수의 사람들만이 생생한 감각의 기억에 갇힌 채로 남아 있는지 설명하지 못한다. 숫자를 볼 때 또는 음악을 들을 때 나는 확실히 색을 보지 못한다. 그래서 다른 사람들이 색을 보는지 의심을 하긴 한다.

얼음조각 그림을 볼 때 나는 차갑다는 생각을 한다. 얼음과 눈에 대한 어린 시절의 경험이 아무리 많다 하더라도 확실히 차가움을 느끼지는 않는다. 고양이를 쓰다듬을 때 나는 따스함과 편안함을 느낀다고 말할 수 있다. 그러나 결코 쇠를 만지면 질투심을 느낀다고 말하지는 않는다.

세 번째 가설은 공감각 소유자들이 C장조를 빨강색으로 또는 닭고기를 맛보는 꼬챙이라고 말할 때, 별 관련이 없는 모호한 말이나, 은유법을 사용한다는 것이다. 마치 여러분과 내가 '야한loud 셔츠' 또는 '날카로운sharp 체다 치즈'라고 부르는 것과 같다. 치즈는 만지면 부드럽다. 그러면 그것을 '날카롭다'라고 말할 때 떠오르는 느낌은 무엇인가? '날카로운'과 '무딘'은 촉각을 표현하는 형용사인데, 왜 여러분은 치즈의 맛을 얘기할 때 주저 없이 이 단어들을 쓰는가? 우리의 평범한 언어는 공감각적인 은유로 가득하다(섹시한 여자hot babe, 맛이 없는flat taste, 우아하게 차려입은tastefully dressed). 그래서 공감각 소유자들은 아마도 이 점에 관해서는 특별한 능력을 부여받았다고 할 수 있겠다.

그러나 이런 설명에는 심각한 문제가 있다. 우리는 어떻게 은유법이 작용하는지, 또는 어떻게 그것들이 뇌 속에 나타나는지 전혀 모른다. 공감각이 단지 은유라는 개념은 다른(은유) 것에 관한 신비(공감각)를 설명하려고 애쓰는 과학에서 나타나는 고전적인 함정 중의 하나다. 대신 내 생각은 문제를 뒤집어 보고, 그 반대의견을 제안하는 것이다. 나는 공감각이 하나의 구체적인 감각 처리과정으로 신경의 기초를 알아낼 수 있다고 생각한다. 그리고 그런 설명이 어떻게 비유가 뇌 속에서 표시되는가, 그리고 어떻게 우리가 최초의 부위에서 비유라는 재능을 품을 수 있도록 진화되었을까라는 심오한 질문에 대한 해결의 실마리를 제공해줄지 모른다.

비유가 단지 공감각의 한 형태라는 것을 의미하는 것은 아니다. 단지 후자의 신경의 근원을 이해하는 것이 전자를 명확하게 하는 데 도움을 준다. 그래서 내 스스로 공감각을 연구하려고 했을 때, 첫 번째 목표는 그것이 진짜로 감각 경험이었는지 아닌지를 확실하게 하는 것이었다.

1997년 내 연구실 박사과정 학생인 에드 허바드와 나는 연구를 위해 공감각 소유자 몇 사람을 찾기로 했다. 그러나 그들을 찾은 뒤에는 어떻게 해야 할까?

가장 많이 발행된 조사 결과에 따르면, 사건의 발생 빈도는 어디에서나 천 번에 한 번부터 만 번에 한 번 꼴로 나타난다. 나는 그해 가을 대학원생 300명 앞에서 강의를 했다. 혹시나 하는 심정으로 말했다.

"일반인과는 달리 어떤 사람들은 소리를 본다고 하고, 또는 특정한 숫자가 항상 특정한 색으로 보인다고 주장한다. 이런 경험을 하는 사람이 있으면 손을 들어보기 바란다."

손을 드는 이가 아무도 없었다. 실망스러웠다. 그러나 그날 늦은 시간 사무실에서 에드와 잡담을 하고 있는데 노크 소리가 들렸다. 문을 열어 보니 학생 두 명이 찾아왔다. 한 학생인 수전은 푸른 눈이 아름다운 아가씨였는데, 금발 곱슬머리에 빨간색 줄무늬 염색을 하고 배꼽에 은색 고리를 달고 큰 스케이트보드를 들고 있었다.

"제가 수업시간에 말씀하신 그런 사람들 중의 하나예요"라고 말했다.

"일부러 손을 들지 않았어요. 사람들이 저를 괴상한 존재로 여길까봐 싫었어요. 전 심지어 저 같은 사람이 있고, 그런 현상에 대한 이름도 있다는 것도 몰랐어요." 그녀가 말했다.

에드와 나는 즐거운 놀라움에 서로 쳐다보았다. 다른 학생에게는 나중에 오라고 하고 수전을 의자에 앉게 했다. 스케이트보드를 벽에 기대 세우고 와서 앉았다.

"얼마나 오랫동안 이 경험을 하고 있나?"

"어린 시절부터요. 그때는 그렇게 관심도 없었죠. 그러나 그게 점점 분명해지자 정말로 이상했죠. 아무와도 상의하지 않았어요. 사람들이 저를 미친 애로 생각할까봐 싫었어요. 박사님이 수업시간에 얘기해주기 전에는, 그게 명칭도 갖고 있다는 것을 몰랐어요. 뭐라고 했죠. 미각?"

"그건 공감각이라고 해." 내가 말해주었다.

"수전, 너의 경험을 나에게 자세하게 설명해줄래? 우리 연구소는 그것에 대해 아주 관심이 많아. 정확히 무엇을 경험하고 있지?"

"어떤 숫자를 볼 때 항상 특정한 색을 봐요. 숫자 5는 항상 특정한 검붉은 빨간색, 3은 푸른색, 7은 밝은 선홍색, 8은 황색, 그리고 9는 연노랑."

나는 펜을 집어 숫자 7을 크게 그렸다.

"뭐가 보이니?"

"글쎄요, 아주 선명한 7은 아니네요. 그러나 빨간색처럼 보여요."

"이제 질문에 답하기 전에 잘 생각하길 바란다. 실제로 빨간색을 보니? 그렇지 않으면 그게 너로 하여금 빨간색으로 생각하게 해, 아님 빨간색으로 상상하는 거니? 예를 들어 난 '신데렐라'라는 단어를 들으면 어린 소녀나 호박, 또는 마차가 생각나. 그런 거니? 아니면 말 그대로 색을 보는 거니?"

"어려운 질문이네요. 그건 자주 내 자신에게 물어본 그런 거예요. 추측컨대 나는 실제로 보는 것 같아요. 박사님이 그린 그 숫자는 명확하게 나에게 빨간색으로 보여요. 그러나 그건 한편으로 검은색으로도 보여요. 즉 얘기하자면, 그건 검은색이예요. 그래서 어떤 감각에서는 그건 기억이미지 같은 종류의… 틀림없어요. 내 마음의 눈 또는 뭔가를 가지고 보는 것 같아요. 그러나 그렇게 느껴지지는 않아요. 마치 내가 실제로 보는 것 같이 느껴져요. 묘사하기가 참 어려워요. 박사님."

"참 잘하고 있어, 수전. 너는 훌륭한 관찰자야. 그리고 너는 말하는 모든 것을 가치 있게 하고 있어."

"글쎄요. 제가 확실히 박사님께 말할 수 있는 한 가지는 신데렐라 그림을 보거나 신데렐라 단어를 말하는 것을 듣는다든가 할 때 호박을 이미지화하는 것 같지는 않아요. 실제로 색을 본답니다."

우리가 의대 학생들을 가르칠 때 강조하는 첫번째가 환자의 병력을 챙기고 얘기를 잘 들어주라는 것이다. 세심한 주의, 신체검사 그리고 자신의 예감을 확인하기 위해 정교한 연구실 테스트를 한다면 90퍼센트 정도는 정확하게 진단할 수 있다. 나는 이 격언이 단지 환자뿐만 아니라 공감각 소유자들에도 맞는지 궁금했다.

수전에게 몇 가지 간단한 질문과 테스트를 하기로 했다. 예를 들어, 색을 불러낸 숫자가 실제 시각적으로 출현한 것인가? 아니면 연속적인 사고, 또는 짝수의 개수와 같은 숫자의 개념인가? 만일 후자라면, 로마 숫자는 트릭을 쓰는 건가 아니면 아리비아 숫자가 그런 건가?(나는 그것들을 실지로 인디안 숫자라고 부른다. 그것들은 B.C 1세기에 걸쳐 인도에서 발명되어 아랍을 통해 유럽으로 전파되었다).

큰 글씨로 VII을 써 수전에게 보여주었다.

"뭐가 보이니?"

"7이네요, 그러나 검은색으로 보여요. 빨간색의 흔적이 없어요. 항상 알던 거예요. 로마 숫자는 효과 없어요. 박사님, 그게 기억 같은 것일 리가 없다는 것을 입증하지 않나요? 왜냐하면 내가 아는 건 그게 7이지만 빨간색을 만들지는 않네요!"

에드와 나는 아주 똑똑한 학생과 마주 보고 있다는 것을 깨달았다. 공감각은 숫자의 실제 시각적 출현에 따라 만들어진 것이지 숫자의 개념에 의한 것이 아닌 진짜 감각 현상인 것 같은 느낌이 들었다.

그러나 이것만으로는 여전히 입증할 증거가 부족했다.

어릴 때 유치원에 다닐 때 냉장고 문에 붙여 놓은 빨간색으로 된 7이라는 자석을 반복적으로 보았기 때문에 이런 현상이 생기는 것이 아니라는 걸 우리는 절대적으로 확신할 수 있을까?

우리들 대부분이 강력하게 기억하는, 컬러를 연상하는 과일과 채소의 중간 톤의 흑백사진을 수전에게 보여준다면 무슨 일이 일어날지 궁금해졌다.

당근과 토마토, 호박, 바나나를 그린 다음 그녀에게 보여주었다.

"뭐가 보이니?"

"글쎄요, 이게 박사님이 묻는 것이라면 어떤 색도 보이지 않아요. 당근은 오렌지색이라고 상상할 수도 있고, 또는 오렌지색이라고 마음속에 그려볼 수도 있는 것이죠. 그러나 저는 실제 박사님이

7 그림을 저한테 보여줄 때 빨간색을 보는 방법으로는 오렌지색을 실제로 보지는 못해요. 설명하기가 어렵네요, 박사님. 내가 흑백 당근 사진을 볼 때 오렌지색이라는 건 알아요. 그러나 나는 그것을 내가 원하는 어떤 이상한 색으로 상상해 볼 수 있어요. 푸른 당근처럼 말이죠. 7로 그렇게 해보는 건 나에게 어려운 일이예요. 나에게 징그러운 빨간색으로 줄곧 보이는 거 있죠! 이 모든 게 박사님에게는 말이 되는가요?"

"좋아요." 내가 말했다. "자, 이제 눈을 감고 손을 보여줘 봐."

그녀는 내 요구에 적이 놀란 표정을 짓다 내 지시대로 따랐다. 나는 그녀의 손바닥에 숫자 7을 그렸다.

"내가 뭘 그렸지? 여기, 한 번 더 해볼게."

"7이예요."

"색은?"

"아뇨, 전혀 없어요. 글쎄요, 다시 바꾸어 말해 볼게요. 내가 7을 느끼더라도 처음에는 빨간색을 보지 않아요. 그런데 7을 상상하니까 그게 빨간색으로 보이는 거예요."

"좋아, 수전. 내가 7이라고 말하면 어때? 한번 해봐. 7, 7, **7**."

"처음에는 7이 아니었어요. 그러나 내가 빨간색 경험을 했죠. 한 번은 내가 7모양의 출현을 상상하기 시작했는데, 그때 빨간색을 본 거예요. 그러나 전에는 아니었어요."

즉흥적으로 내가 말했다.

"수전, 5, 3, 3, **8**. 그럼 뭐가 보이니?"

"세상에! 재미있어요. 무지개가 보여요."

"무슨 뜻이지?"

"글쎄요, 일치하는 숫자가 무지개처럼 내 앞에 펼쳐져 있어요. 박사님이 크게 말한 일련의 숫자에 조화를 이루는 색이 보여요. 아주 예쁜 무지개예요."

"질문 하나 더, 수전. 여기 다시 7 그림이 있어. 숫자 위에 색이 그대로 나타나니, 아니면 주위에 퍼져 있니?"

"숫자 위에 그대로 나타나요."

"검은 종이 위에 흰색의 글자는 어때? 여기 하나 있어. 뭐가 보이니?"

"검은 것보다 더 선명하게 빨간 게 나타나요. 왜 그런지 모르겠네요."

"두 개의 숫자는 어때?"

내가 패드 위에 75를 그려 그녀에게 보여주었다. 그녀의 뇌가 색을 섞을까? 아니면 전혀 새로운 색을 보게 되나?

"각각의 숫자와 그게 부합되는 색을 봐요. 그러나 이건 제가 자주 혼자서 겪는 거예요. 숫자가 너무 가까이에 있지 않는 한."

"좋아, 그걸 해봐, 여기 7과 5는 아주 가까이에 있어. 뭐가 보이니?"

"여전히 똑바른 색이 보여요, 그러나 그것들이 싸우는 것 같아요, 아니면 서로 없애버리려고 하는 것 같아요. 희미하게 보여요."

"내가 7을 다른 색 잉크로 그리면?"

내가 7을 푸른색 잉크로 그려 그녀에게 보여주었다.

"어! 흉측하게 보여요. 거슬려요, 뭔가 잘못된 게 있는 것 같아요. 나는 확실히 진짜 색을 마음속에 상상하는 것과 섞지 않아요. 양쪽 색을 동시에 봐요. 그러나 끔찍해요."

수전의 말을 듣고 나니 내가 옛날 논문에서 읽은 공감각이 기억났다. 색에 대한 경험은 자주 정서적으로 물들어 그 잘못된 색들이 어떤 강렬한 혐오감을 일으킨다는 것이었다. 물론 우리는 색에 대한 느낌이 있다. 푸른색은 차분하게, 붉은색은 열정적으로 보인다. 좀 이상한 이유이긴 하지만 이와 동일한 과정을 공감각에서는 과장해 말하는 것은 아닐까? 공감각이 색과 정서 간의 연결에 대해 무엇을 말해줄 수 있는가? 즉, 반 고흐나 모네가 그토록 오랫동안 매료된 것들이다.

문에 누군가가 망설이는 듯 노크를 했다. 무려 한 시간이 지나 간 줄 아무도 몰랐다. 베키Becky라는 그 여학생이 여전히 밖에서 기다린 것이다. 다행히도 그녀는 오래 기다렸지만 쾌활했다. 수전에게 다음 주에 오라고 하고 베키를 안으로 들였다. 그녀도 공감각 소유자였다. 그녀에게 수전에게 한 것과 같은 질문과 테스트를 했다. 그녀의 대답은 다소간 차이를 나타내기는 했지만 묘하게도 비슷했다. 베키는 색을 띤 숫자를 보았다. 그러나 베키가 보는 것은 수전이 보는 것과는 달랐다. 베키는 7은 푸른색으로, 5를 초록색으로 보았다. 수전과 달리 베키는 생생하게 색을 띤 알파벳 글자를 보았다. 그녀 손바닥에 그려준 로마 숫자는 효과가 없었다. 이는 수전과 마찬가지로 색은 숫자의 개념이 아닌 시각적 출현에 의해 없어진 것으로 보인다. 마지막으로, 우리가 수전에게 무작위의 숫자를 죽 이어서 말했을 때 무지개 같은 효과를 보았듯 베키도 그랬다.

그때 나는 그 현상을 제대로 바짝 추적하고 있다는 것을 알았다. 내 의심은 모두 사라졌다. 수전과 베키는 전에 결코 만난 적이 없는 관계였다. 그리고 두 사람과 관련한 보고서에 나타난 높은 유사성은 우연의 일치라는 그 어떤 것도 없었다(그 후에 알게 되었는데 공감각 소유자들 간에는 수많은 변수가 있다. 그래서 우리가 거의 유사한 두 사람을 만난 것은 행운이 아닐 수 없었다).

나는 확신했지만 자신 있게 발표할 만한 확실한 증거자료를 만들어야 했기 때문에 할 일이 많았다. 사람들이 말로 하는 비판과 자기 성찰적인 보고서는 그다지 믿을 만하지 않았다. 연구실의 피실험자들은 주변의 영향을 자주 받는 터라 무의식적으로 상대방이 듣고 싶은 말을 하거나, 어떤 의무감으로 그렇게 말을 한다. 게다가 그들은 때때로 애매모호하게 답변을 한다. 수전이 당혹스럽게 하는 답을 듣고 내가 무엇을 해야 하나?

"난 진짜로 빨간색을 봐요. 그러나 또 그게 아니란 걸 알아요. 추측컨대 내가 그걸 내 마음의 눈으로, 아니면 그런 뭔가로 봐야 할 것으로요."

느낌이라는 것은 선천적으로 주관적이고 형언할 수 없다. 무당벌레 껍질의 생동감 넘치는 붉은색을 경험하는 느낌이 어떤 것인줄 여러분은 안다. 그러나 여러분은 결코 그러한 붉은색을 맹인에게, 아니면 붉은 색과 초록색을 구분할 수 없는 색맹의 사람에게 설명할 수 없을 것이다. 그래서 다른 사람들의 그 붉은색에 대한 지적인 경험이 당신이 경험한 것과 같은지 정말 알 수 없다. 이런 점이 타인의 인식을 연구하는 데 다소의 어려움이다.

과학은 객관적인 증거를 주고받는다. 그래서 우리가 타인의 주관적인 감각 경험을 연구하는 관찰은 어쩔 수 없이 간접적이거나 제3자의 말을 빌린다. 그러나 나는 주관적인 인상과 일인 피실험자 사례 연구는 더 공식적인 실험을 구상하는 데 좋은 실마리를 제공할 수 있다는 것을 지적한다. 정말로 신경학에서 이뤄진 위대한 발견 대다수는 여러 환자들로부터가 아닌 처음부터 한 사람의 임상 사례에서 나왔다.

우리가 공감각의 실체를 입증할 증거를 찾기 위해 체계적인 연구를 시작했고, 이때 같이한 환자가 프란체스카다. 40대 중반의 온화한 성품의 여성이었다. 그녀는 정신과 의사와 상담할 때 심각하지는 않지만 우울증을 앓는다는 얘기를 했다. 의사는 로라즈팸[1]과 프로작Prozac을 처방했다. 그러나 그녀의 공감각 경험에 대한 부분은 어떻게 해야 할지 몰라 나에게 맡겼다. 그녀는 어릴 적부터 각기 다른 질감을 만질 때 정서상의 느낌이 다른 생생한 경험을 했다고 했다. 그러나 우리가 어떻게 그녀가 주장하는 진실을 테스트 할 수 있단 말인가? 아마도 그녀는 단지 아주 다정다감한 사람이고 여러 가지 사물들이 뇌리 속에서 촉발하는 감정과 관련해 말하기를 즐겼다. 또는 그녀가 '정신적으로 장애를 입어' 단지 관심을 끌거나 특별한 느낌을 원했기 때문인지도 모른다.

어느 날 프렌체스카가 〈샌디에이고 리더스〉라는 잡지에 실린 광고를 보고 연구실로 찾아왔다. 차를 한 잔 마시고 간단히 대화를 했다. 학생인 데이비스 브랑과 나는 GSR을 측정하기 위해 그녀를 옴미터기에 앉혔다. 앞에서 본 것처럼 이 장치는 정서적인 충동의 변화에 따라 매 순간 달라지는 극미량의 땀을 측정한다. 뭔가에 대한 그녀의 느낌을 말로 속이거나 무의식적으로 속는 사람과 달리 GSR은 즉각적이고도 자동으로 알려준다.

우리가 보통의 정상적인 피실험자에게 코듀로이와 같은 직물의 질감을 만지게 하고 GSR을 측정했을 때는 아무런 정서상의 변화도 없었다. 그러나 프란체스카는 달랐다. 그녀의 신체는 높은 GSR 반응을 나타냈는데, 두려움, 걱정, 불쾌함 등과 같은 강렬한 정서상의 반응을 보였다. 그러나 따스하고, 이완된 느낌을 주었다고 하는 질감에 대해서는 GSR에 어떤 변화도 보이지 않았다. GSR 반응은 조작할 수 없기 때문에, 이것은 프란체스카가 진실을 말했다는 강력한 증거다.

프란체스카가 특별한 정서적 경험을 하고 있다는 것을 확실히 해두기 위해서 우리는 한 단계를 추가했다. 다시 그녀를 방으로 데려가서 옴미터에 연결했다. 프란체스카에게 테이블에 놓인 대여섯 개의 물건 중 어느 것을 얼마 동안 만지라고 스크린으로 지시하고, 따르도록 했다. 그녀를 방에 혼자 있게 했다. 우리가 함께 있어 보아야 GSR 테스트에 방해만 될 뿐이었다. 프란체스카가 모르게 모니터 뒤에 몰래 카메라를 설치해 모든 얼굴 표정이 녹화되게 했다. 그녀의 표정이 진짜이며, 자연스럽게 나타난다는 것을 확인하기 위해서였다.

실험이 끝난 뒤 우리는 실험과 무관한 학생들로 하여금 그녀의 얼굴에 나타난 두려움이나 평온함의 강도와 질을 평가하도록 했다. 물론 우리는 평가원들이 실험의 목적을 알지 못하게 했다. 프란체스카가 어떤 지시 때 어떤 물건을 만졌는지도 모르게 했다. 다시 한 번 우리는 프란체스카의 여러 가지 질감에 대한 주관적인 평가와 자연스럽게 나타나는 얼굴 표정 간에 상호관계가 있다는 것을 발견했다. 결과는 명확했다. 그녀가 경험이라고 주장하는 감정들은 진짜였다.

자신만만하고, 풍성한 머리숱을 가진 젊은 아가씨인 미라벨은 내가 에드 허바드와 학교 내 에스프레소 로마 카페에서 나눈 대화를 엿들었다. 카페는 내 사무실에서 지척에 있었다. 그녀의 눈썹이 동그랗게 된 적이 있는데 즐거워서인지 아니면 의심스러워서였는지는 알 수가 없었다.

그 후 미라벨이 우리 연구실에 피실험자로 자원해서 찾아왔다. 수전과 베키처럼 미라벨에게도 모든 숫자가 특별한 색을 입힌 것 같이 보였다. 수전과 베키는 그들의 경험을 정확하게 보고하고 있다는 것을 우리는 알았다. 우리는 미라벨에게는 좀 입증하기 어려운 것을 알아내기를 기대했다. 단지 하나의 모호한 색 그림을 경험하는 것(사과를 상상할 때처럼)보다 실제 색을 보고 있다는 것(사과를 볼 때처럼) 같은 것이다. 보는 것과 상상하는 것 간에 놓여있는 경계는 신경학에서는 항상 찾기 어려운 것으로 입증되었다. 아마도 공감각은 두 가지 간의 차이를 해결하는 데 도움을 줄 수도 있다.

나는 사무실의 한 자리에 앉으라고 그녀에게 손짓했으나 썩 내켜하지 않았다. 그녀의 눈은 방을 빙 돌아 테이블과 마루에 놓여 있는 여러 가지 고풍스러운 과학 도구와 화석에 꽂혔다. 그녀의 눈은 마치 과자 가게에 들어온 꼬마처럼 연신 브라질에서 가져온 화석물고기 수집함을 흥미롭게 쳐다보고 있었다.

미라벨의 청바지는 엉덩이에 겨우 걸쳐 있는 듯했다. 나는 그녀의 허리에 새겨져 있는 문신을 애써 정면으로 보지 않으려 했다. 미라벨의 눈이 길쭉하고 윤기 나는 화석화된 상완골처럼 보이는 뼈에 가는 순간 반짝였다. 그것이 뭐 같으냐고 물었다. 갈비뼈와 정강이뼈, 허벅지뼈 등 여러 가지를 댔다. 사실, 그것은 홍적세에 살았던 멸종된 바다코끼리 성기 뼈였다. 이 특별한 뼈는 확실히 중간부분이 골절되었다가 그 동물이 살아있는 동안 다시 치유되었다. 뼈가 붙은 부분이 볼록하게 튀어나온 것이 이를 입증한다. 치유된 골절 부위선 위에는 볼록 튀어나온 이빨 자국이 있었다. 아마도 그 골절은 교미 때 암컷이나 포식자에게 물어뜯긴 것이리라.

신경학에서처럼 고생물학에서도 탐정 같이 뭔가 찾아내는 측면이 있다. 우리는 꼬박 두 시간 동안 이를 화제로 삼았다. 우린 다시 그녀의 공감각으로 화제를 바꿨다.

단순한 실험으로 시작했다. 미라벨에게 검은 컴퓨터 스크린으로 흰색 숫자 5를 보여주었다. 기대한 대로 그녀는 그것을 컬러로 보았다. 그녀의 시선을 스크린 중앙에 있는 흰색 점에 고정하게 했다(이것을 '고정점'이라 한다. 눈이 왔다 갔다 하지 않도록 하는 효과가 있다). 그리고 우리는 숫자를 중앙 점에서 점점 더 멀리 옮겼다. 그래서 숫자가 나타내는 색에 어떤 영향을 주는지를 보고자 했다. 미라벨은 숫자가 멀리 옮겨짐에 따라 빨간 색이 점점 더 생동감이 떨어지는 것으로 바뀌고, 결국에는 창백하고 엷은 핑크로 변해 간다고 했다. 이 자체로는 그리 놀랄 일이 못 된다. 중심축에서 벗어난 숫자는 약한 색이 된다.

그렇다고 하더라도 이는 중요한 것을 말해준다. 멀어 보이지만 숫자 자체는 여전히 완벽하게 분간할 수 있었다. 그러나 컬러는 많이 약해 보였다. 이 결과만 가지고도 공감각이 단지 어린 시절의 기억이나 비유적인 연상일 리가 없다는 것을 보여준다. 숫자가 단순히 기억이나 색에 대한 아이디어를 부른다면, 여전히 선명하게 인지할 수 있는 한 그것이 시각영역의 어디에 위치하느냐가 왜 중요할까? 그리고 두 번째로 우리는 '돌출'이라고 불리는 더 직접적

그림 3-1 수직선 틈새에 끼워져 있는 사선은 시각 시스템으로 쉽게 찾을 수 있다. 또한 그룹화하고, 분리해낼 수 있다. 이런 유형의 분리는 특징을 추출하는 초기 시각처리에서만 일어난다(2장에서 명암에 따라 3차원 모양이 그룹화될 수 있다는 것을 상기하라).

인 테스트를 했다. 이는 심리학자들이 하나의 효과를 지각하는지 또는 단지 개념만 받아들이는지 결정하는 데 사용한다.

그림 3-1을 보면 사선들이 수직선들 가운데 놓여 있는 것이 보인다. 돌출된 사선이 눈에 금방 띈다. 여러분은 사선들을 수직선들 사이에서 곧바로 찾아 낼 수 있을 뿐만 아니라 사선들을 마음속으로 그룹으로 만들어 별개의 평면이나 집합이 되게 할 수도 있다. 여러분이 이렇게 할 수 있다면, 여러분은 쉽게 사선들이 X자의 전역형태[2]를 형성한다는 것을 볼 수 있다. 그림 3-2에 유사하게, 초

그림 3-2 비슷한 색의 점들은 어렵지 않게 그룹화가 가능하다. 색은 시각처리 초기에 발견되는 특징이다.

록 점 가운데 뿌려진 빨간 점은 도드라져 보이고 삼각형의 전역형태를 형성한다.

대조적으로 그림 3-3을 보라. L자들 속에 뿌려져 있는 T자 몇 개가 보인다. 그러나 앞서 본 사선과 색 점의 그림과 달리 T자들은 명료하고, 자동적으로 "나 여기 있소!"라는 돌출효과를 주지는 않는다. L자들과 T자들은 수직선과 사선처럼 서로 다르기는 마찬가지인데 그렇다. 그리고 T자들을 그리 쉽게 그룹으로 만들기 어렵고 하나하나를 낱개로 찾아내야 한다.

실험 결과, 색이나 선 위주의 가장 원초적이고 근본적인 지각 특

그림 3-3 L자들 속에 흩어진 T자들을 찾아내거나 그룹화하기는 쉽지 않다. 아마도 동일하게 낮은 차원의 특징들로 이뤄졌기 때문이다. 가로와 세로 선들이다. 단지 선의 배열이 하나는 굽었고, T자는 합류하는 정도의 차이가 있을 뿐이다. 이런 특징은 시각처리 초기 단계에서 추출되지 않는다.

징은 그룹화 · 돌출의 기반을 제공한다고 결론지을 수도 있다. 문자소(철자 및 숫자 등 의미를 나타내는 최소 문자 단위)와 같은 더욱 복잡하지만 지각할 수 있는 표식들은 서로 간에 아무리 차이가 크더라도 그렇지는 않다.

극단적인 예를 들어보자. 내가 만일 여러분에게 온통 'love'라는 글자로 가득 차 있고, 군데군데 'hate'라는 글자가 인쇄된 종이를 보여준다면 'hate' 글자를 찾는 것은 쉽지 않다. 아마도 하나하나 따져가면서 순차적으로 찾아야 할 것이다.

'hate'를 하나하나 찾아냈다 해도 앞서 본 사선이나 색 점을 찾아내 그룹화하지는 못한다. 다시 말하면, 'love(사랑)'와 'hate(미움)' 같이 언어학적인 개념이 서로 아무리 틀리다 하더라도 그룹화를 위한 기초역할을 못한다. 유사한 특징을 그룹화 또는 분리하는 능력은 아마도 일상에서 위장에 속아 넘어가지 않고, 숨겨진 무엇을 찾아내기 위해 진화한 것으로 보인다. 예를 들어, 사자가 얼룩덜룩한 초록 나뭇잎 뒤에 몸을 숨기면, 여러분의 눈에 들어오는 가공되지 않은 이미지는 단지 간간이 들어간 초록 때문에 부서져 보이는 노란색 조각들 한 무더기에 불과하다. 그러나 여러분이 그 이미지를 보는 것은 아니다. 여러분의 뇌는 전역형태를 파악하기 위해 황갈색 털 조각들을 서로 연결시킨다. 이어 사자에 대한 시각적 분류를 한다(여기서부터, 곧바로 편도체로 넘어간다!).

뇌는 사자의 노란색 털 조각들이 진짜로 따로따로 떨어져 있고, 각각이 완전히 별개일 개연성을 따져본다(나뭇잎 뒤에 숨어 있는 사자의 그림이나 사진 속에서 사자를 볼 수 있는 이유가 이렇다. 실제 색깔 조각들이 완전히 따로 떨어져 있고, 관계가 없어도 그렇다).

뇌는 중요한 무엇인가가 더 있는지 없는지 알아보기 위해 지각할 수 있는 낮은 차원의 특징들을 함께 모아 그룹하려는 성향이 있다. 사자가 그 예다. 지각 심리학자들은 흔히 이 효과들을 이용하여 특별한 시각적 특징이 원초적인지 여부를 결정한다. 만일 특징이 '돌출'과 그룹화 효과를 준다면, 뇌는 감각처리 초기 단계에서 그 특징을 잡아낸다. 돌출과 그룹화 효과가 나타나지 않거나 없어졌다면, 더 높은 단계의 감각 또는 개념 처리 단계까지 나서 문제의 대상물들을 살펴보는 데 관여한다.

L과 T의 공통점은 기본 특징이 같다는 것이다. 하나의 아주 짧은 가로와 하나의 짧은 세로 선이 직각으로 만난다. 머리에서 이 둘을 구별하는 핵심은 언어와 개념적 요소들에 달려 있다.

미라벨에게 돌아가 보자. 실제의 색이 그룹화와 돌출 효과로 이어지게 한다고 알고 있다. 그런데 그녀의 '개인적인' 색도 같은 효과를 끌어 낼 수 있을까?

해답을 찾기 위해 그림 3-4에 소개한 것과 비슷한 유형을 고안했다. 각이 진 숫자 5가 무더기로 있는 곳에 역시 각이 진 숫자 2를 흩트려 놓았다. 5는 2를 거울로 비춰본 이미지에 불과하기 때문에 같은 특징을 가진 것으로 볼 수 있다. 즉 2개의 세로선과 3개의 가로선으로 구성되어 있다.

여러분이 이 그림을 보면 확실한 돌출효과를 알아내지 못할 것이다. 단지 숫자 하나하나를 살펴보아야 2를 찾아낼 수 있을 뿐이다. 2를 마음속으로 그룹화한다고 해서 전체 모양 즉, 큰 삼각형을 쉽게 구별하지 못한다. 숫자들이 단순하게 바탕으로부터 분리되지 않기 때문이다. 2를 다 찾아보고서야 큰 삼각형을 이룬다는 것을 논리적으로 생각할 수 있지만, 2가 빨간색이고, 5가 초록색으로 된 그림 3-5에서처럼 큰 삼각형을 보지는 않는다.

그러면 2를 적색으로 5를 녹색으로 본다는 공감각 소유자에게 그림 3-4를 보여준다면 어떻게 될까? 만일 공감각 소유자가 여러분과 나처럼 단순히 적색과 녹색을 생각한다면, 공감각 소유자는 큰 삼각형을 볼 수 없을 것이다. 반대로 만일 공감각이 순전히 낮은 차원의 감각 효과라면, 공감각 소유자는 말 그대로 여러분과 내가 그림 3-5에서 그 삼각형을 보듯 할 것이다.

그림 3-4 숫자 5 속에 흩어져 있는 숫자 2의 집합. 보통의 피실험자들은 숫자 2로 만들어진 형태를 파악하는 것이 어렵다. 그러나 낮은 차원의 공감각 소유자들은 훨씬 더 잘 파악한다. 이 효과는 재미 워드와 그의 동료들이 확인했다.

그림 3-5 그림 3-4와 동일하게 보이게끔 했는데 다른 점은 숫자가 각각 다르게 색칠되어 있다. 보통 사람들은 적색의 삼각형을 금방 찾아낸다. 추측컨대 낮은 차원의 공감각 소유자들도 이와 같이 사물을 보는 듯하다.

실험을 위하여 그림 3-4와 아주 비슷한 이미지를 20명의 보통 학생들에게 보여주었다. 그리고 어수선한 그림 속에서 2로 만들어진 전역형태를 찾으라고 말했다. 그림 중 몇 개는 삼각형을, 다른 것은 원을 포함하고 있었다. 우리는 이 그림들을 무작위로 연속해서 컴퓨터 화면에 각각 0.5초간 깜박이며 보여주었다. 시각적으로 세세하게 살펴보기에는 너무 짧은 시간이다. 각각의 그림을 본 후에 피실험자들은 두 개의 버튼 중 하나를 눌러 방금 본 것이 원인지 아니면 삼각형인지를 표시하게 했다.

예상대로 학생들의 적중 비율은 약 50퍼센트 정도였다. 다시 말해 학생들은 모양을 즉시 알아낼 수 없었기 때문에 단지 추측했을 뿐이다. 그러나 그림 3-5처럼 5는 모두 초록으로, 2는 붉은 색으로 칠했을 경우 적중률은 80퍼센트 또는 90퍼센트로 높아졌다. 피실험자들은 생각하거나 멈칫할 필요 없이 즉시 모양을 식별할 수 있었다. 놀라운 것은 흑백의 디스플레이를 미라벨에게 보여주었을 때다. 공감각 미소유자들과 달리 그녀는 그림을 80퍼센트에서 90퍼센트까지 구별해냈다. 마치 숫자들이 다르게 색이 입혀진 것처럼 말이다.

공감각이 유발한 색들은 공감각 소유자들이 전역형태를 발견하고 보고하는 실제의 색만큼 사실적이었다. 이 실험은 미라벨이 공감각으로 유발한 색들은 진짜 감각이라는 확실한 증거를 내놓았다. 그녀가 조작하거나 어린 시절 기억의 결과일 수는 없었다. 또 기존에 제안되었던 또 다른 어떤 설명도 가능성이 전혀 없다. 프랜시스 골턴 이후 처음으로 에드와 나는 우리의 실험(그룹화와 돌출)이 있기 전까지 1세기 이상 연구자들이 찾지 못한 그 명쾌하고 분명한 증거를 확보하게 되었다는 것을 알았다. 즉, 공감각이 실제의 감각 현상이라는 증거다.

우리의 디스플레이는 진짜 공감각 소유자들이 조작하는지 여부를 구별할 수 있을 뿐만 아니라 유사 공감각자들을 찾아낼 수 있다. 유사 공감각자들은 자신의 공감각 능력을 깨닫지 못하거나 인정하려 하지 않는 사람들이다. 에드와 나는 카페에 앉아 우리의 새로운 발견에 대해 토의하고 있었다. 우리는 프란체스카와 미라벨과의 실험으로 공감각의 존재를 확립할 수 있었다.

다음 질문은 왜 공감각이 존재하느냐다. 뇌 회로상의 작은 결함으로 설명될 수 있을까? 무엇이 우리를 도와 공감각을 이해하게 했는지 알고 있었는가?

첫째, 가장 일반적인 타입의 공감각은 숫자-색이라는 사실을 분명하게 알게 되었다. 둘째, 뇌의 주요 컬러 센터 중 하나는 측두엽의 방추상회에 있는 V4로 불리는 영역이다. V4는 런던대학교 교수이자 영장류 시각 시스템 구조의 세계적인 권위자인 세미르 제키Semir Zeki가 발견했다. 셋째, 우리가 알기로는 숫자를 전문적으로 담당하는 뇌의 대략 같은 부위에 그러한 영역이 있다(뇌의 이 부분에 조그만 병변이라도 있는 환자들이 수학적인 기능을 잃게 되기 때문에 알아낸 사실이다).

만일 숫자-색 공감각이 뇌의 숫자와 컬러 센터 사이에서 단순히 어떤 우발적인 혼선 때문에 생긴 것이라면 멋있지 않는가라고 생각해보았다. 이것은 너무 명백하여 사실처럼 보이지 않았다. 왜 그럴까? 나는 뇌 지도를 펴놓고 이 두 영역이 실제로 얼마나 가깝게 상호 연관이 있는지 연구해보자고 제안했다. 에드가 대답했다.

"아무래도 팀에게 물어봐야겠다."

팀 리커드Tim Rickard는 센터에 있는 동료다. 팀은 시각적으로 숫

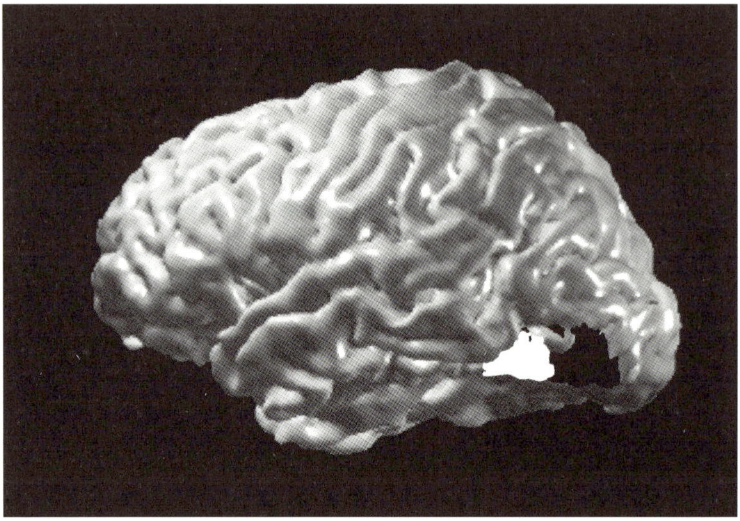

그림 3-6 방추상회 영역(색깔이 있는 부분)의 대략적인 위치를 보여주는 뇌의 좌측 부위

자를 인식하는 뇌 영역을 지도화하는 fMRI 같은 정교한 뇌 이미지 기술을 사용했다.

그날 오후 에드와 나는 인간의 뇌 지도에서 V4와 숫자 영역의 정확한 지점을 비교했다. 놀랍게도 숫자 영역과 V4가 서로 방추상회 바로 옆에 위치했다(그림 3-6). 이것이 혼합 회로 가설을 강하게 지지했다. 가장 일반적인 형태의 공감각은 숫자-색 타입이고, 그리고 뇌의 숫자와 색 영역이 서로 아주 가까이 붙어 있는 이웃이라고 하는 것이 정말 우연의 일치일 수 있을까? 이는 19세기의 골상학과 너무나 같아 보였다. 아니 사실이었던 것 같다. 19세기 이래로 하나의 논쟁이 불붙었다. 여러 가지 기능이 정확하게 여러 뇌 영역에 국소화되어 있다고 하는 개념인 골상학과, 각 부위들이 끊임없이 상호작용을 함으로써 뇌의 전체 기능이 유지된다는 전체론

간의 격론을 말한다.

결과적으로 대립은 어느 정도 인위적으로 양극화되었다. 왜냐하면 답은 누군가가 얘기하는 특별한 기능에 달려 있기 때문이다. 도박이나 요리하는 것을 지방화한 것이라고 말하는 것은 터무니없을 것이다(사실 그러한 측면이 있기는 하다). 기침반사나 빛에 대한 동공반사가 국소화한 것이 아니라고 말하는 것도 똑같이 바보스러울 수 있다. 그렇지만 색이나 숫자(여러 모양이나 숫자들에 대한 감각)를 보는 것과 같은 진부하지 않은 기능조차도 사실은 전문화된 뇌 영역들의 영향을 받는다는 사실은 놀랍다.

단순히 지각하는 것이 아닌 개념에 가깝게 받아들이는 도구나 채소 · 과일과 같은 고차원의 지각조차도 뇌졸중이나 사고로 손상을 입은 특정한 뇌의 조그만 영역에 따라 선별적으로 상실될 수 있다. 그러면 뇌의 국소화에 대해 무엇을 아는가? 얼마나 많은 전문화된 영역들이 거기에 있는가, 그리고 어떻게 배열되어 있는가?

회사의 대표가 각 임무를 사무실별, 개인별로 할당하는 것처럼, 뇌도 각각의 일을 각각의 영역으로 나눈다. 처리 과정은 망막에서 온 신경신호가 뇌 뒤쪽 영역으로 움직일 때 시작한다. 뇌 뒤쪽은 이미지를 색이나 움직임, 형태, 깊이와 같이 서로 다른 간단한 속성별로 분류하는 곳이다. 그런 뒤 분리된 특징에 대한 정보는 나뉘어져 측두엽과 두정엽에 있는 대여섯 개의 멀리 떨어진 영역에 분배된다. 예를 들어, 움직이는 목표물의 방향에 관한 정보는 두정엽에 있는 V5로 간다. 색 정보는 측두엽에 있는 V4로 주로 전달된다. 이러한 분업에 대한 이유를 알아내는 것은 그리 어렵지 않다. 파장(색) 정보를 추출하기 위해 필요로 하는 연산 작업은 운동 정보를 추출하는 데 필요한 연산 작업과는 상이하다. 만일 경제적인 회로와 쉽게 연산할 수 있는 별개의 신경조직이 있고, 업무별 분리된 영역이 있다면 이런 일은 아주 쉽게 할 수 있을 것이다.

계층적으로 전문화된 영역을 만든다는 데는 수긍이 간다. 계층적 시스템상에서 볼 때 각각의 더 높은 계층은 협력할 때 더 정교한 임무를 수행한다. 그러나 거기에는 엄청난 양의 피드백과 혼선이 있다. 예를 들어, V4에서 처리된 색 정보는 각회에 가까운 측두엽에서 더 먼 거리에 있는 더 높은 계층의 색 영역으로 전달된다. 이들 더 높은 계층의 영역은 더 복잡한 색 처리에 관여할 것이다. 캠퍼스 도처에 있는 유칼립투스 잎들은 한낮에 그런 것처럼 황혼녘에도 똑같이 녹색을 띤 것처럼 보인다. 비록 반사된 빛의 파장의 구성이 두 경우 모두 아주 다른데도 그렇다(황혼녘의 빛은 적색이지만 여러분은 잎을 갑자기 적색을 띤 녹색으로 보지는 않는다. 여전히 녹색으로 보인다. 왜냐하면 더 높은 계층의 색 영역이 보상해주기 때문이다).

숫자 연산도 여러 단계에 걸쳐 일어난다. 초기 단계는 숫자의 실제 모양이 표시되는 방추상회에서, 그 후에는 서수(순차)와 기수(양)와 같은 숫자 개념에 관여하는 각회에서 일어난다.

각회가 뇌졸중이나 종양으로 인해 손상을 입었을 때도 환자는 여전히 숫자를 확인할 수 있다. 그러나 나누기나 빼기는 더는 안 된다(곱셈은 기계적 방법으로 배웠기 때문에 가끔 할 수 있다). 나는 숫자-색 공감각이 전문화된 뇌 영역 간의 혼선 때문에 생기는 현상이라고 의심했다. 뇌에서 색과 숫자 정보를 처리하는 방추상회와 인접한 각회 둘 다 모두 아주 가까이 있다는 뇌 해부학 측면 때문이다.

신경 혼선이 정확한 설명이라면, 대체 왜 일어날까? 골턴은 공감각이 가족으로 유전되는 것을 관찰했고, 다른 연구자들도 반복적으로 확인하고 있다. 그래서 공감각에 유전적인 요소가 있는가가 중요한 질문이다. 아마도 공감각 소유자들은 약간의 비정상적인 연결 때문에 생긴 돌연변이가 정상적으로 잘 분리된 인접한 뇌 사이에 잠복하는 것 같다. 돌연변이가 쓸모없거나 해로운 것이라면, 왜 자연선택에 의해 제거되지 않았을까?

게다가 만일 돌연변이가 드문드문한 형태로 발현된다면, 일부 공감각 소유자들이 색과 숫자에 혼선을 겪는 반면 에스메렐다라는 공감각 소유자는 뮤지컬 악보에서 컬러를 본다는 사실을 설명할 수 있겠다. 에스메렐다의 경우와 일치하는 것으로 측두엽에 있는 청각센터는 V4와 더 높은 계층의 색 센터에서 컬러 신호를 받아들이는 뇌 영역 가까이 있다. 나는 조각들이 제 자리를 잡아가는 듯한 느낌이 들었다.

우리가 여러 가지 타입의 공감각을 본다는 사실은 혼선에 대한 추가적인 증거를 제공한다. 몇몇 공감각 소유자들은 다른 공감각 소유자들에 비해 더 많은 뇌 영역에서 돌연변이 유전자가 발현한다. 그러면 돌연변이가 얼마나 정확하게 혼선이 생기게 할까? 정상적인 뇌는 명료하게 묘사한 영역들이 한 묶음으로 만들어져 태어나지 않는다. 태아의 뇌는 초기에 밀도가 아주 높게 과도한 연결이 만들어지지만 발달됨에 따라 제거된다. 제거작업이 확대되는 이유는 아마도 인접한 영역 간에 누수(신호 확산)를 피하기 위함으로 보인다. 마치 미켈란젤로가 다비드상을 만들기 위해 커다란 대리석을 깎아가는 것과 같다. 이러한 제거작업은 보편적으로 유전자 조절에 속한다. 공감각 변이는 서로 인접한 영역 간에 제거 작업을 불완전하게 해 생길 수 있다는 것은 설득력이 있다. 그 결과는 마찬가지로 혼선이 생길 수 있다. 그러나 중요한 것은 뇌 영역들 간의 해부학적인 혼선은 공감각을 완벽하게 설명할 수 없다는 점이다. 만일 그렇다면, 여러분은 어떻게 LSD와 같은 환각 약물을 사용할 때 공감각이 나타났다는 평범한 보고서에 대해서는 어떻게 설명할 것인가?

약물이 축색돌기의 새로운 연결을 갑자기 만들 수는 없다. 또한 약효가 사라지고 나면 연결들이 저절로 없어진다. 그래서 어떠한 방법으로든 이미 존재하는 연결들의 활성을 높여주어야만 한다. 공감각 소유자들이 대부분 보통사람보다 더 많은 연결들을 가지고 있다는 가능성과는 모순되지 않는 방법을 통해서다.

데이비드 브랑과 나는 두 사람의 공감각 소유자들은 만났는데 그들은 일시적으로 공감각을 잃어버렸다. 유명한 프로작을 포함하는 약물 계열인 SSRIs(선별적인 세로토닌 재흡수 억제제)라 불리는 우울증 치료제를 복용하고부터 그런 일이 생겼다. 피실험자들의 보고가 전적으로 신빙성이 없기는 했지만 미래의 연구에 귀중한 실마리를 제공했다. 한 공감각 소유자가 있었는데, 약물요법을 시작하거나 중단함으로써 공감각이 있거나 없게도 할 수 있었다. 그녀는 우울증 치료제인 웰부트린Wellbutrin을 극도로 싫어했다. 공감각이 그녀에게 주는 감각의 마법을 빼앗아가기 때문이었다. 공감각 없는 세상은 생기가 없어 보였다.

나는 그동안 '혼선'이라는 용어를 다소 막연하게 사용했다. 그러나 세포 수준에서 무슨 일이 벌어지는지 알 때까지는 좀더 중립적인 용어인 '교차 활성화'가 더 적합해 보인다. 예를 들어, 우리는 인접한 뇌 영역이 서로 활성을 가로막는 것을 알고 있다. 이 억제는 혼선을 최소화하고 각각의 영역을 다른 곳으로부터 단절되게 한다. 이러한 억제를 줄이는 몇몇 종류의 화학적인 불균형이 있다면, 다시 말하면 억제 신경전달물질을 막거나, 그것을 생성하지 못하도록 한다면 어떻게 될까? 이 시나리오에서는 여분의 '신경회로'가 뇌에 없을 것이다. 그러나 공감각 소유자의 뇌신경회로는 적절하게 단절되지 않을 것이다.

결과는 같을 것으로 보인다. 즉 공감각이다. 우리는 정상적인 뇌에서조차 확장될 수 있는 신경연결들이 서로 한참 떨어진 영역들 간에도 존재한다는 사실을 안다. 이런 연결들의 정상적인 기능은 알려져 있지 않다(대부분의 뇌의 연결도 그렇다). 그러나 이러한 연결을 조금만 더 강화시킨다든지, 또는 억제력을 상실해도 일종의 교차-활성화를 유도한다고 생각한다. 교차-활성화라는 가설에 비추어볼 때 프란체스카가 직물의 질감에 왜 그토록 강한 반응을 보였는시 추측할 수 있다. 우리 모두는 기본적인 체성體性 감각 피질, 즉 뇌에 SI라고 불리는 기본적인 촉감 지도가 있다. 내가 여러분의 어깨를 만질 때, 피부에 있는 촉감 수용기는 압력을 감지하고, SI에 메시지를 보낸다. 그러면 촉감을 느낀다. 비슷하게 서로 다른 질감을 만질 때는 이웃한 촉감 지도인 S2가 활성화된다. 그러면 목제 갑판의 마른 곡식, 비누 막대의 미끌거리는 축축함 등의 질감을 느낀다. 촉각을 이용한 감각들은 근본적으로 피부에서 작용하며, 신체의 겉면에서 유래한다.

또 다른 뇌 영역인 뇌도는 신체 내부 감각을 배치하는 역할을 한다. 뇌도는 열과 추위, 감각적인 촉감, 간지럼이나 가려움 등을 느끼는 피부의 전문화된 수용체뿐만 아니라 심장, 폐, 간, 내장, 뼈, 관절, 인대, 근막, 근육에 있는 수용체 세포로부터도 감각의 연속적인 흐름을 받아들인다.

뇌도는 이러한 정보를 이용하여 외부세계, 바로 맞닥뜨리는 환경을 어떻게 느끼는지 나타낸다. 그런 감각들은 근본적으로 신체 내부에서 일어나며, 정서 상태를 이루는 중요한 구성요소다. 정서적인 삶의 핵심인 뇌도는 뇌의 다른 정서센터와 신호를 주고받는다. 그 뇌 부위는 편도체와 자율신경 시스템(시상하부가 주로 관여), 그리고 미묘한 정서적인 판단에 관여하는 안와전두피질들이다.

보통 사람들의 이러한 회로는 정서적으로 충만한 대상을 접촉할 때 활성화된다. 말하자면 연인을 애무하는 것은 열정과 친밀함, 즐거움과 같은 복합적인 감정을 생성할 수 있다. 반대로 배설물을 눌러본다는 것은 강한 불쾌감과 역겨움을 불러일으킨다. 만일 S2와 뇌도, 편도체, 안와전두피질을 연결하는 바로 그 접속이 엄청나다고 가정한다면 어떤 일이 일어날지 생각해보라. 여러분은 프란체스카가 데님, 비단, 종이를 만질 때 경험하는 복잡한 정서가 촉발하는 촉감의 일종을 정확하게 알게 되길 기대할 것이다. 그런 질감들은 대부분 정서적인 변화를 바뀌게 하지 않는다.

우연히도 프란체스카의 어머니도 공감각 소유자였다. 그녀는 정서 외에도 촉감에 반응하는 미각이 있다고 알려왔다. 예를 들어 연철로 만든 울타리를 만지면 그녀는 강렬한 짠맛을 느꼈다. 이는 설득력이 있다. 뇌도는 혀에서 들어오는 강한 미각 정보를 받아들인다.

교차-활성화라는 생각과 더불어 우리는 숫자-색깔 그리고 질감 공감각에 대한 신경학적인 설명으로 되돌아오는 것 같다. 그러나 다른 공감각 소유자들이 내 사무실에서 보여준 것처럼, 여러 가지 많은 형태의 전제 조건이 필요했다. 어떤 사람은 한 주의 날짜, 또는 일 년 중 어떤 달일 때만 색이 나타났다. 월요일은 초록, 화요일은 분홍, 그리고 12월은 노랑 하는 식이다. 많은 과학자들이 그들에게 미쳤다고 하는 것도 별 이상한 것은 아니다.

애초에 말한 것처럼 나는 몇 년에 걸쳐 사람들 얘기를 듣는 것을 배웠다. 이러한 특별한 경우 한 주 중 어떤 날, 어떤 월, 그리고 숫자들의 공통점은 수의 연속 또는 서수의 개념이라는 것을 깨달았다. 그래서 각각의 경우 색을 유발하는 것은 아마도 숫자의 시각적 외관보다는 추상적인 개념의 수의 순서다. 베키와 수전과는 다르다. 그럼 두 가지 타입의 공감각 소유자들 간에 왜 차이가 존재할까? 뇌 해부학으로 돌아가 답을 찾아보자.

숫자의 모양이 방추상회에서 인식된 후 그 메시지는 더 높은 단계의 길러글 처리하는 두성엽이 관여하는 영역인 각회로 전달된다. 두정엽은 이외에 여러 가지를 처리하기는 한다. 어떤 유형의 공감각은 각회가 관여할지 모른다는 생각은 각회가 교차-감각 공감각에 관여한다는 옛날 임상 관찰과도 일치한다. 달리 표현한다면, 이것은 촉각과 청각, 시각정보가 고등 지각을 형성할 수 있도록 함께 흘러 모이는 대접점이라고 생각한다. 예를 들어 고양이는 솜털이 복슬복슬하고(촉각) 야옹 하고 울고(청각) 특정한 모습을 갖추었고(시각), 숨을 쉴 때 생선 비린내가 난다(후각). 이 모든 것이 고양이에 대한 기억 또는 "고양이"라는 소리가 만들어내는 감각이다.

각회에 손상을 입은 환자들이 사물을 인식하기는 해도 이름을 부르는 능력을 상실한다는 것은 놀랄 일도 아니다. 환자들은 계산에 어려움을 겪는데 그것도 교차-감각 통합의 문제다. 어쨌든 유치원에서 손가락으로 계산하는 법을 배운다(만일 여러분이 환자의 손가락을 만지면서 어느 손가락이냐고 묻는다면, 종종 대답하지 못한다). 이 모든 임상적인 증거 하나하나가 각회가 뇌에서 감각을 융합하고 통합하는 대접점이라는 사실을 강하게 시사한다. 그래서 뇌의 회로망의 결함이 말 그대로 어떤 소리가 색을 유발한다는 추론이 이상한 것은 아닐 것으로 보인다.

임상신경학자들에 따르면, 왼쪽의 각회는 특히 숫자의 양, 배열, 그리고 수학에 관여하는 것 같다. 뇌졸중으로 이 영역이 손상되면 숫자를 인식하고, 사리판단도 잘 하지만 가장 단순한 계산에 어려움을 겪는다. 이런 환자는 12 빼기 7 같은 간단한 뺄셈을 할 수 없다. 나는 어떤 환자를 보았는데 그는 3과 5 중에서 어느 것이 더 큰 숫자인지 답하지 못했다.

여기 교차 배선(혼선)에 대한 다른 타입의 확실한 설명이 있다. 각회는 컬러 처리와 숫자 배열에 관여한다.

어떤 공감각 소유자들의 혼선이 방추상회의 더 낮은 아래 부분보다 각회 가까이 있는 두 개의 높은 부위 영역 사이에서 일어날 수 있을까? 만일 그렇다면, 공감각 소유자들이 한 주 중 어떤 날 또는 일 년 중 어떤 달에 추상적인 숫자를 묘사하거나, 숫자를 생각하기만 해도 선명한 색이 나타나는 현상을 설명할 수 있을 것이다.

다른 말로 하면, 비정상적인 공감각 유전자가 발현되는 뇌의 어떤 부위에 따라 여러 가지 타입의 공감각 소유자가 나타난다. 숫자의 개념에도 나타나는 고차원 공감각 소유자, 시각적으로 볼 수 있는 형태에만 나타나는 저차원 공감각 소유자다. 뇌 영역들 간의 앞뒤의 다중 연결은 순차적 발생에 대한 숫자 개념들이 방추상회 아래로 되돌려져 컬러를 유도한다는 것은 가능하다.

2003년 나는 에드와 솔크생물학연구소에서 온 지오프 보이튼Geoff Boynton과 협력하여 뇌 이미지로 이런 개념을 연구했다. 실험은 4년이 걸렸다. 우리는 최종적으로 문자소 색깔 공감각 소유자들은 이 컬러가 없는 숫자를 보여줄 때에도 색깔영역 V4에 불이 들어온다는 것을 확인할 수 있었다. 이러한 교차-활성화는 나나 여러분에게는 결코 일어날 수 없다. 네덜란드에서 행한 최근의 실험에서 롬크 로Romke Rouw와 스티븐 숄트Steven Scholte는 저차원 공감각 소유자들이 일반인보다 V4와 문자소 영역을 연결하는 상당히 더 많은 축색돌기(회로)가 있다는 것을 발견했다. 그리고 더 주목할 것은 고차원 공감각 소유자들의 각회 근처에 엄청나게 많은 신경 섬유들이 있다는 것을 발견했다는 점이다.

지금까지 우리가 한 연구는 교차-활성화 이론을 폭넓게 지지한다. 또한 '고차원'과 '저차원' 공감각 소유자들의 여러 가지 지각을 잘 설명하기도 한다. 그러나 전제 조건들이 아직 의문으로 남아 있다. 글자 공감각 소유자가 2개 언어 구사자이고, 다른 알파벳으로 된 2개의 언어, 즉 러시아어와 영어와 같은 언어를 안다면 어떻게 될까? 러시아어에서 영어의 P와 비슷한 음소(소리)를 갖는 알파벳은 모양이 전혀 다르다. 그럼 두 알파벳은 같거나 다른 색을 유발할까? 문자소 하나가 결정적인가 아니면 음소가 그런가? 아마도 저차원 공감각 소유자의 공감각은 시각적 외관이 주도하고, 반면 고차원 공감각 소유자의 공감각은 소리가 그런 역할을 할 것이다.

그러면 대문자와 소문자는 어떤가? 아니면 필기체로 쓰인 글자는? 2개의 인접한 문자소 색들은 서로 움직일까, 아니면 서로 없애려고 하는가? 내가 알기로 이 질문들 어느 것도 제대로 된 해답이 아직 없다.

다행히 많은 새로운 연구자들이 우리 기획에 참여했다. 제이미 워드Jamie Ward, 줄리아 시머Julia Simmer, 제이슨 메팅리Jason Mattingley, 그리고 데이비드 이글먼David Eagleman 등이다. 꽤 잘 나가게 된 셈이다.

내 마지막 환자에 대한 이야기를 하겠다. 2장에서 우리는 방추상회가 알파벳의 글자와 같은 모양뿐만 아니라 얼굴도 나타낸다는 사실에 주목했다. 그러므로 어떤 공감각 소유자가 고유한 색을 갖고 있듯이 얼굴도 다르게 보지는 않을까?

최근에 로버트라는 학생을 우연히 만났다. 로버트는 정확하게 이런 현상을 경험한다고 했다. 그는 때때로 얼굴 주위 후광으로 색을 보고, 취했을 때는 색이 더욱 강렬해지고 얼굴 자체에 쫙 퍼졌다고 했다. 로버트의 얘기가 신빙성이 있는지를 알아보기 위해 간단한 실험을 했다. 그에게 다른 동료 학생 사진의 코를 응시하게 했다. 그리고 얼굴 주위에서 어떤 색을 보았는지 물었다. 로버트가 학생의 후광은 붉은색이었다고 답했다. 그때 나는 붉은색과 녹색의 점 섬광을 후광 속의 어느 지점에 대고 아주 짧게 깜박였다. 로버트의 시선은 즉시 녹색 점을 따라 움직였으나 붉은색 점으로 움직인 경우는 거의 없었다. 사실, 그는 붉은색 점을 한 번도 보지 않았다고 했다. 이는 로버트가 실제로 후광을 본다는 강한 증거였다.

붉은색 바탕에서 녹색은 뚜렷하게 나타나는 반면에 붉은색은 거의 인식 불가능하다.

이 불가사의에 더하여 로버트는 고기능 자폐인 아스퍼거 증후군을 갖고 있었다. 이것 때문에 그는 다른 사람의 정서를 읽고 이해하는 데 어려움을 겪었다. 우리가 어떤 상황에서 직감적으로 아주 쉽게 반응하는 것과는 달리 로버트는 지적능력을 동원해 전후맥락을 파악한 뒤에야 반응할 수 있었다. 그러나 로버트는 모든 감정이 특정한 색을 유발했다고 했다. 예를 들어, 분노는 푸른색, 자신감은 적색이었다. 그래서 로버트의 부모는 자식의 장애를 보완하기 위해 일찍부터 로버트가 색 감각을 이용해 감정을 분류하도록 가르쳤다. 흥미롭게도, 그에게 자신감 있는 얼굴을 보여주었더니 "자주색이므로 자신감 있는 것"이라고 말했다(그때부터 우리 셋은 자주색은 적색과 푸른색의 혼합이고, 자신감과 공격에 의해 유발되고, 후자의 두 색이 조합된다면 자만심을 만든다고 믿게 되었다. 로버트는 이전에는 이런 연결을 하지 못했다). 로버트의 주관적인 전체 색 스펙트럼이 그 자신의 사회적 정서의 스펙트럼에 체계적인 어떤 방법으로 배치되는 것이 가능한 일일까? 만일 그렇다면, 감정들을 복잡하게 혼합하거나 했을 경우 어떻게 뇌 속에서 표현되는지를 이해하는 데 로버트를 활용할 수 있지 않을까?

예를 들어 자부심과 자만심은 주위의 분위기에 따라 단독으로 구별되는가, 아니면 선천적으로 주관적인 별개의 특성인가? 또 고질적인 불안은 자만의 요소인가? 미묘한 감정의 전체 스펙트럼은 여러 가지 비율로 된, 적은 숫자의 기본적인 정서의 다양한 조합에 근거를 두는가?

2장으로 되돌아 가보자. 영장류의 색 시각은 또 다른 대부분의 시각 경험의 구성요소들을 끌어내지 못하는 측면에 대한 본질적인 보상이다. 우리가 알고 있듯이, 정서에 따른 컬러가 신경으로 연결되는 진화의 이유는 아마도 이렇다. 초기에는 인류가 잘 익은 과일, 또는 부드러운 새싹과 잎을 좋아하게 하고, 나중에는 암컷이 부푼 엉덩이로 수컷을 유혹하려고 했다. 나는 이러한 효과가 뇌도와 색을 전담하는 뇌의 고등 영역 간의 상호작용을 통해 일어난다고 하는 주장에 회의적이다. 만일 같은 연결이 비정상적으로 강화되면, 로버트의 경우 아마도 살짝 뒤죽박죽이 되었겠지만 왜 그가 많은 색을 보는지를 설명할 수 있을지 모른다. 로버트는 제멋대로 감정들을 연계시켜 강한 느낌이 들도록 했다.

궁금한 점이 또 하나 있었다. 공감각과 창의성 사이에 어떤 연결고리가 있을까? 유일한 공통점은 이 둘이 똑같이 불가사의하다는 것이다. 공감각이 예술가와 시인, 소설가, 그리고 일반적으로 창의적인 사람들에게 더 흔하다는 설은 사실인가? 공감각으로 창의성을 설명할 수 있을까? 바실리 칸딘스키와 잭슨 폴락, 블라디미르 나보코브는 공감각 소유자들이었다. 아마도 예술가들에게 공감각이 높게 나타나는 것은 그들의 뇌의 구조에 깊은 뿌리를 내린 것으로 보인다. 나보코브는 자신의 공감각에 깊은 관심을 갖고 있었고, 그리고 자신의 몇몇 저서에 소개하기도 했다.

녹색 그룹 중 오리나무 잎 f, 덜 익은 사과 p, 그리고 연녹색 t가 있다. 자주색과 어느 정도 결합된 연한 녹색이 내가 w를 위해 할 수 있는 최상이다. 노랑은 여러 가지 e와 l, 크림색 d, 밝은 금색 y, 그리고 u, 즉 내가 올리브 광택이 있는 황동색으로

밖에 표현 못하는 알파벳 값으로 구성되어 있다. 갈색그룹에서는, 부드러운 g의 풍부한 고무 같은 색조, 담홍색 j, 그리고 담갈색의 구두끈 h가 있다. 끝으로 적색들 사이에서, b는 화가들에 의한 타버린 짙은 적갈색, m은 분홍색 목욕수건 접은 것이 있다. 그리고 오늘 내가 메르츠Maerz와 폴Paul의 색깔 사전Dictionary of Color의 "장미빛 석영Rose Quartz"과 딱 일치하는 v를 가졌다(《Speak, Memory: An Autobiography Revisited》(1966)에서 인용).

나보코브의 부모 모두 공감각 소유자들이라고 적었다. 아버지는 노랑으로, 어머니는 적색으로, 그는 오렌지색으로 보았다. 오렌지색은 노랑과 적색 두 색의 혼합색이다. 그가 이 색의 혼합을 우연의 일치로 보았거나(거의 그런 것으로 보이지만), 또는 공감각의 순수한 이종교배로 생각했는지는 그의 책에 명확하게 써 놓지는 않았다.

시인과 음악가도 높은 공감각 발생률을 보인다. 심리학자 션 데이Sean Day는 1895년 독일 잡지에서 위대한 음악가인 프란츠 리스트Franz Liszt를 소개한 글을 발췌해 사신의 웹사이트에 올려놓았다.

리스트가 1842년 바이마르에서 지휘를 처음 시작할 때, 그가 한 말이 관현악단을 놀라게 했다.

"오, 제발, 신사 여러분, 좀더 푸른색으로, 제발! 이 음조는 그걸 필요로 해요!"

또는 "그건 짙은 자주색이에요, 미안하지만, 그것에 맞추세요! 그렇게 장미색은 아니라고요."

처음에 관현악단원들은 그가 그냥 농담한 줄로 알았는데, 나중에는 이 위대한 음악가가 음조만 있는 악보에서 색깔을 본다는 사실에 익숙해지게 되었다.

프랑스 시인이자 공감각 소유자인 아르투르 랭보Arthur Rimbaud는 〈모음母音〉이라는 시에서 이렇게 썼다.

A 검은색, E 흰색, I 적색, U 녹색, O 푸른색: 모음,
어느 날 나는 말하리라, 여러분의 신비한 기원에 대해:
A, 끔직한 냄새나는 주위를 윙윙 날아다니는
영리한 파리의 벨벳 재킷…

최근의 한 조사에 따르면, 시인, 소설가, 그리고 예술가의 3분의 1이 두 가지 이상의 공감각을 경험한다고 한다. 보수적으로 계산하면 6분의 1 정도다. 예술가들이 보통 사람보다 더 생생하게 상상하고, 은유적인 언어로 자신을 표현하는 경향이 많기 때문일까? 아니면 그들이 단지 공감각 경험을 가졌다는 사실을 덜 거리낌 없이 받아들이는 것인가? 아니면 예술가에게는 공감각 소유자라는 것이 '섹시'하기 때문에 단순히 그렇다고 주장하는 것인가? 만일 발생 빈도가 일반인보다 더 높으면 그것은 왜 그럴까?

시인과 소설가들이 공통점은 비유에 특히 능하다는 것이다.("그것은 동쪽이고, 줄리엣은 태양이야!") 마치 그들의 뇌는 겉으로 보기에는 무관해 보이는 영역 간의 연결이 보통의 우리보다 더 잘 설정되어 있는 것처럼 보인다. 태양과 한 아름다운 젊은 여성을 비유한 것도 그렇다.

만약 여러분이 "줄리엣은 태양이다"라는 말을 들었다면, 이렇게 말하지는 않았을 것이다.

"오, 그게 그녀가 거대하게 활활 불타는 공이라는 의미입니까?"

비유가 무엇인지 설명해달라는 요청을 받으면, 이렇게 말할 것이다.

"그녀는 태양처럼 온화하다. 태양처럼 영양을 공급한다. 태양처럼 빛을 쏜다. 태양처럼 어둠을 물리친다."

뇌는 즉각 가장 핵심적이고 줄리엣의 아름다운 측면을 묘사할 적합한 연결 고리를 찾는다. 다른 말로 하면, 공감각이 색과 숫자 같은 겉으로 보기에는 무관한 지각 독립체 간에 임의의 연결을 만드는 데 관여하는 것처럼, 비유도 겉으로 보기에는 관계가 없어 보이는 지각 영역 간의 비임의적인 연결을 만드는 데 관여한다. 추측컨대 이것은 적어도 우연의 일치는 아니다.

우리가 아는 것처럼 이 수수께끼의 열쇠는 특정한 뇌 영역들에 일부 고차원 개념들이 뿌리를 둔다는 관찰에서 찾아야 한다. 생각해보면 숫자보다 더 추상적인 것은 아무 데도 없다. 20세기 중반 인공두뇌학의 운동의 발기인인 워렌 멕쿨로크Warren McCulloch는 언젠가 과장 섞인 질문을 던졌다.

"인간이 알고 있을 것 같은 숫자는 무엇인가? 그리고 숫자를 알고 있다는 인간은 무엇인가?"

그러나 숫자는 조그마하고 정연한 각회의 테두리 안에서 잘 포장되어 자리 잡고 있다. 손상을 입은 환자는 간단한 계산을 더 할 수가 없다.

뇌의 손상은 우리로 하여금 도구의 이름을 기억하는 능력을 잃어 버리게 한다. 과일이나 채소 이름은 기억하고, 또는 과일은 기억하는데 도구는 못하거나, 또는 과일들은 기억하는데 채소는 기억 못하는 등 여러 형태로 뇌 손상 후유증이 나타난다. 이들 모든 개념은 측두엽 위쪽에 있는 한 부분 가까이에 저장되어 있는데, 서로 충분히 떨어져 있기 때문에 약한 뇌졸중으로는 하나의 기능을 잃지만 다른 것은 온전하게 유지된다. 여러분은 과일과 도구를 개념보다는 지각으로 생각하려는 경향을 가질 수 있다. 그러나 사실 망치와 톱 두 가지 도구는 시각적으로 바나나처럼 같아 보이지 않을 수 있다. 도구들을 하나로 묶는 것은 목적과 용도를 의미론적으로 이해하는 데 있다.

사고와 개념이 뇌 지도의 유형 안에 존재한다면, 아마도 우리는 비유와 창의성 관련 질문에 대한 대답을 찾았다. 어떤 돌연변이가 여러 다른 뇌 영역에서 과도한 연결을 야기한다면(아니면 과도한 교차 누출이 가능하다면), 어디에서 그리고 어떻게 뇌 속에서 폭넓게 특성이 발현되느냐에 따라 공감각과 고조된 기능 둘 모두 겉으로 보기에는 무관하게 보이는 개념, 말, 이미지, 또는 사고를 연결하는 쪽으로 유도할 수 있다. 재능 있는 작가와 시인은 말과 언어 영역 간에 과도한 연결이 있을 것이고, 재능 있는 화가와 그래픽 디자이너는 고등 시각영역들 간에 역시 과도한 연결을 가지고 있을 것이다.

'줄리엣' 또는 '태양'과 같은 단어 한 개조차도 의미론적인 소용돌이 또는 풍부한 연상의 소용돌이의 핵심으로 생각할 수 있다.

말의 달인 뇌의 과도한 연결은 더 넓은 소용돌이를 만든다는 것을 의미한다. 이는 더 큰 영역들이 중첩되고, 부수적으로 비유 쪽의 성향이 더 높게 나타난다. 이는 공감각이 일반적으로 창의적인 사람한테서 더 높게 나타난다는 사실을 설명할 수 있을 것이다. 이러한 생각은 우리를 원점으로 되돌린다. "공감각이 예술가 사이에서는 더 일반적이다. 왜냐하면 그들은 비유적인 생각을 하니까"라고 말하는 대신에, "그들은 우리들보다 비유에 더 능하다. 왜냐하면 그들은 공감각 소유자들이니까"라고 말하는 것이 나을 것이다.

일상 대화에서 얼마나 자주 비유가 튀어나오는지를 본다면 여러분은 경탄할 것이다. 정말로, 단순한 포장이 결코 아니다. 비유를 사용하고, 감춰진 유추 능력을 끄집어내는 것이 모든 창의적인 사고의 기본이다. 그러나 우리는 왜 비유가 그렇게 기억을 떠올리게 하고, 어떻게 뇌에서 표현되는지 아는 바가 거의 없다. "줄리엣은 태양이다"라고 하는 것이 "줄리엣은 마음씨가 따뜻하고 눈부시게 아름다운 여인이다"라고 하는 것보다 왜 효과적일까? 단순히 경제적인 표현일까? 아니면 태양이라는 말의 언급이 그 표현을 더욱 생생하게 하고 어떤 의미에서는 사실감 있게 하면서, 자동적으로 따뜻함과 빛의 본능적인 느낌을 환기시키는 것일까? 아마도 비유는 뇌에서 일종의 가상현실이 일어나게 한다(명심하라. '따뜻하고'와 '눈부시게'조차도 비유다! 단, '아름다운'은 아니다).

여기에 단순한 대답은 없다. 그러나 우리는 어떤 뇌의 특정한 메커니즘이나 특정한 뇌 영역은 대단히 중요하다는 것을 알고있다. 왜냐하면 비유를 사용하는 능력은 특정의 신경학적으로나 정신분석학적인 장애를 입는 경우 선별적으로 잃어버리기 때문이다. 예를 들어 좌측 하부두정엽의 손상을 입은 사람들이 단어와 숫자를 사용하는 데 어려움을 겪는 것 외에도, 자주 비유에 대한 해석 능력을 상실하고 상상력이 극히 부족한 사람이 되어버리는 데서 힌트를 얻을 수 있다. 아직 정설이 된 것은 아니지만 증거는 명확하다.

하부두정엽 뇌졸중이 있는 환자는 "'제때의 바늘 한 번이 아홉 바느질을 던다(호미로 막을 데 가래로 막는다)'는 무슨 뜻입니까?"라는 질문을 받으면, "당신의 셔츠 구멍이 더 넓어지기 전에 한 뜸 뜨는 게 좋다"라고 말할 것이다. 그는 그 속담의 비유적인 의미를 완전히 놓칠 것이다. 심지어 그것이 속담이라는 말을 분명하게 들었을 때조차도 그렇다.

인간의 각회는 교차-감각 연상과 추정 담당하는 쪽으로 진화했지만, 비유적인 것들을 포함하여 모든 종류의 연상도 하도록 선택되었는지는 의문이다. 비유는 역설적인 것 같다. 비유는 그야말로 사실이 아니다. 그러나 다른 한 편으로는 멋있게 돌려진 비유는 번개처럼 뇌리에 와 닿는다. 무미건조한 말 그대로보다 더 깊고 직설적으로 진실을 파헤친다. 나는 《맥베스》의 5막 5절에 나오는 불후의 독백을 들을 때마다 전율을 느낀다.

꺼져라, 꺼져라, 단명하는 촛불이여!
인생은 걸어다니는 그림자일 뿐,
무대 위에서는 점잔 빼며 거들먹거리지만,
그 뒤에는 더 들어볼 소문 없이 사라지는
불쌍한 배우라네.
그것은 아무 의미가 없는, 소리와 분노만으로 꽉 찬
한 멍청이의 얘기다.

말 그대로인 것은 하나도 없다. 사실 그는 촛불이나 무대 또는 바보에 대한 얘기를 하는 것이 아니다. 말 그대로만 보면, 한 사람의 바보가 미쳐 발광한다. 그러나 이는 모든 이가 한 번은 겪는 인생에 대한 가장 심오하고 감동적인 말이다.

반면에, 동음이의어 등을 이용한 말장난은 얕은 연상 작용을 이용한다. 뇌 회로가 잘못된 정신분열증 환자들은 비유와 속담을 엉망으로 해석한다. 임상 민속학에 따르면, 그들은 말장난에 제격이다. 이것은 역설적으로 보이는데 결국 비유와 말장난은 겉보기에 무관해 보이는 개념들을 연결하는 데 관여하기 때문이다. 그러면 왜 정신분열증 환자에게는 전자는 나쁘고 후자는 좋은가?

대답은 이렇다. 비록 두 가지가 비슷해 보이지만, 말장난은 실제 비유와는 정반대다. 비유는 표면적인 수준의 유사성을 활용해 깊게 감추어진 연결을 드러나게 한다. 말장난은 깊은 무엇으로 가장하는 표면적인 수준의 유사성이다. 그러므로 코미디 같은 호소다("수도승은 크리스마스 때 뭘로 즐거움을 얻나요?" 답변: "수녀"). 아마도 '쉬운' 표면적인 유사성들에 사로잡혀 심오한 연결로 가야 할 관심을 지우거나 막기 때문이다.

한 정신분열증 환자에게 코끼리가 남자와 공통으로 갖고 있는 것이 무엇인지 물었을 때, 그가 대답했다 "그들 둘 다 트렁크('코끼리 코' 또는 '여행용 가방'이라는 뜻)를 가지고 있어요." 아마도 남자의 성기를 암시하는 것이리라(아니면 여행용 가방과 같은 실제 트렁크일지도 모른다). 말장난에 대한 논의는 일단 제쳐두자. 만약 공감각과 비유를 연결하는 것과 관련된 내 생각이 옳다면, 왜 모든 공감각 소유자들이 고도의 재능을 갖지 않았을까? 아니면 모든 예술가 또는 시인이 공감각 소유자가 아닐까? 아마도 공감각이 여러분을 창의력 있는 사람으로 만들어주는 것 같다. 그러나 다른 요인(유전과 환경적 요인)이 창의성의 꽃을 활짝 피우는 데 관여하지 않는다는 의미는 아니다. 설사 그렇다 하더라도 완전히 같지는 않지만 유사한 뇌의 메커니즘이 두 가지 현상에 관여하고 하나를 이해한다면 다른 하나를 이해하는 데 도움을 준다고 본다.

하나의 유추가 도움이 될 것 같다. 겸상적혈구빈혈증이라 불리는 희귀한 적혈구 빈혈증은 적혈구를 비정상적인 '낫' 모양으로 변형시키고, 산소 운반을 불가능하게 만드는 병이다. 결함 있는 열성 유전자가 일으킨다. 이는 치명적인 병이 될 수 있다. 만일 두 카피copy의 이 유전자를 물려받는다면(부모가 그러한 증세가 있거나 그 병 자체를 물려받는 드문 경우), 그 병에 걸린다. 그러나 만일 이 유전자의 한 카피만 물려받는다면, 비록 자식들에게 유전자를 물려주기는 해도 병에는 걸리지 않는다. 겸상적혈구빈혈증은 현 인류에게서 극히 드물게 나타나는 병이다. 자연선택이 효과적으로 솎아냈기 때문이다. 그러나 아프리카 어느 지역에서는 발병률이 10배나 높다고 한다. 왜 이런 일이 생기는가? 놀라운 대답은 겸상적혈구의 특징이 말라리아에 감염된 사람들을 실제로 보호하는 것 같다는 것이다. 말라리아는 모기가 옮긴 원충이 적혈구를 감염시키고 파괴하는 질병이다. 전체적으로 말라리아로부터 인간을 보호하는 측면이 겸상적혈구빈혈증 발병으로 아주 드물게 환자가 발생해 생식이 저하되는 것보다 더 중요하다. 그래서 진화는 말라리아가 풍토병이 되어 버린 지역에서 누가 봐도 적응하지 못한 이 유전자를 선택하게 되었다. 유사한 논쟁이 있다. 인간의 정신분열증과 조울증의 장애가 비교적 높은 발생률을 보이는 것에 관한 것이다. 두 장애가 솎아 내어 지지 않는 이유는 어떤 유전자가 아마도 모든 특징을 갖춘 장애로 유도되는 데 유리해서이지 않을까 한다. 유리하다는 측면은 창의성과 지능, 또는 미묘한 사회-정서적 능력을 북돋우는 것들이다.

그래서 전체적으로 인간은 유전자 풀 속에서 이런 유전자들을 유지함으로써 이득을 보고 있다. 그러나 불행하게도 부작용의 피해를 입는 쪽도 있다. 꽤 많은 소수집단은 악성 유전자들의 조합을 물려받는다. 이러한 논리를 펼치는 데는 이유가 있다. 공감감에도 그대로 적용할 수 있지 않을까해서다. 해부학 덕에 앞서 우리는 뇌 영역들 간에 발전된 교차-활성화를 유도하는 유전자의 역할을 살펴보았다. 이 유전자들은 인간이 하나의 종으로서 창의성을 갖게 함으로써 많은 이점을 누리도록 한 것으로 보인다. 교차활성유전자들의 어떤 흔치 않는 변종들이나 조합들이 공감각이라는 '양성 부작용'을 만들지 않았을까 한다. 양성에 대한 부분을 서둘러 강조하고자 한다. 공감각은 겸상적혈구빈혈증이나 정신병처럼 해롭지 않다.

사실 대부분의 공감각 소유자들은 자신들의 능력을 즐기는 것으로 보인다. 고칠 가능성이 있는데도 그렇게 하지 않는 경향도 있다. 어찌 보면 일반적인 메커니즘은 동일하다. 이러한 사고가 중요하다. 공감각과 비유가 아주 밀접하지는 않다는 점을 확실히 하기 때문이다. 또 공감과 비유는 인간의 경이로운 고유성에 대한 심오한 통찰력을 제공할지도 모를 깊은 관련이 있다.

그러므로 공감각은 창의성에 대한 신호 또는 표시일 수도 있는 병리학적인 교차-양상 상호작용의 가장 좋은 예로 생각할 수 있다(양상은 미각과 촉각 또는 청각 같은 감각 기능이다. 교차-양상[3]은 감각들 간의 정보를 공유하는 것을 일컫는다. 즉, 시각과 청각이 합동으로 형편없이 더빙된 외국 필름을 보고 있다는 것을 말할 때와 같다). 그러나 과학에서 자주 일어나듯이, 공감각 소유자가 아닌 사람들 마음속에도 수많은 것들이 진행된다. 이들도 제멋대로가 아닌 정상적인 교차-양상 상호작용에 전적으로 의존하고 있다는 사실을 고려해야 한다. 그래서 어떤 수준에서는 우리에게 공감각 소유자라는 감각이 존재한다고 할 수 있다.

예를 들어 그림 3-7에서 두 개의 그림을 보라. 왼쪽의 것은 잉크를 떨어뜨린 자국 같고, 오른쪽의 그림은 삐죽삐죽한 깨진 유리조각처럼 보인다. 여기서 여러분에게 묻고 싶다. 어느 것이 '부바bouba'고 어느 것이 '키키kiki'인가? 어디에도 정답은 없다. 그러나 여러분은 잉크 떨어뜨린 것을 '부바'라고 하고 깨진 유리조각 같은 것을 '키키'라고 할 공산이 크다. 최근에 아주 큰 학급에서 이 실험을 해보았는데, 무려 98퍼센트의 학생들이 이러한 선택을 했다. 자 이제 여러분이 생각해 볼 수 있는 것은 모양이 알파벳 B('bouba')를 닮은 잉크 방울과 그리고 K('kiki'에서처럼)를 닮은 삐쭉삐쭉한 그림과 선택 간에 어떤 연관성이 있다는 점이다. 필기 시스템이 영어권과는 전혀 다른 인도나 중국 같은 데서 그 실험을 한다 하더라도 정확하게 같은 결과를 볼 것이다.

이런 일이 왜 생기는가? 이유는 이렇다. 비유하자면 아메바 같은 그림 위의 부드러운 곡선과 등고선 같은 기복은 부바 음의 부드러운 기복을 흉내 낸다. 부-바booo-baaa 음을 낼 때 부드럽게 말리거나 풀리는 혀와 뇌의 청각 센터에서 묘사되는 것과 비슷하다. 반대로 키-키kee-kee라는 음의 날카로운 파도 모양과 팔레트 위의 혓바닥 같이 생긴 날카로운 굴곡은 갑자기 삐쭉삐쭉한 시각적인 모

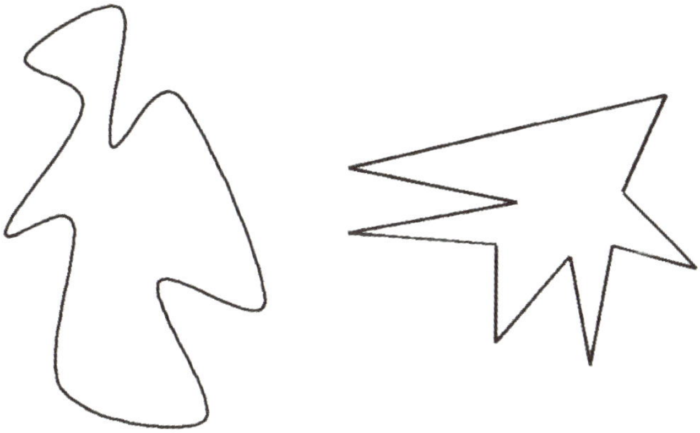

그림 3-7 위 그림 중 어느 것이 부바고, 어느 것이 키키인가? 그러한 자극은 원래 하인츠 베르너 Heinz Werner가 청각과 시각 간의 상호작용을 알아보기 위해 이용했다.

양으로 변하는 것처럼 보인다.

6장에서 이 시범을 다시 보여줄 것이다. 그리고 비유와 언어, 추상적인 사고와 같은 가장 불가사의한 우리들 마음의 많은 것을 이해할 수 있는 열쇠를 어떻게 갖게 되는 지도 보여준다.

나는 지금까지 공감각, 특별히 '고차원' 공감각 형태의 존재(구체적인 감각 특성보다 추상적인 개념들을 포함하는)가 인간만이 가능하다고 하는 고차원적인 사고과정을 어느 정도 이해하는 열쇠라고 주장했다. 이러한 생각을 인간의 지적인 특성에서 가장 고결하다는 수학에 적용할 수는 없을까? 수학자들은 공간에 펼쳐진 숫자를 보며, '페르마의 최후의 정리' 또는 '골트바흐의 추측' 같은 다른 누군가가 놓쳤을, 그곳에 감춰진 연관성을 발견하기 위해 추상적인 영역을 배회한다는 말을 종종 한다. 숫자와 공간인가? 그들이 비유로 변하고 있는가?

1997년 어느 날, 나는 백포도주를 한 잔 걸치고 나서 번쩍하고

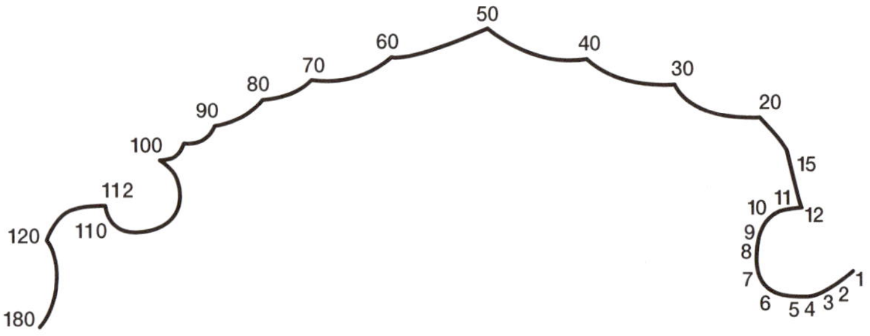

그림 3-8 골턴의 숫자 선. 12는 6보다는 1에 약간 더 가깝다.

영감을 얻었다. 아니면 적어도 그렇게 생각했다(술에 취했을 때 얻은 통찰력은 대부분 잘못된 경고로 판명된다).

오리지널 〈네이처〉에 기고한 논문에서 골턴은 두 번째 공감각 유형을 기술했는데 숫자-색 전제 조건보다 더 흥미진진했다. 그는 그 유형을 '숫자 틀'이라고 불렀다.

다른 연구자들은 '숫자 선'이라는 말로 쓴다. 만일 여러분에게 숫자 1에서 10까지를 마음의 눈으로 시각화해보라고 하면, 아마도 학교에서 배운 대로 왼쪽에서 오른쪽으로 순차적으로 공간에 늘어 놓으려는 모호한 경향을 보일 것이다.

그러나 숫자 공감각 소유자들은 전혀 다르다. 그들은 숫자를 생동감 있게 시각화하는 능력이 있다. 숫자를 공간에 순차적으로 배열하려 하지 않는다. 마치 뱀이 지나가는 것처럼, 심지어는 숫자위에 겹치는 경우도 있다. 그래서 36은 38보다 23에 가깝게 놓는다(그림 3-8). 이것을 '숫자-공간' 공감각으로 생각해볼 수도 있다. 여기서는 모든 숫자가 공간의 특별한 장소에 항상 위치한다. 어떤 개인에 대한 숫자 선은 몇 개월에 걸쳐 간헐적으로 테스트해도 항상 일정하다.

심리학의 모든 실험과 같이 우리도 골턴의 관찰을 실험적으로 입증할 방법이 필요했다. 학생 에드 허바드Ed Hubbard와 샤이 아주라이Shai Azoulai를 불러 실험을 돕게 했다. 먼저 우리는 정상적인 사람들한테 잘 알려진 '숫자 거리' 효과를 살펴보기로 했다(인지심리학자들은 학생 자원봉사자를 대상으로 모든 인지 변수의 효과를 조사했다. 그러나 숫자-공간 공감각과의 관련성은 우리가 실험을 할 때까지는 찾아내지 못했다).

누군가에게 물어보라. 5와 7 또는 12와 50에서 어느 것이 더 큰가? 정상적인 수준의 학교 교육을 받은 사람은 누구나 바르게 답한다. 재미있는 부분은 사람들이 답을 말할 때까지 걸리는 시간이 얼마나 되는지를 잴 때다. 피험자들에게 숫자의 쌍을 보여주는 것과 구두상의 답변 사이의 시간이 그들의 반응시간이다. 숫자 사이의 거리가 멀수록 반응시간은 짧아진다. 반대로, 숫자의 거리가 가까울수록 시간이 더 걸리는 것으로 판명되었다.

뇌는 어떤 종류의 실제 지석 숫자 라인 속에 숫자를 표시하지만 어느 수가 더 큰지 결정할 때는 '시각적으로' 도움을 받는다. 멀리 떨어진 숫자들은 쉽게 눈알을 굴릴 수 있다. 반면에 서로 가까이 있는 숫자는 자세하게 살펴볼 필요가 있다. 여기에 수천 분의 몇 초가량 더 걸린다. 우리는 이 전형적인 예를 이용하여 대단히 구불구불한 숫자-선 현상이 실제로 존재하는지 아닌지를 볼 수 있다는 것을 알았다. 숫자-공간 공감각 소유자에게 요청하여 숫자 쌍들을 비교하게 했다. 그런 뒤 반응시간이 숫자 간의 실제 개념적인 거리에 반응하는지, 아니면 개별적인 숫자 선의 특이한 기하학적 구조를 반영하는지 알아보았다.

페드라가 그린 엄청나게 구불구불한 숫자 선은 이중으로 겹쳐졌다. 예를 들어 21이 공간적으로 18보다 36에 가까운 상태였다. 에드와 나는 대단히 흥분했다. 1867년 골턴이 숫자-공간을 발견한 이래 그에 관한 어떤 연구도 없었다. 골턴의 연구 결과가 맞는지, 아니면 무엇이 그렇게 만드는지를 제시하려는 어떠한 시도도 없었다. 새로운 정보라면 어떤 것이라도 중요하다는 사실을 우리는 알았다. 적어도 우리는 연구를 시작했다. 반응시간을 측정하는 기계에 페트라를 연결하고 질문을 던졌다.

"어느 것이 큰가? 36 아니면 38? 아니면 36 또는 23?"

과학에서 자주 일어나는 것과 같이, 결과는 전체적으로 이러저러한 방법을 써도 명쾌하지 않을 때가 있다. 페트라의 반응시간은 부분적으로 숫자의 거리와 공간적인 거리에 달려있는 것처럼 보였다. 우리가 기대한 결정적인 결과는 아니었다. 그러나 그녀의 숫자-선 표현은 전체적으로 왼쪽에서 오른쪽은 아니었고, 정상적인 사람들의 뇌처럼 직선이었다. 페트라 뇌 속의 숫자 표현은 확실히 엉망이었다.

우리는 2003년에 공감각 발견 관련 논문을 발표했으며, 많은 후속 연구에 영감을 주었다. 결과는 섞여 있었다. 그러나 적어도 전문가들이 오랫동안 무시한 문제에 다시 관심을 불러일으킬 수 있다. 그리고 우리는 공감각을 객관적으로 테스트하는 방법을 제시했다.

샤이 아주라이와 나는 두 명의 새로운 숫자 공감각 소유자 학생을 대상으로 2차 실험에 들어갔다. 목적은 같은 점을 입증하는 것이었다. 이번에는 기억 테스트를 실시했다. 각각의 학생에게 9개 숫자 세트를 기억하게 했는데(예를 들어 13, 6, 818, 22, 10, 15, 2, 24 등) 숫자를 스크린에 무작위로 펼쳐 놓았다. 그리고 이 실험은 두 가지 방법으로 했다. A 방법에서는 9개의 숫자를 무작위로 2차원 스크린에 흩트려놓았다. B 방법에서는 스크린 상의 공감각 소유자 자신들의 구부러진 숫자 선에 숫자가 계획된 것처럼 '있어야 될' 곳에 놓였다(처음에는 각각의 피실험자들을 면접하여 개인적인 숫자 선의 기하학을 찾게 했다. 그런 뒤 피실험자가 어떤 숫자를 특유의 좌표 시스템 안에 서로 가까이 놓을지 결정하도록 했다).

두 실험에서 피실험자들은 펼쳐지는 숫자를 30초 동안 보게 한 뒤 기억하도록 했다. 몇 분 뒤 자신들이 보고 기억하는 숫자를 보고하도록 했다. 결과는 놀라웠다. 가장 정확한 기억은 그들이 B 실험에서 본 숫자들이었다. 다시금 우리는 이 사람들의 개개인의 숫자 선이 실재한다는 것을 보여주었다.

숫자 선이 실재하지 않고 시간이 지나면서 선 형태가 바뀐다면, 숫자들이 어디에 놓이는 것이 중요하겠는가? 공감각 소유자들이 자신만의 숫자 선에 숫자를 놓는다는 것은 확실히 숫자의 기억을 용이하게 한다. 보통 사람에게서는 볼 수 없다.

추가 관찰에 대해 한 가지 특별한 얘기를 해야겠다. 숫자-공간 공감각 소유자 중 몇몇이 자발적으로 얘기해주었다. 그들 자신만의 숫자 선 모양이 자신들의 연산능력에 큰 영향을 미친다. 특히, 뺄셈이나 나눗셈은(곱셈은 암기해야 하기 때문에 제외된다) 자신들의 숫자 선이 비교적 직선형으로 된 것보다 대각선으로 갑자기 날카롭게 구부러져 훨씬 어려웠다. 반면 몇몇 창의적인 수학자들은 공감각 소유자들의 구불구불한 숫자 선이 우리를 어쭙잖은 인간에서 벗어나게 하는 숫자 사이의 숨은 관계를 볼 수 있게 해준다고 말했다. 이 연구를 통해 수학의 대가들과 창의적인 수학자들이 숫자의 공간적인 풍경에서 거닐고 있다고 말하는 것이 단순히 비유가 아니라는 것을 확신했다. 그들은 우리 같이 재능이 떨어지는 인간에게는 명백하지 않은 어떤 연관성을 본다.

어떻게 이러한 구불구불한 숫자 선이 뇌의 첫 번째 부위에 존재하게 되었는지는 여전히 설명하기가 어렵다. 하나의 숫자는 많은 것을 나타낸다. 사과 11개, 11분, 크리스마스 11일째 날 등. 그러나 이들의 공통점은 순서와 수량이 반쯤 분리된 개념이다. 이들은 아주 추상적인 특성이다. 원숭이를 닮은 우리 뇌는 확실히 그 자체로는 수학을 처리하기 위해 선택적인 압박을 받은 것이 아니다. 수렵사회에 대한 연구를 볼 때 우리의 원시시대 선조들은 아마도 다소 적은 숫자를—손가락 개수인 10까지 수—가졌던 것이 아닌가 하고 생각한다. 그러나 더 발전하고 유연한 계산 시스템들은 역사시대 문명의 발명품이다. 단순히 뇌로서는 '순람표順覽表' 또는 긁기로 시작하는 숫자 모듈을 진화시키는 데 충분하지 않았을 것이다.

반면에 공간에 대한 뇌의 표현은 지적능력이 생겼을 때만큼이나 오래되었다. 어떤 기회에 따라 진화가 일어나는 점을 감안하면, 추상적인 수의 개념을 표현하는 가장 편리한 방법은 순차적인 발생을 포함하여 이미 존재하는 시각적 공간인 지도 위에 펼쳐놓는 것이다. 두정엽이 원래 공간을 표현하도록 진화한 것을 감안하면, 숫자의 계산이 거기에서, 특히 각회에서 이뤄진다는 것은 놀라운 일이 아닐까? 이것이 인간의 진화가 고유하게 발전되었다는 가장 확실한 예다.

추측이기는 하지만 도약이 이뤄졌다고 보았을 때, 더 많은 전문화가 두정엽에서 공간을 지도화하면서 일어났을 것으로 나는 생각한다. 좌측 각회는 서수를 표현하는 데 관여하고 우측 각회는 수량에 특히 전문화되어 있다. 수의 순서를 뇌 공간에 가장 간단하게 나타내는 방법은 왼쪽에서 오른쪽으로 일직선으로 놓는 것일 수 있다. 이 방법이 우측 반구에 표시되는 수량의 개념으로 차례차례 나타내는 것으로 보인다.

그러나 시각 공간에 수를 순차적으로 재배치하는 유전자가 돌연변이를 일으켰다고 추정해보자. 결과는 숫자-공간 공감각 소유자들의 구불구불한 숫자 선에서 찾을 수 있다. 내 생각에 달 또는 주간과 같은 여러 가지 종류의 순서는 좌측 각회에 자리를 잡고 있다고 본다. 내 주장이 맞다면, 이 영역에 뇌졸중 장애를 입은 환자의 경우 수요일은 화요일 전인지 후인지를 빨리 말하는 데 어려움을 겪을 것이다. 언젠가는 그러한 환자를 만났으면 좋겠다.

내가 공감각 연구팀에 합류한 지 3개월쯤 되었을 때 우연히 예상 밖의 전환점을 맞았다. 내 학생 중의 하나인 스파이크 야한이 이메일을 한 통 보냈다. 평상시와 다름없이 "제 점수 잘 좀 봐 주세요"라는 요청이거니 생각하고 메일을 열었다. 결과는 전혀 달랐다. 그가 숫자-공간 공감각 소유자이고, 우리의 연구 내용을 읽고는 테스트를 자원한다는 내용이었다. 여기까지는 좋았다. 그러나 그가 충격적인 말을 했다. 색맹이라는 것이다. 공감각 소유자가 색맹이라니! 머리가 핑 돌았다. 그가 색깔을 경험한다면, 여러분과 내가 경험하는 색깔과 다를 것이 뭐 있겠는가?

공감각이 인간의 궁극적인 불가사의인, 의식적인 자각을 밝혀낼 수 있을까? 색 능력은 주목할 만하다. 대부분의 사람들은 수백만 가지의 다양한 색조를 경험할 수 있지만, 결과적으로는 눈의 원추체[4]라 불리는 불과 세 종류의 광수용체를 사용하여 그 전부를 본다.

2장에서 보았듯이, 각각의 원추체에는 광학적으로 하나의 컬러에만 반응하는 색소가 있다. 즉, 적색, 녹색, 청색이다. 각 원추제는 광학적으로 오로지 특정한 파장에 반응하지만 그 근사치에 있는 파장에도 반응한다. 예를 들어, 적색 원추체는 적색 빛에 아주 잘 반응한다. 오렌지색에도 잘 맞추며 황색에는 약하게, 그리고 녹색과 청색에는 거의 반응하지 않는다. 녹색 원추체는 녹색에 최고의 반응을, 황색 빛이 도는 청색에도 잘 반응하나, 황색에 대한 반응은 약하다. 그래서 (눈에 보이는) 모든 특정한 빛의 파장은 특정한 양으로 적색과 녹색, 청색 원추체를 자극한다. 말 그대로 수백만 가지의 3원 조합이 가능하다. 뇌는 각각의 조합을 하나의 별개의 색으로 해석하는 법을 알고 있다.

색맹은 선천적인 질환으로, 하나 이상의 색소가 부족하거나 없다. 색맹인 사람의 시력은 모든 면에서 정상이다. 그러나 단지 제한된 색조 범위 내에서만 볼 수 있다. 어떤 원추체가 상실되었는지 그리고 그 상실의 정도는 얼마나 되는지에 따라, 적색 색맹, 녹색 색맹 또는 청색-황색 색맹이라고 한다. 드물게 두 개의 색소가 결핍된 경우가 있는데, 그런 사람은 순전히 흑백만 본다. 스파이크는 적색-청색 변종 색맹이었다. 그가 경험하는 색은 대부분의 우리가 갖고 있는 것보다 극히 적었다. 그러나 정말 이상한 점은 그가 실생활에서는 전혀 보지 못한 색깔의 숫자를 자주 경험한다는 것이었다. 스파이크는 색깔 띤 숫자를 아주 매력 있고 아주 적절한 표현으로 말했다. 한마디로 괴상하고, 비현실적으로 보이는 것이었다. 그는 오로지 숫자를 볼 때만 그것을 경험한다고 했다.

보통 그런 얘기를 들으면 누구나 무시해버리거나 미친 것으로 치부해 버린다. 그러나 나한테는 더 없이 좋은 기회였다. 뇌 지도의 교차-활성화에 대한 내 이론이 이 이상한 현상을 깔끔하게 설명을 할 수 있다고 느꼈다.

스파이크의 원추체 수용체가 결핍 상태라는 사실을 기억하자. 문제는 확실히 그의 눈에 있었다. 그의 망막은 모든 색신호를 정상적으로 뇌에 전달하는 것이 불가능했다. 그러나 십중팔구 방추상회의 V4 같은 그의 피질 컬러는 완벽하게 정상적이었다. 동시에 그는 숫자-색 공감각 소유자였다.

그래서 숫자의 형상이 정상적으로 그의 방추상회로 전달된 뒤 교차-배선 때문에 V4 색 영역에 있는 세포의 교차-활성화cross-activation가 생겨났다. 스파이크가 현실 세상에서는 잃어버린 색깔을 절대 경험해보지 못했지만, 숫자를 통해 유일하게 볼 수 있었다. 그래서 그는 그것을 믿을 수 없는 이상한 것으로 생각했다.

이 연구는 공감각이 색깔 자석으로 놀았던 것과 같은 어린 시절의 기억을 연상하기 때문에 나타난다는 개념도 무너뜨려버렸다. 그런데 한 번도 본 적이 없는 색깔을 어떻게 기억할 수 있단 말인가? 결국, 허무맹랑한 색깔로 칠해진 자석은 없는 것일까!

색맹이 아닌 공감각 소유자들도 이상한 색깔을 볼 수 있을지도 모른다는 것은 지적할 만하다. 일부는 알파벳 글자들이 '차곡차곡'

동시에 쌓인 복수 컬러로 구성되어 있다고 묘사했다. 색의 일반적인 분류체계에는 맞지 않는 것이다. 이 현상은 아마도 스파이크에서 관찰된 것과 유사한 메커니즘으로 일어나는 것 같다. 색깔이 괴상하게 보이는 이유는 그의 시각 경로의 연결이 괴상하고, 그래서 해석 불가능하게 되기 때문이다. 무지개 어디에도 나타나지 않는 다른 차원의 색깔을 경험해보는 것은 어떨까? 표현할 수도 없는 어떤 것을 느낀다면 얼마나 귀찮을까? 태어나면서부터 색맹인 사람이 푸른색을 본다면 그 느낌이 어떨 것인지 여러분이 설명할 수 있을까? 아니면 인도 사람에게 마마이트[5]의 냄새, 또는 영국인에게 사프란[6]의 냄새는 어떨까? 이것은 우리가 누군가가 경험하는 것을 진정으로 알 수가 있을까 없을까 하는 오래된 철학적인 수수께끼를 던진다. 많은 학생들이 순진한 질문을 한다.

"당신의 빨강색이 내게는 푸른색이 아님을 내가 어떻게 알 수 있나요?"

결국 공감각은 이 질문이 그렇게 순진한 것이 아니라는 것을 상기시켜 준다. 형언할 수 없는 의식적인 경험에 대한 주관적인 장점을 표현하는 용어가 '특질'이다. 다른 사람들의 특질이 우리 자신의 것과 유사한지, 그렇지 않은지, 아니면 없는지에 대한 질문은 바늘 끝에서 얼마나 많은 천사들이 춤을 출 수 있는지 묻는 것과 같이 무의미하다. 그러나 나는 여전히 희망적이다. 철학자들은 수세기 동안 이러한 질문과 씨름했다. 그러나 마침내, 우리가 파헤친 공감각 지식으로 이 수수께끼에 대한 해결의 빗장이 아주 조금 열리는 것 같다. 바로 이것이 과학의 역할이다. 단순하고, 명쾌하고, 세심하게 다듬고, 결과적으로 무거운 주제에 답할 수 있는 다루기 쉬운 질문으로 시작하라. 무거운 주제라는 것은 '특질은 무엇인가,' '자아란 무엇인가,' 그리고 '의식은 무엇인가?' 등이다.

공감각은 이 지속적인 수수께끼를 풀 실마리를 제공할 수 있을 것 같다. 건너뛰거나 우회하는 동안 일부 시각영역을 선별적으로 활성화하는 방법을 제공하기 때문이다. 보통의 방법으로는 이런 일을 하지 못한다. 그래서 "의식은 무엇인가?"와 "자아란 무엇인가?" 등의 다소 모호한 질문을 하는 대신에 하나의 의식에 집중할 수 있도록 문제 접근 방법을 개선했다. 시각 감각들에 대한 자각이 그 예다. 빨간색에 대한 자각은 시각피질에 있는 30가지 영역 모두 또는 대부분의 영역의 활성화를 필요로 하는가? 메시지가 30개의 높은 시각영역에 전달되기 전에 망막에서 시상과 1차 시각피질에 이르기까지 한꺼번에 활성화하는 것은 어떤가? 그 활성화가 의식적인 경험을 위해 필요한지, 아니면 생략해버리고 직접 V4를 활성화시켜도 동일하게 생생한 빨간색을 경험할 수 있는가? 빨간 사과를 보면 보통은 컬러와 모양에 관여하는 두 시각영역이 활성화된다. 그러나 인위적으로 모양을 인식하는 세포를 자극하지 않고도 색깔 영역을 자극할 수 있으면 어떻게 될까? 눈앞에서 한 덩이 형태를 알 수 없는 심령체나 다른 으스스한 것과 같이 떠도는 빨간색을 경험해보려는가?

마지막으로, 아주 많은 신경의 투사는 시각처리가 계층적으로 이뤄질 때 각 단계에서 초기 영역으로 전진하기보다는 후진한다. 이 후방-투사 기능은 아직까지 완전하게 알려져 있지 않다. 빨간색을 의식적으로 지각하기 위한 활성이 필요한 것일까? 빨간 사과를 보는 중에 화학약품을 써서 활성을 잠재우면 어떻게 될까? 자각을 잃어버릴까? 이러한 질문들은 철학자들이 즐기는 일종의 불가능한 사고 실험처럼 위험하게 다가온다. 중요한 차이점은 어쩌면 우리가 살아 있는 동안 그러한 실험을 실제로 해볼 수 있다는 점이다. 그러면 사람들이 별에 마음이 끌리는 반면, 유인원들은 왜 익은 과일과 빨간 엉덩이 외에는 신경 쓰는 것이 전혀 없을까 하는 것을 이해할 수 있을지 모른다.

4장 | 문명을 형성한 신경

거울신경의 진실

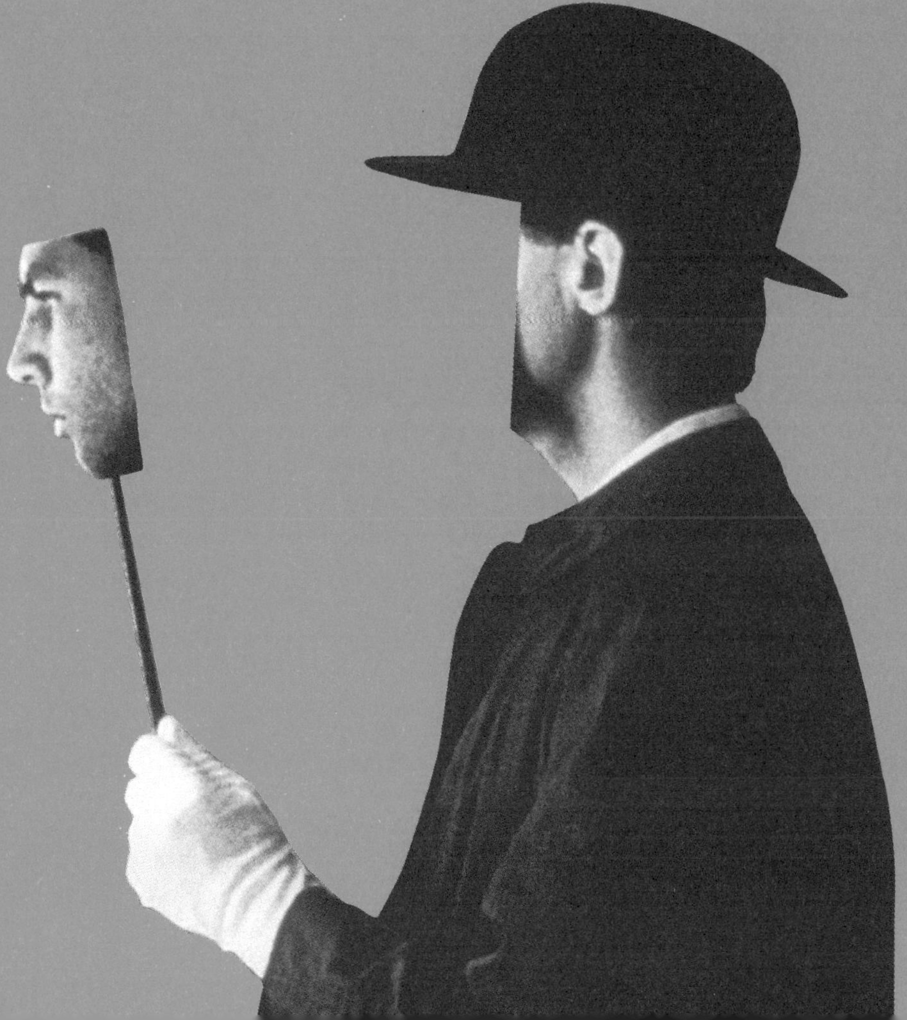

> 혼자일 때조차도, 우리는 타인들이 우리를 어떻게 생각할 것인가에, 또는 그들이 상상하는 동감이나 반감에 얼마나 자주 고통스럽게 그리고 즐겁게 생각하는가. 그래서 이 모든 것은 결국 사회적 본능의 근본적인 요소인 연민이다.
> **-찰스 다윈**

물고기는 부화하는 순간, 어떻게 헤엄치는지 알고 쏜살같이 내달린다. 새끼오리는 부화하자마자 금방 어미오리를 따라 육지와 물을 건넌다. 망아지는 아직 양수가 뚝뚝 떨어지는데도 몇 분만 버둥대면 금방 무리를 따라나선다. 인간하고는 딴판이다. 인간은 어머니 뱃속에서 흐느적거리며 태어나고, 악을 쓰며 운다. 24시간 돌봐줘야 하고 성숙도 무척 더디고 오랫동안 어른스러운 행동도 하지 않는다. 인간은 분명히 이런 희생을 통해 많은 이득을 얻는다. 결과가 어떻게 될지도 모를 양육을 위해 먼저 투자한 것은 언급하지 않는다. 이를 문화라고 부른다.

이 장에서 나는 거울신경이라고 불리는 특정한 종류의 뇌 세포를 탐험한다. 거울신경은 인류가 문화를 호흡하고 진짜로 살아가는 종種이 되는 데 핵심적인 역할을 한 것으로 보인다. 문화는 엄청나게 많은 복잡한 기술과 지식으로 이뤄져 있으며, 언어와 모방이라는 두 가지 핵심 수단을 통해 자자손손 전달된다. 타인을 모방하는 대학자 같은 능력이 없다면 우리는 아무것도 아닐 것이다. 정확한 모방은 인간의 고유한 능력인 '타인의 관점을 채택'하는 데 달려 있다. 이는 원숭이들의 뇌가 이루어진 방법과 비교했을 때 좀더 정교한 배치가 필요했을 수 있다. 타인의 처지에서 세상을 보는 능력도 복잡한 생각과 의도를 가진 지적인 모델을 구축하는 데 필수적이다. 그래야 남의 행동을 예측하고 조종할 수 있다(샘은 마사가 자신을 괴롭힌다는 것을 내가 이해하지 못한다고 생각한다). 마음의 이론이라고 불리는 이 능력은 인간에게만 있다. 문화 전달 수단의 핵심으로서 언어 자체의 어떤 측면이 모방하는 재능 위에 부분적으로 형성되었다.

다윈의 진화론은 모든 시대를 막론하여 가장 중요한 과학적 발견 중의 하나다. 그러나 불행히도 그 이론은 사후세계에 대해서는 아무것도 알려주지 않는다. 결과적으로 이는 다른 이슈보다도 더 격렬한 논쟁을 일으켰다. 몇몇 미국의 학군은 교과서에 지적설계 '이론'과 동등하게 싣도록 했다는 주장도 일었다(이것은 정말 창조주의에 대한 치부를 가리기 위한 것이다). 영국의 과학자이자 사회비평가 리처드 도킨스Richard Dawkins가 계속해서 지적한 바와 같이, 논쟁은 태양이 지구 주위를 돈다는 생각에 동일한 지위를 부여하자는 것과 전혀 다를 것이 없다. 진화론이 나왔을 시기의 지식 격차는 당연히 의심할 만큼 충분한 여지가 있었다. 그때는 DNA와 생명의 분자 기계를 발견하기 훨씬 전이며, 고생물학이 이제 막 시작되어 화석의 기록을 하나씩 모으던 시기다. 이 관점은 오래 전의 것이다. 진화론이 모든 수수께끼를 풀었다는 뜻은 아니다. 인간의 마음과 뇌의 진화에 여전히 많은 의문이 남아 있다는 것을 부정한다면 과학자로서 자만심이 심하다고 할 것이다. 내가 가진 의문에 대한 목록의 앞부분은 다음과 같다.

1. 인간을 닮은 뇌는 약 30만 년 전에 현재의 크기에 도달했다. 추측이기는 하지만 지적능력조차도 그랬을 것이다. 인간의 많은 고유한 속성은—도구 만들기, 불 피우기, 예술, 음악, 무엇보다도 모든 특성을 갖춘 언어 등—훨씬 뒤인 약 7만5,000년 전에 나타났다. 왜 그랬을까? 뇌는 그토록 오랜 잠복기 동안 무엇을 했을까? 모든 개화를 위한 잠복기가 왜 그토록 길었을까? 개화는 왜 그리 갑자기 일어났을까? 자연선택이 잠재된 능력이 아닌 발현된 능력만을 선택할 수 있다는 것을 고려해 볼 때, 어떻게 이 모든 잠재적 능력이 뇌의 첫 부위에 형성되었을까? 나는 언어의 기원을 협의할 때 이런 의문을 처음으로 제기한 빅토리아 시대의 자연주의자인 앨프리드 러셀 월리스의 이름을 따 '월리스의 문제'라고 이름 짓고자 한다.

최소한의 어휘를 사용하는 가장 낮은 수준의 미개인들도, 다양하고 분명하게 또렷한 소리를 가졌다. 이를 수없이 많은 억양과 어미 변화 등에 적용하는 능력도 가졌다. 이들을 어떤 경우에도 높은 수준의 인종(유럽인)보다 열등하다고 할 수 없다. 어떤 수단은 그 소유자의 필요에 앞서 개발되었다.

2. 올도완Oldowan이라는 투박한 도구—불규칙한 가장자리를 만들기 위해 단단한 돌을 몇 번 두들겨 만든 것—는 240만 년 전에 나타났다. 아마도 뇌의 크기가 침팬지와 현대 인류의 중간쯤 되는 호

모 하빌리스Homo habilis가 만들었을 것으로 보인다.

약 100만 년간 진화 정체기를 지난 뒤 미적으로 균형이 잡힌 도구가 나타났다. 제작 기술도 어느 정도 표준화되었다. 그러려면 딱딱한 망치에서 나무와 같은 부드러운 망치로 바꾸는 것이 필요했다. 이는 도구를 만들 때 삐쭉삐쭉하거나 불규칙한 모서리를 부드럽게 하기 위함이다. 그리고 마지막으로, 조립 라인에서 생산한 세련되고 손잡이가 달린 양면을 가공한 도구가 20만 년 전에 발명되었다. 왜 인간 마음의 진화가 이렇게 갑자기 기술적인 변화로 대변동을 했을까? 도구의 사용이 인간적 인식 형성에 어떤 역할을 한 것일까?

3. 왜 6만 년 전에 갑작스럽게 정신적인 교양이 폭발적으로 증가했는가? 제레드 다이아몬드Jared Diamond는 《총, 균, 쇠*Guns, Germs, and Steel*》에서 이것을 '위대한 도약'이라고 칭했다. 이 시기는 동굴 예술, 의복과 건축기법이 적용된 주거형태가 나타났다. 약 100만 년 일찍 인류의 뇌가 현대의 크기와 같아졌는데 이런 발전이 왜 그때서야 이루어졌는가? 다시 윌리스의 문제로 돌아간다.

4. 인류가 타인의 행동을 예측하고 그들을 앞서나가는 능력을 가진 것에 빗대어 자주 '마키아밸리 시대 영장류'라고 불린다. 왜 인류는 상대방의 의도를 읽는 데 그토록 뛰어날까? 전문화된 뇌 모듈이나 '마음 이론theory of other minds'을 만들어내는 회로가 있다는 말인가?(마음 이론은 영국의 인지신경과학자인 닉 험프리Nick Humphrey, 유타 프리스Uta Frith, 마크 하우저Marc Hauser, 그리고 사이먼 배런-코언

Simon Baron-Cohen이 내놨다.)

이런 회로는 어디에 있고, 언제 진화했는가? 원숭이들과 영장류한테는 일부 발달하지 못한 상태로 존재하는가? 만일 그렇다면 원숭이와 영장류들보다 인간을 훨씬 더 정교하게 만드는 것은 무엇인가?

5. 언어는 어떻게 진화했는가? 유머와 예술, 춤, 음악 등과 같은 많은 인간의 특징과는 달리 언어의 생존 가치는 명백하다. 우리의 생각과 의사를 소통하게 한다. 그러나 어떻게 이러한 특별한 능력이 실제로 존재하게 되었는가에 대한 질문이 다윈 시대 이래로 생물학자, 심리학자 그리고 철학자들을 곤혹스럽게 만들었다.

인간의 발성기관은 원숭이와 비교가 안 될 정도로 모든 측면에서 훨씬 더 정교하다. 그런데 인간 뇌에 그에 부합하는 언어영역이 없었다면 그렇게 잘 만들어진 정교한 장치가 단독으로는 쓸모없을 것이다. 그러면 어떻게 이 두 가지 메커니즘이 동시에 진화할 수 있었는가?

다윈을 따라가 보자. 우리의 발성장치와 억양을 조절하는 탁월한 능력은 인간의 특징을 갖춘 조상을 포함한 주로 초기 영장류들이 구애를 할 때 감정을 드러내는 외침소리와 음악적인 소리를 만들어내기 위해 진화했다고 생각한다. 일단 그렇게 진화한 뒤 뇌는, 특히 좌반구는 그것을 언어로 사용했을 것이다.

그러나 더 큰 의문은 여전히 남아 있다. MIT의 언어학자 노엄 촘스키Noam Chomsky가 제안한 바와 같이 언어는 인간에게만 고유한가? 언어는 어느 날 갑자기 나타난, 세련되고 고도로 전문화된 지적 '언어 기관'이 만들어내는가? 아니면 이 발성언어 출현의 발판을 제공한 뇌 부위에 더 많은 원시적인 행위의 의사소통 시스템이 이미 자리 잡고 있었는가? 거울신경의 발견은 이 수수께끼를 해결할 하나의 실마리를 제공한다.

***

나는 이미 앞에서 거울신경을 넌지시 언급했다. 그리고 6장에서 다시 살펴보고자 한다. 여기서는 진화와 관련하여 자세히 살펴볼 것이다. 원숭이 뇌의 전두엽에는 원숭이가 어떤 아주 특별한 행동을 할 때 활성화되는 어떤 세포가 있다. 예를 들어, 하나의 세포가 지렛대를 당길 때 활성화되고, 두 번째 세포는 땅콩을 집을 때, 세 번째는 입에 땅콩을 집어넣을 때, 네 번째는 무언가를 밀 때 활성화된다(이 신경들은 하나의 고도로 세분화된 임무를 수행하는 조그만 회로의 한 부분이라는 것을 명심하라. 세포 하나만으로는 손을 움직이지 못한다. 그러나 세포의 반응은 회로를 들여다볼 수 있게 해준다). 여기까지는 새로운 것이 하나도 없다. 이러한 운동-명령 신경은 몇십 년 전 존스홉킨스대학교의 신경과학자인 버논 마운트캐슬Vernon Mountcastle이 발견하고 정립했다.

1990년대 후반 운동-명령 신경이 연구되고 있을 때 이탈리아 파르마대학교의 신경과학자 지아코모 리졸라티Giacomo Rizzolatti와 그의 동료들 주세페 디 플레그리노Giuseppe Di Pleegrrino, 루치아노 파디가Luciano Fadiga, 비토리오 갈라세Vittorio Gallasse가 아주 특이한 것을 알아냈다. 신경세포 중 몇몇은 원숭이가 어떤 행동을 수행할 때 활성화될 뿐만 아니라, 다른 원숭이가 똑같은 행동을 하는 것을 지켜볼 때도 활성화된다!

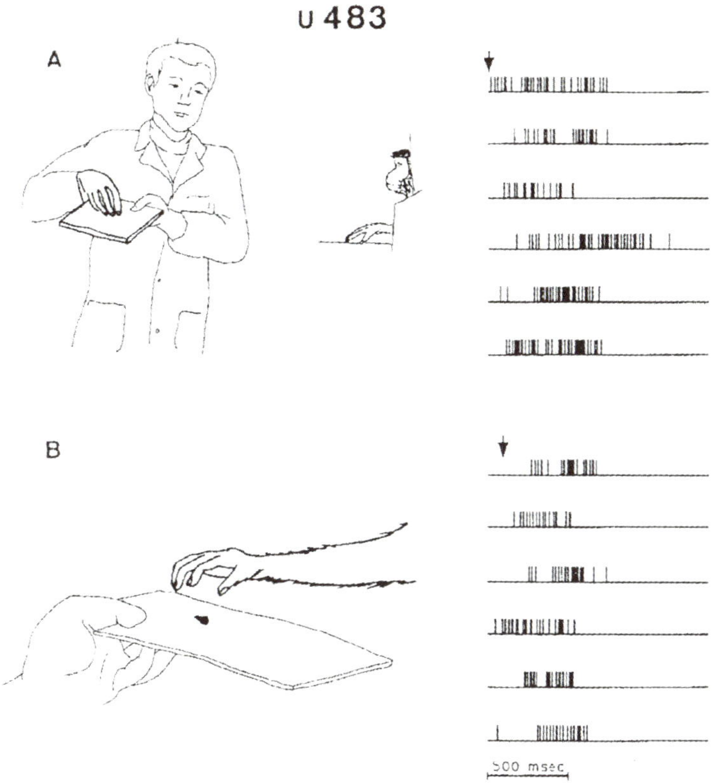

그림 4-1 거울신경. 오른쪽이 붉은털원숭이의 뇌 신경파 기록이다. 붉은털원숭이는 땅콩을 집으려고 손을 뻗는 사람을 관찰할 때(A), 땅콩을 집으려고 손을 뻗을 때(B). 각각의 거울신경(6개)이 모두 활성화된다.

어느 날 리졸라티의 강연에서 이 얘기를 들은 나는 놀라서 의자에서 굴러떨어질 뻔했다. 이것은 단순한 운동-명령 신경이 아니었다. 다른 동물의 입장에 서 있는 것이다(그림 4-1). 이 신경은(실제 그것이 속해 있는 신경회로. 지금부터는 '신경'이라는 용어를 '회로'라 칭하겠다) 의도와 목적이 다른 원숭이의 생각을 읽고 그것이 무슨 꿍

꿍이속인지 읽는 데 사용되는 것이었다. 이는 영장류와 같이 사회적 동물에게는 필수적인 특징이다.

거울신경이 얼마나 정확하게 예측하도록 배선되었는지는 분명하지 않다. 마치 고등 뇌 영역이 거울신경에서 오는 정보를 읽고서는 이렇게 말하는 것 같다. "내가 바나나를 집으려고 손을 뻗을 때 활성화되는 신경과 똑같은 신경이 지금 활성화되고 있다. 그러니까 지금 다른 원숭이가 바나나에 손을 뻗으려고 하는구나." 이는 마치 거울신경이 다른 존재의 의도를 본능적으로 가상현실 시뮬레이션(모의실험)을 하는 것과 같다.

거울신경은 다른 원숭이들이 단순한 목적으로 움직이는 행동을 예측하게 해준다. 그러나 유독 인간에게 만은 복잡한 의도까지도 해석이 가능하도록 발달했다. 어떻게 이런 복잡한 특성이 증진되었는지는 앞으로 두고두고 논쟁거리가 될 것이다. 나중에 보게 되겠지만, 거울신경은 또 타인의 행동을 모방하는 것을 가능하게 한다. 그렇게 함으로써 다른 사람들이 발전시키고 연마한 기능인 문화적 유산을 위한 무대를 설정한다. 이는 또 한 우리들 인간 종種의 뇌 진화를 촉진한다는 측면에서 효과를 본 '자가 증폭 피드백 루프self-amplifying feedback loop'를 촉진했을 것이다.

리졸라티 박사가 언급한 것처럼, 거울신경은 여러분으로 하여금 타인의 입술과 혀의 운동을 흉내 낼 수 있게 한다. 이것 하나하나가 구두 발성 진화의 기초를 제공했을 것으로 보인다. 일단 타인의 의도를 읽는 능력과 발성을 흉내 내는 이러한 능력이 자리를 잡으면 여러분은 언어가 진화하도록 한 수많은 기본적인 사건 중 두 개에 시동을 건 셈이다.

고유한 '언어 기관'은 더 말할 필요도 없고 앞서 제기한 문제는 이제 그렇게 불가사의하게 보이지 않는다. 이러한 논쟁은 어떤 경우에도 인간에게 언어에 대한 전문화된 뇌 영역이 존재한다는 생각을 부인하지 않는다. 여기서는 언어 영역이 존재하는지 안 하는지가 아니라, 어떻게 진화했는지를 다룬다. 수수께끼의 중요한 한 조각이 리졸라티 박사의 연구 결과다. 거울신경이 풍부한 주요 영역 중의 하나로 원숭이의 경우 배전운동영역인 유명한 브로카 영역의 전구체다. 브로카 영역은 인간 언어의 표현에 관여하는 뇌 센터다.

언어는 어떤 한 곳의 뇌 영역에 국한되어 있지 않다. 그러나 좌측 하부두정엽은 확실히 단어의 의미 표현에 특히 중요하게 관여하는 영역 중의 하나로 보인다. 우연의 일치는 아니나, 원숭이의 이 영역에도 거울신경이 풍부하다. 그러나 거울신경이 인간 뇌에 실제로 존재하는 것을 우리가 어떻게 알 수 있는가? 원숭이라면 해골을 열어 몇 날 몇 주간 초소형 전극을 꽂아 측정해 입증할 수 있다. 문제는 이런 실험에 자발적으로 참여하려는 사람이 거의 없다는 점이다.

질병불각증이라 불리는 이상한 장애를 가진 환자한테서 한 가지 힌트를 얻었다. 이 장애는 사람들이 자각을 잘 못하거나, 장애 자체를 부인하는 증상을 말한다. 우측 반구 뇌졸중을 가진 환자의 대부분은 신체 좌측이 완전히 마비된다. 그런 환자들은 마비 증상을 호소하고는 한다. 그러나 20명 중에 한 명꼴로 정신이 멀쩡하거나 현명한 상태인데도 마비 증상을 완강히 부인한다. 예를 들어 우드로 윌슨Woodrow Wilson 대통령은 1919년 뇌졸중으로 몸 왼쪽이 마비되었다. 그렇지만 그는 자신이 아주 정상이라고 주장했다. 머리가 혼란스러워지고, 주위의 모든 조언도 듣지 않았다. 그는 사무실에 남아 여행 계획을 짜거나 미국이 국제연맹을 존속시킬지 말지를 결정하느라 바빴다.

1996년 몇몇 동료와 나는 질병불각증을 조사했다. 새롭고 놀라운 것을 발견했다. 환자 중 몇몇은 자신의 마비증상 뿐만 아니라 타인의 마비증상도 부인했다. 두 번째 환자가 거동이 불가능하다는 것은 너무나 명확했다.

자신의 마비 증상을 부인하는 것도 이상할 판에 타인의 증세까지 부인하는 것은 기괴할 정도다. 왜 그런 일이 생기는가? 리졸라티 박사의 거울신경의 손상 이론과 관련시키면 이런 증상을 이해할 수 있다는 것이 우리의 주장이다. 타인의 행동을 판단하려고 할 때에는, 뇌에서 그에 부합하는 운동에 관한 가상현실 시뮬레이션을 해야 된다는 것과 마찬가지다. 거울신경이 없으면 할 수 없는 일이다.

인간의 두 번째 거울신경에 대한 증거는 특정한 뇌파에서 얻을 수 있다. 인간이 자유의지로 행동할 때는 소위 '뮤파mu wave'가 완전히 사라진다. 나와 동료 에릭 알출러Eric Altschuler와 제이미 피네다Jaime Pineda는 누군가가 다른 사람이 손을 움직이는 것을 볼 때는 뮤파가 억제되지만, 공이 튕겨 위 아래로 움직이는 것처럼 무생물의 움직임을 볼 때는 그렇지 않다는 사실을 처음 발견했다. 우리는 1998년 '신경과학자 모임을 위한 사회'에서 이런 억제가 리졸라티의 거울신경 시스템 때문에 일어난다는 이론을 제시했다.

리졸라티의 발견 이후 다른 타입의 거울신경이 발견되었다. 토론토대학교의 연구자들은 신경수술을 받은 의식 있는 환자들의 전측대상회에 있는 세포를 측정했다. 이 영역 세포는 육체적 통증에 관여하는 것으로 오랫동안 알려졌다. 이 세포가 피부의 통증 수용체에 반응한다고 상정해 곧잘 통각세포로 불린다. 상상해보라. 자신이 관찰한 통각신경이 다른 환자가 침을 맞는 것을 보고 똑같이 그리고 강하게 반응하는 것을 발견할 때 의사의 놀라움이 얼마나 클지 말이다! 마치 신경이 타인과 공감하는 것과 같다.

타니아 싱어Tania Singer는 인간 자원자들을 대상으로 한 신경 이미지 실험에서도 이런 결론을 보고한 적이 있다. 나는 이 세포들을 '간디Gandhi 신경'이라고 부른다. 왜냐하면 자신과 다른 세포 간의 경계를 흐릿하게 만들기 때문이다. 비유적으로 하는 말이 아니라 말 그대로다. 신경은 그 차이를 말할 수 없다. 그와 유사한 촉각 신경은 그 후 크리스천 키저스Christian Keysers 박사팀이 뇌 이미지 기법을 이용해 두정엽에서 발견했다.

이것이 무엇을 의미하는지 생각해보라. 맞은편에 앉아 있는 사람이 어떤 행동을 하는 것을 볼 때마다, 그 행동을 할 때 사용되는 뇌신경이 마치 여러분 자신이 직접 그 행동을 하는 것처럼 활성화된다. 만일 어떤 사람이 바늘에 찔리는 광경을 본다면, 여러분의 통증 신경은 마치 자신이 바늘에 찔리는 것처럼 활성화될 것이다. 말 그대로 환상적이다. 여기에는 몇 가지 재미있는 의문이 생긴다. 무엇이 여러분이 보는 모든 행동을 따라하지는 못하게 하는가? 아니면 누군가의 고통을 그대로 느끼지는 못하게 할까?

운동 거울신경의 경우 하나의 답은 이렇다. 머리 앞부분에 억제회로가 있어서 적절하지 못한 상황은 자동으로 따라하지 못하도록 억제한다는 것이다. 역설적으로 보면, 원하지 않거나 충동적인 행동을 억제할 필요성은 아마도 자유의지가 진화한 주된 이유였을 것으로 보인다.

좌측 하부두정엽은 언제나 어떤 상황에 맞닥뜨리면 여러 가지 가능한 행동 중에 선택할 수 있게 생생한 이미지를 불러온다. 그리고 전두 피질은 그중 하나를 완전히 억제한다. 그래서 앞서 말한 '자유의지'라는 용어보다는 '자유로이 못함'이 더 합당하다.

전두 부분의 억제회로가 손상을 입으면 전두엽 증상에서 보는 바와 같이 환자는 때때로 제어하기 어려울 정도로 남의 동작을 흉내 낸다. 반향 동작이라도 하며, 남의 행동을 병적으로 모방한다. 이런 환자들 중 몇몇은 증상의 특성상 만일 여러분이 누군가를 찌르면 그 고통을 느낄지도 모른다. 물론 내가 아는 지식으로는 결코 기대하기는 어렵다. 거울신경 시스템에서도 어느 정도의 누출현상은 정상적인 개인한테도 일어날 수 있다. 찰스 다윈도 이런 점을 지적했다. 성인인 우리조차도 육상선수가 투창 준비를 하는 장면을 보면 때 무의식적으로 무릎을 구부리며 누군가가 가위를 사용하는 것을 볼 때 턱을 다물었다 열었다 한다.

촉각과 통증 관련 감각 거울신경으로 다시 돌아가 보자. 그 거울신경이 활성화되어도 우리가 보는 모든 것을 왜 자동으로 느끼게 하지 않는 것일까? 내 생각은 이렇다. 손의 피부와 연결 수용기들이 '전혀 감촉을 느끼지 못한다'는 신호를 받으면 거울신경이 의식적인 자각에 도달하지 못하도록 신호를 차단한다. 더 높은 계층의 뇌 센터들은 감촉이 없다는 실존감과 거울신경 활성의 중첩을 '무슨 수를 쓰더라도 공감하라. 그러나 다른 사람의 감각들을 글자 그대로 느끼지는 마라'는 뜻으로 해석한다. 더 일반적인 용어로 말하자면, 거울신경(두정과 전두)인 머리 앞부분의 억제 회로신호와 개개인은 보호하면서 남과 교감하도록 하는 수용기들의 신호가 함께 만들어내는 역동적인 상호작용이라고 할 수 있다.

우선 이런 설명은 내 측면에서 보면 게으른 추측이었다. 그때 험프리라는 환자를 만났다. 험프리는 1차 걸프전에서 손 하나를 잃었고, 지금은 가상의 손을 느끼고 있었다. 다른 환자들한테서도 확인한 것처럼 험프리도 자신의 얼굴을 만지면 잃어버린 손의 감각을 느꼈다. 이는 그리 놀랄 일이 아니다. 거울신경과 관련하여 내 머릿속에 떠오른 새로운 실험을 시도하기도 했다.

내 학생인 줄리의 손을 두드리기도 하고 가볍게 톡톡 치는 것을 험프리가 관찰하게 했다. 그러자 험프리는 기절할 듯이 놀라 고함치며, 내가 줄리의 손에 한 것과 똑같은 행동을 그의 가상의 손에 한 것처럼 느껴진다고 말했다. 우리가 얼마나 놀랐는지 상상이나 되는가? 이런 현상이 일어나는 이유는 험프리의 거울신경이 정상적으로 활성화되었으나, 줄리의 감각을 그대로 느끼지 못하게 억제하는 신호가 손에서 더 오지 않았기 때문이라고 나는 설명했다.

험프리의 거울신경의 활성은 전적으로 의식적인 경험으로 나타난다. 상상해보라. 여러분의 의식과 타인의 의식을 구별하는 유일한 것은 여러분의 피부다! 험프리한테서 이런 현상을 본 후 우리는 3명의 다른 환자를 테스트했고, 같은 결과를 발견했다. 우리는 이를 '초공감hyperempathy'이라고 이름을 붙였다.

놀랍게도, 환자들 중 일부는 단순히 다른 사람이 마사지 받는 것을 관찰하는 것만으로도 의사수족증의 고통에서 벗어났다. 이는 임상적으로도 유용한 것으로 판명이 났다. 왜냐하면 가상의 팔을 직접 마사지할 수는 없기 때문이다.

이런 놀라운 결과는 또 다른 기발한 질문을 갖게 했다. 절단 수술 대신 환자의 팔 신경망을(팔을 척수에 연결하는 신경) 마비시켜 버리면 어떨까? 그러고 나면 단순히 또 다른 사람이 만져지는 것을 보는 것만으로도 환자의 마비된 팔에 촉감을 경험할 수 있지 않을까? 놀랍게도 답은 '예'이다.

이 결과는 대단히 중요한 점을 시사한다. 초공감 효과는 뇌의 중요한 부분을 구조적으로 재구성할 필요가 없다는 점을 의미하기 때문이다. 단지 팔에 감각이 없게 만들기만 하면 된다. 심지어 자원자의 팔에 국소마취제를 뿌리는 것도 묘책으로 보인다!

다시금 떠오르는 생각은 교과서 도표가 담고 있는 정적인 장면을 놓고 믿으라고 하는 것보다 뇌 연결이라는 아주 역동적인 모습이 더 나은 장면이다. 확실히 뇌는 모듈로 만들어져 있다. 그러나 모듈들은 전체적으로 고정되어 있지는 않다. 신체와 환경과 그리고 다른 사람의 뇌와 서로 끊임없이 강한 상호작용을 하면서 업데이트된다.

***

거울신경이 발견된 뒤 새로운 의문들이 또 많이 생겼다. 우선 거울-신경 기능들은 선천적으로 존재하는가, 아니면 학습을 통해서 생겨나는가, 아니면 이 두 부분이 조금씩 섞여 있는가? 둘째, 거울신경의 회로는 어떻게 이루어지며 그 기능을 수행하는가? 세 번째, (만일 그랬다면) 왜 진화하는가? 넷째, 그 명칭에 어울리는 확실한 역할 이상의 다른 어떤 목적을 수행하는가?(이것은 나중에 논

의하겠다)

나는 이미 가능한 대답에 대한 힌트를 말한 바 있지만 좀더 덧붙이겠다. 거울신경을 믿으려 하지 않는 시각은 그것이 단지 연상학습이라는 것이다. 마치 개가 매일 저녁 주인이 앞문을 잠그는 소리를 들을 때마다 만찬에 대한 기대로 침을 흘리는 것과 같다고 본다. 논쟁은 원숭이가 땅콩을 집으려고 팔을 뻗을 때마다 '땅콩 집는' 명령 신경이 활성화될 뿐만 아니라 자신의 손이 땅콩 쪽으로 뻗는 것을 보고는 시각 신경도 활성화된다는 점이다. '서로 활성화하고 서로 회로를 만든다'는 신경 때문에, 오래된 기억법이 그런 것처럼, 움직이는 손(자신의 손이나 원숭이의 손)을 단지 본 것만으로도 명령 신경의 반응이 나타난다.

그러나, 만일 이런 설명이 옳다면 왜 명령 신경의 일부분만 활성화되는가? 왜 전체 명령 신경이 동작 거울신경을 위한 것이 아닌가? 게다가 땅콩을 집으려고 팔을 뻗는 다른 사람의 모습이 여러분이 자신의 손을 보는 모습과는 아주 다른데, 거울신경이 어떻게 유리하도록 직질하게 교정을 하는가? 어떤 솔식한 관념 연합론자의 모델도 이점을 설명하지 못한다. 그리고 마지막으로 만일 학습이 거울신경을 만드는 데 역할을 한다면 어떻게 되나? 만일 그렇다 하더라도, 그것이 뇌 기능을 이해하는 데 흥미를 덜하게 하거나 덜 중요하게 만든다는 것은 아니다. 거울신경이 무엇을 하고 어떻게 활동하느냐에 대한 질문은 그것이 유전자나 환경에 의해 회로가 구성되느냐는 질문과는 별개다.

시애틀에 있는 워싱턴대학교 산하 '학습과뇌과학연구소'의 인지심리학자인 앤드류 멜초프Andrew Meltzoff가 이 논점과 매우 관련이 많은 중요한 발견을 했다. 그는 갓 태어난 아기가 혀를 내미는 엄마의 행동을 보고 자주 혀를 날름거린다는 것을 발견했다. '갓 태어난'이라는 말을 한 의미는 태어난 지 몇 시간 안됐다는 뜻이다. 여기에 관계된 신경회로는 연상학습으로 만들어지는 것이 아니라 타고나야 한다. 엄마의 미소를 흉내 내는 아기의 미소는 좀 늦게 나타난다. 그러나 그것은 학습으로 할 수 있는 것이 아니다. 아기가 자신의 얼굴을 보지 못하기 때문이다. 이는 그런 능력은 타고 나야만 한다는 것을 의미한다. 거울신경이 영아기의 모방행동을 유도하는지는 입증되지 않았다. 그러나 그럴 가능성은 있다. 모방능력은 엄마가 혀를 내밀거나 미소 짓는 모습을 아기 자신의 뇌 운동영역 지도에 배치하는 것에 달려 있다. 그 운동영역의 지도는 엄마가 얼굴 근육을 움직이는 순서까지 따라하도록 조절하는 곳이다.

2003년 BBC 라디오 리스 강의Reith Lectures 〈부상하는 마음*The Emerging Mind*〉에서 언급한 바와 같이, 이런 지도 간의 전환은 정확하게 거울신경이 수행하려 하는 것이다. 만일 그 능력이 타고 난 것이라면 정말 놀라운 일이다. 나는 이를 신경세포 기능의 '섹시 버전'이라고 부르겠다.

영아들이 혀를 내밀거나 배냇짓을 하는 이유가 단순히 엄마를 따라하는 단순 반사작용으로 뇌 회로가 이미 만들어져 태어났다고 보는 것이다. 고양이가 개를 보면 발톱을 세우는 것도 같은 논리다. 이와는 달리 거울신경을 바탕으로 진짜 모방을 하는 복잡한 계산 능력이 후천적으로 발달한다고 주장하는 일부 사람들도 있다. '섹시한' 기능을 일상적인 설명과 구별하는 유일한 방법은 자연적으로 접하기 쉽지 않은 비정형화된 표정을 아기가 흉내 낼 수 있는지 보는 것이다. 즉, 비대칭적인 미소, 윙크, 또는 입을 묘하게 뒤트는 것들이다. 이들은 단순히 태어나기 전 만들어진 회로에 의한 반사작용이 아니다. 이 주제는 실험으로 최종 정리될 것이다.

***

거울신경이 타고난 것인지, 또는 학습으로 획득한 것인지에 관한 의문은 일단 제쳐두고, 그것이 실제 무엇을 하는지 좀더 자세히 보기로 하자. 처음에 학계에 보고될 때 많은 기능들이 제시되었다. 나는 초기 가정을 기반으로 하겠다. 거울신경이 하는 역할의 리스트를 만들어보자. 여러분은 거울신경이 여기 리스트와는 다른 목적으로 원래부터 진화했는지도 모른다는 사실을 명심하자. 이들 이차적인 기능은 단순히 보너스라 생각해도 되겠다. 그렇다고 거울신경의 유용성이 떨어지게 만들지는 않는다.

첫째, 가장 명확한 것으로, 거울신경은 타인의 의도를 간파하게 한다. 친구 조시Josh의 손이 볼을 향해 움직이는 것을 보면, 나의 손이 볼에 접근할 때 작동하는 신경이 활성화한다. 이 가상의 모의실험을 가동함으로써 여러분은 조시가 볼에 가까이 갈 의도를 갖고 있구나 하는 낌새를 즉각 알아챈다. '마음 이론'을 갖는 이 능력은 고등 유인원에게는 제대로 발달하지 못한 상태로 존재할지도 모른다. 그러나 우리 인간은 예외적으로 아주 잘 사용하고 있다.

둘째, 거울신경은 다른 사람을 시각적으로 유리한 입장에서 바라보는 것 외에도 개념적으로도 유리한 입장에 서도록 진화한 것 같다. "당신이 무엇을 뜻하는지 알겠다" 또는 "내 관점에서 볼 수 있게 노력해봐"와 같이 비유를 사용한다는 것은 전체적으로 우연의 일치는 아니라고 본다.

어떻게 이 마법의 단계가 있는 그대로에서부터 개념적인 관점까지 진화가 일어났느냐 하는 것은 본질적으로 대단히 중요하다. 그러나 이것은 실험적으로 테스트할 만한 쉬운 제안은 아니다.

그밖의 사람들의 관점을 받아들인다면 다른 사람이 여러분을 보듯이 여러분이 여러분 자신을 볼 수 있다. 자각이라는 핵심 구성요소다. 이것은 일상적인 언어에도 나타난다. 우리가 '자의식'이 강한 여자에 대해 얘기할 때, 실제로 뜻하는 것은 그녀가 자신을 의식하는 타인을 의식한다는 것을 의미한다. '자기 연민'도 같은 말에 속한다. 의식과 정신질환을 다룰 결론 부분에서 다시 이 문제를 재론하겠다. 거기서 나는 타인 의식과 자의식은 인간다움을 특징짓는 '나-너'라는 상호주의를 갖도록 동시에 공동 진화했다고 주장할 것이다.

거울신경들의 더 불분명한 기능은 관념적이라는 것이다. 다시 말하면 인간들에게는 아주 무엇인가 잘 발달되어 있다. 3장 공감각 부분의 부바-키키 실험에서 잘 나타난다. 되풀이하면, 95퍼센트 이상의 사람들이 삐쭉삐쭉한 형태를 '키키'로 그리고 구불구불한 것을 '부바'라고 생각한다. 입천장에서 혀가 갑작스럽게 꺾이는 것을 언급한 것이 아니다. 삐쭉삐쭉한 형태의 날카로운 억양이 '키키' 소리의 억양을 닮았다는 것이 내 설명이었다.

반면에 둥글납작한 모양의 부드러운 곡선은 '부우-바아booooooo-baaaaaa'라는 소리의 윤곽과 입천장에서 혀의 기복이 닮았다고 생각한다. 유사하게 소리 '쉬shhhhhhh('shall'에서와 같이)'는 흐릿하고 선이 번진 것을 떠 올린다. 반면에 '아rrrrrrrrrrr'는 톱니 모양의 선을, 그리고 '스sssssssss('sip'에서와 같이)'는 잘 고른 비단 실을 떠올린다. 이것이 의미하는 것은 그 같은 효과를 자아내는 글자 K의 삐쭉삐쭉한 모양과 단순히 유사하다는 것이 아니라, 진짜 교차-감각의 추상적 개념이라는 점이다.

부바-키키 효과와 거울신경을 연결하는 것은 얼른 명확하게 받아들여지지 않을지도 모른다. 그러나 거기에는 본질적인 유사성이 있다. 거울신경이 하는 주요 연산기능은 하나의 일차원 지도로 전환한다. 즉, 시각적으로 나타나는 누군가의 움직임을 근육 움직임(혀와 입술의 움직임들을 포함)들을 프로그램하는 관찰자 뇌의 운동지도 같은 또 다른 차원으로 바꾼다.

이는 정확하게 부바-키키 효과로 인해 일어나는 것을 말한다. 뇌는 시각과 청각 지도를 연결하는 추상적 개념의 과업을 인상적으로 수행한다. 두 개의 입력은 삐쭉삐쭉하고 구불구불하다는 특징을 뽑아낸다는 점 한 가지만 제외하고는 전체적으로 닮은 것이 하나도 없다. 그리고 관계가 있는 것끼리 짝을 만들라고 하면 뇌는 신속하게 공통분모를 찾아낸다. 나는 이 과정을 '교차양상추출'로 부르겠다. 모양이 다른데도 유사성을 계산하는 능력은 인간 종種이 즐기는 더 복잡한 타입의 추상적인 생각을 하도록 길을 닦아놓았을 것이다. 거울신경은 이런 일이 일어나게 한 진화의 전달자일지 모른다. 두 감각 통합 추출과 같은 소수만이 갖는 능력이 왜 제일 먼저 진화했을까? 앞 장에서 제시한 바와 같이, 조상 대대로 나무 위에서 생활하는 영장류들이 어려움을 헤쳐나가고, 나뭇가지를 잡도록 하기 위해 나타나지 않았을까 한다. 눈에 들어오는 나무둥치와 나뭇가지의 수직적인 시각 입력정보는 관절과 근육, 허공 중 어디에 있다고 느끼는 신체감각으로부터 들어오는 전혀 다른 입력정보와 일치시켜야만 했다. 그런 능력은 표준신경과 거울신경 둘 모두의 발달을 촉진했을 것으로 보인다.

감각과 운동 지도를 일치하게 하는 필요한 재조정은 처음에는 종의 유전적 수준과 개개인의 경험 수준 두 가지 모두 피드백에 기반을 두었을 것이다. 그러나 일단 두 가지를 일치시키는 규칙이 제자리를 잡으면 새로운 입력정보를 놓고 교차양상추출을 한다.

예를 들어, 시각적으로 아주 작은 것으로 인지된 물건을 집는다는 것은 거의 마주하는 엄지와 네 손가락이 동시에 움직여야 가능하다. 그리고 만일 이것을 입술로 흉내 낸다면 입술을 오므려 아주 조그만 구멍을 만들고(그 구멍으로 공기를 분다), '조그만'이란 소리를 만들어낼 것이다('teeny weeny', 'diminutive,' 또는 불어로 "un peu" 등). 이 작은 '소리'는 차례차례 귀를 거쳐 작은 물건과 연결되게 피드백된다(6장에서 보게 되겠지만 첫 번째 말이 어떻게 우리 조상 인류한테서 진화했는지에 관해 다룬다).

시각과 촉각, 그리고 청각 간의 세 방향 공명은 반향실에서처럼 자체적으로 점차 증폭될 것이다. 그래서 궁극적으로 교차감각과 다른 더 복잡한 형태들을 추출한다. 이런 서술이 옳다면, 몇몇 거울신경 기능들은 유전적으로 인간에게 고유하게 만들어진 것을 발판으로 학습과 축조작업을 통해 후천적으로 획득될 것이다. 물론 많은 원숭이들과 하등 척추동물조차도 거울신경을 갖고 있을지도 모른다. 그러나 그 신경들은 어떤 최소한의 기능과 다른 뇌 영역과의 연결들을 발전시킬 필요가 있었을 것이다. 이는 거울신경이 인간이 잘하는 추상적인 개념에 관여할 수 있기 전이다.

뇌의 어떤 부분이 이러한 추론에 관여할까? 아마 하부두정엽이 주된 역할을 했을 것 같다. 그러나 좀더 면밀하게 보자. 하등 포유류는 하부두정엽이 넓게 퍼져 있지 않다. 그러나 영장류인 유인원은 불균형적으로 넓게 퍼져 있고, 인간에 이르면 절정에 달한다. 결국 인간에서만 고유한 이 소엽lobule의 주요 부분이 각회와 연상회 둘로 나눠지는 것을 볼 수 있다. 이는 인간이 진화하는 동안 뇌의 이 영역에서 어떤 중요한 일이 진행되었다는 것을 암시한다.

시각(후두엽)과 촉각(두정엽), 그리고 청각(측두엽) 사이의 교차 지점에 위치하는 하부두정엽은 모든 감각적 양상들로부터 정보를 받아들이는 요지에 위치한다. 본질적인 차원에서 볼 때 교차양상 추출은 양상이 없는 표현을 만들기 위해 장벽을 허무는 데 관여한다(부바-키키 효과가 예다).

이에 대한 증거는 우리가 좌측 각회에 손상을 입은 세 사람의 환자를 테스트했을 때 찾았다. 그들은 부바-키키 테스트를 거의 제대로 하지 못했다. 이미 언급한 바와 같이 하나의 차원을 다른 차원으로 지도화하는 능력은 거울신경의 역할 중 하나다. 그래서 이 신경이 하부두정엽 근처에 그렇게 광범하게 많이 퍼져 있는 것은 놀라운 일이 아니다. 인간의 뇌에 있는 이러한 영역이 불균형적으로 넓고, 구분되어 있다는 사실은 진화의 도약이 있었다는 것을 시사한다.

하부두정엽의 윗부분인 연상회는 인간에게만 나타나는 또 하나의 구조다. 이 부분의 손상은 유의운동성실행증으로 불리는 장애를 일으킬 수 있다. 의사의 명령에 따라 행동을 잘 못하는 증상을 말한다.

머리를 빗는 체 해보라고 하면 행동불능증 환자는 팔을 들고, 팔을 쳐다보고는 머리 주위로 팔을 마구 흔들어댄다. 못을 박는 흉내를 내보라고 하면 주먹을 쥐고는 탁자에 내리치는 행동을 한다. 이런 행동은 손이 마비되지 않은 상태에서도 일어난다(동시에 그는 가려워서 긁는 행동을 할 것이다). 환자는 '빗질'이 무엇을 뜻하는지를 알고 있다("그 말은 빗으로 머리카락을 가지런히 한다는 뜻입니다"). 그에게 부족한 것은 행동에 필요한 정신적인 그림을 불러오는 능력이다. 이 경우에는 빗질-행동을 실질적으로 하고, 조직해야 한다. 이들은 정상적인 사람이 거울신경으로 연상하는 기능이다. 사실 연상회에는 거울신경이 있다. 추측을 제대로 하고 있다면, 행동불능증 환자가 다른 사람의 운동을 이해하고 모방하는 데 형편없을 것이라는 점을 예상할 수 있다. 비록 이런 힌트를 얻기는 했지만 중요한 것은 조심스러운 조사가 필요하다.

또 사람들은 비유의 진화적인 기원이 궁금하다. 교차양상추출 메커니즘이 하부두정엽 내의 시각과 촉각 간에 일단 정립되어 있었다면(본질적으로 가지를 잡기 위한), 이 메커니즘은 교차-감각 비유("신랄한 비난," "튀는 셔츠")와 결과적으로 일반적인 비유를 위한 방법을 열어놓았을지 모른다. 우리의 관찰이 이를 뒷받침한다. 각회에 병변을 가진 환자는 부바-키키 테스트뿐만 아니라 단순한 속담 이해에도 애를 먹었다. 속담을 비유적이 아니라 직역으로만 해석하려고 한다. 이런 관찰은 많은 환자를 샘플 테스트로 확인하는 것이 필요하다. 어떻게 교차양상추출이 부바-키키에 적용되는지를 상상하는 것은 어렵지 않다. 그러나 "그것은 동쪽이다. 그리고 줄리엣은 태양이다"에는 겉으로 보기에는 무수히 많은 비유의 개념이 들어 있다. 이렇게 아주 추상적인 개념을 갖도록 하는 비유를 어떻게 설명할 수 있을까?

이 질문에 대한 놀라운 대답은 개념이나 그 개념을 나타내는 단어가 무수히 많지 않다는 점이다. 사실상 대부분의 영국 연설가들은 1만 개 정도의 어휘를 쓴다(만일 여러분이 파도를 타는 사람이거나 조지 부시라면 훨씬 적은 어휘로도 될 것이다). 타당한 약간의 매핑만이 있을 수 있다. 저명한 인지과학자이며 대학자인 재론 라니어 Jaron Lanier는 줄리엣은 '태양'이 될 수 있지만 '바위'나 '오렌지주스 박스'라고 말하는 것은 말이 안 된다고 지적했다. 명심하라. 반복적으로 사용되고 사라지지 않는 비유는 아주 적절하고 공감되는 비유다. 우스꽝스럽고, 나쁜 비유가 많다. 거울신경은 고유한 인간의 조건에서 또 하나의 중요한 역할을 한다. 모방하는 능력이다. 앞서 영아가 혀 내미는 모방을 언급했다. 그러나 우리는 어느 나이에 다다르면 엄마의 야구방망이 스윙이나 엄지손가락 치켜세우는 것과 같은 아주 복잡한 운동을 흉내 낼 수 있다. 어떤 유인원도 우리의 모방 재능을 따라 올 수 없다.

다음은 재미있는 여담이다. 모방하는 재주라는 관점에서 보면 우리에게 가장 근접하는 유인원은 가장 가까운 사촌인 침팬지가 아니고 오랑우탄이다. 오랑우탄은 자물쇠를 열 줄 알고, 노를 저을 줄도 안다. 일단 녀석이 다른 누군가가 그렇게 하는 것을 본 뒤다. 또 녀석들은 고등 유인원 중에서 나무에서 생활을 가장 많이 하고, 물건을 집을 줄 안다. 녀석들의 뇌는 아마도 새끼들로 하여금 어미가 하는 것을 보게 하여 시행착오를 겪지 않고, 숲 생활의 어려움을 극복하게 하는 법을 배우게 하는 거울신경으로 꽉 찬 상태일 것이다.

만일 보르네오에 격리되어 사는 오랑우탄 집단이, 어떤 기적에 의해 호모 사피엔스가 곧 겪을 환경의 학살을 피해 살아남을 수 있다면, 이 유순한 유인원은 지구를 잘 물려받을 것 같다. 흉내 내는 것은 보기에는 그다지 중요한 기술로는 보이지 않는다. 결국 누군가를 흉내 낸다는 것은 그렇게 좋게 받아들여지지 않는다. 대부분의 유인원들이 실제로는 흉내에 그다지 능하지 않다는 것을 감안하면 아이러니가 아닐 수 없다. 그러나 앞서 논쟁을 벌였듯이 흉내 내기는 인간의 진화상 중요한 단계였을 것으로 보인다. 결과적으로 지식을 전수하는 우리의 재능은 본보기를 통하여 이뤄진다.

이 단계로 접어들었을 때, 우리 인간 종은 다윈의 진화론에 따르면 수백만 년이 걸리는 자연선택에 따른 유전적 진화에서 문화의 진화로 갑작스러운 전환이 이뤄졌다. 시행착오(사고나 인류 조상들이 마른 나무로 용암에서 불을 붙이는 것을 처음 보았을 때와 같다)를 통해 처음에 얻어지는 복잡한 기술은 부족의 젊거나 늙은 멤버들에게 신속하게 전파될 수 있었다. 멀린 도널드Merlin Donald 박사를 포함한 다른 연구자들도 똑같은 견해를 내놨다. 거울신경과는 관련이 없기는 하다.

***

다윈의 진화론에 입각해 엄격하게 유전자의 잣대만을 들이대던 것으로부터 벗어난 것은 인간 진화의 거보를 내디딘 것으로 볼 수 있다. 인간 진화의 큰 수수께끼 중 하나는 '앞을 향한 큰 도약'이라고 언급한 것이다. 그 도약은 인간을 고유하게 만드는 많은 특성들로 6만 년과 10만 년 사이에 비교적 갑자기 나타났다. 그 특성들은 불, 미술, 피난처의 건축, 신체 장식품, 여러 부품으로 만든 도구,

더 복잡한 언어의 사용이다. 인류학자들은 종종 다음과 같이 추정한다. 문화가 급격하게 발전한 것은 동일하게 복잡한 방법으로 새로운 돌연변이가 뇌에 영향을 미쳤기 때문으로 본다. 그렇다고 이런 경이로운 능력들이 대략 같은 시기에 나타났다고 설명하는 것은 아니다.

하나의 가능한 설명은 소위 위대한 도약이라고 불리는 것은 단지 통계적인 환상일 뿐이라는 것이다. 이 특성들이 나타난 것은 눈에 보이는 증거가 나타난 것보다 훨씬 더 긴 기간에 걸쳐 진행된 것으로 보인다. 아직까지 의문이기는 하지만 확실히 그 특성들이 똑같은 시기에 나타날 필요는 없었다. 부족들이 널리 퍼졌다 하더라도 그보다 앞선 행동을 대체할 점진적인 행동 변화를 놓고 볼 때 3만 년은 수백만 년에 비하면 한순간에 지나지 않는다.

두 번째 가능성은 새로운 뇌의 돌연변이가 IQ 테스트하듯 추상적인 추론 능력인 일반지능을 단순히 끌어올렸다는 것이다. 이 추론이 옳은 것 같다. 그러나 우리에게 그다지 많은 것을 알려주지는 않는다. 비판의 여지가 있지만 지능은 아주 복합적이다. 말하자면 어느 한 가지 일반적인 능력으로 의미 있는 평균을 낼 수 없는 다면적인 능력이라고 할 수 있다.

그것은 세 번째 가능성을 남긴다. 즉 거울신경으로 우리를 제자리로 돌아오게 하는 것을 말한다. 나는 뇌에 유전적인 변화가 있었다고 주장했다. 그러나 얄궂게도 그 변화는 서로 배우는 능력을 향상시킴으로써 우리를 유전학의 굴레에서 자유롭게 해주었다. 이 고유한 능력이 다윈의 족쇄에서 우리의 뇌를 자유롭게 해주었다. 말하자면 개오지 조개껍질(옛날에 돈으로 쓰임)의 제작, 불의 사용,

도구 제작, 거주지 건축, 또는 새롭게 고안한 단어 등과 같은 고유한 발명이 빠른 속도로 전파되게 함으로써 그런 해방이 가능해졌다. 60억 년의 진화 끝에 문화가 비상했다. 그리고 문화와 더불어 문명의 씨앗이 뿌려졌다. 이런 논쟁의 이점은 우리의 많고 다양한 고유한 지적능력의 동시 출현을 설명하기 위해 거의 동시에 도입된 별개의 돌연변이를 상정할 필요가 없다는 점이다. 대신 모방과 의도를 이해하기 같은 단순 메커니즘의 정교함이 높아진 것이 인간과 유인원의 간의 엄청난 행동 차이를 설명할 수 있을지 모른다.

비유적으로 설명해보겠다. 화성의 자연주의자가 인간의 진화를 지난 50만 년 이상 지켜보았다고 상상해보라. 그는 당연히 5만 년 전에 일어난 대약진을 보고는 곤혹스러워하고, 기원전 500년 전과 현재 사이에 일어난 제2의 대약진을 보고는 더욱 더 곤혹스러워할 것이다. 수학의 대약진과 같은 어떤 혁신 덕분에—특히 0과 수의 자릿값, 숫자의 상징(인도에서는 BC 1세기), 기하학(그리스에서 BC 1세기), 그리고 최근에는 실험과학(갈릴레오의 실험)—현대 문명인의 행동은 1만 년에서 5만 년 전의 사람과 비교하면 엄청날 정도로 복잡하다.

문화의 2차 대약진은 1차 대약진보다 훨씬 더 극적이다. BC 500년 전후의 인간들 간의 엄청난 행동 차이는 호모 에렉투스와 호모 사피엔스 간의 행동 차이보다 훨씬 더하다. 아마도 화성인 과학자는 새로운 돌연변이가 이렇게 만들었다고 결론을 내릴 것 같다. 그러나 시간상으로는 가능하지 않다. 변혁은 우발적으로 동시대에 발생한 순수 환경적 요인으로 일어난다(인쇄기의 발명을 잊지 말자. 인쇄기 덕분에 엘리트 계층의 전유물이었던 지식이 보편적으로 누구나 사용할 수 있도록 놀라운 속도로 전파되었다). 그러나 우리가 이것을 인정한다면, 왜 동일한 논쟁이 첫 번째 대약진에는 적용되지 않는 것일까? 아마도 문화 정보를 빠르게 배우고 전파하는 기존 능력에 박자를 잘 맞춘 주위 환경과 일부의 재능 있는 사람들의 발명이 우연히 있었을지 모른다. 그리고 아직까지 여러분이 추측을 못한 경우는 정교한 거울신경 시스템에 전적으로 달려 있는 능력일 것이다.

경고는 유효하다. 나는 거울신경이 대약진이나 문화적으로 충분하다고 주장하는 것은 아니다. 단지 그것이 결정적인 역할을 했다고 말할 뿐이다. 누군가가 두 개의 돌이 부딪힐 때의 섬광을 알아채는 것과 같이 발견이 확산하기 전에 무엇인가를 발견하거나 발명해야 한다. 내 논쟁은 초기 인간이 우연한 혁신을 어쩌다 마주쳤다 하더라도 거울신경 시스템이 없었다면 그냥 흐지부지 되었을 것이라는 점이다. 어쨌든 원숭이조차도 거울신경을 갖고 있다. 그러나 자랑스러운 문화의 전달자는 아니다. 원숭이의 거울신경 시스템은 충분히 진보하지 않았거나, 문화를 빠르게 전파하는 뇌 구조와 적절한 연결을 만들지 못했다. 게다가 일단 전파 메커니즘이 자리를 잡으면, 인구 중의 일부 문외한들을 좀더 혁신적으로 만들기 위해 선별적인 압박을 가했다. 혁신이 빠른 속도로 전파되는 경우에만 가치가 있기 때문이다. 이런 점을 볼 때 거울신경은 초기 인간 진화과정에서 오늘날의 인터넷과 위키피디아, 블로그 같은 역할을 했다고 말할 수 있다. 폭포수처럼 한번 쏟아지고 나면, 그 방향에서부터 인간에 이르기까지 되돌아갈 수는 없다.

5장 | 스티븐은 어디에 있는가?

자폐증의 수수께끼

> 여러분은 항상 정신병으로 혼란스러워 하는 게 틀림없다. 내가 정신병을 앓는다면 가장 두려워하는 것은 여러분이 상식적으로 취하는 태도이리라. 여러분이 내가 착각에 빠지는 것을 당연하다고 여길지도 모른다는 점이다.
>
> **–루트비히 비트겐슈타인**

"라마찬드란 박사님, 스티븐이 어딘가에 갇혀 있다는 것을 알아요. 만일 아들에게 사랑한다고 말해줄 방법을 찾아주신다면, 그 애를 그곳에서 끄집어낼 수 있을 거예요."

내과의사들이 자폐증 자식을 둔 부모로부터 이러한 애원을 얼마나 자주 들었을까? 이 충격적인 발달장애는 1940년대 볼티모어의 레오 캐너Leo Kanner와 비엔나의 한스 아스퍼거Hans Asperger가 각각 발견했다. 두 연구자들은 서로 전혀 몰랐고, 그리고 우연히 이 장애에 자폐autism라고 같은 이름을 붙였다. 그리스어의 'autos'에서 유래한 단어로 'self' 즉, 자아自我라는 의미다. 자폐증의 가장 두드러진 특징은 사회로부터 완전한 격리, 그리고 인간관계 맺는 것을 싫어하거나 불가능한 점 등이다.

스티븐은 여섯 살이고, 주근깨 볼과 옅은 갈색의 머리카락을 가진 아이이다. 그는 놀이 테이블에 앉아 그림을 그리고 있다. 미간에 살짝 주름이 잡힌 것으로 보아 집중하는 것 같다. 그는 동물을 그리고 있다. 말 한 마리가 전속력으로 내달리는 그림인데 어찌나 생동감이 있는지 말이 그림 밖으로 튀어나올 것만 같다. 여러분이 본다면 아이에게 다가가서 그 재능을 칭찬하고 싶은 충동을 느낄 수도 있다. 그가 질병으로 정상적인 생활을 못할 수도 있다는 가능성을 낌새도 못 챌 것이다. 그러나 그에게 다가가 말을 거는 순간 스티븐이라는 사람이 그곳에 있지 않다는 느낌을 받을 것이다. 그는 정상적으로 대화를 주고받는 일은 물론 어떤 것도 할 수 없는 아이다. 스티븐은 눈을 마주치려 하지 않는다. 누가 말을 걸려고 하면 극도로 불안해한다. 안절부절 못하고 몸을 이리저리 흔든다. 그와 소통하려는 모든 시도는 실패로 끝나고 앞으로도 실패할 것이다.

캐너와 아스퍼거 시대 이후 겉으로 보아서는 서로 연관이 없는 자폐 증상 수백 건의 연구사례가 의학 문헌에 나타났다. 각각 사회-인지와 감각운동을 연구하는 두 그룹이 자폐 연구의 중심을 이뤘다. 첫 번째 그룹에서 우리는 진단할 수 있는 가장 중요한 증상 한 가지를 알아냈다. 정상적인 대화 불능뿐만 아니라 정신적 고립과 세상, 특히 사회와의 접촉 부족이다. 이런 증상과 밀접하게 연관된 부가적인 증상으로, 다른 사람과 정서적으로 공감하지 못한다.

더 놀라운 것은, 자폐 아이들은 겉으로 봐서는 놀이에 대한 감각이 없는 것으로 나타나고, 보통의 아이들이 깨어 있는 시간에 즐기는 자유로운 가장 놀이[1]에 끼려 하지 않는다. 알려진 대로, 인간은 기발하고 우스꽝스러운 감각을 어른스럽게 표현하는 유일한 동물이다. 아들과 딸이 어린 시절의 즐거움을 만끽하지 못하는 것을 보는 부모들은 얼마나 슬플까 싶다. 그러나 이처럼 사적으로 자기 안으로 침잠함에도 자폐 아이들은 정적인 주변 환경에 강박관념을 가진 사람처럼 높은 관심을 갖는다. 보통 사람에게는 하찮게 보이는 사물에 편집증적인 관심을 보이며 매료된다. 안내 책자에 나오는 전화번호를 외우는 행동이 나타난다.

감각운동이라는 두 번째 증상 집단으로 가보자. 감각 측면에서 자폐 아이들은 아주 고통스럽게 하는 특정한 감각 자극을 발견할 수도 있다. 예를 들어, 어떤 소리는 난폭한 성질을 촉발할 수도 있다. 또한 새로운 것이나 변화를 두려워하고 같은 것, 일상적인 것, 단조로움에 대해 집요하게 고집을 부린다. 운동 증상으로는 이리저리 몸을 흔들고(스티븐의 증상), 손을 위아래로 반복적으로 흔들어대고, 자신을 때리고, 때로는 지나치게 뭔가에 공을 들이고, 반복적으로 종교적인 의식을 한다. 이 감각운동 증상들은 사회-정서상의 그것만큼 완전하거나 대단히 파괴적인 것은 아니다. 그러나 그런 증상들이 꽤 자주 동시에 일어나는 것으로 보아 틀림없이 연관이 있다. 우리가 감각 운동 증상들을 설명할 수 없다면, 무엇이 자폐증을 일으키는지 설명해도 불완전한 것이다.

또 하나의 운동 증상이 있다. 내 생각에는 이것이 수수께끼를 풀 수 있는 열쇠다. 많은 자폐 아이들은 남의 행동을 흉내 내거나 모방하는 데 어려움을 겪는다. 나는 이 단순한 관찰이 거울신경 시스템의 결여라고 주장한다. 이 장의 나머지 부분은 이런 가설에 대한 추적과 지금까지 나온 결과를 연대기적으로 기록한다.

자폐증 원인에 대해 지금까지 나온 이론이 수십 가지에 달한다는 사실은 놀랍지 않다. 이론은 크게 심리학적인 설명과 생리학적인 설명 두 가지로 나뉜다. 후자는 선천적으로 뇌 회로 배선 또는 신경화학적으로 비정상이라는 점이 강조된다. 하나의 독창적인 심리학적인 설명은 런던대학칼리지의 유타 프리스와 케임브리지대학교의 사이먼 배런-코언이 발전시켰다. 개념은 자폐를 가진 아이들은 '타인의 마음 이론'이 결여되었다는 것이다. 나쁜 육아방법을 탓하는 정신역학적인 관점은 신뢰하기 어렵다. 그런 터무니없는 생각은 내가 더이상 고려하고 싶지 않다.

유인원과 관련해서 앞 장에서 '마음 이론'이란 용어를 소개했는데 여기서 좀더 폭넓게 설명하고자 한다. 마음 이론은 인지과학에서 사용하는 기술적인 용어로 철학에서부터 영장류 동물학, 임상심리학까지 폭넓게 쓴다. 마음 이론은 여러분의 지적인 정신이 타인에 의해 형성되는 것을 말한다. 즉, 타인이 자신들의 방식대로 행동하는 것을 내가 이해하는 능력이다. 왜냐하면 여러분이 지닌 것과 비슷한 동기, 아이디어, 정서, 사고를 그들도 가졌기 때문이다.

다른 말로 하면, 비록 여러분이 다른 사람이 된다는 것을 실제로 느끼지 못하더라도, 마음 이론을 이용하여 자동으로 의도와 지각, 신뢰를 다른 사람의 마음에 투영시킨다. 그렇게 함으로써 그들의 느낌과 의도를 추론하여 그들의 행동을 예측하고 영향을 줄 수가 있다는 것이다.

마음 이론을 하나의 이론이라고 부르는 것은 다소 맞지 않다. 왜냐하면 이론은 선천적이고 직감적인 지적능력을 설명하는 데 사용하기보다는 지적체계를 설명하고 예측하는 데 주로 쓴다. 그러나 나는 내 연구 분야에서 사용하는 용어이기 때문에 여기서 사용하려고 한다.

대부분의 사람들은 마음의 이론을 소유하고 있는 것이 얼마나 복잡하고, 솔직히 얼마나 경이로운지 인식하지 못한다. 그것은 관찰하고 보는 것만큼 자연스럽고 즉각적이고 단순하다. 그러나 2장에서 본 바와 같이 보는 능력은 실제 아주 복잡한 과정으로 뇌 영역들의 광범한 네트워크가 관여한다. 고도로 지적인 마음 이론은 인간의 뇌가 지닌 가장 고유하고 가장 대단한 능력이다.

마음 이론의 능력은 판단과 추론, 사실을 조합하는 등에 관련된 일반적인 지능에 의존하는 것은 아닌 듯하다. 우리에게 똑같이 중요한 사회적 지능을 부여하도록 진화한 뇌 메커니즘이 전문화되어 정립된 것에 의존한다. 사회적 인지를 위해 전문화된 회로가 있다는 생각은 1970년 심리학자 닉 험프리와 영장류동물학자 데이비드 프리맥이 처음으로 했다. 지금은 실증적 시지를 대단히 많이 받고 있다. 그래서 프리스의 자폐증과 마음 이론에 대한 예감에 주목하지 않을 수 없었다. 아마도 자폐 아동의 심각한 사회적 상호작용의 결여가 무엇인지 모르지만 뇌의 어떤 것이 제대로 작동하지 않은 마음 이론 회로에서 기인한다. 이런 추론은 의심할 여지가 없다고 본다. 그러나 자폐증 어린이들의 마음 이론이 부족하기 때문에 사회적으로 상호작용을 할 수 없다고 말하는 것은 관찰한 증상을 다시 말하는 것 이상으로 효과가 있는 것은 아니다. 그러나 정작 필요한 것은 뇌 시스템의 알려진 기능과 자폐증으로 비정상이 된 기능을 서로 맞춰가며 확인하는 것이다.

많은 뇌 이미지 연구가 자폐 어린이를 대상으로 실시되었다. 에릭 코르체슨Eric Courchesne이 개척자 중 한 사람이다. 예를 들어, 자폐증 어린이들은 확장된 뇌실(뇌가 들어 있는 공간)과 더불어 더 커진 뇌를 갖고 있다는 것이 알려졌다. 같은 연구그룹은 소뇌에서 현저한 변화들이 있는 것에 주목했다. 이들은 흥미진진한 관찰로 자폐증을 더 명료하게 이해하려면 꼭 설명되어야 할 것들이다. 그런 관찰의 결과가 장애를 특징짓는 증상을 설명하지는 않는다. 다른 장기의 질병 때문에 소뇌의 손상을 입은 아이들한테서는 기도진전(환자가 자신의 코를 만지려고 할 때, 손이 심하게 떨리는 현상), 안구진탕(무의식으로 일어나는 안구의 주기적 운동), 운동실조(근육에 이상이 없는데도 복잡한 운동을 질서 있게 할 수 없는 상태) 등의 매우 특징적인 증상을 볼 수 있다. 이 증상들은 어느 것도 전형적인 자폐는 아니다.

반대로 전형적인 자폐 증상은(공감과 사회적 기술의 결여 같은) 결코 소뇌의 질병 때문에 나타나지는 않는다. 이에 대한 하나의 이유는 자폐 아이들한테서 관찰한 소뇌의 변화는 비정상 유전자와 관련 없는 부작용이고, 그 유전자의 다른 영향이 자폐의 진짜 원인일 것이다. 만일 그렇다면 이 다른 영향은 무엇일까? 자폐증을 설명할 때 필요한 것은 뇌의 신경 구조 중 어떤 부분이 후보일까라는 점이다. 뇌의 특정 기능이 정확하게 자폐증에서만 나타나는 특별한 증상과 맞아떨어져야 한다.

실마리는 거울신경에서 찾을 수 있다. 1990년대 후반 나와 동료들은 거울신경이 정확하게 우리가 찾던 후보 신경 메커니즘을 제공한다는 것을 알아냈다. 기억을 더듬어보려면 이전 장으로 돌아가면 된다. 거울신경의 발견은 의미심장하다. 거울신경들이 마음을 이해할 수 있는 뇌 세포 네트워크의 핵심이기 때문이다.

거울신경은 신경과학자들이 설명하려고 오랫동안 애썼으나 놓친 어떤 고차원 능력의 생리학적 기초를 제공했다. 우리는 공감과 의도의 이해, 흉내, 가상 놀이, 언어 학습과 같은 자폐증에서는 제대로 할 수 없는 능력들이 정확하게 거울신경의 기능일 것으로 보인다는 사실에 충격을 받았다(이 모든 행위에는 또 다른 시각이 있을 수 있다. 가상 놀이나 캐릭터 인형들과 놀기와 같은 상상 속에서만 존재하는 다른 것들이 있을 수 있다).

두 가지를 생각해 볼 수 있다. 하나는 신경세포의 알려진 특징을, 다른 하나는 자폐증의 임상적인 증상이다. 두 가지는 거의 정확하게 맞아 떨어진다. 그러므로 자폐증의 주 원인으로 거울신경 시스템의 기능에 문제가 있다는 논리가 합리적인 것 같다.

가설은 겉으로 보기에는 관련이 없어 보이는 많은 증상들을 단일 원인이라는 측면으로 설명할 수 있는 이점이 있다. 복잡한 장애 이면에는 원인이 하나일 수 있다고 추정하는 것이 마치 돈키호테 같다고 할 수도 있다. 그러나 많은 영향들이 꼭 많은 원인이 있어야 할 필요성은 없다는 것을 명심해야 한다.

당뇨병을 보자. 그 징후는 많기도 하거니와 다양하다. 다뇨증(과도한 배뇨), 조갈증(계속되는 갈증), 다식증(늘어나는 식욕), 살 빠지는 것, 신장 장애, 안구 변화, 신경 손상, 괴저壞疽, 그 외 적지 않은 징후들이 있다. 그러나 여러 가지 징후들 기저에는 비교적 단순한 무엇인가가 있다. 인슐린 결핍 또는 세포 표면상의 인슐린 수용체 수의 부족이다. 물론 질병이라는 것은 결코 단순하지 않다. 복잡한 내용이 아주 많다. 수많은 환경적, 유전적, 그리고 행동 관련 영향이 미친다. 그러나 크게 보면 인슐린과 인슐린 수용체로 국한한다. 이와 비슷하게 자폐증의 주요 원인도 엉킨 거울신경 시스템에서 찾을 수 있다.

스코틀랜드의 앤드류 위튼Andrew Whitten 그룹은 우리가 연구할 때와 같은 시기에 이러한 제안을 했다. 그러나 첫 실험적인 증거는 UC샌디에이고의 에릭 알출러와 제이미 피네다가 함께 연구했던 우리 연구실에서 나왔다.

우리는 아이의 두개골을 열어 전극을 집어넣는 수술을 하지 않고도 거울신경의 활동을 알아내는 방법이 필요했다. 그러던 중에 두피에 격자 전극을 올려놓고 뇌파를 측정하는 기계인 EEG(뇌파검사기)를 운좋게도 찾아냈다. CT와 MRI, EEG는 인간이 오래 전에 발명한 최초의 뇌 이미지 기술이다.

EEG는 20세기 초반에 개발되어 1940년대 후 임상에 사용되었다. 뇌는 깨어 있고, 잠들고, 경계하고, 졸리고, 공상하고, 집중하는 등 여러 상황에 따라 각각 다른 주파수로 뇌파를 발생한다.

4장에서 언급했듯이 반세기 넘게 잘 알려진 '뮤파'라는 특별한 뇌파가 있다. 이는 사람이 의지로 움직이려고 할 때마다 억제된다. 심지어 손가락을 오므렸다 폈다하는 단순한 행동에도 그런 현상을 보인다. 그 후에 발견된 것으로 뮤파 억제는 한 사람이 다른 사람이 같은 행동을 하는 것을 볼 때에도 발생된다. 그래서 뮤파 억제는 간단하고, 비싸지 않고, 수술하지 않고도 거울신경 활동을 관찰할 수 있을 것으로 우리는 생각했다.

우리는 중간 정도의 자폐 아이인 저스틴Justin을 대상으로 뮤파 억제 효과에 대한 예비실험을 했다(아주 어리고 자폐가 심한 어린이들은 예비 연구에 참여시키지 않았다. 왜냐하면 정상적 거울신경 활동과 우리가 발견한 자폐증의 거울신경 활동 간에 어떤 차이가 있는지 알아보려 했기 때문이다. 자폐증의 거울신경 활동이 주의력 문제, 지시의 이해 또는 정신발달 지체의 영향 때문이 아니라는 조건도 중요했다).

자폐증을 앓는 지방 아이들의 복지를 향상시키기 위해 노력하는 한 지방 지원 단체가 저스틴을 우리에게 맡겼다. 스티븐과 같이 그도 자폐증의 많은 특징을 보였다. 그러나 "스크린을 보라" 등의 단순한 지시는 따라할 수 있었고, 두피에 전극을 붙이는 것도 거부하지 않았다.

정상적인 아이에서 볼 수 있는 것처럼 저스틴도 멍하니 앉아 있는 동안 강한 뮤파를 발산했다. 우리가 무엇을 움직여보라고 하는 대로 그가 움직일 때마다 뮤파는 억제되었다. 여기서 주목할 것은 저스틴이 누군가가 행동하는 것을 볼 때는 그 억제 현상이 나타나지 않았다는 점이다. 이런 관찰은 우리의 가설을 입증해주는 놀라운 결과를 가져왔다. 우리는 아이의 운동명령 시스템이 손상되지 않았다고 결론을 내렸다. 그는 창문을 열고, 감자 칩을 먹고, 그림을 그리고, 계단을 오르는 행동들을 할 수가 있었다. 문제는 아이의 빈약한 거울신경 시스템이었다. 우리는 이 단독 피실험자 연구 사례를 2000년 신경과학회 연차 모임에서 발표했다. 그리고 2004년에 10명의 아이들을 대상으로 연구를 이어 나갔고 후속 연구에서도 동일한 결과가 나왔다. 이후 여러 연구 그룹들이 다양한 기술을 활용해 우리의 연구 결과를 확인시켜 주었다. 예를 들어 애알토Aalto 과학기술대학교의 리타 해리Ritta Harii가 이끄는 연구그룹은 뇌자도MEG를 이용해 우리의 추측을 입증했다. MEG와 EEG의 관계는 한마디로 제트기와 복엽기의 관계와 같다.

최근에 샌디에이고주립대학교의 미첼 빌라로보스Michele Villalobos 팀은 fMRI를 이용해 자폐증 환자들의 시각 피질과 두정전엽 거울신경 영역 사이의 기능성 연결이 줄어들었다는 것을 보여주었다.

다른 연구자들은 TMS(경두개 자기자극술)를 이용하여 우리의 가설을 테스트했다. TMS는 어떤 의미에서는 뇌자도와 반대다. 뇌에서 나오는 전기신호를 수동적으로 검출하는 뇌자도와는 달리 TMS는 두피에 붙힌 강력한 자석을 이용하여 뇌에 전류를 만들어낸다. 그래서 TMS를 이용해 두피 근처에 있는 어떤 뇌 영역에서도 신경 활동을 인위적으로 유도할 수 있다(불행히도 대부분의 뇌 영역은 뇌의 깊은 주름에 덮여 있다. 그러나 운동 피질영역을 포함하여 많은 다른 영역들은 두개골 근처에 곧바로 위치해 TMS로 쉽게 자극을 줄 수 있다). 연구원들은 TMS를 이용하여 운동피질을 자극하고, 피실험자가 다른 사람이 행동을 하는 것을 관찰하는 동안 근전筋電 활성 상태를 기록했다. 정상적인 피실험자는 다른 사람이 오른손으로 테니스 공을 누르는 등의 행동을 관찰할 때 피실험자 자신의 오른손 근육의 전기적인 신호가 약간 증가했다. 비록 피실험자가 직접 누르는 행동을 하지 않지만 그런 행동을 지켜보는 단순한 행위만으로도 미미하게 신호가 증가한다. 또 직접 어떤 행동을 했을 경우 수축하는 근육의 예비행동 단계에서도 측정 가능하게 신호가 증가한다. 피실험자 자신의 운동 시스템은 자동으로 감지한 행동을 시뮬레이션한다. 동시에 운동 시스템이 실제 행동을 하지 못하도록 척추 운동신호를 억제한다. 이제 억제된 운동명령 중 극소량이 누출되어 근육으로 내려간다. 이 과정이 정상인의 피험자에 해당한다. 그러나 자폐증 피험자는 누가 어떤 행동을 하는 것을 지켜보는 동안에도 근육전위가 올라가지 않는다. 거울신경의 작동이 없어지고 만 것이다. 이는 우리의 결과와 결부시켜봐도 그 가설이 옳다는 확실한 증거를 제공한다.

거울신경 가설은 자폐증의 여러 가지의 기이한 징후를 설명할 수 있다. 예를 들어 한동안 자폐 아이들은 속담과 비유를 이해하는 데 어려움을 겪는 것으로 알려졌다. "정신 차려(get a grip on yourself: 자신을 붙잡아라)"라고 말하면 자폐증 아이는 말 그대로 자신의 몸을 움켜잡을지도 모른다. '반짝이는 것이 모두 금은 아니다'라는 글의 의미 설명하라고 하면, 중증 자폐증 환자는 단어 그대로 받아들여 답변한다.

"그것은 단지 약간 노란 금속이라는 의미이며, 금이어야 할 필요가 없는 거지요."

비록 자폐 아이들 중 일부에서 나타나는 것이기는 하지만 비유에 대한 어려움은 구구절절한 설명을 필요로 한다.

'체화된 인지'라고 알려진 인지과학의 한 분야가 있다. 인간의 사고를 지탱하는 역할을 하는 체화된 인지는 인간의 사고와 육체 간의 상호 연결로, 또 인간의 감각과 운동이 처리되는 타고난 본성으로 아주 깊게 형성된다. 이 견해는 20세기 중반부터 후반까지 인지과학을 주도했던 고전적 시각과는 대조된다. 고전적 시각은 본질적으로 뇌는 육체와 연결된 범용의 '보편적인 컴퓨터'와 다를 바 없는 사물이라는 입장을 견지했다. 체화된 인지를 과장해서 말하기는 하지만 현재 많은 지지를 받고 있다. 모든 책이 이 주제를 다룬다. 린지 오버먼Lindsay Oberman과 표트르 윙클먼Piotr Winkleman과 내가 공동으로 한 구체적인 실험의 예를 들어보겠다. 여러분이 입을 넓게 벌려 거짓 웃음을 연출하기 위해 연필을 하나 물고있다면(말한테 재갈을 물리듯), 다른 사람의 미소(찡그리는 것이 아닌)를 간파하는 데 어려움이 있을 것이다. 왜냐하면 연필을 물 때 사용하는 많은 근육은 웃을 때와 동일하기 때문이다. 근육의 사용 정보는 뇌의 거울신경 시스템으로 밀려들어 오고, 행동과 지각 간에 혼란을 야기한다(어떤 거울신경은 여러분이 얼굴 표정을 지을 때와 그러한 표정을 짓는 다른 사람의 얼굴을 볼 때 활성화된다). 실험은 행동과 지각이 우리가 추정하는 것 이상으로 서로 밀접하게 뇌에서 엮여 있다는 것을 보여준다.

그러면 이것이 자폐증과 비유에 무슨 관계가 있는가? 우리가 최근 좌측 연상회의 병변으로 운동실행증을 앓는 환자들을 주목했다. 예를 들어 그들은 "별을 향해 뻗어라"와 같이 행동을 기반으로 하는 비유를 해석하는 데 애를 먹는다. 운동실행증은 숙달된 자의적인 행동, 즉 스푼으로 커피 잔을 젓는다든지 망치로 못을 박는 행동을 못하는 증상이다. 연상회도 거울신경이 있기 때문에, 우리의 증거는 인간의 거울신경 시스템이 숙달된 행동을 해석할 뿐만 아니라 행동의 비유와 체화된 인지의 다른 면에도 관여한다는 것을 시사한다. 원숭이도 거울신경이 있다. 그러나 비유를 해석하는 데 한몫을 하는 원숭이의 거울신경들은 인간을 따라오려면 한참 더 정교해져야 한다.

또 거울신경 가설은 자폐증 환자가 겪는 의사소통 장애에 대한 통찰력을 제공한다. 거울신경은 거의 확실하게 영아들이 그가 듣는 소리나 말을 처음으로 반복할 때 관여한다. 뇌 안에서 번역이 필요할지 모른다. 소리의 패턴에 부합하는 운동 패턴이나, 역으로 운동 패턴에 부합하는 소리의 패턴으로 배치한다. 이런 시스템을 정립하는 데 두 가지 방법이 있다. 첫째, 말이 들리자마자 기억 속에 있는 음소(말소리)의 흔적을 청각 피질에 준비해 놓는다. 이어

아기는 이런저런 발음을 마구 중얼거린다. 그 발음을 기억 속의 흔적과 피드백 형식으로 비교해 오류를 정정한다. 그 과정을 반복하면서 점차 발음을 좋게 개선한다(예를 들어 우리는 최근에 들은 음조를 속으로 흥얼거리고는 큰 소리로 노래한다. 그런 과정을 거쳐 속으로 흥얼거리는 것과 실제 발성을 대조해가면서 좋게 개선한다).

둘째, 들은 소리를 말로 내뱉도록 하는 번역 네트워크가 자연 선택을 거쳐 선천적으로 조건이 지정되었을 것이다. 거울신경의 특성에 속하는 어떤 종류의 속성을 갖는 신경시스템에 의해 나타나는 것으로 보인다. 만일 어린아이가 예행연습을 거치면서 피드백 기회나 유예 시간도 없이 처음으로 들은 음소군을 반복할 수 있다면, 타고나면서 뇌 회로가 이미 만들어진 번역 메커니즘이 가능한가 하는 논란이 벌어질 것이다. 그래서 이 고유한 메커니즘이 만들어질 수 있는 다양한 방법이 존재한다. 그러나 메커니즘이 무엇이든 간에 처음 만들어질 때 생긴 결함이 자폐증의 근본적인 결손을 일으키는 것 같다는 것을 연구 결과가 시사한다. 우리가 경험으로 얻은 결과인 뮤파 억제는 이런 논리를 지지하고, 겉으로는 전혀 상관이 없어 보이는 여러 가지의 증상을 단 하나의 원인으로 설명할 수 있게 한다.

마지막으로, 비록 거울신경 시스템이 다른 사람의 행동과 의도에 대한 모델을 마음속에 만들도록 애초에 진화되었지만, 인간은 더욱 더 진화한 것으로 보인다. 자신의 마음을 그 자신 속에 그리고 또 그리기 위해서다. 마음 이론은 친구와 이방인, 적들이 마음에 무엇을 품고 있는지를 직감으로 알아내는 데 유용하다. 더욱이 호모 사피엔스의 고유한 사례로서 마음의 통찰력을 극적으로 높여주는 것일 수도 있다. 이는 아마도 단지 수십만 년 전에 우리가 겪은 지적 전환기에 발생했고 그때가 자각이 완전해지는 태동기였을 것이다.

만일 거울신경 시스템이 마음 이론의 기저를 이루고, 정상적인 사람이 마음 이론을 내면에 적용하느라 엄청난 에너지를 사용한다고 해보자. 그러면 자폐증을 겪는 사람들이 사회적 상호작용과 강한 자아 발견에 어떤 어려움을 겪는지 설명할 수 있다. 또 많은 자폐 아이들이 대화할 때 '나'와 '너'를 올바르게 사용하는 데 애를 먹는 이유도 설명될 것이다.

자폐를 겪는 사람들은 그 차이를 이해하는 데 필요한 지적 자기표현력이 부족할지도 모른다. 이 가설은 정상적으로 얘기할 수 있는 자폐환자조차도 '자기연민'이라는 단어는 말할 것도 없고 '자부심', '동정', '자비', '용서', '당황' 같은 단어를 구분하는 데 애를 먹는다는 것에서 예측할 수 있다. 이러한 단어들은 성숙한 자아 없이는 의미를 알기 어렵다. 의사소통이 가능한 자폐환자는 아스퍼거 증후군이 있다고 말한다. 이러한 예측은 지금까지 체계적인 기초 위에서 실험된 적은 없다. 단지 내 학생인 로라 케이스는 그렇게 하고 있다. 이러한 자기표현과 자각, 정의하기 어려운 이런 기능들의 교란 관련 의문을 마지막 장에서 다뤄 보기로 하겠다.

주목할 점을 세 가지 추가하겠다. 첫째, 거울신경 같은 특징을 가진 작은 세포 그룹은 뇌의 여러 부위에서 발견된다. 그리고 하나의 큰 부위로서 상호 연결 회로인 '거울 네트워크'를 감안해야 한다.

둘째로, 내가 앞서 언급한 것처럼 뇌에 관한 모든 난해한 측면은 거울신경 탓으로 돌리지 않도록 조심해야 한다. 거울신경이 모든 것을 다 하는 것은 아니다. 그렇다고 하더라도 거울신경은 우리 인간이 유인원 시절을 뛰어넘는 데 핵심 역할을 한 것으로 보인다. 또 우리 인간을 두고 '원숭이가 보고, 원숭이가 행동하는' 식의 당초 거울신경의 개념을 훨씬 뛰어넘는 여러 가지 지적 기능들이 거울신경의 연구를 거듭함에 따라 지속적으로 발견된다.

세 번째로, 인지 능력을 어떤 신경(여기서는 거울신경)이나 뇌 영역에 속하는 것으로 보는 것은 시작에 불과하다. 우리는 여전히 신경이 어떻게 계산하는지 이해할 필요가 있다. 해부학을 이해하는 것은 실질적으로 그 길을 안내하는 역할도 할 수 있고, 문제의 복잡성을 줄이는 데 도움을 주기도 한다. 특히 해부학적인 데이터는 이론적으로만 추측하는 것을 못하게 하고, 초기의 그럴 듯해 보이는 많은 가설을 정리하는 데도 도움을 준다. 반면에 "지적인 능력은 동질의 네트워크에서 출현한다"고 말하는 것은 아무런 도움이 되지 않고, 뇌에 대해 해부학적인 전문성을 가진 경험적인 증거에 위배된다. 학습이 가능한 네트워크는 돼지와 유인원도 아주 잘 발달되어 있다. 그러나 인간은 거기에 언어와 자기 성찰할 수 있는 능력이 더해져 있다.

* * *

자폐증은 여전히 다루기 어려운 병이다. 그러나 거울신경의 기능장애에 관한 발견은 새로운 치료법을 찾을 수 있는 가능성을 열었다. 예를 들어, 부족한 뮤파 억제는 유아 초기 장애를 찾는 데 귀중한 진단 도구가 된다. 그렇게 해서 최근에 가능해진 행동 치료는 좀더 징후가 나타나기 훨씬 전에 도입될 수 있다. 자폐증의 대부분은 2~3살 때 부모와 의사가 알려주는 징후 증상으로 명확해진다.

자폐증은 조기에 알아낼수록 좋다.

두 번째로 흥미를 끄는 가능성은 이 장애를 치료하기 위해 바이오 피드백을 사용하는 것이다. 바이오 피드백을 적용할 때는 피실험자의 몸이나 뇌에서 나오는 생리적 신호를 기계로 추적한다. 그런 뒤 외부 디스플레이를 이용해 피실험자에게 다시 되돌아가도록 한다. 목표는 피실험자가 오르락내리락 하는 신호의 자극에 집중하도록 한다. 그래서 자극을 이용해 의식적인 조절 척도를 얻는다. 예를 들어, 바이오 피드백 시스템은 디스플레이 스크린 위에 튀어 오르며 삐 소리 나는 점으로 표시되는 심장 박동률을 보여줄 수 있다. 대부분의 사람들은 실습을 함으로써 이 피드백으로 자신들의 심장 박동을 의도적으로 느리게 하는 방법을 배운다. 뇌파도 바이오 피드백으로 사용할 수 있다. 예를 들어 스탠포드대학교의 션 맥케이Sean Mackey 교수는 만성통증 환자들의 뇌 이미지를 스캐너에 넣고, 컴퓨터 영상으로 불꽃처럼 표시되는 뇌 활성 부위를 그들에게 보여주었다. 불꽃의 크기는 어떤 주어진 순간 각 환자의 전측대상회(통증 지각에 관여하는 피질 영역)의 신경 활성을 나타내고, 환자 통증의 양과 비례했다. 대부분의 환자들은 불꽃에 집중함으로써 그 크기를 조절하고, 작게 유지할 수 있다. 그러면서 그들이 겪는 통증을 어느 정도 줄일 수 있게 되었다. 같은 이유로 자폐 아이 두피의 뮤파를 아이에게 보여주었다. 생각으로 조절하는 비디오게임처럼 간단히 그가 뮤파를 억제하는 법을 배울 수 있는지 보기 위해서다. 아이의 거울신경 기능이 없는 것이 아니라 약하거나 잠자고 있다는 것을 가정하면, 이런 연습은 남의 의도를 알아보는 능력을 북돋울 것 같다. 또 보이지 않게 주위를 맴돌던 사회에 한 걸음 더 가깝게 다가서게 하는지 모른다. 이 책이 출판됨으로써 우리 동료인 UC샌디에이고의 제이미 피네다가 이런 접근법을 계속 적용했다.

세 번째 가능성은 약물을 시도하는 것이다. 이는 내가 〈사이언티픽 아메리칸Scientific American〉에 내가 가르치는 학부생 린지 오버먼과 공동 저자로 발표했다. MDMA(환각 파티약물)가 공감을 높여준다는 말이 많은데, 그것은 아마도 엠바소젠empathogen이라고 불리는 신경전달물질이 크게 증가함으로써 그렇게 되는 것 같다. 이는 영장류와 같은 고등 사회동물의 뇌에서 자연스럽게 일어난다. 그런 전달물질의 결핍이 자폐 증상에 영향을 미치는가? 만일 그렇다면, (분자가 적절하게 변형된) MDMA가 이 장애의 가장 애를 먹이는 증상 중 일부를 호전시킬 수 있지 않을까? 프로락틴(포유동물의 젖 분비를 조절하는 호르몬)과 옥시토신(뇌하수체 후엽 호르몬의 일종으로 진통 · 모유 분비 촉진제)은 사회적 유대감을 촉진한다. 이들 호르몬은 소위 제휴 호르몬이라 불린다. 아마도 이 관련성을 치료에 이용할 수 있지 모른다. 초기에 충분히 관리만 된다면, 약물을 혼합해 복용하면 초기 징후로 나타나는 증상을 극복하는 데 도움을 주어 자폐 증상이 한꺼번에 번져가는 것을 최소화할 수 있을 것으로 보인다.

프로락틴과 옥시토신을 살펴보자. 우리는 최근 한 아이를 만났는데 MRI 뇌 촬영결과 후신경구의 크기가 현저하게 줄어든 것을 볼 수 있었다. 이는 코로 받아들이는 냄새 신호가 얼마 안 된다는 것을 의미한다. 냄새가 대부분의 포유류에서 사회적 행동 조절에 중요한 요인임을 고려해 볼 때, 우리는 의문을 갖지 않을 수 없었다. 후신경구의 기능장애가 자폐의 발생에 주요 역할을 한다는 것이 수긍이 되는가?

줄어든 후신경구의 활발한 활동은 옥시토신과 프로락틴을 사라지게 하고, 이것이 차례차례 공감과 동정심을 줄어들게 한다. 말할 필요도 없이, 이는 나의 순수한 추측이다. 그러나 과학에서 상상은 사실의 어머니다. 그래서 최소한 추측에 너무 이른 검열의 잣대를 들이대는 것은 결코 좋은 생각은 아니다.

잠자고 있는 자폐증의 거울신경을 재생시키기 위한 최종 선택은 자폐증 환자를 포함한 모든 인간이 춤을 리듬으로 받아들이며, 거기서 큰 즐거움을 갖는다는 데서 찾을 수 있다. 비록 그런 리듬 있는 음악을 이용한 춤 요법을 자폐증 아이들에게 시도하긴 했지만, 거울신경 시스템의 알려진 특성을 직접 자극하려는 시도는 전혀 없었다. 예를 들어 이런 방법이 있다. 대여섯 명의 댄서들을 리듬에 맞추어 춤추게 하고 동시에 자폐증 아이들에게 같은 춤을 흉내내게 한다. 많은 반사 거울로 둘러싸인 홀에서 그들이 몰입하도록 하면 거울신경 시스템에 주는 충격을 배가하는 데 도움을 줄 수 있을 것 같다. 설득력 없는 가능성 같아 보이지만 광견병과 디프테리아를 예방하기 위해 사용한 백신도 처음에는 그랬다.

***

공감의 부족, 가장 놀이, 모방, 그리고 마음 이론 등 거울신경 가설은 자폐증의 특징을 정의하기 위한 설명에 아주 적합하다. 그러나 완전한 설명은 아니다. 왜냐하면 자폐증의 다른 일반적인 증상(정의하지 않았지만)이 있기 때문이다. 이는 거울신경에서도 나타나지 않는다. 예를 들어, 일부 자폐 환자들은 몸을 이리저리 흔들거나, 눈 마주치는 것을 피하거나, 어떤 특정한 소리에 과민증이나 혐오감을 보이거나, 종종 자신을 때리는 것과 같은 촉각을 이용해 자신을 자극한다. 아마도 이는 과민증을 약화시키려고 그러는 것 같다. 이 증상들은 너무나 일상적인 거라서 자폐를 상세하게 설명할 필요성이 너무 크다. 자신을 때리는 행위는 신체를 부각시키려는 한 방법일 것이다. 또한 자신의 자아를 고정시키고 존재를 재확인하는 데 도움을 주는 방법이기도 하다.

1990년대 초 우리 그룹은 어떻게 하면 이런 자폐증의 다른 증상을 설명할 수 있을 지를 놓고 많은 고민을 했다(우리 그룹은 내 박사후과정 동료인 빌 허스타인Bill Hirstein, 그리고 자폐증에 헌신하는 기관인 '이제 자폐증을 치료합시다'재단의 공동 설립자인 포티아 아이버슨Portia Iversen과 협력한다). 우리는 '돌출 풍경 이론'을 제안했는데, 이 이론은 누군가가 세상을 바라볼 때, 잠재적으로 혼란스럽게 하는 감각적 과부하와 부딪힌다는 것이다.

2장에서 본 바와 같이, 우리가 시각 피질의 흐름에는 두 개의 지류가 있다는 점을 고려할 때, 세상에 대한 정보는 뇌의 감각 영역에서 첫 번째로 식별한다. 그 다음 편도체에 전달된다. 뇌의 성서적인 핵심에 이르는 관문으로서 편도체는 여러분이 사는 세상을 정서적으로 감시하고, 여러분이 보는 모든 것에 대한 정서적인 의의를 판단하고, 그것이 하찮은 일인지 따분한 일인지 아니면 정서적으로 극복할 가치가 있는지를 결정한다. 만일 후자라면, 편도체는 시상하부에 지시하여 시력을 쓸 만한 가치가 있는지 보고 그에 비례해 자율신경 시스템을 활성화한다. 부드럽게 흥미를 일으키는 것에서부터 무시무시한 것까지 어느 것이나 될 수 있다. 그러므로 편도체는 세상에는 높고 낮은 지형이 있는 것과 같은 언덕과 계곡이 있는 '돌출 풍경'을 만들어낼 수 있다.

이 회로가 때로 얽혀 잘못될 가능성이 있다. 어떤 자극에 대한 자율 반응은 땀이 난다든지, 심장박동이 증가된다든지, 근육의 준비 상태 등으로 나타난다. 이는 몸이 행동할 준비를 하는 것이다. 극단적인 경우기는 하지만 급격한 생리학적인 흥분은 뇌에 피드백되고, 즉시 편도체가 말하게 한다. "와, 이것은 내가 생각한 것보다 더 위험하다. 흥분도를 높여 여길 벗어나야겠다!" 이는 결과적으로 자율신경의 급습이다. 대체로 성인들이 그러한 공황발작을 겪기 쉽다. 그러나 대부분은 그런 자율신경의 큰 소용돌이에 휩쓸리는 위험에 놓여 있지는 않다.

이런 점들을 고려하면서, 우리는 자폐를 가진 아이들이 왜곡된 돌출 풍경을 가지고 있지는 않은지 살펴나갔다. 이것은 아마도 부분적으로 감각피질과 편도체 사이, 대뇌 변연계 구조와 전두엽 사이의 연결이 무차별적으로 증가되었거나 아니면 줄어든 탓으로 보인다. 이런 비정상적인 연결 때문에 하찮은 사건이나 일 등이 통제할 수 없는 자율신경계의 폭발로 이어진다. 이것으로 자폐증 환자가 지루하고 판에 박힌 일상을 좋아하는 현상을 설명할 수 있을 것 같다.

정서적인 흥분이 덜 한 경우를 보자. 아이는 비정상적으로 어떤 특이한 자극에 심각한 애착을 보일 수도 있다. 이는 이따금씩 발견되는 서번트 증후군을 포함해 이상한 곳에 집착을 하는 현상을 설명할 수 있다. 역으로, 만일 감각 피질에서 편도체까지의 연결 중 일부가 돌출 풍경 때문에 왜곡되어 부분적으로 지워져버렸다면, 아이는 정상적인 아이들 대부분이 높은 관심을 보이는 일을 무시해 버릴 것이다.

돌출 풍경 가설을 테스트하기 위해 우리는 37명의 자폐환자와 25명의 정상 아이들의 그룹을 대상으로 GSR을 측정했다. 정상적인 아이들은 특정의 자극 조건에 예상한 정도의 흥분을 보였고, 그렇지 않은 조건에 대해서는 잠잠했다. 예를 들어, 부모의 사진에는 GSR 반응을 보였는데, 연필에는 아니었다. 반대로 자폐를 가진 아이들은 아주 하찮은 일이나 사건에 자율신경의 흥분이 더욱 증폭되었다. 반면에 시선과 같은 어떤 고도로 현저한 자극은 효과가 완전히 없었다.

돌출 풍경 이론이 옳다면, 자폐증 환자 뇌의 시각 경로 3에서 비정상적인 것을 찾을 수 있을 것 같다. 경로 3은 편도체에 투시될 뿐만 아니라 상측두구(측두엽의 큰 두 고랑 중 윗고랑)를 거쳐 정보를 보낸다. 상측두구는 인접한 영역인 뇌도와 더불어 거울신경이 풍부하게 존재한다. 뇌도의 거울신경은 사회적 도덕적인 혐오감 등 어떤 감정을 표현하는 것뿐만 아니라 공감하는 방식을 인식하는 데도 관여하는 것으로 여겨졌다. 그래서 이 영역의 손상 노는 그 영역 속의 거울신경 결핍은 돌출 풍경을 왜곡할 뿐만 아니라 공감, 사회적 상호작용, 모방, 가장 놀이 능력을 약화시킨다.

추가로, 돌출 풍경 이론은 자폐증의 변덕스러운 두 가지 측면을 설명할 수 있다. 첫째, 어떤 부모는 아이의 자폐증상이 한 번 열병을 앓고 나면 일시적으로 상태가 좋아진다고 했다. 열이라는 것은 보통 뇌의 기저에 있는 시상하부의 체온 조절 메커니즘에 영향을 주는 어떤 박테리아의 독성이 원인이다. 다시 이것은 경로 3 부분이다. 나는 울화행동 같은 기능 장애 행동이 시상하부 근처에 있는 어떤 네트워크에서 발원하는 것이 우연의 일치가 아니라는 사실을 알았다. 그러므로 열 발생은 과잉 효과일 수 있는데 이는 피드백 루프의 병목이 생긴 어느 한 지점에서 활성이 약화되면서 일어난다. 그 루프의 병목은 자율신경계의 폭발적 흥분과 또 이와 연관된 울화행동을 일으킨다. 이것은 참 의문이 많이 가는 설명이긴 하지만 전혀 안 하는 것보다는 낫다. 그리고 만일 설명이 진전된다면 또 하나의 기초를 제공할 수도 있다. 예를 들어, 인위적으로 피드백 루프의 기능을 안전하게 떨어뜨리는 방법이 있을 수 있다. 기능이 떨어진 회로가 기능 고장을 일으킨 회로보다는 낫다. 특히 스티븐 같은 아이를 조금이라도 더 엄마와 어울리도록 하는 것도 그렇다. 일례로, 스티븐한테 변성된 말라리아 기생충을 주사함으로써 고열을 일으키게 할 수 있다. 발열원을 계속 주입하면 뇌 회로를 재구성하여 증상을 영구적으로 경감시키는 데 도움이 될 수도 있다.

둘째, 자폐증을 가진 아이들은 자주 머리를 찧거나 제 몸을 때리는 행동을 한다. 이러한 행동을 신체 자기-자극이라고 한다. 우리의 이론상으로는 이런 행동이 아이가 겪는 자율신경계의 흥분을 약화시키는 역할을 한다. 우리 연구팀은 그런 자기-자극이 흥분을 진정시키는 효과뿐 아니라 GSR의 현저한 감소를 이끌 수 있다는 점을 발견했다. 이는 자폐증상 치료를 가능하게 한다. GSR을 감시할 수 있는 휴대용장치로 아이가 옷 안에 장착한 신체자기자극장치에 자극을 계속 가한다는 것이다. 그런 장치를 매일 세팅해서 사용하고 있는데 실용적인지는 두고볼 일이다. 이는 내 박사후과정 동료 빌 허스타인이 시험하고 있다.

일부 자폐증 아이들에게서 나타나는 몸을 이리저리 흔드는 증상도 그와 유사한 목적일 것 같다. 그런 행동은 전정시스템(균형감각기관)을 자극한다고 알려졌다. 그리고 균형 관련 정보는 어느 지점에서 갈라져서 경로 3으로, 특히 뇌도로 흐르는 것을 알고 있다. 그러므로 반복적으로 흔드는 행동은 신체 자기자극과 같이 증상을 완화시키는 효과를 제공하는 것으로 보인다. 더 추측한다면 이는 신체에 자아를 고정시키는 데 도움을 줄 것으로 보인다. 다른 말로 하면 혼돈의 세상에 일관성을 부여한다는 의미다.

거울신경 부족 가능성을 빼고는, 다른 요인으로 많은 자폐증 환자들이 세상을 보는, 왜곡된 돌출 풍경을 설명할 수 있을까? 자폐증은 유전적인 성향이 있다고 잘 정리되어 있다. 그러나 덜 알려진 사실은 자폐증을 가진 아이들의 3분의 1이 어릴 때 측두엽 간질TLE을 앓는다는 것이다(임상적으로 측정되지 않은 부분적인 사례까지 포함하면 전체에서 차지하는 비율은 꽤 높아질 것이다). 성인의 TLE 징후는 심한 정서적 장애로 나타난다. 그러나 그들의 뇌가 성숙한 덕에 고질적인 인지 왜곡으로 나타나지는 않는다. 그러나 TLE가 성장해가는 뇌에 어떠한 영향을 주는지는 제대로 알려져 있지 않다. TLE 발작은 한꺼번에 반복적으로 쏟아지는 신경자극이 변연계를 거쳐 빠르게 흐르는 것이 원인이다. 젊은 뇌에서 TLE 발작이 자주 발생되면, 발화라고 불리는 시냅스의 증가 과정을 통하여 편도체와 고도의 청각, 시각, 체지각(눈 · 귀 등의 감각기 이외의 감각)의 피질 간 연결이 선별적이긴 하나 넓게 퍼진, 무차별적인 증가(때로는 감소)가 일어난다. 이는 사소하거나 보잘것없는 광경과 평범한 소리 때문에 유발되는 빈번한 거짓 경보와, 역으로 사회적으로 두

드러진 정보에 반응을 못하는 것 등 두 가지에 대한 설명이 가능했다. 이는 자폐증 특유의 증상이다.

좀더 일반적인 말로 설명하자면, 내재화되고 통합된 존재는 뇌와 신체의 다른 부분 사이의 메아리 같은 '반향'에 절대적으로 의존한다. 사실 자아와 타인 간의 공감에 감사할 일이다. 고도의 감각 영역과 편도체 간 연결의 무차별적인 혼선은, 그리고 돌출 풍경이라는 결과로 나타나는 왜곡은 전형적인 감각의 큰 손실을 일으킬 수 있다. 즉 신체에 기반을 두고, 사회에 뿌리내린 자율적인 자아의 손실을 말한다.

자폐증 아이들이 신체 자기-자극을 하는 이유는 아마도 다음과 같다. 신체와 뇌의 상호작용을 증진하고, 생기를 불어넣는 한편으로 겉으로 그럴싸하게 증폭된 자율신경신호를 동시에 약화시킴으로써 자신들의 특질의 전형을 되찾으려는 것이다. 그런 상호작용의 미묘한 균형은 통합된 자아가 정상적으로 발달하는 데 중요하다. 일반적으로 통합된 자아는 인간의 자명한 본질로서 당연한 것으로 인식되었다. 이런 감각은 자폐증한테는 오히려 심각하게 방해만 된다.

지금까지 우리는 자폐의 이상한 증상을 설명하기 위해 두 가지 후보 이론을 고려했다. 거울신경 불능 가설과 왜곡된 돌출 풍경 이론이다. 이런 이론을 제안하는 이유는 혼란스러울 정도로 여러 가지 장애 증상들이 나타나 있지만 겉으로는 연관이 없어 보이는 경우가 많기 때문이다. 그 증상들을 하나로 설명할 수 있는 메커니즘을 찾아보려는 것이다. 물론 두 가지 가설은 완전히 서로 배타적이지는 않다. 실제로 거울신경과 변연계 사이에는 연결이 존재한다는 것이 알려져 있다.

변연계 감각 연결에서 왜곡이 발생하면 궁극적으로 비정상적인 거울신경계를 유도한다. 그러나 이런 문제를 풀려면 더 많은 실험이 필요하다. 기저를 이루는 메커니즘이 무엇이든, 결과는 자폐증 아이들의 거울신경 시스템이 제대로 작동하지 않는다는 점을 강하게 시사한다. 거울신경 시스템의 이상은 자폐 증후군의 많은 특징을 설명할 것으로 기대된다. 거울신경 시스템의 기능 이상이 뇌의 발달 관련 유전자가 원인인지, 어떤 바이러스에 취약한 유전자가 원인인지(발작에 취약해질 수 있다), 아니면 전적으로 다른 어떤 것 때문인지는 두고보아야 할 일이다.

그러나 미래의 자폐 연구를 위한 유용한 출발점을 제공할 수 있다. 그래서 언젠가는 스티븐을 정상적인 원래의 상태로 되돌릴 수 있는 방법을 찾을 수 있을지도 모른다.

자폐증은 자아에 대한 유일한 인간적인 감각이 '공허한 무無가 아니다'라는 것을 상기한다. 그 감각이 프라이버시와 독립성을 아주 강하게 추구하는 경향이 있지만 자아는 실질적으로 타인과, 그리고 자아가 깊게 뿌리 내린 육체와 상호작용을 함으로써 드러난다. 자아는 사회로부터 떨어져 있거나 그 자신의 육체로부터 격리되어서는 거의 존재하지 않는다. 적어도 우리의 존재를 인간이라고 정의하는 성숙한 자아의 감각 속에 있는 것은 아니라는 것이다.

사실, 자폐증은 근본적으로 자의식 장애로 다루어야 한다. 그렇게 하면 이 장애의 연구는 의식의 본질을 이해하는 데 크게 기여할 것으로 보인다.

6장 | 지껄임의 파워

언어의 진화

> 사려 깊은 사람들은 전통적 편견이라는 거대한 영향력에서 일단 벗어나기만 하면, 인간의 능력이 과연 얼마나 영광스러운지에 대한 가장 훌륭한 증거를 발견할 것이다. 그리고 과거를 거듭하면서 이루어진 오랜 진화 과정을 통해,
> 인간이 미래에 달성할 성과를 충분히 믿게 될 것이다.
> **–토머스 헉슬리**

1999년 7월 넷째 주, 나는 존 함디John Hamdi라는 친구에게 전화를 받았다. 그는 15년 전 케임브리지대학교의 트리니티 칼리지에 다닐 때 알던 동료였다. 오랫동안 연락 없이 지내다 목소리를 들으니 반가움이 앞섰다. 서로 근황을 묻다 보니 옛 추억이 하나씩 떠올라 저절로 미소가 지어졌다. 그는 지금 브리스톨대학교에서 정형외과 교수로 있다. 그는 내가 최근에 펴낸 책을 알고 있었다. 함디가 말했다.

"자네가 최근 이 연구에 관계하고 있는 것을 알고 있어. 내 아버지가 라졸라에 살고 있는데 최근 스키를 타다 머리에 부상을 입었어. 그 후 줄곧 뇌졸중 증세를 보이고 있네. 오른쪽 팔과 다리가 마비되었네. 자네가 아버지를 한번 봐주었으면 좋겠어. 아버지가 최고의 치료를 받았으면 해. 내가 듣기로 거울을 이용하는 재활과정이 있다고 들었네. 환자들이 마비된 팔을 다시 사용하는 데 많은 도움을 주고 있다면서?"

일주일 후 존의 아버지 함디 박사가 부인의 부축을 받아 내 사무실에 왔다. 그는 3년 전 은퇴할 때까지 샌디에이고 캘리포니아대학교UCSD에서 교수로 재직한 세계적으로 유명한 화학자였다. 나를 만나기 6개월 전 그는 스키장에서 사고로 두개골 골절상을 입었다. 스크립스병원 응급실로 실려간 그는 담당의사로부터 중대뇌동맥에 있는 혈전이 원인이 되어 피가 뇌의 왼쪽 부분에 공급되지 못한다는 말을 들었다.

뇌의 좌측 반구는 신체의 오른쪽을 통제한다. 그래서 함디 박사의 오른쪽 팔과 다리가 마비된 것이다. 마비보다도 더 놀라운 점은 그가 말을 유창하게 하지 못하게 되었다는 점이었다. "물 먹고 싶어"라는 단순한 말을 하는 데도 그에게는 엄청난 노력이 필요했다. 그리고 그가 무슨 말을 하는지 이해하려면 우리는 세심한 주의를 기울여야만 했다.

우리 연구실에서 6개월 동안 순환근무를 하는 의과대학생 제이슨 알렉산더Jason Alexander가 나를 도와 함디 박사를 보살폈다. 제이슨과 나는 함디 박사의 차트를 살피는 한편 함디 박사의 부인에게서 그에 대한 병력도 들었다. 우리는 당시 일상적인 것으로 신경생리학적인 정밀검사를 실시했다. 일련의 운동기능, 감각기능, 반사기능, 두개골 신경, 지능 등에 대한 검사였다. 함디 박사가 잠들어 있는 동안 무릎 망치로 그의 오른쪽 발 바깥쪽 가장자리를, 다음에는 왼쪽 발을 톡톡 쳐 보았다. 그리고는 망치 손잡이 끝으로 새끼손가락에서 발바닥까지 문질러보기도 했다. 정상적인 왼쪽 발에서는 아무런 변화도 일어나지 않았다. 그러나 그 과정을 반복하던 중 갑자기 마비된 오른쪽 발 엄지발가락이 위를 향해 펴졌고 다른 발가락들도 펴졌다. 이러한 증상을 바빈스키Babinski 신호[1]라고 한다. 신경생리학에서 가장 논쟁거리가 되는 유명한 신호다. 이 신호는 추체로[2]가 확실히 손상을 입었다는 것을 나타낸다. 추체로는 운동피질에서 척수에 이르기까지 수의적인 운동명령을 전달하는 거대한 운동신경 경로다.

"엄지발가락이 왜 위로 올라가죠?" 제이슨이 물었다.

"우리도 잘 몰라요. 그러나 진화의 초기 단계로 거슬러 올라가면 가능한 답이 있습니다. 발가락을 펴고 오므리는 등 도피반사 경향은 하등 포유류에서 나타납니다. 그러나 추체로는 영장류에서 특히 현저하게 드러나는데, 발달 초기의 반사기능을 억제합니다. 영장류에게는 마치 나뭇가지를 잡으려는 것처럼 발가락을 안쪽으로 오므리는 고도의 움켜잡기 반사기능이 있습니다. 아마도 나무에서 떨어지지 않으려는 반사행동으로 보입니다."

제이슨은 의심쩍은 눈초리로 "믿기 어렵군요"라고 중얼거렸다. 나는 그의 말을 무시한 채 계속 말했다.

"추체로가 손상을 입으면 움켜잡기 반사기능은 잃어버리게 됩니다. 대신 발달 초기에서 볼 수 있는 도피반사가 나타나죠. 도피반사를 억제할 게 없기 때문이죠. 아시겠지만 추체로가 충분히 발달하지 못한 어린아이들한테서 도피반사가 나타나는 게 바로 그런 이유 때문입니다."

함디 박사의 마비상태는 심각했다. 그러나 그보다도 언어장애로 더 고통받고 있었다. 브로카 실어증Broka's aphasia이라는 언어결함 증상이 나타났다. 이 증상은 1865년 최초로 이를 규명한 프랑스 신경생리학자인 폴 브로카Paul Broca의 이름을 딴 것이다. 그 손

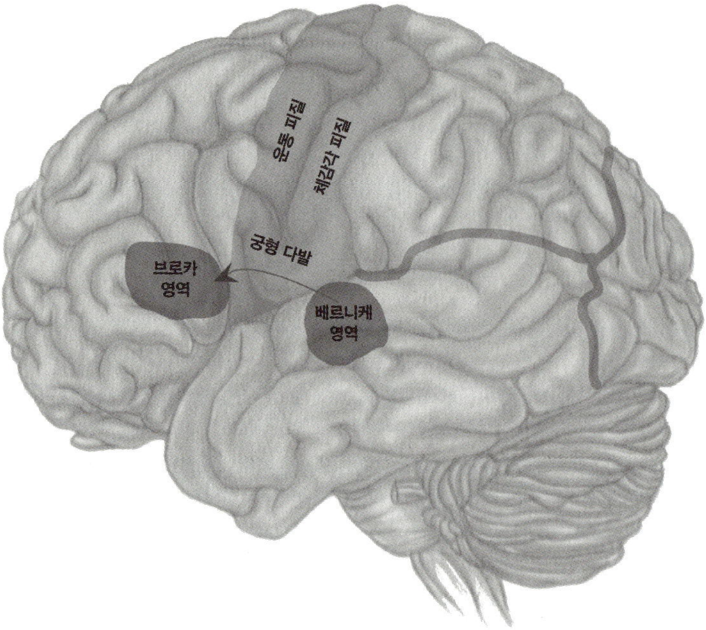

그림 6-1 뇌에 있는 두 개의 주요 언어영역. 전두엽 쪽에 브로카 영역이, 측두엽 쪽에 베르니케 영역이 있다. 이 둘은 '궁형 다발'이라 불리는 섬유 밴드로 연결되어 있다. 또 다른 언어영역은 각회인데 측두, 후두, 두정엽의 교차지점인 두정엽의 밑바닥 근처에 있다.

상은 보통 두정엽과 전두엽을 나누는 넓은 갈라진 틈, 즉 수직으로 된 고랑 앞에 있는 측두엽에 있는 한 영역에 발생한다(그림 6-1).

함디 박사는 이러한 장애를 지닌 대부분의 환자처럼 그가 말하려고 하는 것에 대한 일반적인 감각은 전달 가능한 상태였다. 그러나 그의 말은 중간 중간 끊어지고, 문법 구조 등 구문론을 무시한 형태로 느리고, 힘겹고, 단조로운 어조였다. 그의 발성도 기능어휘 즉 '그리고(and)', '그러나(but)', '만약(if)' 등을 사용하지 않은 상태였다. 이 기능어휘는 서로 다른 문장을 연결해주는 아주 중요한 역할을 한다.

"함디 박사님, 스키 사고에 대해 이야기 좀 해주실 수 있어요?" 하고 내가 물었다.

"음…… 잭슨, 와이오밍, 스키가 미끄러졌어요. 음…… 구르고, 그래, 장갑, 벙어리장갑, 우…… 스키 막대, 우…… 그러나 피를 3일 후 병원에서 뺐는데 그리고 음…… 혼수상태…… 10일…… 샤프Sharpe 병원으로 이송…… 음…… 4달 그리고 되돌아오고…… 음…… 그건 음…… 차도가 없었고 그리고 약 조금…… 음…… 약 6개. 여덟 달인가 아홉 달 노력했어요."

"예, 계속하세요."

"그리고 발작."

"출혈은 어디에서요?"

함디 박사는 그의 목을 가리켰다.

"경동맥요?"

"예. 예. 그러나…… 우…… 우…… 우…… 이거, 이거, 이거……."

왼손으로 오른쪽 다리와 팔의 여러 부위를 가리키면서 그가 말했다.

"계속하세요, 더 이야기해주세요."

"그게 음…… 어려워요(그의 마비를 언급하면서). 음, 왼쪽은 완벽해요."

"박사님은 오른손잡이입니까, 아니면 왼손잡이입니까?"

"오른손잡이예요."

"왼손으로 글을 쓰실 수 있습니까?"

"예."

"좋습니다. 좋아요. 워드를 칠 수 있나요?"

"워드, 음…… 적을 수 있어요."

"그러나 글을 쓸 때 느립니까?"

"예."

"지금 말씀하시는 것 처럼요?"

"맞아요."

"사람들이 말을 빨리 할 때 이해하는데 문제는 없나요?"

"예, 예."

"이해하시는군요."

"맞아요."

"아주 좋습니다."

"우…… 그러나…… 말하는 건, 우…… 음…… 느려져요."

"좋습니다. 말이 느려지는 것 같습니까, 아니면 생각이 느려지는 것 같습니까?"

"좋아요. 그러나 음……(머리를 가리키며) 우…… 단어들을 괜찮은데 음…… 말하는 건……."

그는 그때 입을 비트는 행동을 취했다. 추측컨대 그 행동의 의미는 환자 본인의 생각의 흐름은 온전하나, 말은 그냥 술술 튀어나오는 것 같다는 것을 알리기 위해서였던 것 같다. 내가 말했다.

"질문을 하겠습니다. 메리와 조가 모두 합쳐 사과를 18개 갖고 있어요."

"좋아요."

"조는 메리보다 사과를 2배나 많이 갖고 있어요."

"예."

"그러면 메리는 사과를 몇 개 갖고 있습니까? 그리고 조는 몇 개 갖고 있습니까?"

"음…… 생각해 봅시다. 오, 하느님……."

"메리와 조는 합해서 18개를 갖고 있어요."

"여섯, 아…… 12개!"

그가 내뱉다시피 하면서 말했다.

"훌륭하십니다!"

그렇게 해서 함디 박사는 간단한 수학은 할 수 있는 것으로 확인되었다. 그리고 비교적 복잡한 문장을 이해하는 데도 이상이 없는 것으로 나타났다. 내가 들은 바로는 사고가 일어나기 전만 해도 그는 훌륭한 수학자였다고 한다. 그러나 이후에 제이슨과 함께 기호를 써가며 좀더 복잡한 대수학 테스트를 했다. 그는 노력했지만 실패했다.

흥미로웠던 것은 브로카 영역은 인간이 일상적으로 사용하는 자연언어의 구문構文, 또는 구문론적 구조에 의해서만 특성화되는 것이 아니라는 점이었다. 다른 언어, 다시 말해서 대수학이나 컴퓨터 프로그래밍 같이 공식적인 규칙이 있는 인공언어에 의해서도 더 많이 특성화된다는 점이다. 브로카 영역은 자연언어를 위해 진화가 이루어졌을지 모른다. 그러나 구문론의 규칙과 유사한 다른 기능을 위한 잠재능력이 있는 것 같았다.

무엇을 들먹이려고 구문론을 꺼낸 것일까? 함디 박사의 주된 문제를 이해하기 위해서 "나는 당신이 내게 준 책을 메리에게 빌려주었다"와 같은 일상적인 문장을 생각해보자. 여기서 명사구 '당신이 내게 준 책'은 좀더 큰 문장 속에 끼워져 있다. 문장에서 '순환'으로 불리는 이 끼워넣기 과정은 기능어휘를 사용함으로써 용이하게 되고 일련의 무의식적인 규칙을 가능하게 만들었다. 이는 겉으로는 아무리 다르게 보이더라도 모든 언어에 따르는 규칙이다. 되풀이는 횟수에 관계없이 계속 반복되어 필요한 만큼 복잡한 문장을 구성하여 원하는 생각을 전달한다. 이러한 되풀이를 이용해 문장은 구句 구조에 새로운 가지를 친다. 다시 이보다 더 확장된 예문을 만들 수 있다. '나는 내가 병원에 있을 때 당신이 준 책을 메리에게 빌려주었다' 또는 '나는 내가 병원에 있을 때 당신이 준 책을 거기서 만난 아름다운 여성 메리에게 빌려주었다' 등의 문장까지 다양하게 만들 수 있다.

구문론은 우리의 짧은 기억이 조절할 수 있는 만큼 복잡한 문장을 만들어낸다. 물론 너무 길면 우습게 보일 수 있다. 또는 오래된 영국 동요에 나오는 것처럼 게임 같은 느낌이 들 수도 있다.

남루한 차림의 한 남자가 있습니다.
외로워 보이는 아가씨와 키스를 합니다.
쭈그러진 뿔을 가진 소의 우유를 짭니다.
고양이를 무서워하는 개를 던져 버립니다.
맥아를 먹어치운 쥐를 잡아 죽입니다.
잭이 지은 집을 샀습니다.

지금 언어에 대한 토론을 하기에 앞서 우리는 함디 박사의 문제가 언어장애라는 것을 추측만으로 진단하지 않는다고 어떻게 확신할 수 있는지 되물어볼 필요가 있다. 여러분은 뇌졸중이 입술, 혀, 구개(입천장), 말을 하는 데 필요한 그 외의 근육을 통제하는 피질의 일부분에 손상을 입혔다고 생각할 것이다. 말을 하는 데 그러한 수고가 필요하기 때문에 함디 박사는 말수를 줄이는 것이다. 전보를 치듯이 말을 하면 그러한 노력을 줄어들 것이라고 생각한 것 같다. 그러나 나는 이것이 충분한 이유가 될 수 없다는 것을 제이슨에게 보여주기 위해 몇 가지 테스트를 실시했다.

"함디 박사님, 이 종이 위에 박사님이 병원에 온 이유를 적을 수 있습니까? 무슨 일이 있었습니까?"

함디 박사는 우리의 요청을 이해하고는 왼손으로 병원에 온 상황을 긴 문장으로 썼다. 그의 글은 썩 훌륭하지는 않았지만 의미는 잘 통했다. 우리는 그가 쓴 글을 이해할 수 있었다. 그러나 주목할 부분은 문법이 엉망이었다는 점이다. '그리고들(ands)', '만약들(Ifs)', '그러나들(buts)' 등을 적잖게 사용했다. 만일 문제가 소리 내어 말하는 발화근육speech muscle에만 관련이 있다면 왜 글쓰기도 말처럼 비정상적일까? 어쨌든 그의 왼손에는 별 문제가 없었다.

나는 함디 박사에게 〈생일축하Happy Birthday〉 노래를 불러보라고 했다. 그는 별로 어렵지 않게 노래했다. 곡조도 잘 맞췄을 뿐만 아니라 단어도 정확하게 발음했다. 말을 하는 것과는 극명하게 대조되는 결과다. 그의 말에는 중요한 연결 단어가 없었다. 또한 구의 구조가 부족할 뿐만 아니라 단어를 잘못 발음하고, 억양과 리듬이 부족했다. 또한 정상적인 말에서 보이는 어색하지 않은 흐름 등도 부족했다. 만일 발성기관을 잘못 조절하는 데서 오는 문제라면 노래도 제대로 부르지 못했어야 옳다. 현재 우리는 브로카 영역 손상

환자들이 어떻게 노래를 부를 수 있는지, 그 이유를 알지 못한다. 하나의 가능성은 이 환자들이 언어기능을 관장하는 좌뇌에 손상을 입었고, 노래는 우뇌로 부른다는 것이다.

단지 몇 분간의 실험으로 우리는 많은 것을 배울 수 있었다. 함디 박사의 표현장애는 부분적인 마비, 혹은 입과 혀의 기능 부족 탓으로 야기된 것이 아니다. 그는 언어에 장애가 있는 것이지 말에 장애가 있는 것이 아니었다. 언어와 말은 근본적으로 다르다. 앵무새도 말을 하지만 그것이 언어는 아니다.

***

인간의 언어는 너무나 복잡하고 다차원적이다. 그리고 더없이 풍부하게 연상작용을 한다. 모든 사람들은 이것이 대부분 뇌 전체 또는 최소한 그 일부분과 관계가 있다고 생각한다. 결국 '장미'와 같은 한 단어의 말조차도 다수의 연상작용과 정서를 초래한다. 예를 들어 여러분이 처음 접했던 장미의 향기, 그리고 언약을 했던 장미정원, 장밋빛 입술과 뺨, 가시, 장미색깔의 안경 등. 이는 서로 멀리 떨어진 많은 뇌 영역들이 장미라는 개념을 만들기 위해 틀림없이 서로 협력하고 있다는 것을 암시하지 않는가?

확실히 말이라는 것은 연상과 의미, 기억을 이끌어 내는 단지 손잡이거나 초점일 뿐이다. 물론 일부는 사실로 보인다. 그러나 함디 박사와 같이 실어증 환자가 보여주는 증거는 언어에 특화된 뇌 회로가 있다는 정반대의 사실을 시사한다. 사실 우리는 뇌라는 것이 서로 연결된 커다란 하나의 시스템이라고 생각한다. 그러나 따로 떨어진 언어처리 단계나 요소들은 뇌의 다른 부위에서 처리될 수도 있다.

우리는 언어가 하나의 단일 기능이라고 생각하는 데 익숙하다. 그러나 착각이다. 2장에서 언급한 것처럼 시각도 우리에게 한 가지 기능으로 느껴진다. 그러나 본다는 것은 수많은 준독립적 영역에 의존한다. 언어도 유사하다.

간략하게 말하자면 하나의 문장은 명확히 세 가지 요소로 구성되어 있다. 이 요소들은 보통 긴밀히 연결되어 있어서 별개로 느껴지지 않는다. 첫째, 우리가 단어(어휘)라고 부르는 구조물은 대상과 행동, 사건을 의미한다. 둘째, 문장이 전달하는 실제 의미(의미론)가 있다. 셋째, 기능성 어휘와 되풀이를 사용하는 구문론 구조(문법)다. 구문론의 규칙은 인간 언어의 복잡한 계단식의 구 구조를 만들어낸다. 이는 핵심적인 의미와 의도를 좋은 어감으로 명료하게 의사소통할 수 있게 한다.

인간은 완벽한 언어를 갖고 있는 유일한 존재다. 침팬지조차 '과일 주세요Give me fruit'와 같은 단순한 문장을 표기할 정도로 훈련을 받을 수 있다. 그러나 '조가 우두머리 수컷이지만, 늙고 게을러지는 것은 사실이다. 그래서 그가 특별히 화가 나지 않았다면 걱정할 것 없다'와 같이 복잡한 문장은 흉내 내기조차 어렵다.

무한한 유연성과 끝없는 개방성을 가진 것으로 보이는 언어는 인류의 특징 가운데 하나다. 평범한 말속에 의미와 구문론적인 구조가 너무나 가깝게 서로 연결되어 있어서 정말로 각각 특징이 있는 것인지 믿기 어려울 정도다. 그러나 언어학자인 노엄 촘스키의 유명한 예문을 하나 들어보자. '색깔 없는 푸른 생각들이 난폭하게 잠을 잔다.' 문법적으로는 완벽하지만 내용을 보면 무의미하고 횡설수설이다. 반대로 함디 박사가 우리에게 보여준 것과 같이 문법적으로 맞지는 않지만 그 의미를 충분히 전달하는 것도 있다("어려워요, 음..., 왼쪽은 완벽해요").

뇌의 여러 부위는 어휘, 의미, 구문론 등 언어의 세 가지 다른 측면에 따라 특성화되어 있다는 것이 판명되었다. 그러나 연구자들 간에 합의한 것은 거기까지다. 어느 정도 특성화되었는지에 대해서는 격론이 벌어지고 있다. 언어는 세상 어떤 주제보다도 학문의 양극화를 초래했다. 이유는 잘 모르지만 다행히 내 분야는 아니다. 대부분의 설명에 따르면, 어쨌든 브로카 영역은 구문론의 구조에 관여한다. 그래서 함디 박사는 가정假定과 종속절로 가득 찬 긴 문장을 만들어내는 데는 원숭이보다 못하다고 할 수 있다. 그러나 타잔처럼 자신의 생각을 대략적으로 줄줄이 늘여놓음으로써 소통에는 별로 어려움이 없었다.

브로카 영역이 구문론 구조만을 위해 특성화되었다고 생각하는 이유가 여기에 있다. 전달된 의미와는 아주 별개로 그 자체에 생명력이 있다는 주장이 있다. 피질의 한 부분인 브로카 영역의 자체 네트워크에 자율적인 문법 규칙이 내재한 것처럼 보인다. 네트워크 중 일부는 아주 임의적이고 명백하게 비활동적으로 보이는데, 언어학자들은 이를 근거로 브로카 영역이 의미론과 의미와는 별개라고 주장한다. 그리고 브로카 영역이 뇌의 다른 부분에서 진화했다고 생각하는 것을 싫어하는 이유기도 하다. 촘스키 박사의 견해가 극단적으로 좋은 예다. 그는 브로카 영역이 자연선택을 통해 진화한 것이 결코 아니라고 믿는 학자다.

의미론과 관계있는 뇌 영역은 뇌의 중앙에 있는 수평 열裂의 뒤쪽 가까이 있는 좌측 측두엽에 있다(그림 6-1). 베르니케 영역이라 불리는 이 부분은 의미 표현을 위해 특성화된 것으로 보인다. 함디 박사의 베르니케 영역은 아주 온전한 상태였다. 그는 여전히 누가 무슨 말을 하는지 알아들을 수 있었다. 그리고 대화를 할 때 어느 정도 의미를 전달하는 것도 가능했다. 역으로, 베르니케 실어증은 어떤 의미에서는 브로카 실어증의 거울 이미지mirror image다. 거울에 비춰진 상과 같이 좌우가 바뀌었다고 할 수 있다. 이 환자는 유창하고, 정교하고, 매끄럽게 연결된, 그래서 문법적으로 흠 하나 없는 문장을 만들어낸다. 그러나 모두 알맹이 없는 허튼소리에 불과하다. 어쨌든 이는 공식적인 이야기다. 모든 것이 다 그렇지만은 않다는 증거를 뒤에서 보여주겠다.

***

언어와 관련된 뇌의 주요 영역에 관한 기본적인 사실은 한 세기 이상 알려져 왔다. 그러나 여전히 많은 의문들이 남아 있다. 특성화는 얼마나 완전한 것인가? 각각의 영역 안에 있는 신경회로는 어떻게 실제 임무를 수행하는가? 이 영역들은 얼마나 자율적으로 움직이는가? 그리고 매끄럽게 연결된 의미 있는 문장을 만들기 위해 영역들은 어떻게 상호작용을 하는가? 언어와 사고는 어떻게 상호작용을 하는가? 언어는 우리로 하여금 생각하게 만드는가, 아니면 생각이 우리로 하여금 언어를 만들게 하는가? 우리는 표출되지 않은 머릿속의 언어나 이야기인 내언內言 없이도 세련된 매너로 생각할 수 있는가? 마지막으로, 놀라울 정도로 복잡하고 많은 요소로 이뤄진 시스템이 어떻게 우리 인류의 조상한테 원래부터 존재할 수 있었는가?

마지막 질문이 가장 머리 아프다. 완전히 발달한 인간에 대한 우리의 탐사여행은 영장류 사촌들이 할 수 있는 원초적인 울부짖음, 으르렁거림, 포효에서 시작되었다. 15만 년에서 7만5,000년 전 인간의 뇌는 복잡한 생각과 언어 능력으로 넘쳐났다. 이런 일이 어떻게 일어났을까? 분명히 과도기가 있었음에 틀림없다. 그러나 중간 단계의 복잡한 특징을 갖는 언어 관련 뇌 구조가 어떻게 작동했는지, 어떤 기능들이 그 방향을 따라 계속 역할을 해왔는지 상상하는 것은 참으로 어려운 일이다. 과도기적 단계는 적어도 기능의 일부에서 일어난 것이 틀림없다. 그렇지 않으면 궁극적으로 더욱 정교한 언어 기능이 나타나도록 하는 진화의 다리로 선택될 수도 없었고, 그 역할을 했을리도 만무하다.

이 진화의 다리가 과연 무엇이었을지 이해하는 것이 6장의 주요 목적이다. 나는 단지 '언어'에 의한 '의사소통'을 뜻하는 것은 아니라는 것을 지적하고 싶다.

우리는 자주 '언어'와 '의사소통' 두 단어를 섞어서 쓴다. 그러나 사실 많이 다르다. 긴꼬리원숭이의 일종인 아프리카의 베르벳 원숭이는 세 가지 소리를 내어 자신들을 잡아먹으려는 포식자에게 경고를 한다. 표범이 근처에 왔을 때는 원숭이들이 근처 풀숲으로 뛰어다니면서 소리를 내어 포식자가 왔다는 것을 알린다. 뱀에 대한 경고는 두 다리로 곳곳이 서서 풀 속을 자세히 살피는 자세다. 그리고 독수리에 대한 경고 소리를 들었을 때는 원숭이들 하늘을 쳐다보면서 덤불 속으로 들어가 숨을 자리를 찾는다.

이런 소리는 인간의 말과 같은 것이거나, 적어도 말의 원형이라고 할 수 있다. 원숭이가 그런 원시적인 어휘를 가졌다고 결론을 내린다면 솔깃한 얘기가 아닐 수 없다. 그러면 원숭이들이 진짜로 거기에 표범이 있다는 것을 알까? 아니면 녀석들이 단지 경고음 소리가 날 때 우연히 근처 나무로 돌진하는 것일까? 그렇지 않으면 경고음이 정말로 "나무에 올라가라" 또는 "땅에 위험이 있다"는 것을 의미하는 것일까? 이와 같은 예는 우리에게 단순한 의사소통은 언어가 아니라는 것을 설명해 준다. 공습 사이렌, 또는 화재경보와 같은 베르벳 원숭이들의 외침은 일반적인 경고로서 특정한 상황을 지칭하지는 않는다. 이를 말이라고 하기는 힘들다. 사실 인간의 언어는 고유하며 베르벳 원숭이나 돌고래의 소통과는 전혀 다르다는 다섯 가지 특징을 들 수 있다.

1. 우리가 구사하는 어휘는 어마어마하게 많다. 아이가 8살 정도 되면 자기 맘대로 600개의 단어를 구사할 수 있다. 인간 다음으로 어휘를 많이 가졌다는 베르벳 원숭이의 언어보다 수십 배가 넘는 엄청난 수치다. 비록 질적인 도약이라기보다 정도의 문제라고 누군가 주장할지 모른다. 그러나 우리 기억력은 훨씬 더 좋다.

2. 단어의 규모보다 더 중요한 것은 인간만이 고유하게 기능성 단어를 갖고 있다는 사실이다. 개, 밤 또는 무례한 등과 같은 단어는 실제 사물이나 어떤 경우를 설명한다. 그러나 기능성 단어는 언어 기능과는 별도로 존재 하지 않는다. '만일 gulmpuk이 buga이면, gadul도 역시 같을 것이다'와 같은 문장은 비록 의미가 없다 할지라도, 우리는 '만일', '그때' 등 관습적으로 사용하는 어법 때문에 그 말의 앞 뒤 관계를 이해할 수 있다.

3. 인간은 단어를 자유로이 사용할 수 있다. 이로 인해 우리는 현재 보이지 않거나, 과거에만 존재했거나, 또는 미래와 가상현실과

같은 사물이나 사건을 언급할 수 있다. '어제 나무에 달린 사과를 보았다. 익었으면 내일 따기로 결정했다'와 같이 어느 정도 이렇게 복잡한 문장은 동물이 즉흥적인 방식으로 하는 소통에서는 발견되지 않는다(수화를 배운 유인원은 원하는 사물이 없는 상태에서도 신호를 사용한다. 예를 들어, 배가 고플 때 녀석들은 '바나나'라는 신호를 보낼 수 있다).

4. 우리가 아는 한 인간만이 비유와 유추를 사용할 수 있다. 비록 사고와 언어 사이의 애매모호한 중간지대에 있지만 말이다. 우두머리 수컷 유인원이 암컷을 취하기 위해 생식기를 과시하여 경쟁자를 항복시키려고 한다. 유인원의 이러한 행동은 인간이 상대방에 모욕을 줄 때 은유적으로 사용하는 "개자식"이라는 욕설과 유사하다고 할 수 있을까? 글쎄, 잘 모르겠다. 그렇다고 하자. 그러나 비유가 모자라는 것은 말재간이나 시적 재능이 없는 탓이다. 타고르가 타지마할을 두고 '눈물이 시간의 뺨 위로 떨어진다'라고 묘사하는 그러한 시적 표현력이 부족하기 때문이다. 여기서 우리 다시 언어와 사고 간의 이해하기 힘든 경계가 존재한다는 것을 알 수 있다.

5. 유연하고, 반복적인 구문론은 오직 인간 언어에만 있다. 대부분의 언어학자들은 동물과 인간 사이 의사소통의 질적 도약을 논쟁할 때 이 특징을 지목한다. 아마도 더 많은 규칙성이 있기 때문에 언어의 애매모호함을 다른 것보다 더 엄격하게 논할 수 있기 때문이다.

언어에 대한 이들 다섯 가지 측면은 대체로 인간에게만 있는 고유한 특징이다. 이들 중 처음의 4개는 종종 공통기어protolanguage

의 한 특징으로 나타난다. 공통기어는 언어학자 데렉 비커튼Derek Bickerton이 만든 용어다.

조어祖語는 다음에 나타날 단계를 설정하며, 상호작용하는 여러 부분들로 이루어진 고도로 정교한 시스템으로 최고조를 이룬다. 우리는 이것을 전체적인 시스템으로서 완벽한 언어라고 부른다.

뇌 연구에서 항상 천재와 괴짜를 매료시키는 두 가지 주제가 있다. 하나는 의식意識에 대한 의문이고, 하나는 언어가 어떻게 진화했는가에 관한 의문이다. 19세기에 언어의 기원에 대해 너무나 엉뚱한 생각들이 넘쳤다. 그래서 파리언어학회는 이러한 논제를 다룬 모든 논문을 공식적으로 금지하는 정책을 폈다.

학회의 주장은 이렇다. 원래 진화 중간의 매개 수단이나 오래된 언어가 없기 때문에 논문의 전체성을 상실했다는 것이다. 이 시대의 언어학자들은 언어 자체의 본질적이고 복잡한 규칙에만 매료되어 언어의 기원에 대해 별반 호기심을 보이지 않았다. 그러나 권력기관의 검열이나 부정적인 예측도, 둘 다 과학에서는 결코 좋은 생각이라고 할 수 없다.

나를 포함한 수많은 인지신경과학자들은 주류 언어학자들이 언어의 구조적인 측면을 지나치게 강조했다고 믿는다. 대부분의 언어학자들은 마음속의 문법체계가 매우 자율적이고 모듈식이라고 지적한다. 그러나 이것들이 어떻게 다른 인지과정과 상호작용을 하는지에 대해서는 의문을 가지지 않았다고 생각한다. 그들은 뇌의 문법적인 회로에 본질을 이루는 규칙에만 관심을 가질 뿐, 그 회로의 작동원리에 대해서는 무관심하다. 이런 좁은 시각 때문에 의미론(보수적인 언어학자들은 이를 언어의 한 측면이라고 간주하지 않는다)과 같은 다른 지적능력, 그리고 이 메커니즘이 어떻게 상호작용하는지에 대해 연구해볼 의욕을 잃게 만든다. 또한 뇌의 문법 회로가 뇌 구조에 원래 존재했으며, 그로부터 진화했을지도 모른다는 진화과정에 대한 의문도 갖지 못하게 만든다. 박수 받을 일은 아니다. 그러나 언어학자들이 진화에 대해 의문에 주시하는 것은 봐줄 수는 있다.

언어는 수많은 부분이 맞물려 작용하면서 조화를 이룬다. 그래서 언어가 본질적으로 뚜렷한 방향도 없는 자연선택에 의해 어떻게 진화되었을지, 이를 상상하거나 이해하는 것은 쉽지 않다(내가 말하는 '자연선택'은 우연히 일어나는 변이들이 계속해서 발전적으로 축적해가는 것을 의미한다. 그 변이들은 생명체의 능력을 향상시켜 유전자를 후대에 물려주게 한다). 그러나 기린의 긴 목에서처럼 하나의 형질을 상상해보는 것은 어렵지 않다. 긴 목은 비교적 단순하게 적응하는 과정에서 나타나는 산물이다. 조금씩 더 목이 길어지는 돌연변이 유전자를 가진 기린의 조상은 나뭇잎에 좀더 가깝게 접근했다. 그 결과 먹이를 더 쉽게 얻을 수 있었고, 오래 살아남았다. 이렇게 생존에 유리한 유전자는 다음 세대로 내려가면서 그 수가 더 늘어났고 목이 상당히 길어졌다.

다른 형질이 없으면 쓸모가 없어져 버릴 여러 개의 형질이 어떻게 서로 협력하면서 독자적으로 진화할 수 있었을까? 생물학의 아주 복잡하고 혼합된 시스템은 소위 지적설계론에 반기를 드는 진화론자들의 손을 들어 주었다. 지적설계는 신의 손이나 어떤 신성한 무엇의 개입으로 복잡한 생명체가 탄생했을 것이라는 일종의 창조론 사상이다. 예를 들어 척추동물의 눈은 어떻게 자연선택을 통해 진화할 수가 있었을까? 수정체와 망막은 공히 필요하다. 그래서 한 쪽이 없으면 다른 하나는 무용지물이 된다. 그러나 당연히 자연선택이라는 메커니즘은 미래를 내다보는 선견지명이 있는 것이 아니다. 그래서 다른 하나를 위해 하나를 창조했을 리가 없다. 다행스럽게도 리처드 도킨스가 지적한 대로 자연에는 복잡한 발달 단계마다 수많은 눈을 가진 수많은 생물이 있다. 결과적으로 빛을 감지하는 메커니즘이라는 가장 간단한 기능으로부터 진화가 이뤄졌다는 논리가 성립한다. 즉 피부 표면에 있는 빛을 감지하는 감각세포의 조각들이 오늘날 우리가 행복해 하는 우아한 시각기관이 된 것이다.

언어도 눈目처럼 복잡하다. 그러나 이 경우 어떤 중간 단계가 있었는지 알지 못한다. 프랑스 언어학자들이 지적한 대로, 우리 주위에는 연구할 만한 '오래된 언어'라든지, 또는 인간의 연결고리라고 할 수 있는 반인간 상태의 생명체는 없다. 그러나 그렇다고 해서 우리가 언어가 어떻게 변천했는지에 대한 의구심을 떨쳐버릴 수는 없는 노릇이다.

언어의 변천에 대해 대체로 네 가지 주요한 견해가 있다. 그러나 이 견해들 간에는 약간의 혼동이 생겼다. 왜냐하면 협의의 구문론 대 광의의 의미론에 있어서 '언어'의 의미를 명확하게 정의하지 못했기 때문이다. 나는 그 용어를 광의적인 의미에서 사용하고자 한다.

첫 번째 견해는 다윈과 동시대인인 앨프리드 러셀 월리스가 발전시킨 이론이다. 그는 독자적으로 자연선택 원리를 발견했다(그러나 그는 영국 출신이 아니라 웨일즈 사람이었기 때문에 그의 연구는 별로 인정을 받지 못했다). 월리스는 자연선택에서의 주장처럼 지느러미가 발로, 또는 비늘이 머리카락으로 진화했다는 것은 일리가 있지만, 언어는 너무나 정교하기 때문에 이런 식의 진화를 통해 태어났다는 것은 불가능한 일이라고 주장했다. 그래서 언어의 기원에 대한 그의 접근법은 아주 간단했다. 언어는 신이 우리 뇌에 심었다는 것이다. 이 견해가 맞는지 안 맞는지 난 잘 모른다. 우리가 비록 과학자이지만 이를 밝혀내기는 어렵기 때문이다. 그래서 다음 주제로 넘어가자.

두 번째는 현대 언어과학의 창시자인 노암 촘스키가 발전시킨 이론이다. 그도 월리스처럼 언어가 정교하고 복잡하다는 사실에 충격을 받았다. 그는 자연선택이 언어를 진화시켰다고 믿기 어려웠다. 촘스키의 언어기원론은 발생 원리에 기반을 둔다. 언어는 부분들의 단순한 합이라기보다는 좀더 큰, 때로는 엄청나게 큰 전체를 의미한다. 식용 백색 수정체인 소금을 만드는 과정을 예로 들어보자. 톡 쏘고 푸르고 독성 있는 가스 클로린chlorine과, 빛나고 가벼운 금속 소다와 섞어서 만든다. 이 요소들의 어느 것에도 소금이라는 뜻이 없다. 그런데도 이들이 합해져 소금이 된다. 자 만일에 그러한 복잡하고 전체적으로 예측불허의 새로운 특성이 두 가지 기본적인 물질의 상호작용으로 나타난다면, 여러분이 1,000억 개의 신경세포를 조그만 인간의 두개골 안에 넣었을 때 생각지도 못한 어떤 새로운 특성이 출현할지 어떨지 누가 예상할 수 있겠는가? 아마도 언어는 그런 특성이라고 생각한다.

촘스키의 견해는 내 동료들 중의 일부가 생각하는 만큼 그렇게 유치하지는 않다. 그러나 그 견해가 맞다 하더라도, 지금의 뇌 과학의 수준을 감안하면 무엇을 말하거나 할 수 있는 것이 별로 없다. 심지어 그의 주장이 맞는지 검증할 방법조차 없다. 언어의 기원과 관련해서 촘스키는 신을 들먹이지 않았다. 그러나 따지자면 그의 생각은 위험스럽게도 윌리스의 견해와 거의 가깝다고 할 수 있다. 나는 그가 틀렸는지 확실히 알지 못한다. 그러나 나는 단순한 이유로 그의 견해를 싫어한다. 기적이 뭔가를 만들어냈다고 말하는 것은 과학과는 동떨어진 것이기 때문이다. 나는 이미 알려진 인체기관의 진화와 뇌 기능의 원리를 기반으로 이에 대해 좀더 설득력 있게 설명하려고 한다.

세 번째 견해는 미국에서 가장 유명한 진화론 주창자 스티븐 제이 굴드가 내놓은 이론이다. 그의 이론은 대부분의 언어학자들의 주장과는 반대된다. 다시 말해서 그는 언어가 뇌의 모듈에 기초해 특화한 메커니즘이 아니라고 주장한다. 또 현재 가장 확실한 언어의 용도인 의사소통을 위해 특별히 진화한 것도 아니라고 내다보았다. 반대로 언어는 다른 이유인 사고를 위해 초기에 진화한 독특한 도구라고 할 수 있다. 굴드의 이론은 언어가 우리 조상이 세상을 좀더 지적으로 표현하는 하나의 시스템에 뿌리를 둔다고 보았다. 9장에서 자신을 나타내는 방법이 무엇인지 좀더 자세히 살펴보겠다.

그 후 이 시스템은 용도를 바꿨거나 의사소통의 수단으로 확장되었다. 이 견해에 따르면 사고는 선택적 진화의 결과였다. 선택적 진화라는 메커니즘은 원래 하나의 기능을 위해 진화했는데, 다시 다른 환경에서 또 다시 다르게 진화한다는 주장이다. 언어가 바로 이런 경우에 해당되는 것이다. 선택적 진화 자체는 전통적인 자연선택에 따른 것이 틀림없다. 그런데 많은 혼란과 갈등을 빚는 것은 선택적 진화의 진가를 제대로 못 알아본 결과다. 선택적 진화의 원리는 굴드의 비판자들이 믿는 것처럼 자연선택에 대한 양자택일을 뜻하는 것이 아니다. 실제 적용 가능한 범위와 기회를 확장하고, 금상첨화 격으로 보완하는 데 있다. 예를 들어, 깃털은 원래 파충류의 비늘이 진화해서 이루어진 것이다. 포유류의 털과 같이 단열 기능을 하도록 한 선택적 진화다. 그러다 날기 위해 깃털로 선택적 진화가 일어났다. 파충류는 아래턱이 3개의 뼈로 구성된 다중 관절로 진화되어 큰 먹이를 삼키기 쉽게 되었다. 그러나 3개 중 2개의 뼈는 청각을 높이기 위해 선택적 진화를 했다. 이 뼈들이 편리한 위치에 자리를 잡음으로써 여러분의 중이中耳 안에 소리 증폭용 두 개의 작은 뼈로 진화하는 것이 가능해진 것이다. 어떤 공학자도 엉터리 같은 해결책을 내놓으려고 하지는 않는다. 기회만 있으면 널리 퍼뜨리려고 하는 진화의 본질을 설명하는 데도 마찬가지다(프랜시스 크릭Francis Crick은 언젠가 "신은 해커지 공학자가 아니다"라고 말했다). 6장의 끝부분에서 턱뼈가 귀뼈로 변해가는 내용을 통해 이러한 생각의 폭을 넓혀보겠다. 좀더 다목적용으로 적응한 또 다른 예로는 손가락이 유연하게 진화한 것을 들 수 있다. 나무 위에서 생활한 우리 조상들은 원래 손가락을 이용해 나무를 오르내리도록 진화되었다. 그러나 인간의 손가락은 원래 목적에서 벗어나 그 용도가 정교한 조작과 연장을 사용하는 쪽으로 진화되었다.

오늘날 문화의 동력으로 인해 손가락은 요람을 흔들고, 권력을 장악한다. 또한 벽돌 사이사이를 메우며 심지어 수학을 계산할 때도 사용되는 다목적 메커니즘이 되었다. 그러나 아무도 손가락이 벽돌 틈새를 매우거나 계산기를 두드리도록 선택되었기 때문에 그렇게 진화했다고 주장하지는 않는다. 순진한 적응주의 지지자나 진화 심리학자조차 그렇다. 마찬가지로 굴드는 인간의 사고가 세상을 살면서 거래를 할 때 아주 유용하기 때문에 제일 먼저 진화한 것으로 보인다고 주장한다. 그런 유용성은 언어가 나타나기 앞선 하나의 단계를 마련하는 셈이다. 나는 언어가 원래 의사소통용으로 특별히 진화하지 않았다는 굴드의 일반적인 생각에 찬성한다. 그러나 사고가 먼저 진화하고 언어(내가 말하는 언어는 모든 언어를 말하는 것으로 촘스키가 말한 '돌연변이'라는 개념에서 이야기하는 것이 아니다)는 단순히 부산물이라고 하는 데는 공감하지 않는다.

내가 그것을 좋아하지 않는 하나의 이유는 이렇다. 굴드의 견해는 문제를 해결하기보다는 단순히 지연시킨다. 우리는 언어에 대해 아는 것보다 사고가 무엇이며 어떻게 진화했는지 제대로 알지 못하기 때문에, 언어가 사고에서부터 진화했다고 말하는 것은 그다지 납득이 되지 않는다. 다시 말하지만 기적을 또 다른 기적으로 설명하려 드는 것은 과학과 아주 동떨어진 것이다.

네 번째 견해는 굴드의 견해와는 정반대다. 하버드대학교의 저명한 언어학자인 스티븐 핀커Steven Pinker 박사는 언어가 기침, 재채기, 또는 하품과 같이 인간 본성에 깊이 배어 있는 본능이라고 지적했다. 그렇다고 언어가 다른 본능처럼 간단하다고 한 것이 아니라, 고도로 전문화된 뇌 메커니즘이라고 했다. 그 메커니즘은 인간에게만 고유하게 적응했고, 의사소통을 위해 자연선택이라는 전통적인 메커니즘을 거치면서 진화했다. 그래서 핀커는 언어가 고도로 전문화된 기관이라는 데는 옛 스승인 촘스키와 의견을 같이했다. 그러나 선택적 진화가 중요한 역할을 한다는 굴드의 견해는 받아들이지 않았다. 나는 핀커의 견해에 장점이 있다고 생각하지만 그것은 너무나 일반적이어서 유용하지 않다. 물론 틀린 것은 아니지만 완전하지도 않다.

음식의 소화는 열역학의 첫 번째 법칙에 기초를 두어야 한다고 말하는 것처럼 느껴진다. 확실히 그렇다. 그의 주장은 지구상 모든 다른 시스템에도 적용된다. 그러나 그 견해는 세부적인 소화 메커니즘에 대해서는 많은 것을 알려주지 않는다. 어떤 복잡한 생물학적인 시스템(귀 또는 언어 기관)을 생각해보자. 우리는 생물학적 시스템이 자연선택으로 만들어진 것이 아니라, 정확히 어떻게 시작되었고 어떻게 현재의 이 정교한 수준에까지 진화했는지 알고 싶은 것이다.

이는 기린의 목과 같이 아주 간단한 문제를 푸는 데에는 별로 중요하지 않다(물론 그렇다고 해도 누군가는 어떻게 유전자가 선택적으로 척추동물의 목을 길게 했는지를 알고 싶어한다). 그러나 더 복잡한 적응을 다룰 때는 중요한 대목이다. 여기에는 언어와 관련해서 네 가지 서로 다른 이론이 있다. 이들 가운데 처음의 둘은 무시할 수 있다. 이들이 확실하게 틀려서가 아니라 검증할 수가 없기 때문이다. 그러면 나머지 두 개 중 어느 것이 맞는가? 굴드 또는 핀커? 둘 다 어느 정도 맞는 부분이 있기는 하지만 둘 다 아니다(만약 당신이 굴드나 핀커의 팬이라면, 둘 다 맞기는 한데 두 사람의 논쟁이 너무 지나쳐서 받아들이지 않는다고 말할지도 모른다).

나는 언어진화와 관련해서 사고의 또 다른 틀을 제안하고 싶다. 앞서 말한 두 가지 견해의 특징을 어느 정도 통합하면서도 훨씬 발전적인 것이다. 나는 이러한 견해에 하나의 감각이 또 다른 감각을 일으킨다는 의미로 '공감각적인 부츠트래핑 이론'라고 이름을 붙였다. 이는 언어의 기원뿐만 아니라 비유적인 사고와 추론 등 오로지 인간만이 가진 특징을 이해하는 데 귀중한 실마리를 제공한다.

특히, 언어와 추상적인 사고의 많은 측면들은 선택적 진화를 통해 진화했다. 그러나 우연한 조합에 의해 새로운 해법이 만들어졌다고 나는 주장한다. 이는 언어가 사고와 같은 일반적인 메커니즘으로부터 진화했다는 말과는 다르다는 것을 알아야 한다. 그리고 언어가 배타적으로 의사소통을 위한 특별한 메커니즘으로 진화를 했다는 핀커의 견해와도 다르다. 본성과 양육이라는 문제를 고려하지 않고서는 언어의 진화에 대한 어떤 주장도 제대로 되었다고 할 수 없다. 언어의 규칙은 어느 정도까지 선천적으로 타고 나는가? 또는 삶의 초창기에 어느 정도까지 사회로부터 받아들일까? 이러한 언어의 진화에 대한 논쟁은 격렬하다. 그러나 언어의 진화를 둘러싸고 소위 본성 대 양육 논쟁은 아주 험악할 정도다. 나는 여기서 조금만 언급하고자 한다. 최근 나온 많은 책들의 주제이기 때문이다. 모든 사람들은 뇌에 원래 찍혀 있듯 말이 고정되어 있지 않다는 데에 공감한다. 같은 대상이라도 다른 언어로 된 다른 이름을 갖는다. 영어로 'dog'를 프랑스어로는 'chien', 힌두어로는 'kutta', 태국어로는 'maaa', 타밀어로는 'nai'라고 부른다. 이들은 발음도 다르다.

그러나 언어의 규칙과 관련해서는 그런 공감이 형성되어 있지 않다. 이에 대해 세 가지 견해가 우위를 점하려고 다투는 상황이다.

첫 번째 견해는, 그 규칙 자체가 전적으로 뇌에 고정되어 있다는 이론이다. 아이들이 어른들의 대화를 듣는 것은 단지 메커니즘을 점화하는 스위치 역할을 하는 데 필요하다. 두 번째 견해는 말을 들음으로써 언어의 규칙을 통계적으로 인출한다고 주장한다. 이 견해를 뒷받침하는 것으로 인공적인 신경망이 말을 분류할 훈련을 시키고, 주변으로부터 언어를 수동적으로 청취함으로써 구문론의 규칙을 간단하게 추론하게 한다. 이 두 모델은 어느 정도 언어의 습득과정을 잘 설명한다. 그러나 그렇다고 언어의 모든 것을 다 획득하는 것은 아니다. 어쨌든 유인원과 애완용 고양이, 이구아나는 두개골에 신경망이 있지만 사람 사는 집에서 키운다고 해서 언어를 배우는 것은 아니다. 이튼이나 캠브리지에서 교육받은 보노보 유인원도 여전히 언어 없는 유인원에 불과하다.

세 번째 견해에 따르면, 언어의 규칙을 획득하는 기능은 타고 났다. 그러나 실제로 쓸 수 있는 규칙을 알아내는 데는 다른 사람의 언어에 노출되어야 한다. 이 기능은 여전히 규명 안 된 '언어 습득 장치LAD'가 부여한 것이다. 인간은 LAD가 있지만 유인원은 없다. 나는 세 번째 견해를 좋아한다. 내가 주장하는 진화론적인 뼈대와 양립할 수 있고, 두 가지 상호보완적인 사실이 지지하기 때문이다.

우선 유인원은 사람의 어린아이처럼 보살펴주거나 손짓으로 매일 훈련받는다 해도 진정한 언어를 습득할 수 없다. 유인원이 필요로 하는 뭔가를 위한 신호는 금방 습득이 가능하다. 그러나 그 신호는 기능성 어휘를 재생산(임의적으로 복잡하고 새로운 어휘를 조합해 만드는 능력)하고 반복하는 것이 안 된다. 이와 반대로, 어린아이들이 언어를 습득하는 능력을 막는다는 것은 거의 불가능한 일이다. 서로 다른 언어 환경을 가진 사람들이 교역도 하고 일도 같이

해야 하는 곳에서는 어린아이와 어른들은 그들만이 통하는 단순화된 유사언어를 만든다. 제한된 어휘와 가장 기초적인 구문, 융통성이 거의 없게 만들어지는 언어로 이를 피진pidgin어라고 부른다. 그러나 피진어 환경에서 자라난 1세대는 자연스레 그것을 유럽과 아프리카의 혼성어인 크레올creole어로 바꿔버린다. 진정한 구문과 소설, 노래, 시를 구성하는 데 필요한 모든 융통성과 어감을 갖춘 하나의 완전한 언어가 된다. 피진어에서 크레올어로 바뀌는 과정에서 시시각각 일어나는 일들은 LAD에 대한 강력한 증거다. 이들은 중요하면서도 확실히 어려운 주제다. 그러나 불행하게도 대중 언론매체는 '언어는 주로 선천적인 것인가, 아니면 후천적인 것인가'라고 질문함으로써 너무 단순화한다.

또 비슷한 질문이 있다. 사람의 IQ를 결정하는 것은 주로 유전자인가 환경인가? 이 두 가지 과정이 수학적인 분석이 가능할 정도로 연속적으로 상호작용을 한다면 이 질문들은 의미가 있다. 예를 들어, "투자에서 얻는 우리의 이익은 얼마나 됩니까? 그리고 판매로부터의 얻는 이익은 얼마나 됩니까?"라고 물을 수 있다. 그러나 만일 상호관계가 복잡하거나 직선이 아닌 비선형이라면, 즉 그것이 언어나 창의성 같이 정신적인 속성일 경우에는 질문을 다르게 해야 한다. "어느 것이 더 도움이 되나?"라는 식으로 말이다. "최종 제품을 만드는 데 각 단계의 과정들이 어떻게 상호 작용하는가?"라고 묻는 것이 좋다. 언어가 주로 교육에 의한 것인지 아닌지를 묻는 것도 그렇다. 테이블 소금의 소금기가 염소에서 또는 나트륨에서 주로 나오는 것인지 물어 보는 것과 같은 바보스런 질문이다.

생물학자인 피터 메더워는 잘못된 사고를 설명하는 데 아주 매력적인 비유를 들었다. 페닐케톤뇨증PKU이라는 선천성 장애는 드물게 일어나는 비정상적인 유전자가 원인이다. 이는 몸속에서 필수 아미노산의 일종인 페닐알라닌phenylalnine의 대사작용을 못하게 한다. 아미노산이 어린아이의 뇌 속에 축적되면 아이는 심한 정신박약증세를 보인다. 그러나 이에 대한 치료 방법은 간단하다. 조기 진단을 받고 식단에서 페닐알라닌을 함유한 음식을 멀리하면 된다. 그러면 아이는 완전히 정상적인 IQ를 갖고 성장할 수 있다.

이제 두 가지 경계조건을 생각해보자. 행성이 하나 있다고 치자. 그곳은 유전자는 보기 드물고 페닐알라닌은 마치 산소와 물처럼 도처에 있다. 그리고 이는 생명과 불가분의 관계다. 이 행성에서는 PKU 때문에 정신박약증세가 생긴다. 따라서 사람들의 IQ 변이는 전적으로 PKU 유전자에 기인한다. 여기서는 정신박약증세가 유전적 장애이고, IQ는 타고난다고는 말이 설득력이 있다. 이와는 반대인 다른 행성이 있다고 치자. 모든 사람이 PKU 유전자를 갖고 있고, 페닐알라닌은 희귀하다. 여기서는 PKU가 페닐알라닌이라는 독소 때문에 일어나는 환경적인 장애이고, 그리고 IQ 변이의 대부분은 환경 탓으로 돌린다.

이러한 예가 보여주는 것은 이렇다. 두 가지 변수 간의 상호작용이 아주 복잡할 때, 둘 중 어느 것이 더 많은 기여를 했는가를 따지는 일은 의미가 없다. 만약 하나의 유전자가 한 가지 환경 변수에 의해 영향을 받는다는 사실이 확실하다면, 아주 복잡하고 여러 가지 요소들이 작용하는 인간의 지능은 뭔가 위대한 힘이 있는 것으로 보아야 한다. 인간의 지능을 만들려면 수많은 유전자들이 환경뿐만 아니라 서로 작용해야 하기 때문이다.

역설적으로 아서 젠슨Arthur Jensen, 윌리엄 쇼클리William Shockley, 리처드 헤른스타인Richard Herrnstein, 찰스 무러Charles Murrar와 같은 IQ 전도사들은 IQ의 유전성('일반 지능' 또는 '작은 g'라고 불림)을 이용하여 지능은 측정이 가능한 특성이라고 주장한다. 이것은 수명을 강력한 유전적 요소인 '나이'라는 하나의 숫자로 표시할 수 있다고 해서 일반적인 건강을 단지 한 가지로 단순화하는 것과 같은 비유다. '총합적인 건강'이 한 가지 요소로만 이루어진다고 믿는 의대생은 의과대학에는 없다. 그리고 그런 학생은 의사가 되지 못할 것이다. 일반지능을 한 가지로도 측정할 수 있다는 잘못된 믿음은 심리적이고도 정치적인 측면에서 비롯되었다. 그래서 어느 정도의 충격을 준 것이 사실이다.

언어로 다시 돌아가자. 내가 경계선 어느 쪽에 서 있는지 이제는 명백해졌다. 어느 쪽도 아니다. 나는 자랑스레 양쪽에 모두 다리를 걸치고 있다. 내가 이 6장에서 정말 다루고자 하는 것은 언어가 어떻게 진화했느냐가 아니다. 어떻게 언어 능력을 또는 그렇게 빨리 언어를 습득하는 능력이 어떻게 진화했는지를 소개할 것이다. 간단히 말해서 진화의 과정을 거치면서 선택된 유전자가 이 능력을 조절한다. 이 장 나머지 부분에서 다룰 의문점은 다음과 같다. 왜 이러한 유전자가 선택되었으며 이와 같은 능력이 어떻게 고도로 진화했는가? 모듈식인가? 이 모든 것이 어떻게 시작되었는가? 우리 인간은 유인원이나 다를 바 없는 우리 조상들의 꿀꿀거리고 짖어대는 소리를, 어떻게 아름답고 서정성이 풍부한 셰익스피어의 문장으로 변화시키는 유전적 변이를 만들어낼 수가 있었는가?

간단한 부바-키키 실험을 보자. 이 실험을 통해 10~20만 년 전

아프리카 사바나에서 출현한 인류 조상인 호미닌hominin 족이 사용한 최초의 단어들이 어떻게 진화했는지 알 수 있을까? 같은 사물에 대한 단어들도 다른 언어에서는 완전히 다르다. 그래서 특정한 대상을 가리키는 말은 전적으로 임의적으로 만들어진 것이라는 생각이 든다. 사실 이것은 언어학자들의 기본적인 견해다. 어느 날 저녁 최초의 조상인 호미닌 족이 횃불 앞에 둘러앉아 이렇게 말했을 것이다.

"좋아, 자 이제부터 이 물건을 새bird라고 부르자. 지금 모두 이것을 한번 불러보자. biiirrrrdddddd. 좋다. 한 번 더 반복하자. birrrrrrdddddd."

물론 솔직히 웃기는 이야기다. 그러나 최초의 어휘가 이렇게 만들어진 것이 아니라면, 그러면 어떤 방식을 통해 어휘가 나타날 수 있었는가? 대답은 우리의 부바-키키 실험에서 찾을 수 있다.

어휘가 서로 파트너격인 사물의 시각적인 형상과 소리(아니면 적어도 그런 종류의 소리) 간의 관련성 속에 짜맞추어져있다는 것을 알게 하는 것이 이 실험이다. 어휘에 앞서 이런 형상과 소리들을 쫓아가려는 경향이 고착되었을 것으로 보인다. 이런 흐름은 아주 미미했겠지만, 어쨌든 그 과정을 시작하게 하기에는 충분했을 것이다.

이러한 개념은 지금은 인정받지 못하지만 언어기원에 대한 '의성어 이론'과 아주 유사하게 들린다. 그러나 그렇지 않다. 의성어는 소리의 모방에 기반을 둔 말이다. 예를 들어 "thump(쿵 소리)" "cluck(꼬꼬 울다)" 또는 아이가 고양이 우는 소리를 "meow-meow(야옹야옹)"이라 부르는 말들이 그렇다. 의성어 이론은 하나의 사물을 연상하는 소리를 적어 그 사물 자체를 알게 한 것이라고 상정한다. 그러나 내가 좋아하는 이론인 공감각 이론은 다르다.

부바의 시각적 형상은 실제로는 둥근 소리를 만들지 않거나 정말 어떤 소리도 내지 않는다. 대신 그것의 시각적 모습은 추상적 차원에서 물결치는 소리의 모습을 닮았다. 의성어 이론은 단어와 소리 사이의 연결이 임의적이고 단순히 반복된 연상을 통해 일어난다고 주장한다. 그러나 공감각 이론은 그 연결이 임의적이지 않고 좀더 추상적인 정신적 공간에서 나타나는 두 가지의 유사성에 기반을 둔다.

그렇다면 이러한 주장을 뒷받침할 수 있는 증거는 무엇인가? 인류학자 브렌트 벌린Brent Berlin은 이렇게 지적했다. 페루 북부의 후암비사Huambisa 족은 그들이 사는 정글에 있는 30종의 새에 대해 30가지가 넘는 다른 이름을 안다. 또한 각기 다른 아마존의 물고기에 대해서도 그만한 수의 이름을 안다. 여러분은 이들 60가지 이름을 뒤섞은 뒤 완전히 다른 사회언어학적인 배경을 가진 누군가에게 주자. 예를 들어 페루와 아마존과 완전히 동떨어진 지역에 사는 중국 농부에게 주고, 그 이름들을 새와 물고기 두 그룹으로 나눠보라고 해라. 그러면 놀랍게도 그는 기대 이상으로 잘 맞출 것이다. 비록 중국의 언어가 남미의 그것과는 조금도 닮은 것이 없는데도 말이다.

나는 여기에서 부바-키키 효과가 나타났다고 주장하고 싶다. 다른 말로 하자면 소리와 형상 간의 번역 현상이라고 지적하고 싶다. 그러나 이는 이야기의 일부분에 지나지 않는다. 4장에서 나는 거울신경이 언어의 진화에 기여했을지도 모른다는 아이디어를 제시한 바 있다. 4장의 기억을 바탕 삼아 그 주제를 좀더 깊이 들여다보면 좋겠다. 다음 부분을 이해하기 위해 전두엽 피질의 브로카 영역으로 되돌아가 보자.

이 영역은 배치 지도 또는 운동 프로그램을 포함하는데 이는 신호를 혀, 입술, 입천장, 후두의 여러 가지 근육으로 내려보내 말이 잘 나오게 만든다. 우연의 일치가 아니다. 그러나 이 영역에는 거울신경이 많이 있고 소리 내는 입의 움직임, 소리 듣기, 입술의 움직임을 지켜보는 행동 간의 접점 역할을 한다.

눈에 보이는 모습과 소리(부바-키키 효과)를 처리하는 뇌 지도들 사이에는 자의적으로 서로 일치시키며, 또한 교차 활성화가 나타난다. 이는 시각과 청각 지도 간에, 또 브로카 영역의 또 다른 면에 있는 운동영역들 간에 내재된 변환기능이 있는 것과 같이 유사하게 일치시키는 것이다. 만일 이 말이 다소 아리송하게 들린다면, 다시 '티니-위니teeny-weeny', '언 피우un peu', '디미너티브diminutive' 등의 말을 생각해보라. 왜냐하면 이들을 발음할 때 입과 입술, 인두가 시각적으로 조그만 것을 흉내 내는 것 같이 조그맣게 변한다. 반면 'enormous(거대한)' 그리고 'large(큰)' 등을 발음할 때는 실제로 입의 근육이 확장되어야 한다. 아주 명확한 예는 아니어도 'fudge(허튼소리)', 'trudge(무거운 걸음)', 'sludge(진흙)', 'smudge(얼룩)' 등은 혀를 갑자기 놓기 직전에 혀로 입천장을 길게 누르며 발음한다. 마치 신발에 달라붙은 진흙이 떨어지기 일보 직전까지 죽 당기는 것을 흉내 내는 것 같다. 그러나 여기에는 시각과 청각의 형태를 특정한 목소리 형태로 바꾸는 추상적인 장치가 내재되어 있다. 특정한 목소리 형태는 근육의 움직임으로 만들어진다.

또 다른 것이 있다. 손동작과 입술, 그리고 혀의 움직임 사이의 관련성에서 찾을 수 있다. 4장에서 언급한 바와 같이 다윈이 주목한 것이 있다. 사람들은 가위로 물건을 자를 때, 무의식적으로 턱을 악물었다 풀었다하면서 입 속에서 가위질 흉내를 낸다. 입과 손이 연관된 피질 영역들은 서로 바로 옆에 있기 때문에, 아마도 손에서부터 입까지 실제 신호가 넘쳐 흘러들어간 것으로 보인다.

공감각에서와 마찬가지로 뇌지도 사이에도 짜 맞춘 것 같은 교차 활성화가 존재하는 것 같다. 여기서는 감각지도들 사이에 있는 것보다는 두 가지 운동지도 사이에 존재한다는 내용은 제외하자. 이 교차 활성화에 대한 새로운 이름을 '싱키네시아synkinesia(syn: together, kinesia: 운동)'라고 하자. 싱키네시아는 아마도 초기의 손짓언어(또는 조어祖語)를 말로 표출하는 언어로 바꾸는데 핵심역할을 하는 것으로 보인다. 영장류가 감정적인 불평과 비명소리를 내는 것은 주로 우측 뇌 반구, 특히 전측대상회라고 불리는 변연계(뇌의 정서적 중추)의 한 부분에서 일어난다는 것을 우리는 안다. 인간이 마음속으로 발성하는 동안, 또한 동시에 만일 손짓으로 구강안면 동작을 흉내 낸다면, 바로 그 결과가 우리가 말이라고 부르는 것이다.

요컨대 고대 인류인 호미닌족들은 몸짓을 말로 변환하는 맞춤형 메커니즘을 원래부터 갖고 있었다. 이것이 어떻게 원시적인 단계의 몸짓언어가 말로 진화했는지를 쉽게 알 수 있게 해 준다. 이는 고전적인 심리언어학자들이 지지하지 않는 개념이다. 구체적인 예로 "come hither(여기로 와라)"라는 문장을 들어 보자. 그러면 사람들은 손바닥을 위로하고 오므린 뒤 손가락들을 자신 쪽으로 접었다 폈다 한다. 마치 손바닥 아랫부분과 닿게 하려는 손짓이다. 놀라운 일이 있다. 사람들은 손바닥과 아주 유사한 동작으로 혀를 사용한다. 다시 말해서 'hither' 또는 'here'을 발음하기 위해 혀를 오므려서 입천장에 닿게 한다. 싱키네이사의 한 예다.

'go'는 입술을 밖으로 삐쭉 내민 동작을 수반한다. 반면에 'come'은 입술을 동시에 안쪽으로 당긴다.(영어와는 관련이 없는 인도 남부의 드라비디아 족 언어인 타밀에서는 영어 'go'를 뜻하는 단어는 'Po'다). 언어가 원래 무엇이었든 간에 석기시대로 거슬러 가보면 ,언어는 이전부터 상상할 수 없을 정도로 수만 번 이상이나 꾸미고 변형을 거듭해왔다. 그래서 오늘날 우리는 영어, 일본어, 퀑Kung, 체로키Cherokee 등과 같이 다양한 언어를 갖게 되었다. 결국 언어는 믿을 수 없는 속도로 진화한다.

때때로 어린아이가 고조할머니와 거의 대화를 할 수 없을 정도로 다른 언어가 되는 데 걸리는 시간은 200년이면 충분하다. 이런 관점에서 보았을 때 언어의 모든 기능을 갖춘 거대한 조직이 인간의 마음과 문화에 한번 생겨났다면, 최초의 싱키네시아에 상응하는 기능은 없어졌거나 인식 못할 정도로 섞여버린 것으로 보인다. 그러나 싱키네시아는 최초의 어휘가 되는 씨앗을 뿌렸고, 이후 언어가 완성되는데 주춧돌이 되었다. 싱키네시아와 연관된 다른 속성들(다른 사람 움직임의 모방과 시각 · 청각(부바-키키) 간의 공통점 추출)은 거울신경이 하는 것과 아주 유사한 기능에 달렸다. 즉, 뇌 지도들이 서로 교차해 연결되는 개념을 뜻한다.

이런 종류의 연결들이 조어가 진화하는 데 잠재적인 역할을 했다는 것을 알 수 있다. 아마도 정통 인지심리학자들에게는 이런 가설이 회의적이다. 그러나 그 가설은 언어에 대한 실제적인 신경 메커니즘을 탐험하는 중요한 계기가 된다. 이는 큰 진전이다. 우리는 이 장 뒷부분에서 이런 논쟁의 실마리를 건져올릴 것이다. 또한 몸짓이 우선 어떻게 진화했는지 의문을 가져야 한다. 적어도 'come' 또는 'go' 같은 동사는 그런 동작을 한 번 한 것이 의식儀式처럼 규칙화되어 나타났을 수 있다. 예를 들어 사람을 잡아채려고 할 때 다섯 손가락과 팔을 구부림으로써 그 사람을 자기 쪽으로 끌어올 수 있었을 것이다. 그래서 그 움직임 자체가(비록 실제 대상이 떨어져 있다 하더라도) 의사소통의 수단이 되었다.

그 결과가 몸짓(제스처)이다. 이는 같은 논쟁이 'push' 'eat' 'throw' 등을 비롯한 다른 기본 동사에 적용되는지 알 수 있게 한다. 그리고 일단 여러분이 몸짓의 어휘를 제자리에 갖다놓으면, 싱키네시아에 의해 만들어진 고유의 변형을 고려해볼 때 그에 부합하는 발성법이 진화하는 것은 쉬운 일이다(의식화儀式化와 몸짓을 읽는 것은 아마도 앞 장에서 언급한 바와 같이 차례차례 거울신경을 진화시켜온 것으로 보인다). 그래서 우리는 지금 세 가지 유형의 초기 인간의 뇌에 진행되고 있던 지도 대 지도 공명을 가지고 있다. 시각-청각 매핑(부카-키키), 청각 및 시각 감각 지도의 매핑, 그리고 브로카 영역에서의 운동 발성 지도와 손동작을 조절하는 브로카 영역 운동이다.

이러한 각각의 성향은 아마도 아주 미미한 것이었으나, 연결된 상태에서 활성화되면서 점차적으로 서로 입력할 수가 있었을 것이라는 것을 명심하라. 현대 언어에 축적된 눈덩이 효과[3]를 만들면서 말이다.

지금까지 논의된 사고에 대한 어떤 신경물리학적인 증거가 있는가? 원숭이의 전두엽에 있는 많은 신경(인간의 브로카 영역에 해당하는 영역)은 동물이 고도로 특정한 행위를 할 때, 예컨대 땅콩을 집을 때 활성화된다. 그리고 다른 원숭이가 땅콩을 집는 것을 볼 때도 이 부분이 활성화된다. 이렇게 행동하려면 신경은 근육의 일련의 수축 명령신호와 다른 원숭이의 관점에서 본 땅콩 접근의 시각적 형상 사이의 추상적인 유사성을 계산해야 한다. 그렇게 해서 신경은 효과적으로 다른 개인의 의도를 읽고, 이론적으로 실제 행위와 닮은 의식화된 몸짓을 이해한다.

나는 부바-키키 효과가 이런 신경세포와 내가 지금까지 제시한 공감각적 힘에 대한 생각 사이에 효과적인 다리 역할을 하는 것에 충격을 받았다. 앞에서 이 논쟁을 간단하게 처리하려고 했었는데, 지금은 조어의 진화에 관련 사례를 만들기 위해 논쟁을 좀 해야겠다.

부바-키키 효과는 시각적 외관, 청각피질에서의 소리 표현, 그리고 브로카 영역에서의 일련의 근육변환 사이에서 체계화된 표현을 필요로 한다. 이러한 표현을 거의 확실하게 수행하는 것은, 하나의 차원을 다른 것 위에 매핑하는 거울신경 같은 특성을 가진 회로의 활성화를 포함한다.

거울신경에 풍부한 하부두정엽은 이상적으로 이 역할에 적절하다. 아마도 하부두정엽은 모든 그러한 타입의 추론에 대한 조력자 역할을 한다. 나는 다시금 이러한 세 가지 특징(시각적 형상, 소리 굴절, 그리고 입술 및 혀의 윤곽)은 뾰쪽함과 원형의 추상적인 특성을 제외하고는 절대적으로 공통적인 것이 전무하다는 것을 강조하고 싶다.

그래서 여기서 우리가 보고 있는 것은 추론이라고 불리는 과정의 근원이다. 우리 인간이 아주 이에 능한데, 이것은 구술로는 달라 보이는 실체 사이에서 공통분모를 추출할 수 있는 능력인 것이다. 깨어진 유리모양과 소리 '키키'에서 뾰쪽함을 추출하는 능력에서부터 다섯 마리 돼지, 다섯 마리 당나귀, 또는 다섯의 재잘거림에서 '5'를 보는 것은 진화에서는 짧은 걸음이나 인류에게는 위대한 걸음이었다.

***

지금까지 나는, 부바-키키 효과는 초기 단어와 기본적인 어휘의 출현에 결정적인 역할을 한 것이라고 주장했다. 이것은 하나의 큰 진전이었다. 그러나 언어는 단순한 단어가 아니다. 두 가지의 중요한 측면이 있다. 구문론과 의미론이다. 이들은 어떻게 뇌 속에서 표현되는가? 그리고 이들은 어떻게 진화했는가?

이러한 두 가지 기능은 적어도 부분적으로 자율적이라는 사실은 브로카 및 베르니케 실어증에 의해 잘 설명이 되어 있다. 우리가 본 바와 같이, 베르니케 실어증 환자는 애를 써서 부드럽게 연결되고, 문법적으로 흠 하나 없는 문장을 만들어낸다. 그런데 그것이 무엇이든 간에 의미가 전혀 없는 것이다.

촘스키의 손상입지 않은 브로카 영역에 있는 '구문론 박스'는 열린 루프로 잘 형성된 문장을 만들어낸다. 그러나 제작된 내용을 알려주는 베르니케 영역을 제외한다면, 그 내용은 횡설수설 밖에 되지 않는다. 이것은 마치 컴퓨터 프로그램처럼 브로카 영역이 스스로 단어를 올바른 문법 규칙으로 변환시킬 수 있는 것과 같다.

우리는 구문론에 돌아 올 것이다. 그러나 우선 의미론을 보자(문장의 의미). 정확히 의미가 무엇인가? 그것은 하나의 단어로 무지의 무한한 깊이를 감추고 있다.

비록 우리가 각회(그림 6-2)를 포함하여, 베르니케 영역과 TPO(측두-두정-후두골) 접합의 부분들이 엄청 포함되어 있다고 들었다. 하지만 이 영역에 있는 신경들이 어떻게 그들의 역할을 실제로 하는지는 모른다. 사실, 신경회로가 의미를 구현하는 방법은 신경과학이 풀지 못하는 크나큰 불가사의다.

그러나 만일 여러분이 추상적 개념이 의미의 기원에서 중요한 단계라는 것을 허용한다면 우리의 부바-키키 예는 다시 한 번 더 실마리를 제공할 것이다. 이미 언급한 대로 키키라는 소리와 들쭉날쭉한 그림은 공통점이 전혀 없는 것으로 보인다.

하나는 일종의 일차원이며 귀에 있는 소리 수용기 상의 시간변화 유형이고, 반면에 다른 하나는 순식간에 망막으로 도달하는 2차원의 빛의 유형이다. 그러나 여러분의 뇌는 양쪽 신호로부터 삐쭉삐쭉한 특성을 추출하는데 어려움이 없다. 우리가 본 바와 같이, 각회가 우리가 교차양상 추출이라고 부르는 이러한 주목할 만한 능력에 관련되어 있다는 강력한 힌트가 존재한다.

인간에게서 절정을 이루는 영장류의 진화 중에 좌측 하부두정엽의 급격한 발달이 있었다. 그 외에도 인간의 엽은(인간 단독으로), 연상회 및 각회라고 불리는 두 개의 뇌회로 나뉘어 있다. 그러므로 하부두정엽과 그것의 부차적인 분열은 인간에게 고유한 기능의 출현에 중요한 역할을 한 것임에 틀림없다. 이러한 능력은 추상화라는 높은 수준의 유형을 포함한다. 각회를 포함하여 하부두정엽은

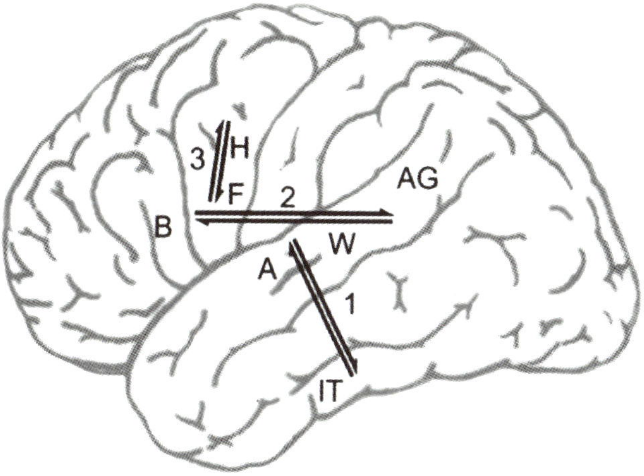

그림 6-2 A 조어의 진화를 촉진한 것으로 보이는 뇌 영역 간 공명의 도식적 기술. 약어로 B, Broca's 영역(말과 구문론적인 구조). A, 청각 피질(청취). W, 언어 이해를 위한 베르니케 영역(의미론). AG, 교차-양상 추론을 위한 각회. H, 운동 피질의 손 영역, 운동명령을 손에 전달(펜필드의 감각 피질 지도와 비교하라. 그림 1-2). F, 운동 피질의 얼굴 영역(명령 메시지를 얼굴 근육에 보낸다. 입술과 혀를 포함하여). IT, 하측두엽 피질/방추상 영역, 시각 형상을 나타낸다.
화살표는 2가지 상호작용을 묘사하는데 이것이 인간 진화에서 일어난 것 같다. 1, 방추상 영역(시각 과정)과 청각 피질은 부카-키키 효과를 중재한다. 이것을 필요로 하는 교차양상추출은 아마도 각회를 통한 초기 통과를 필요로 한다. 2, 후위 언어 영역(베르니케 영역을 포함하여)과 브로카 영역 내부 또는 근처의 운동영역 간 상호작용.
이러한 연결은(궁형의 작은 다발)소리 윤곽과 운동 지도 사이의 대각선영역 메핑에 포함된다. 3, 펜필드의 운동 지도에서의 손동작과, 혀, 입술 및 입의 움직임 사이의 연결에 의해 야기되는 피질 운동 대 운동 메핑(싱키네시아). 예를 들어, 'diminutive', 'little', 'teeny-weeny' 에 대한 말의 동작과 프랑스어 단어 'un peu' 는 반대되는 엄지와 검지손가락에 의해 만들어진 조그만 펜치 동작을 흉내 낸다. 유사하게도, 입술을 삐쭉 밖으로 내밀어 'you' 또는(불어로) 'vous'를 말하는 것은 밖으로 가리키는 것을 흉내 낸다.

전략적으로 뇌의 접촉, 시각, 그리고 청취 부분 사이에 위치하여 교차-양상[4] 추상화를 위해 원천적으로 진화한 것이다. 그러나 이것이 한번 발생하면, 교차-양상 추상화는 우리 인간이 크나큰 자부심을 갖고 있는 더 높은 수준의 추상화를 위한 굴절적응의 역할을 했던 것이다.

그리고 인간은 각 반구에 하나씩, 두 개의 뇌회腦回가 있기 때문에 이들은 아마도 다른 스타일의 추상화를 진화시켰을 것이다. 오른쪽은 공간시각 및 신체에 기반을 둔 은유 및 추상이고, 다른 하나는 익살을 포함하여, 좀더 많은 언어 기반의 은유인 것이다. 이 진화의 틀은 신경과학에 고전적인 인식 심리학 및 언어학에 대한 명확한 혜택을 줄 수 있을 것이다. 왜냐하면 우리들로 하여금 언어의 표현 및 뇌 속의 생각에 대한 통합적인 새로운 연구 시스템에 승선하게 해주는 역할을 하기 때문이다.

하부두정엽의 윗부분인, 연상회도 인간이 고유하다는 증거 중의 하나인데 복잡한 기술의 생산, 이해, 모방에 직접 관여한다. 다시 말하건대 이러한 능력은 유인원에 비해 인간들에게서 특히 잘 발달되어 있다. 왼쪽 연상회가 손상을 입으면 운동불능 상태에 빠지며, 이것은 대단히 흥미로운 장애다. 운동불능 장애가 있는 환자는 언어를 이해하고 만들어내는 능력을 포함한 모든 면에서 정신적으로는 정상적이다. 그러나 그에게 "당신의 손톱을 테이블에 찍는 체 해보라"라고 한다면 그는 주먹을 쥐고는 정상적으로 "체 하는" 동작을 취하는 대신에 그것을 테이블에 내려칠 것이다. 머리카락을 빗는 흉내를 내보라고 하면, 그는 아마도 가상의 빗을 잡거나 머리 빗는 척하는 대신에 손바닥으로 머리카락을 탁탁 두드리거나 머릿속에 손가락을 집어넣어 꼼지락거릴 것이다. 작별인사로 손을 흔드는 체 해보라고 하면, 그는 손을 멀거니 응시한다. 가까이에 그것을 마구 흔들려는 계산을 하면서 말이다. 그러나 만일 "작별인사로 손을 흔드는 것이 뭘 의미하는가?"라는 질문을 받으면, "글쎄요, 당신이 친구와 헤어질 때 하는 행동이지요"라고 대답할 것이다. 너무나 명확하게 그는 개념적 수준에서 이해할 것이다. 게다가 그의 손은 마비가 되었거나 어설프지 않다. 그는 각각의 손가락을 나나 여러분처럼 자유로이 움직일 수 있다. 부족한 것은, 필요로 하는 행위의 힘차고 역동적인 내부 그림을 불러내기다. 하지만 그것은 그런 행위를 흉내 내기 위한 근육 움직임을 조정하는데 사용된다. 놀랄 일이 아닌 것은, 그의 손에 실제로 망치를 놓으면 아마도 정확히 임무수행으로 이어질 것이다. 왜냐하면 그것은 그에게 망치라는 내부의 이미지에 의지하도록 요구하는 것이 아니기 때문이다.

이러한 환자들에 관한 세 가지 부가적인 관점이 있다.

첫째로, 그들은 누군가가 요구받은 행위를 정확하게 수행하는지, 또는 그들의 문제가 운동 능력이나 인식에 있는 것이 아니라, 그 둘의 연결에 있다는 것을 우리에게 제대로 상기시켜 주는지를 판단하지 못한다. 둘째로, 운동 불능의 어떤 환자들은 진찰하는 의사가 요구하는 새로운 몸짓 흉내에 어려움을 갖고 있다. 셋째로 가장 놀랍게도, 그들 자신이 부정확하게 흉내 낸다는 사실을 완벽하게 인식하지 못한다는 것이다. 그래서 어떠한 좌절의 기미도 없다는 것이다.

이 모든 사라진 능력은 전통적으로 거울신경에 부여된 능력을 강렬하게 연상시키는 것 같다. 확실히 원숭이의 하부두정엽에 거울신경이 풍부하다는 것은 우연의 일치일 리가 없다. 이 추론에 근거하여 2007년에 나와 동료 폴 맥거크는 운동불능증상은 근본적으로 거울신경 능력의 장애라고 밝혔다. 흥미로운 것은 많은 자폐

아이들도 운동불능증이 있는데, 거울신경 결핍이 이 두 가지 장애의 기저를 이룬다는 우리의 생각에 힘을 실어 주었다. 폴과 나는 제대로 된 진단을 성사시킨 축하로 건배를 잊지 않았다. 하부두정엽과 그것의 각회 부분의 진화를 제일 먼저 촉진시킨 것이 무엇인가? 선택의 압박이 추상화의 더 높은 형태의 추상화에 대한 기대로부터 오는 것인가? 아마도 아닌 것 같다. 영장류에서 하부두정엽의 폭발적인 발달의 가장 그럴듯한 이유는 나무 꼭대기에 있는 가지를 넘는 도중에 시력과 근육 연결 부위의 감각 사이에서 아주 정교한 상호작용을 얻기 위한 필요였던 것이다.

예를 들자면, 이것이 가지 하나가 망막에 떨어지는 이미지, 그리고 손의 접촉, 연결, 그리고 근육수용기의 역동적인 자극에 의해 수평적으로 되 달라는 신호를 받을 때 교차-양상 추출의 능력을 낳게 되는 것이다.

다음 단계는 대단히 중요했다. 하부두정엽의 아래 부분이 우연히 찢어졌다. 아마도 진화에서 자주 발생하는 유전자 복제의 결과로 보인다. 연상회인 위쪽 부분은 조상 전래의 손과 눈의 동작을 일치시키는 오래된 기능을 유지했다. 인간의 숙달된 도구 사용 및 모방에 필요한 새로운 차원의 정교함을 이끌면서 말이다. 각회에서는 동일한 연산기능이 다른 형태의 추상화를 위한 무대(선택적 적응이 되어)를 조립했다. 다시 말해서 피상적으로는 상이하게 보이는 개체사이에서 공통분모를 추출하는 능력을 말한다.

수양버들은 슬퍼 보인다. 왜냐하면 여러분이 슬픈 느낌을 그 위에 투사하기 때문이다. 줄리엣은 태양이다. 왜냐하면 이 문장에 따른 공통적인 물건들을 추상할 수 있기 때문이다. 다섯 마리 당나귀와 다섯 개의 사과는 '다섯'이라는 공통점이 있다. 이 사고思考에 대해 약간의 관계가 있는 한 조각 증거가 뇌 좌측반구의 하부두정엽에 손상을 갖고 있는 환자의 실험에서 나온다. 이 환자들은 때때로 단어를 찾는 데 애를 먹는 건망성 실어증을 갖고 있다. 그들 가운데 일부는 부바-키키 테스트에서 실패하고, 숙어 해석에 최악의 상태를 보인다는 알아냈다. 그것들을 자주 형이상학적 해석 대신에 글자 그대로 해석해버린 것이다.

최근 인도에서 한 환자를 본 적이 있다. 다른 면에서는 완벽할 정도로 지능적으로 보였다. 그러나 15개의 숙어해석 가운데 14개를 틀렸다. 이 연구를 위해서는 또 다른 환자에게도 반복적인 테스트가 필요하다. 그러나 유익한 조사방식이 될 것임을 장담한다. 각회도 빗이나 돼지와 같은 평범한 사물의 이름을 붙이는 데 관여한다. 이것은 우리들에게 하나의 단어 역시, 다양한 경우들에서 나온 추상의 형태라는 점을 상기시켜준다(예를 들어, 빗에 대한 다양한 생각은 각기 다른 상황에 따라 다르다. 그러나 항상 머리를 손질하는 기능이 있는 것이 빗이다). 때로 관련 있는 단어로 대체되기도 한다('돼지' 대신에 '암소'). 또는 단어를 터무니없는 희극적 방법으로 정의하려고도 한다(내가 안경을 가리켰을 때 한 환자는 '눈 약'이라고 대답했다)

더욱 흥미로운 것은 인도에서 건망성 실어증이 있는 50세 외과의사를 관찰하면서 발견했다. 인도의 모든 어린아이들은 신화에서 많은 신들을 배운다. 여기에서 두 명의 인기 있는 신은 가네샤Ganesha(코끼리 머리를 한 신)와 하누만Hanuman(원숭이 신)이다. 이들 사이에는 서로 가족관계의 역사가 있다.

내가 그에게 하누만 조각상을 보여주었다. 그러자 그 환자는 그것을 집더니만 찬찬히 살펴보았다. 그러나 그것을 가네샤로 잘못 인식했다. 가네샤는 신과 같은 카테고리에 속한다. 그러나 내가 그에게 그 조각상에 대해 좀더 말해 달라고 요청했다. 그러자 그 환자는 다시 그것을 계속 관찰하더니만 그것은 시바Shiva와 파르바티Parvati의 아들이라고 대답했다. 그 대답은 가네샤에 대해서는 맞는 말이지만 하누만은 아니었다. 그것은 마치 단순히 조각상을 잘못 인식한 행위가 시각적 모습까지 거부한 것과 같은 것이다. 그로 하여금 가네샤에 틀린 특성을 주게 만들었다는 것이다. 그래서 한 사물의 이름은 전혀 그 사물의 다른 특성이 아니다. 그 사물에 연상되는 의미를 가진 전체의 보물 상자를 열어주는 마법의 열쇠처럼 느껴진다.

나는 이 현상에 관한 간단한 설명은 더이상 생각할 수가 없다. 그러나 그러한 풀리지 않은 수수께끼는 신경학에 관한 내 관심을 부채질한다. 우리가 만들어내고 테스트할 수 있는 구체적인 가설에 대한 설명만큼이나 말이다.

***

이제 관심을 가장 분명하게 인간의 언어 쪽으로 돌려보자. 구문론이다. 소위 말하는 구문 구조는 앞서 언급한 것으로 인간의 언어에 있어서 거대한 영역과 융통성을 제공한다. 이 시스템에만 고유한 규칙을 진화시킨 것 같다. 다시 말해서 어떤 원숭이도 숙지할 수 없었지만 모든 인간은 숙지한 그러한 규칙을 말한다. 어떻게 이러한 언어의 특별한 측면이 진화가 되었을까?

다시 말하겠다. 대답은 바로 굴절적응의 원칙에서 온다. 즉 하나의 특정한 기능을 채택하면 다른 또 하나의, 완전히 별개의 기능으로 동화된다는 개념이다. 하나의 흥미 있는 가능성은 구문론의 단계별 가지구조는 좀더 원시적인 신경회로로부터 진화한다는 것이다. 이 회로는 이미 초기 인류 조상의 뇌에 도구로서 자리를 잡고 있었다.

한걸음 더 나가 보자. 호두를 깨기 위해 돌을 사용하는 것과 같은 기회적인 도구 사용의 가장 단순한 형태조차도 동사를 수반한다. 이 경우 '깨는 것'이 되겠다. 왼손으로 잡는 대상(목적어)에 대해 도구사용자(주어)의 오른손에 의해 수행되는 한 가지 행위다. 만일 이런 일련의 기본행동이 손의 행위의 신경회로에 이미 심어져 있다면, 자연언어의 중요한 측면, 다시 말해서 주어-동사-목적어 배열을 갖춘 장場이 어떻게 마련되었는지 이해한다는 것은 그리 어려운 일은 아니다.

인간진화의 다음 단계에서 두 가지 경이로운 새로운 능력이 나타났다. 운명적으로 인간진화의 코스를 바꾸는 것이었다. 첫째, 우리의 기획 및 예측의 감각으로 이끌어 미래에 사용될 도구를 발견하고, 모양을 다듬고, 그리고 저장하는 능력이다.

둘째로, 도구제작에 있어 하위부품 기술의 사용이다. 이는 앞으로 언어의 기원에 있어서 특히 중요한 내용이다. 도끼머리에 기다란 나무 손잡이를 붙여서 만든 합성도구가 한 예일 수 있다. 조그만 막대를 칼에 붙여 과일을 깎든지, 나뭇가지를 자르는 용도로 쓰는 것도 또 다른 예일 수가 있다.

합성구조의 사용은 좀더 긴 문장에 박혀있는 명사절의 경우와 너무나 유사하다. 나는 이것이 단지 피상적인 유추가 아니라고 주장한다. 도구사용에 있어 단계적으로 하위부품기술 전략을 이용하는 뇌의 메커니즘이 구문 트리 구조syntactic tree structure라는 총체적인 새로운 기능을 위해 선택되었다는 것은 전적으로 가능한 일이다. 그러나 도구를 사용하는 부품조립 메커니즘이 구문론 측면을 위해 빌린 것이라고 치자. 그렇다면 뇌의 제한된 신경공간을 감안해 볼 때 도구사용 기술은 구문론이 진화할수록 그에 따라 악화되는 것이 아닌가? 꼭 그렇지는 않다. 진화에서 자주 일어나는 것은 실질적인 유전자 복제에 의해 존재하는 신체부품의 복제다.

거머리나 지렁이 같은 환형동물의 경우를 생각해보자. 이들의 몸은 철로의 차량처럼 반복되는 반독립적인 신체영역으로 구성되어 있다. 이러한 복제된 구조가 몸 전체에 해가 없고 신진대사에 큰 비용이 들지 않는다면, 세대를 거쳐 그 형태를 이어갈 수 있을 것이다.

그리고 이 생명체들은 적당한 환경에서, 그러한 복제구조가 여러 기능을 위해 전문화되도록 하는 데 완벽한 기회를 제공한다. 이런 일은 신체 나머지 부분의 진화에 반복적으로 발생되었다. 그러나 뇌 메커니즘의 진화에서 이러한 역할은 심리학자들에 의해 폭넓게 인정받은 것은 아니다.

나는 여기서 오늘날 브로카 영역이라고 부르는 것과 아주 유사한 한 영역이 원래 도구 사용과 단계적인 부품조립을 위한 하부두정엽(특히 연상회 부분)과 함께 임의적으로 진화했다는 것을 제안하려고 한다. 이 조상전래의 영역에 대해 후속적인 복제는 계속되었다. 이 두 개의 새로운 하부영역 가운데 하나는 구문론적인 구조용도로 더욱 전문화되었다. 이 구조는 물질적인 대상에 대한 실제적인 조작과는 분리된 것이다. 다른 말로 하면 바로 브로카 영역이다. 이 칵테일(혼합구조)에 베르니케 영역에서 가져온, 그리고 각회에서 온 추론양상인 의미론의 영향을 가미해보자. 그러면 여러분은 성숙된 언어에 대한 폭발적인 발전을 위해 준비된 강력한 혼합물을 갖게 된다. 아마 우연의 일치는 아니지만 여기가 바로 거울신경이 솟는 바로 그 영역이다.

내 주장은 진화와 선택적 진화에 초점을 둔다는 것을 염두에 두기 바란다. 다른 질문들이 남아 있다. 구문론의 계층적인 트리 구조인 하위부품 도구 사용의 개념, 그리고 그러한 개념적인 반복이 현대 인간 뇌의 분리된 모듈에 의해 조정되는가? 우리 뇌에서 이 모듈들은 실제 얼마나 자율적인가?

연상회의 장애로 인한 운동 불능증(도구사용 흉내 불능증)을 가진 환자는 하위부품 도구사용에 문제가 있는가? 우리는 베르니케 실어증을 가진 환자들은 구문론적으로는 정상적인 횡설수설을 만들어낸다는 것을 알고 있다. 즉 적어도 현대 인간의 뇌에서 구문론은 개념 속에 높은 수준의 개념이 끼어 있는 의미론의 반복에 의존하지 않는다. 그러나 그들의 횡설수설이 구문론적으로 얼마나 정상적인 것인가? 자동 조정되는 브로카 영역에 의해 전적으로 조절되는 그들의 말이 정상적인 말을 특징짓는 그러한 종류의 구문 트리 구조와 반복성을 갖고 있는가?

그렇지 않다면 브로카 영역을 '구문론 박스'라고 불러도 정당한가? 대수학은 어느 정도 되풀이를 필요로 하기 때문에 환자는 대수학을 할 수 있는가? 다시 말해 대수학은 자연적인 구문론을 위해 진화한 기존의 신경회로에 편승할 수 있는가?

이 장 초반에 나는 브로카 실어증 환자의 예를 든 적이 있다. 그는 대수학을 할 수 있었다. 그러나 이 주제에 관련하여 이루어진 귀중한 연구는 거의 없다. 있다면 그것 모두가 박사학위 논문이 될 수 있을 것이다.

지금까지 나는 언어와 추론이라는 인간의 중요한 능력의 출현으로 절정을 이루는 진화의 여행에 여러분을 초대했다. 그러나 수백 년 동안 철학자들을 곤혹스럽게 만든 인간 능력의 또 다른 특징이 있다. 언어와 그에 따른 사고, 또는 논리적인 단계에서 나타나는 추론이다. 우리는 말없는 내적 발성speech없이 생각할 수 있는가? 이미 언어에 대해 토론했지만 이 질문으로 씨름하기에 앞서 생각이 무엇을 의미하는지에 대해 명확히 할 필요가 있다. 많은 다른 능력들 가운데서 생각은 어떤 법칙을 따르는 뇌에서 제약을 두지 않는 개방형 기호조작에 관여하는 능력에 개입한다. 이러한 규칙들은 구분론의 능력과 얼마나 가까운 관계인가? 여기서 중요한 구절은 '개방형'이라는 것이다.

이것을 이해하기 위해서 그물망을 두른 거미에 대해 생각해보자. 그리고 스스로 물어보자. 거미는 쭉 뻗은 거미줄의 탄성을 설명할 수 있는 후크의 법칙[5]에 대한 지식을 아는가? 거미는 이에 관해 감각적으로 알고 있는 것이 틀림없다. 그렇지 않다면 거미줄 망은 허물어져버릴 것이기 때문이다. 거미의 뇌는 후크의 법칙에 대해 노골적이라기보다 암묵적인 지식을 갖고 있다고 말하는 것이 더 정확할까? 거미가 비록 이 법칙을 아는 것처럼 행동하지만(망의 존재가 이것을 증명한다), 거미의 뇌는(뇌가 분명히 있다) 여기에 대한 분명한 표현이 없다. 녀석은 망을 짜는 것 말고는 어떤 다른 목적으로 그 법칙을 이용할 줄을 모른다. 다시 말해서 고정된 운동 순서에 따라 망을 짤 뿐이다. 물리학 교과서에서 배우고 이해한 후크의 법칙을 의식적으로 발전시키는 엔지니어에게 이것은 맞지 않는 얘기다. 인간은 법칙을 사용하는 데 제약을 두지 않는다. 인간은 그것을 무한히 응용할 수 있을 정도로 개방적이며 융통성이 있다. 거미와 달리 인간은 마음속에 후크의 법칙에 대해 명확하게 표현할 능력이 있다. 세상에 있는 지식의 대부분은 이 두 가지의 극단적인 경우다. 다시 말해서 후크의 법칙에 대해 아무 생각이 없는 거미의 지식과 물리학자의 추상적인 지식이다.

'지식'과 '이해'는 무엇을 뜻하는가? 어떻게 해서 수십억 개의 신경이 그것을 얻는가? 이것은 완벽한 불가사의다. 나는 인식신경과학자들은 여전히 '이해하다', '생각하다'와 같은 단어의 정확한 뜻에 대해 여전히 모호하다는 것을 인정한다. 그러나 이것은 추론과 실험을 통해 하나씩 답을 찾아야 하는 과학의 업무이다. 실험을 통해 이 불가사의에 접근할 수 있을까? 예를 들어, 언어와 생각 사이의 연결고리는 어떨까? 어떻게 실험을 통해 언어와 생각 간의 찾기 어려운 접점을 탐험할 수가 있을까?

상식적으로 볼 때 생각으로 간주되는 일부 행위는 언어가 필요 없다. 예를 들어, 나는 여러분에게 천장의 전등을 고쳐달라고 부탁할 수 있다. 그리고 마루에 놓여 있는 3개의 나무상자를 보여준다. 여러분은 행동을 하기 전 상자의 시각적 이미지를 조작하는 내부 감각이 있을 것이다. 상자를 올려놓고 천장의 전등에 도달할 수 있을 방법을 생각하면서 말이다. 이런 경우는 확실히 여러분이 암묵적인 내적발성에 관여하는 것 같지는 않다. 예를 들어 "상자 B 위에 상자 A를 올려놓겠다"처럼 마치 언어는 사용하지 않고 시각적으로만 이러한 생각하는 듯 느껴진다. 그러나 이와 같은 추론에 조심해야 한다. 왜냐하면 어떤 사람의 머릿속에서 일어나는(상자 3개 쌓는 것) 내관(내부관찰)은 실제 행동에 신뢰감을 주는 길잡이가 아니기 때문이다. 시각적 상징이 내부조작처럼 느끼는 것이 실제로 언어를 중재하는 뇌 속의 같은 회로를 활용하는 것이라고 상상하는 것도 틀린 것은 아닌 것 같다. 비록 그 과제가 순수하게 기하학적이거나 공간적으로 느껴지더라도 말이다. 그러나 이것은 상식을 많이 침범하는 것 같다. 시각 이미지 같은 표현의 활성화는 아마도 인과관계라기보다 부수적인 것인지도 모른다.

시각적 이미지는 잠시 접자. 대신 논리적인 생각에 깔려 있는 형식적인 작용에 대해 같은 질문을 해보자. 우리는 "만일 조Joe가 수Sue보다 크고, 수Sue가 릭Rick보다 크다면, 틀림없이 조가 릭보다 더 크다"라고 말한다. 여러분은 그 추론이("그러면 조가 ~") 두 개의 전제("조가 수보다~", "수는 ~")에서 따라나온다는 것을 이해하려고 굳이 지적 이미지를 불러오지 않아도 된다. 사람 이름 대신에 A, B, C라는 추상적인 상징으로 대체해서 생각해보면 더 쉽다. 즉 A>B 그리고 B>C, 그러면 A>C라는 것은 틀림이 없다.

그러나 이 이행성 규칙에 기초를 둔 명백한 추론은 어디에서 오는 것일까? 이것은 여러분의 뇌에 고정된 것이고 태어날 때부터 존재하는 것인가? 그것은 귀납법을 통해 배운 것인가? 과거에는 항상, 어떤 개체 A가 B보다 크고, B는 C보다 크다고 할 때마다, A는 항상 C보다 크다는 법칙 때문에? 아니면 애초부터 언어를 통해 배운 것인가? 타고 난 것이든 학습을 통해 배운 것이든, 이 능력은 발성언어spoken language를 위해 사용된 같은 신경기관을 투영하고 부분적으로 활용하는 어떤 종류의 암묵적인 내부언어에 의존하는 것은 아닐까? 언어는 명제논리propositional logic를 앞서는가, 아니면 그 반대인가? 비록 서로 풍요롭게는 하지만 상대편에 필요한 것은 아닌 것 같다. 이것은 아주 흥미로운 이론적 질문이다.

그러면 이것들을 실험으로 옮겨 어느 정도 답을 찾을 수 있을까? 그렇게 하는 것이 과거에는 무척이나 어려운 것으로 입증되었다. 그러나 나는 철학자들이 생각 실험이라고 이름을 붙인 그러한 것을 제안할 것이다. 비록 철학자의 '생각 실험'이 실제로 이루어질 수 있다고 해도 말이다. 바닥에 세 가지 다른 크기의 상자가 있고 천장에 매달려 있는 비싼 물건을 여러분에게 보여준다고 가정하자. 여러분은 즉시 3개의 상자를 제일 큰 것을 아래에, 그 다음에 두 번째로 큰 것을, 가장 작은 것을 제일 위에 쌓아놓고서는 천장에 달려있는 물건을 가지러 올라갈 것이다. 침팬지도 많은 시행착오를 하겠지만 상자에 대한 이 문제를 풀 수 있다(여러분이 침팬지 가운데 아인슈타인을 뽑지 않는다면 말이다).

그러나 지금 나는 실험에 수정을 가하려고 한다. 상자들 중에 큰 상자는 적색, 중간 상자는 청색, 조그만 상자에는 녹색 야광夜光의 점을 찍는다. 그리고 마루에 흩어놓는다. 우선 여러분을 방으로 데려와서 상자를 보여주면 어느 상자에 어떤 점이 찍혀 있는지 인지한다. 그리고 방의 불을 끈다. 그러면 방에는 빛나는 점들만 보인다. 마지막으로 나는 역시 야광색이 나는 상품을 어두운 방에 가져와 천장에 매단다.

여러분의 뇌가 정상적이라면, 지체 없이 적색 점이 있는 상자를 가장 밑바닥에, 청색 상자는 중간에, 녹색 점 상자는 맨 위에 놓고서는 그 위에 올라 천장에 달려 있는 물건을 취할 것이다(상자가 밖으로 나온 손잡이가 달려 있어 그것을 잡고 상자를 들어올린다고 가정해보자. 그리고 상자 무게가 동일하여 감촉만으로는 상자들을 구별할 수 없다고 가정하자). 다른 말로 하자면 여러분은 임의의 상징물을 만들 수 있다. 그리고 그것을 전부 머리에 새겨넣는다. 해답을 위한 가상 실험을 하면서 말이다. 이 일은 다음과 같은 상황에서 할 수 있다. 첫 번째 상황에서는 단지 적색과 녹색 점이 있는 상자만 보았을 때, 그리고 다음에 녹색과 청색 상자, 그리고 마지막으로 적색과 녹색 점 상자만 보일 때(두 개의 상자만 쌓아도 천장의 상품을 취할 수 있다는 생각도 해보자)이다.

이러한 세 가지 단계의 실험에서 상자의 서로 상대적인 크기가 보이지 않더라도, 나는 여러분이 뇌 속에서 '만약 ~이면 ~이다'라는 조건문을 이용하여 이행성을 구축할 수 있으리라 장담한다. "만일 적색이 청색보다 크고, 청색은 녹색보다 크고, 그러면 적색은 틀림없이 녹색보다 크다." 그리고 천장의 물건을 취하기 위해 녹색 상자를 적색 상자 위에 쌓아올릴 것이다. 원숭이는 이 과제에서 틀림없이 실패할 것이다. 이 과제를 풀려면 언어의 기초라고 할 수 있는 자의적인 기호를 눈에 보이지 않게 조작하는 능력이 필요하기 때문이다. 그러나 특히 새로운 상황에서, 어느 정도까지 언어가 정신적인 암묵적 조건 표현에서 실제적 요건이 되는 것일까? 아마 베르니케 실어증을 앓는 환자에게 같은 실험을 해보면 발견할 수 있을 것이다. 환자가 "만일 블라카Blaka가 굴리Guli보다 크고, 그리고 리카툭Likatuk보다 크다면"과 같은 문장을 만들 수 있다고 할 때,

문제는 그녀가 문장에 암시된 이행성을 이해하느냐 하는 점이다.

만일 그렇다면 환자는 우리가 침팬지용으로 만든 3가지 상자 테스트를 통과할까? 아니면 반대로, 깨진 구문론 상자를 가지고 있다는 브로카 실어증 환자는 어떨까? 그는 더는 'ifs', 'buts' 그리고 'thens'를 쓰지도 않고, 그런 단어를 듣거나 읽을 때 이를 이해하지 못한다. 그런데도 이런 환자는 이 3가지 상자 테스트를 통과할까? 다재다능한 방법으로 연역적인 추론의 법칙을 이해하고, 전개할 구문론 모듈이 필요하지 않는다는 것을 암시하고서 말이다.

우리는 수많은 다른 논리 규칙에 대해서도 같은 질문을 할 것이다. 그러한 실험 없이는 언어와 사고사이의 접속관계는 영원히 철학자들에게나 흐릿한 소재로 남을 뿐이다. 나는 이 세 가지 상자 아이디어를 이용했다. 기본적으로 우리는 언어와 사고를 실험적으로 구분할 수 있다는 것을 설명하기 위해서다. 그러나 만일 실험이 수행하기에 부적절하다면 우리는 똑같은 논리를 구현할 수 있는 아주 잘 디자인된 게임을 갖고 환자를 만나면 된다. 여기에는 명확한 구두 지시를 필요로 하지 않는다. 환자가 그러한 게임에 다가설 수 있다면 얼마나 좋을까? 그 게임은 진정으로 서서히 언어이해를 부추기어 행동으로 옮기게 하는 데 사용될 수 있을까? 고려해야 할 또 다른 점이 있다. 추상적인 논리 속의 이행성을 전개하는 능력은 아마도 맨 처음 사회적 배경 때문에 진화된 것으로 보인다. 원숭이 A는 원숭이 B가 몸을 부풀리고 원숭이 C를 제압하는 것을 본다. 원숭이 C는 전에 원숭이 A를 성공적으로 제압한 녀석이다. 그렇다면 A는 이행성을 이용할 수 있는 능력이 있어서 자발적으로 B로부터 물러설 것인가?(통제방법으로 우리는 만일 B가 다른 무작위

의 원숭이 C를 제압하는 장면만 보았다면 A는 B로부터 물러나지 않는다는 것을 우리가 보여줘야 할 것이다)

베르니케 실어증 환자들에게 행한 3개의 상자 실험은 우리에게 우리의 사고과정과, 그리고 그들이 언어와 상호작용하는 범위의 내부논리를 구분하는데 도움을 줄 것이다. 그러나 거의 관심을 받지 못하는 어떤 증상에 대해 흥미로운 정서적인 측면도 존재한다. 그 증상은 그들이 횡설수설한다는 사실과 그들이 대화를 나누는 사람들의 얼굴에 나타나는 몰이해를 전혀 눈치 채지 못한다는 것이다. 반대로, 나는 한번은 병원을 거닐다가 한 미국인 환자에게 말을 건넨 적이 있다.

"사와디 크랩. 츄알알라이? 킨 크라오 라 양?Sawadee Khrap. Chualalai? Kin Krao la yang?"

그는 미소를 짓더니 알아들었다는 듯이 고개를 끄덕였다. 언어 이해 모듈이 없는 그는 말도 안 되는 소리와 정상적인 말을 따로 구분할 수가 없었다. 그러한 말이 그의 입에서 나왔든, 내 입에서 나왔던지 간에. 나는 동료 에릭 알출러와 자주 베르니케 실어증 환자 두 사람을 서로 소개해주는 생각을 즐기곤 했다. 그들이 싫증내지 않고 하루 종일 계속 상대방에게 말할 수 있을까? 우리는 베르니케 실어증 환자는 횡설수설하지 않는다는 가능성을 농담 삼아 말했다. 아마도 그들은 서로에게만 통할 수 있는 개별적 언어를 갖고 있는 것 같다.

우리는 언어와 사고의 진화를 추측했으나 여전히 그것을 풀지 못했다(3개의 상자 실험과 그것과 유사한 비디오 게임은 아직 시도도 하지 못했다). 언어 자체의 모듈성도 별로 깊게 생각하지 못했다. 즉 의미론과 구문론 간의 구별이다(예를 들어, '쥐를 잡아먹은 고양이를 죽인 소녀는 노래했다'와 같은 반복적인 끼워 넣기라고 앞에서 정의를 내린 것을 포함해서 말이다).

현재 구문론의 모듈성에 대한 가장 강력한 증거는 신경학에서 온다. 다시 말해서 베르니케 영역이 손상된 환자가 의미가 전혀 없지만, 그러면서도 정교하고 문법적으로 정확한 문장을 만들어내는 것을 관찰하는 데서부터 온다는 것이다. 반대로, 함디 박사의 경우처럼 브로카 영역은 손상되었지만 베르니케 영역은 온전한 환자가 있다. 그러한 사람들에게 있어서 의미는 보전되지만 구문론적인 깊은 구조는 없다. 만약 의미론(사고)과 구문론이 같은 뇌 영역에 의해, 또는 분산된 신경망에 의해 조정되는 것이라면 두 기능의 '짝풀림', 또는 분열현상은 생기지 않는다. 이것은 심리언어학자들에 의해 제기된 표준적인 견해다. 그런데, 이것이 진정 사실일까? 언어의 깊은 구조가 브로카 실어증에서는 정상이 아니라는 사실은 분명하다. 그러나 이 뇌 영역이 반복과 단계적인 끼워 넣기와 같은 언어의 주요한 측면에 대해서 배타적으로 전문화되었는가? 만일 내가 여러분의 손을 잘라 버리면 여러분은 글을 쓰지 못한다. 그러나 글쓰기의 핵심은 각회에 있지, 손에 있는 것은 아니다. 이 논쟁에 반박하기 위해 심리언어학자들은 때때로 이런 증상과는 반대되는 증상이 베르니케 영역이 손상될 때 일어난다고 지적한다. 즉 문법에 깔려 있는 심오한 구조는 유지되어 있으나 의미는 사라져 버린 것이다.

나는 동료 폴 맥거크와 데이비드 브랑과 함께 이를 더 가까이 관찰했다. 2001년 과학 저널 〈사이언스〉에 실린 한 영향력 있고 훌륭한 논문에서, 언어학자 노암 촘스키와 인지신경과학자인 마크 하우저Marc Hauser는 심리언어학의 모든 분야와 언어가 인간에게 고유하다는 전통적인 주장에 대해서 조사를 벌였다. 그들은 언어의 거의 모든 면이 다른 종種, 예를 들어 침팬지 경우와 같이 적절한 훈련을 통해 가능하다는 것을 알았다. 그러나 인간에 있어서 고유한 심오한 문법적 구조를 만들어내는 것은 반복적인 포매包埋라는 것을 발견했다. 베르니케 실어증에서 심오한 구조와 구문론적인 조직은 정상적이라고 말할 때, 그것은 때로 좀더 명백한 측면에 대해서 언급한다. 명사, 전치사, 그리고 접속사 등을 사용하지만 의미는 전혀 없는 내용을 담는 능력과 같은 것을 말한다("존과 마리는 즐거운 은행에 가서 모자 값을 지불했다"). 그러나 임상의들은 일반적인 지식과는 달리 베르니케 실어증환자가 내뱉는 말은 전적으로 구문론적인 구조에서조차 전혀 정상적이지 않다는 것을 오래전부터 알고 있었다. 그것은 때때로 다소 빈약하다. 그러나 이러한 임상관찰은 전반적으로 무시되었다. 왜냐하면 구문론적 구조는 반복이 인간언어의 필요불가결한 조건으로 인식되기 오래 전에 만들어졌기 때문이다. 어떤 면으로 볼 때 진정한 중요성이 실종된 것이다.

많은 베르니케 실어증환자들이 내뱉는 말을 상세하게 조사했을 때, 우리는 의미의 부재 외에도 그들이 가장 충격적이고 명백하게 잃어버린 것이 바로 반복적인 포매라는 것을 알게 되었다. 환자들은 접속사를 사용해가며 느슨하게 문장을 말했다. "수전이 왔다. 그리고 존을 때렸다. 그리고 버스를 탔다. 그리고 찰스가 넘어졌다." 그러나 그들은 반복적인 문장 즉, "줄리를 사랑한 존은 숟가락을 사용했다"와 같은 문장을 결코 구성할 줄을 몰랐다("줄리를 사랑한 누구"에 콤마를 찍지 않아도 줄리가 아니고 존이 숟가락을 사용했다는 것을 우리는 안다). 이 관찰은 오랫동안 유지되어온, 브로카 영역은 베르니케 영역으로부터 자유로운 구문론 상자라고 하는 주장을 허물어버린다. 반복은 아마도 베르니케 영역의 특성으로 드러날 것이다. 그리고 많은 뇌 기능에 공통적인 일반적 특성일 것이다. 더구나 우리는 현대 인간의 뇌의 기능적 자율성과 모듈성에 관한 이슈를 진화의 질문과 혼동해서는 안 된다. 하나의 모듈이 다른 모듈을 위한 기질(결합 조직의 기본 물질)을 제공했는가, 아니면 다른 것으로 진화했는가, 아니면 이들이 여러 선택적 압력에 대응하여 완전하게 독립적으로 진화했는가?

언어학자들은 주로 모듈에 고유한 법칙의 자율성이라는 옛 질문에 관심을 갖고 있다. 그러나 진화의 질문에는 하품을 자아낸다(진화 또는 뇌 모듈에 관한 어떤 얘기도 수체계의 고유한 법칙에 흥미가 있는 많은 정수 이론가들은 무의미하게 생각하는 것 같다). 이와는 반대로 생물학자들과 발달 심리학자들은 언어를 통제하는 법칙에 관심이 있을 뿐만 아니라 구문론을 포함하여, 진화, 발달, 그리고 언어에 대한 신경기질에 관심을 보였다. 그래서 이러한 차이점은 지난 1세기 동안이나 언어진화의 논쟁을 괴롭혀 왔다. 물론 주된 차이점은 언어 능력은 자연선택을 통해 20만 년 이상이나 진화했지만 수 체계는 겨우 2,000년에 불과하다는 것이다. 그렇다 치고, 이러한 논쟁에 대한 내 의견은 생물학자들이 옳다는 것이다. 한 가지 비유로 내가 가장 선호하는 예를 들려고 한다. 음식물을 씹는 것과 듣는 것의 관계이다. 모든 포유류는 중이에 추골槌骨, 등골鐙骨 그리고 침골砧骨이라는 3개의 작은 뼈가 있다. 이 뼈들은 고막에서부터 내이內耳까지 소리를 전송하고 확대하는 역할을 한다. 척추동물의 진화에서 이 뼈들의 갑작스러운 등장은 말 그대로 불가사의한 일이었다(포유류는 있으나 그들의 조상인 파충류에게는 없다). 비교해부학자, 태생(발생)학자, 그리고 고생물학자들이 이 뼈들이 파충류의 턱뼈 뒷부분에서 실제 진화했다는 사실을 발견하기 전까지만 해도, 이것들은 창조론자들은 논쟁에서 이길 수 있는 중요한 비밀 병기였다(여러분의 턱은 귀에 아주 가까게 연결된다는 것을 상기하기 바란다). 진화 단계의 순서를 보면 그야말로 환상적인 이야기다.

포유류의 턱은 하악골下顎骨이라는 하나의 뼈로 되어 있다. 반면에 파충류 조상들의 턱은 3개였다. 이유는 포유류와 달리 파충류는 자주 엄청난 크기의 먹이를 삼켜야 했기 때문이다. 그러나 턱은 오직 삼키는 역할을 하는데 사용되었을 뿐 씹는 용도는 아니었다. 그리고 파충류는 신진 대사, 소위 소화능력이 한참 느리기 때문에 삼킨 음식이 소화되려면 몇 주씩이나 걸렸다.

이런 종류의 식사에는 크고 유연한 다중경첩(돌쩌귀)의 턱이 필요하다. 그러나 파충류가 신진대사 작용이 활발한 포유류로 진화했다. 따라서 생존하기에 좋은 신진대사 전략은 작은 양의 식사를 자주해 빨리 소화시키는 것이었다. 파충류는 땅 가까이에 네 다리를 제멋대로 벌려 엎드리고서 목과 머리를 땅에 대고 킁킁대면서 먹이를 찾는다. 땅에 댄 3개의 턱뼈는 동시에 근처에 있는 다른 동물들이 내는 발자국 소리를 귀 근처로 전송하는 역할을 한 것이다. 뼈전도라고 하는 이것은 포유류가 사용하는 공기전도와는 상반되는 내용이다.

포유류로 진화하면서 파충류는 스스로 네 다리를 벌리고 걷는 자세에서 땅에 수직으로 걷는 자세로 바꾸었다. 이러한 과정 속에서 3개의 뼈 가운데 2개가 점차적으로 가운데 귀(중이)로 변했다. 씹는 기능은 포기하고 소리를 듣기 위해 공기전도 역할만 하도록 진화한 것이다. 그러나 이러한 기능의 변화가 가능했던 것은 이미 전략적으로 자리를 잡고 있었기 때문이다. 즉 적절한 시간에 적절한 장소에 맞춘 것이다. 그리고 땅에서 전송되는 소리의 진동을 듣는 기능이 이미 시작된 것이다. 기능상에 있어서 이러한 근본적인 변화로 인해 부차적인 진화가 이루어졌다. 다시 말해서 턱이 음식을 씹기에 훨씬 더 강력하고 유용한 하나의 뼈로 된 것이다.

언어의 진화에 관한 유추는 명백해야 한다. 내가 만일 여러분들에게 씹는 것과 듣는 것이 모듈성이 있고, 구조적으로 그리고 기능적으로 서로 독립적인 것인지를 물어 본다면 대답은 볼 것 없이 '예'일 것이다. 그리고 우리는 이미 후자가 전자로부터 진화해 온 것을 안다. 그리고 관련된 진화단계를 규명하는 것까지도 가능하다. 이처럼 구문론 및 의미론과 같은 언어의 기능은 모듈성이고 자율적이라는 것과 사고와 구별된다는 명백한 증거가 있다. 듣는 것이 씹는 것과 명확히 구별이 되는 것만큼 말이다.

구문론과 같이 이러한 기능들 가운데 하나는 다른 기능에서부터 진화했다는 것은 전적으로 가능성 있는 이야기다. 아주 초창기에 도구사용이나, 혹은 생각과 같은 기능으로부터 말이다. 불행하게도 언어는 턱이나 귀 뼈처럼 고착화된 기관이 아니기 때문에 우린 단지 그럴듯한 시나리오를 구축할 수 있을 뿐이다. 우리는 아마도 그 일련의 정확한 경과과정을 모른 채 살아가야 할지도 모른다. 그러나 희망적인 것이 있다. 나는 여러분에게 우리가 앞으로 수행해야 할 종류의 이론적 개요, 그리고 우리가 이해할 필요가 있는 실험의 종류들을 제공했다. 그래서 나는 우리 모든 인간의 지적인 특성 가운데 가장 명예로운, 성숙한 언어가 어떻게 등장하게 되었는지 그에 대한 설명이 가능할 것으로 본다.

7장 | 아름다움과 뇌

미학의 출현

예술은 우리가 진실을 깨닫게 만드는 거짓이다.
– 파블로 피카소

인도 신화에 나오는 창조의 신 브라흐마Brahma는 태초에 우주와 모든 아름다운 것들, 눈으로 덮인 산, 강, 꽃, 새, 그리고 나무, 심지어 인간까지 만들었다고 한다. 그러나 브라흐마는 얼마 후 고뇌에 잠겼다.

"여보, 당신은 지성과 위대한 용기를 가진 사람들이 사는 위대한 우주를 만들었어요. 그런데 왜 그렇게 기가 죽어 있나요?"

아내인 사라스와티Saraswati가 그에게 물었다. 브라흐마는 대답했다.

"그래, 이 모든 것이 사실이오. 그러나 내가 만든 그 사람들은 내 창조물의 아름다움에 대해 감사하는 마음이 없어요. 감사하는 마음이 없이는 그들이 가진 지성은 아무런 의미가 없어요."

사라스와티가 브라흐마를 격려하며 이렇게 말했다.

"제가 인간들에게 예술이라는 선물을 줄 거예요."

그 순간부터 사람들은 미적 감각을 개발했고, 아름다움에 반응했고, 모든 사물에서 신성한 불꽃을 보았다. 그래서 사라스와티는 고대 그리스로마 신화에서 예술과 음악을 관장하는 뮤즈Muse처럼 인도에서 예술과 음악의 여신으로 숭배를 받게 되었다.

이 장과 다음 장에서는 아주 흥미로운 질문을 다룬다. 인간의 뇌는 아름다움에 대해 어떻게 반응할까? 예술에 반응하고 창조하는 우리는 얼마나 특별한가? 사라스와티가 인간에게 준 능력은 어떻게 작동할까? 아마도 이 질문에 대한 해답은 세상에 있는 예술가들만큼이나 많을 것이다. 스펙트럼의 한쪽 끝에는 예술이 인간 궁지의 모순에 대한 궁극적인 해결책이라는 고상한 생각이 있다. 즉 영국의 초현실주의 시인인 로랜드 펜로즈Roland Penrose가 한때 말했던 것처럼 유일한 "눈물의 계곡으로부터의 탈출"인 것이다. 다른 쪽 끝에 있는 것은 "무슨 일이든 허용된다"는 개념의 다다이즘[1] 이라는 학파다. 그들은 "우리가 예술이라고 부르는 것은 크게 문맥론적이며, 혹은 전적으로 보는 사람의 마음속에 있다"라고 말한다 (가장 유명한 예제로 실제로 프랑스의 미술가 마르셀 뒤샹Marcel Duchamp 은 갤러리에 소변기를 두고는 "내가 이것을 예술이라 부르니 이것은 예술이다"라고 말했다고 한다). 그러나 다다이즘은 정말 예술일까? 아니면 그저 단순하게 예술을 조롱하는 것에 불과한 것인가? 여러분은 얼마나 자주 현대 미술 갤러리에 들러, 황제가 옷을 입지 않았다는 것을 안 어린 소년처럼 느꼈는가?

예술은 엄청나게 다양한 종류들 속에서 지속되어 왔다. 그리스 고전 예술, 티베트 예술, 아프리카 예술, 크메르 예술, 촐라 예술, 르네상스 예술, 인상주의, 큐비즘, 야수파, 추상예술 등 목록이 끝이 없을 정도다. 그러나 이 모든 다양성 근처에 문화의 경계를 구분하는 몇 가지 일반적인 원칙이나 예술적 보편성이 있을 수 있을까? 우리는 예술을 따라 잡을 수 있을까?

과학과 예술은 근본적으로 다르다. 하나는 일반적인 원칙과 깔끔한 설명에 대한 탐구이고, 반면에 다른 하나는 억제되지 않은 상상력과 정신의 축제다. 그래서 예술에 대한 과학의 개념은 모순어법처럼 보이는 것이다. 그러나 그것이 이 장과 다음 장을 위한 내 목표다. 즉 인간의 시각과 뇌에 대한 우리의 지식은 지금 너무나 정교하기 때문에 예술에 대한 신경적인 기초를 지능적으로 짐작할 수 있다. 그래서 예술적 경험에 대해 과학적 이론구축을 시작한다는 것을 여러분에게 확신시키려고 한다.

우선 어떠한 식으로든 간에 예술가 개인의 독창성을 폄하하는 것은 아니라는 것을 밝혀둔다. 왜냐하면 예술가가 보편적인 원칙을 배포하는 방식은 전적으로 자기 것이기 때문이다. 먼저, 나는 역사가들이 정의한대로 예술과 미학에 대한 주제를 분명히 하고자 한다. 예술과 미학 모두 두뇌가 아름다움에 응답할 것을 요구하기 때문에 중복의 가능성이 매우 크다. 그러나 예술은 다다이즘(미적 가치가 불확실한)과 같은 것을 포함하는 반면, 미학은 패션 디자인과 같은 전형적으로 높은 예술로 간주되지 않는 것들을 포함한다. 어쩌면 높은 예술의 과학이란 있을 수 없다. 그러나 기저를 이루는 미학의 원리는 가능하다고 주장하고 싶다.

미학의 많은 원리들은 인간과 다른 생물에게도 모두 공통되기 때문에 문화의 결과가 될 수 없다. 꽃은 우리가 아닌 꿀벌들에게 아름답게 보이도록 진화했다. 그러나 우리가 꽃을 보고 아름답다고 여기는 것은 우연의 일치인가? 이것은 우리의 뇌가 꿀벌들의

그림 7-1 암컷을 유혹하기 위해 수컷 바우어새가 정교하게 만든 둥지, 또는 휴식처이다. 화려한 색깔이나 대비(파란 열매와 대조를 이루는 노란 꽃들), 그리고 대칭과 같은 '예술적' 원리를 많이 이용했다는 점을 주목하기 바란다.

뇌로부터 진화해서가 아니라(물론 하지 않았다), 두 그룹 모두 독립적으로 같은 미학의 보편적인 원칙 중 일부를 수렴했기 때문이다. 수컷 공작들은 호모 사피엔스가 아니라 자신들의 암컷들을 유혹하기 위해 진화했지만 우리가 수컷 공작들을 눈요깃거리로 찾는 이유와 마찬가지다.

호주와 뉴기니섬의 바우어새들과 같은 생명체들은 우리가 예술적 재능이라 여기는 재주가 있다. 수컷들은 단조로운 작은 동료들이다. 그러나 프로이트 학설에서 나오는 보상처럼, 그들은 짝을 유혹하기 위해 엄청나게 화려하게 장식된 둥지를 만든다(그림 7-1).

어떤 바우어새는 8피트나 되는 둥지를 만든 다음 정교한 출입구, 아치 모양의 길, 그리고 입구의 통로 앞에 잔디까지 만든다. 어떤 녀석은 꽃송이들을 모아 부케를 만드는가 하면 또 다른 녀석은 많은 종류의 열매들을 색깔별로 분류하며 뼈나 달걀껍질의 파편들을 모아 환하고 하얀 작은 언덕을 만들기도 한다. 정교한 디자인으로 배열된 부드럽고 반짝이는 돌멩이들도 전시품의 일부다. 만약 이 둥지들이 인간 거주지 가까이 있다면 수컷 새는 둥지에 악센트를 주기 위해 담뱃갑에 든 은박지, 또는 반짝이는 유리 파편조각(보석과 동등한)을 빌리려고 할 것이다.

수컷 바우어새는 전반적으로 둥지의 외관과 구조의 세밀한 부분까지에도 굉장한 자부심을 갖는다. 만약 열매 하나를 둥지에 올려놓으면 녀석은 둥지를 원상복귀 시키기 위해 폴짝폴짝 뛰어 다닐 것이다. 많은 예술인에게서 볼 수 있는 일종의 결벽증을 보이면서 말이다. 바우어새의 서로 다른 종들은 저마다 구별할 수 있는 다른 둥지들을 만든다. 그리고 무엇보다 놀라운 것은 각기 다른 종들마다 각기 다른 스타일이 있다. 예컨대 수컷 새는 암컷들에게 깊은 인상을 주고 유혹하기 위해 독창적인 예술성을 보여준다. 만약 새가 만들었다는 사실을 밝히지 않고서, 이 둥지들 가운데 하나를 맨해튼 미술 갤러리에 전시된다면, 장담하건대 상당한 호평을 받을 것이다.

인간으로 돌아와서 볼 때 미학에 관한 한 가지 문제가 항상 날 당혹하게 만들었다. 무엇이든 좋다. 천박한 예술과 격조 높은 예술 사이의 중요한 차이점은 과연 무엇일까? 일부 사람들은 한 사람에게 천박한 예술이 다른 사람에게는 격조 높은 예술일지도 모른다고 주장한다. 다른 말로 표현하자면 판단은 전적으로 주관적인 것이다. 그러나 만약 예술이론이 객관적으로 천박함과 격조 높은 예술을 구분할 수 없다면, 그 이론이 정확하고 또 우리가 예술의 의미를 정말로 이해했다고 주장할 수 있을까? 진정한 차이가 있다고 생각하는 것에 대한 이유가 있다. 천박함을 즐긴 후에 다시 진정한 예술을 좋아할 수 있도록 배울 수 있다는 점이다. 그러나 격조 높은 예술의 즐거움을 알고 난 후에는 천박함으로 다시 돌아가기란 사실상 불가능하다. 그렇지만 이 문제에 부딪히지 않고, 그리고 객관적으로 그 차이를 설명하지 않는 한 미학에 대한 어떤 이론도 완전하다고 할 수 없다.

이 장에서 나는 격조 높은 예술, 즉 미학은 특정한 예술적인 보편성, 그리고 적절하고 효과적인 배치를 포함한다는 가능성에 대해 생각해보겠다. 그러나 키치[2]는 미학에 대한 진정한 이해도 없이 원칙을 조롱하는 듯한 시늉만 하는 것 같다. 내가 말하려는 것은 완전한 이론은 아니지만 시작이다.

***

오랜 시간 동안 나는 미술에 진정으로 관심이 없었다. 그러나 전적으로 그렇다는 것은 아니다. 왜냐하면 큰 도시에서 과학 관련 회의에 참석하게 될 때, 나는 내 자신에게 예술에 대한 교양이 있다는 것을 증명하기 위해 현지 갤러리를 자주 방문하기 때문이다. 그러나 예술에 대한 깊은 열정은 없었다. 그러나 이 모든 것은 1994년 내가 인도에 휴가를 가서 미학과 지속적인 사랑의 관계를 시작하면서 바뀌었다.

내가 태어난 인도 남부의 도시 첸나이Chennai(마드라스Madras라고도 알려졌다)의 신경학 재단에서 세 달간 객원교수로 있었다. 그 곳에서 뇌졸중에 시달리거나, 사지가 절단된 후에도 마치 존재하는 것처럼 감각되는 현상인 의사수족증, 또는 문둥병으로 인해 감각을 잃은 환자들을 대상으로 일하게 되었다. 어느 정도 시간 여유도 있었다. 그 병원은 돌보아야 할 환자들이 많지 않았다. 그래서 여유롭게 산책할 수 있는 기회를 만들어 말라포어Mylapore 근처에 있는 1,000년이나 된 시바Shiva 사원을 거닐게 되었다.

사원의 돌과 청동 조각들(또는 '우상' 영국인들이 그렇게 부르곤 했다)을 관찰하던 중 이상한 생각이 떠올랐다. 서양에서는 이 청동 조각들을 박물관과 미술관에서 볼 수 있고, 또한 인도의 예술이라고 말한다. 그렇지만 나는 다르다. 나는 청동조각상들에 기도하고, 한 번도 예술품이라고 생각하지 않으면서 자랐다. 매일 하는 숭배, 음악, 그리고 춤은 인도인의 일상적인 삶과 너무나도 잘 융화되어 있다. 그래서 어디에서 예술이 끝나고 어디에서 일상생활이 시작되는지 알기 어려울 정도다.

이러한 조각품들은 서양에 있어서도 마찬가지로 분리된 존재가 아니다. 특별히 첸나이를 방문하기 전까지만 해도 나는 서양교육을 받았기 때문에 인도 조각들에 대한 식민지적인 견해를 갖고 있었다. 조각들을 주로 수려한 예술보다는 종교적 도상圖像이나 신화로만 여겼다. 그렇지만 첸나이 방문으로 이러한 이지미지들은 종교적 유물이라기보다 아름다운 예술 작품으로 내게 깊은 영향을 끼쳤다.

빅토리아시대 영국인들이 인도에 침입했을 때, 그들은 인도예술에 대한 연구를 민족지학[3]과 인류학으로 취급했다(이것은 피카소를

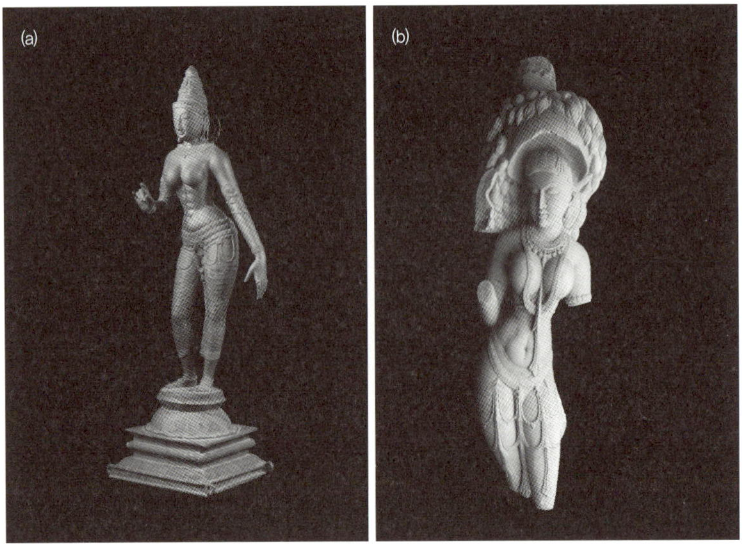

그림 7-2 (a) 남부 인도의 촐라시대(10~13세기)에 만들어진 파르바티의 여신 청동상. (b) 12세기에 인도의 카주라호에 있는 아치형 나뭇가지 아래 서 있는 돌로 만든 요정의 사암조각 복제품으로 여성적인 형태의 정점이동을 잘 보여준다. 가지에 달린 잘 익은 망고는 그녀의 풍만하고 젊은 가슴과 자연의 다산과 생식력을 보여준다.

델리에 있는 국립박물관의 인류학 구역에 올려놓은 것과 같다). 그들은 조각들이 나체이며 종종 원시적이거나 현실적이지 않게 묘사된 것을 보고 놀랐던 것이다. 예를 들어, 힌두교의 여신 파르바티Parvati의 청동 조각(그림 7-2(a))은 촐라Chola 시대 남부인도 예술의 전성기로 거슬러 올라간다(서기 1200년). 인도에서는 과감한 여성적 관능미, 우아함, 균형, 위엄, 그리고 매력을 갖춘 전형적인 조각상으로 간주된다.

그렇지만 영국인들은 이것과 다른 비슷한 조각(그림 7-2(b))을 보고는 진짜 여자를 닮지 않았기 때문에 예술이 아니라고 불만을 토로했다. 가슴과 엉덩이는 너무 컸고 허리는 너무 좁았다. 마찬가지로 그들은 무굴이나 라자스타니Rajasthani 학교의 미니어처 그림들이 자연에서 볼 수 있는 균형감이 부족하다고 지적했다.

이러한 비판을 하면서 영국인들은 무의식적으로 고대인도의 미술과 서양 미술, 특히 현실주의가 강조되는 고대 그리스와 르네상스 미술을 비교했다. 그러나 만약 예술이 현실주의에 관한 것이라면 이미지는 왜 만드는 것일까? 그냥 걸어 다니면서 주위에 있는 것 있는 그대로 보면 되는 것 아닐까? 대부분의 사람들은 예술의 목적은 무언가의 현실적인 모형이 아니라 완전히 다른 반대의 모형을 창조하기 위한 것이라고 인식한다. 그것은 보는 사람에게 특정한 만족스러운(그리고 때로는 충격적인) 효과를 달성하기 위해 의도적으로 과장한다. 그리고 심지어 현실을 초월하여 현실주의를 왜곡한다. 그리고 더 효과적으로 이러한 일을 하면 할수록 미적 충격은 더 커지는 것이다.

피카소의 입체파 그림은 결코 현실적인 것이 아니다. 두 눈이 얼굴의 한쪽에 있고, 꼽추이고, 사지의 위치가 부적절한 위치에 있는 그의 그림 속 여인들은 어떤 촐라 청동 또는 무굴 사람의 미니어처보다도 상당히 왜곡되어 있다고 말할 수 있다. 서양에서 피카소에 대한 평가는 예술은 반드시 사실주의어야 한다는 억압에서 해방시킨 천재라는 것이다. 난 피카소의 재능을 비하하려고 하는 것이 아니다. 단지 그의 업적은 천 년 전 인도 예술가들이 이미 한 것이라는 사실을 말하고 싶었다.

한 평면에서 물체의 여러 모습들을 묘사하는 그의 기술조차 예술가들이 이미 사용했던 것이다(나는 피카소 미술에 대해 대단히 열광하는 팬이 아니다). 따라서 인도 예술의 은유적 뉘앙스는 옛날 서양 예술 역사가들에게서 실종되었다고 할 수 있다. 저명한 시인으로 19세기 자연주의 작가였던 버드우드 경은 인도의 예술을 단순한 '공예'라고 생각했다. 그리고 많은 신들이 (신성한 특성을 비유적으로 나타내는) 팔이 여러 개라는 사실에 거북함을 느꼈다.

그는 인도 예술의 가장 위대한 아이콘인 춤추는 시바, 즉 나타라자Nataraja를 팔이 여럿 달린 괴물로 생각했다. 이상하게도 그는 르네상스 예술에서 어깨에서 날개가 돋은 아이로 묘사되는 천사를 보고는 괴물이라고 생각하지 않았다. 그러나 일부 인도인의 눈에 그것은 분명히 괴물로 비쳐질 수 있다.

의사의 한 사람으로서 덧붙이겠다. 괴물이 그러하듯 여러 개의 팔이 있는 인간이 태어날 수도 있다. 그러나 인간이 어깨에서 날개가 돋아나는 것은 불가능한 일이다. 그런데 최근 조사에 따르면 전체 미국인의 3분의 1은 천사를 본 적이 있다고 한다(이것은 유명한 가수 엘비스 프레슬리를 실제로 본 사람 수보다도 더 많은 수다).

예술 작품들은 복사본이 아니다. 그래서 고의적으로 과장을 할 수 있고, 현실을 왜곡할 수도 있다. 여러분은 이미지를 아무렇게나 왜곡 할 수 없으며, 그렇게 왜곡된 것을 예술이라 부를 수 없다. 문제는 어떤 유형의 왜곡이 효과가 있느냐는 것이다. 예술인들은 의식적이든, 무의식적이든, 이미지를 체계적인 방식으로 바꾸기 위해 전개하는 어떤 규칙들이 있을까? 만약 있다면 그 규칙들은 얼마나 보편화되어 있을까? 이러한 질문과 씨름하고, 예술과 미학에 대한 고대 인도인의 매뉴얼에 정열을 쏟고 있을 때 나는 종종 '라사rasa'라는 단어를 접했다. 이 산스크리트어 단어는 해석하기가 어렵다. 그러나 대충 "보는 이의 특정한 기분이나 감정을 두뇌에 불러일으키기 위해 어떤 사물의 본질과 영혼을 사로잡는다"라는 뜻으로 풀이할 수 있다. 나는 우리가 예술을 이해하고 싶다면, 라사를 이해하고 이것이 두뇌의 신경회로에 어떻게 작용하는지 이해해야 한다는 것을 깨달았다.

어느 날 오후 변덕스런 기분이 들었다. 나는 절 입구에 앉아 부처님의 지혜와 깨달음으로 가는 팔정도八正道와 유사한 '미학의 보편적인 8개 법칙'을 메모했다(나중에 아홉 번째 법칙을 추가했다). 내가 메모한 8개 법칙들은 시각적으로 즐거움을 주는 이미지들을 만들기 위해 사용하는 경험 법칙이라고 할 수 있다.

다시 말해서 예술가 혹은 패션 디자이너가 현실적인 이미지나 실질적인 물체를 사용하여 달성하는 그런 것이 아니라 뇌의 시각 영역을 더욱 최적으로 자극시키는 최고의 이미지를 만드는 데 도움을 주는 법칙이다. 앞으로 나는 이 규칙들에 대해 자세히 설명할 것이다. 내가 믿는 것 가운데 일부는 완전히 새로운 것이거나, 적어도 시각예술 차원에서 분명 언급되지 않은 것들이다. 다른 것들은 예술가, 예술 역사가, 그리고 철학자들에게 잘 알려져 있는 내용이다. 내 목표는 미학에 대한 신경학을 완전하게 설명하는 것이 아니라, 여러 가지 규범의 갈래들을 한데 묶어 일관된 체계를 제공하는 데 있다.

런던칼리지대학의 신경과학자인 세미어 제키Semir Zeki는 그가 '신경미학neuroesthetic'이라 부르는 모험에 착수했다. 확실히 해 둘 것이 있다. 이런 타입의 분석은 성에 대해 생리학적으로 묘사하는 것이 낭만적 사랑의 마법을 격하시키지 않는 것처럼, 예술의 숭고한 정신적 가치를 떨어뜨리지 않는다. 우리는 서로를 반대하는 것이 아니라 보완하는 각기 다른 수준의 설명들을 다룬다(성생활이 낭만적인 사랑의 강력한 구성요소라는 것을 부정하는 이는 아무도 없을 것이다).

우리는 이러한 법칙을 찾아 분류해야 한다. 또한 이들의 역할과 진화된 이유가 무엇인지 이해할 필요가 있다. 이것이 생물학의 법칙과 물리학의 법칙 간의 중요한 차이다. 후자의 경우는 단순히 존재하기 때문에 존재한다. 비록 물리학자들이 물리학 법칙이 왜 인간정신에 항상 그렇게 단순하면서도 우아해 보일까 궁금해 하더라도 말이다. 반면, 생물학적 법칙에는 진화의 법칙이 함께해야 한다. 유기체가 유전자를 생존하게 하고, 더욱더 효율적으로 후손에게 물려주고, 그래서 세계와 타협하는 것이다(이것이 항상 사실은 아니다. 그러나 생물학자가 끊임없이 그것을 염두에 둘만한 충분한 가치가 있는 것은 엄연한 사실인 것이다).

그래서 생물학적 법칙에 대한 탐구는 단순함이나 우아함에 휘둘려서는 안 된다. 산고를 치러본 경험이 있는 여자는 어느 누구도 아기를 낳는 것이 우아한 해결책이라고는 말하지 않을 것이다.

더구나 미학과 예술에 보편적인 법칙이 있다고 주장하는 것은 어떤 방식으로든 예술의 생성 및 감상에 문화의 중요한 역할을 과소평가하는 것은 아니다. 문화 없이는 인도와 서양 예술과 같은 독특한 스타일은 없을 것이다. 내 관심사는 다양한 예술적 스타일의 차이가 아니라 문화적인 장벽을 넘어 설명할 수 있는 원칙에 있다. 비록 이런 원칙이 예술에서 나타나는 변화의 20퍼센트밖에 설명할 수 없지만 말이다. 물론, 예술에서 문화적인 변화는 환상적이다. 그러나 나는 어떤 체계적인 원칙들이 그 변화 뒤에 숨어 있다고 생각한다.

나는 미학의 아홉 개의 법칙들을 다음과 같이 나열했다.

1. 분류
2. 변경
3. 대조
4. 격리
5. 까꿍, 또는 지각 문제해결
6. 우연의 일치에 대한 혐오
7. 대칭
8. 은유

위 법칙들을 이렇게 그냥 나열하고 설명만 하는 것으로는 충분하지 않다. 일관된 생물학적 관점이 필요하다. 특히, 유머, 음악, 미술 또는 언어와 같은 보편적인 인간의 특성을 탐구할 때는 세 가지 기본적인 질문, 즉 '무엇이? 왜? 어떻게?'를 잊지 말아야 한다.

첫째, 여러분이 보고 있는 특별한 특성의 내부 논리구조는 무엇인가(대충 내가 법률이라 부르는 것과 비슷한가)? 예를 들어 분류법은 단순히 시각 시스템이 이미지의 비슷한 요소, 또는 기능을 집단으로 분류하려는 경향이 있다. 두 번째로, 특별한 특성은 왜 논리적인 구조를 갖고 있는 걸까? 다른 말로 하면, 그것이 진화한 이유라고 할 수 있는 생물학적 기능은 무엇인가? 세 번째로, 특성 또는 법칙이 어떻게 뇌의 신경조직의 영향을 받을까? 우리가 진정으로 인간본성의 모든 측면을 이해했다고 주장하기 전에 이 세 가지 질문에 답이 필요하다.

나는 이 질문들에 관해서 미학의 가장 오래된 접근방법은 실패했거나 불만족스럽게 미완성으로 남아있다고 본다. 예를 들어 형태주의Gestalt 심리학자들은 인식의 법칙을 지적하는 것은 잘했다. 그러나 왜 그런 법칙들이 진화되었는지, 혹은 그 법칙들이 어떻게 두뇌의 신경구조에 들어서게 되었는지 정확히 설명하지 않았다(형태심리학자들은 법칙들을 뇌 속의 전기장과 같이 알려지지 않은 물리적인 원리의 부산물들로 취급했다). 진화심리학자들은 종종 법칙이 어떤 기능을 할지 지적하는 것은 잘 했다. 하지만 법칙이 무엇인지 명확한 논리적인 용어로 명시하거나, 그것의 기저를 이루는 신경 메커니즘을 탐색하거나, 또는 법칙의 존재 여부를 수립하여 법칙이 실제로 존재하는지 아닌지를 규명하는 것에는 관심을 갖지 않았다(예를 들어, 모든 문화권에서는 요리하기 때문에 두뇌에 요리의 법칙이 있는 걸까?).

그리고 마지막으로, 최악의 범죄자들은 그렇게 열심히 탐구하는 신경회로의 진화적 근거와 기능적 논리에 관심을 기울이지 않는 신경생리학자들이다(그 가운데는 훌륭한 사람도 있다). 테오도시우스 도브잔스키Theodosius Dobzhansky가 말한 "진화를 고려하는 것을 제외하고는 생물학에서 그 무엇도 의미가 없다"는 이야기는 정말 놀랍다.

유용한 유추는 영국의 케임브리지대학교 생리학연구소의 시각신경학자 호레이스 발로우Horace Barlow에서 찾아볼 수 있다. 그의 연구는 자연경관의 통계를 이해하는 데에 중요하다. 화성의 생물학자가 지구에 왔다고 상상해보자. 그 화성인은 아메바처럼 성별이 없고 복제를 통해 번식하기 때문에 섹스에 대해서 아무것도 모른다. 그는 남자의 고환을 해부해 세세하게 미세조직을 연구하고, 고환에서 헤엄쳐다니는 수많은 정자를 찾는다. 그가 섹스에 대해 모르는 한, 해부를 세심하게 하더라도 고환의 구조와 기능에 대해 완전히 이해하지 못할 것이다. 그는 지구에 사는 인구의 반인 남자의 몸에 대롱대롱 달려 있는 고환이 이상한 기관이라고 생각할 수 있고, 꿈틀거리는 정자는 기생충이라고 결론을 내릴지도 모른다. 생리학을 공부하는 내 동료들의 어려움도 화성인과 다르지 않다.

간략한 세부적인 사항들을 안다고 해서 당신이 그 부야에서 전체의 기능을 이해한 것은 아니다. 그래서 세 중요한 원칙들, 내부 논리, 진화의 기능, 마음의 신경 메커니즘과 내 법칙들이 미학에 대한 신경생물학적 견해를 구성하는 데에 있어서 각각 어떤 역할들을 하는지 알아보자. 한 구체적인 예로 시작하겠다.

분류의 법칙

분류의 법칙은 19세기 끝 무렵 형태심리학자들이 발견한 내용이다. 2장에서 나오는 달마시안 강아지가 있는 그림 2-7을 잠깐 다시 보자. 처음에 볼 땐 무작위의 얼룩점들만 보이지만 몇 초 후에 여러분은 일부 얼룩점들을 그룹화한다. 그러면 땅을 킁킁대는 달마시안 강아지가 보인다. 여러분의 뇌가 주위에 있는 나뭇잎의 그림자들로 묘사된 한 물체를 형성하기 위해 '개'의 얼룩점들을 모두 붙인 것이다. 이는 잘 알려져 있는 사실이지만 시각 과학자들은 성공적인 그룹화가 좋은 느낌을 준다는 사실을 간과한다.

그림 7-3 이 르네상스 시대의 그림은 매우 비슷한 색상(파랑, 진갈색, 베이지색)이 사용되었다. 비슷한 색들로 그룹화 된 것은 보는 즐거움을 준다.

여러분은 마치 문제를 푼 것과 같이 속에서 "아하!" 하고 탄성을 지를 것이다. 그룹화는 예술가와 패션 디자이너 모두가 사용하는 룰이다. 잘 알려진 일부 고전 르네상스 그림들(그림 7-3)에서는 하늘빛의 푸른색이 캔버스 전체에서 반복해서 나타난다. 마찬가지로 베이지색과 갈색이 인물들을 감싸는 둥근 광륜, 옷, 그리고 머리에서 나타난다. 작가들은 광범위한 여러 가지 색상들보다는 한정된 수의 색상들을 쓴다. 다시 말하지만 여러분들의 뇌는 비슷한 색상들을 그룹화하는 것을 좋아한다. 그룹화는 '개'의 얼룩점들을 그룹화할 때와 마찬가지로 그룹화는 좋은 느낌을 준다. 그리고 예술가들은 그것을 이용한다.

작가가 이렇게 작업을 하는 것은 페인트를 아끼고 싶고, 팔레트가 별로 없어서가 아니다. 앞서 여러분이 그림을 프레임하기 위해 매트를 선택한 때를 떠올려보자. 만약 그림에 조그마하게 파란색이 있다면 당신은 파란색 매트를 고를 것이다. 만약 그림이 전반적으로 초록색이라면 갈색매트가 가장 눈에 띌 것이다. 패션에도 동일하게 적용된다.

여러분이 노드스트롬Nordstrom 백화점에 빨간 치마를 사러 가면, 판매원은 빨간색 스카프와 벨트를 함께 사라고 조언할 것이다. 혹은 당신이 파란 양복을 사려는 남성이라면, 같은 계열의 파란색 반점이 있는 넥타이를 사라고 조언할 것이다. 이것이 다 무엇에 관한 것인가? 색상 그룹화에 대한 논리적인 근거가 있을까? 단지 마케팅이나 광고에 불과한 것일까? 아니면 뇌에 대한 근본적인 이야기를 해주고 있는 걸까?

질문의 대한 대답은 그룹화는 위장僞裝을 멀리하고, 복잡한 장면에서 물체를 감지하기 위해 놀라울 정도로 넓은 범위까지 진화했다는 것이다. 이는 당신이 주위를 둘러볼 때 사물들이 명확하게 보이기 때문에 반反직관적으로 보일 수도 있다.

현대 도시환경 속에서 대상(물체)이 너무나 진부하고 평범하기 때문에 시각이 물체를 감지한다는 것을 알지 못한다. 여러분은 그래서 대상을 피하고, 비켜서고, 빼앗아가고, 먹고, 그리고 친하게 지내기도 한다. 우리는 익숙한 것을 당연히 여긴다. 그러나 녹색 얼룩(나뭇가지라고 하자)의 뒤에 숨은 사자를 찾아내려는 옛날 수렵생활을 했던 조상을 떠올려 보자. 눈에 보이는 것은 오직 사자의 노란 얼룩들이다(그림 7-4). 그러나 여러분의 뇌는 이렇게 말한다.

그림 7-4 녹색 나뭇잎 사이로 노란 사자의 두 가지 모습을 볼 수 있다. 노란 조각들은 사자의 전반적인 윤곽이 명백해지기 전 먹잇감이 될 수 있는 희생자의 시각 시스템에 의해 그룹화된 것이다.

"이 조각들이 우연히 모두 같은 색일 가능성은 얼마나 될까? 없다. 이 파편들은 한 물체에서 나온 것일 것이다. 그러니 다 붙여서 어떤 물체인지 보자. 아, 이런! 사자네! 도망가!"

얼룩들을 그룹화하는 이러한 비밀스러운 능력은 삶과 죽음 사이의 차이를 만들어내기도 한다.

노드스트롬 백화점 가게 종업원은 이러한 사실은 알지 못한다. 다시 말해서 빨간색 스커트에 어울리는 빨간색 스카프를 추천할 때 뇌 조직에 잠재하는 심오한 원칙이 작용한다는 것을 잘 모른다. 그리고 여러분의 뇌가 나뭇잎 뒤에 가려져 있는 야수를 포착할 정도로 진화한 그룹화를 이용한다는 것을 말이다. 다시 말하지만 그룹화는 느낌이 좋다. 물론 빨간 스카프와 빨간 스커트는 하나의 대상이 아니다. 그래서 논리적으로 보자면 그룹화되어서는 안 된다. 그러나 그러한 이유가 그녀가 매력적인 조합을 만들기 위해 그룹화하는 법을 이용하는 것을 막지 않는다.

요점은 규칙은 우리의 두뇌가 진화한 나무 꼭대기에서 작동한다는 것이다. 그것은 아주 유용하여서 하나의 법칙으로 시각 뇌 중심에 통합되었고, 우리 조상들이 후세에 더 많은 자손들을 남길 수 있도록 도와주었다. 이것이 진화에서 가장 중요한 부분이다. 한 예술가가 그림에 이러한 규칙을 잘못 적용하여 각기 다른 대상으로부터 온 반점들을 그룹화하라고 지시할 수도 있다. 그러나 이것과 본래 의미의 그룹화와는 다른 것이다. 왜냐하면 어쨌든 여러분의 뇌는 놀림을 당하면서도 그룹화를 즐기기 때문이다. 부드러운 연속의 법칙good continuation이라 불리는 지각적인 집단화perceptual grouping의 또 다른 원칙은 지속적인 시각 라인을 제시하는 그래픽 요소들이 그룹화하려는 경향을 보일 것이라고 명시하고 있다.

나는 최근 미학에 특히 관련성이 있을 수 있는 것을 약간 다른 식으로 만들어 보았다(그림 7-5). 그림 7-5(a)는 보기에 7-5(b)와 비슷한 모양과 배치 요소들을 섞었지만 매력적이지 않다. 그에 비해 7-5(b)는 눈을 즐겁게 한다.

이젠 법칙에 대한 신경조정調停이라고 할 수 있는 "어떻게?"라는 질문에 대답할 필요가 있다. 여러분이 나뭇잎 사이로 큰 사자를 볼 때, 다른 노란 사자모양의 조각들은 시야의 다른 영역들을 차지한다. 그러나 여러분의 뇌는 두 사자의 조각들을 하나로 갈다 붙일 수 있을까? 그러면 어떻게? 각 조각은 시각 피질에 광범위하게 배열된 부분과 뇌의 색상 영역에 있는 독립된 세포를 흥분시킨다. 각 세포는 스파이크라 불리는 일련의 신경자극을 통해 그 사자의 존재를 알린다. 이 스파이크들의 정확한 순서는 무작위다. 여러분이

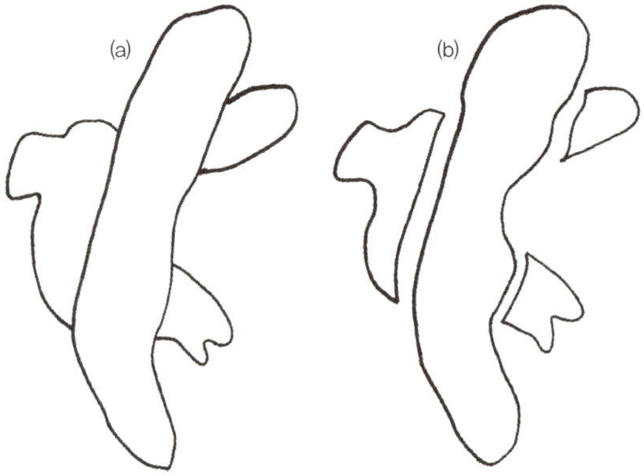

그림 7-5 왼쪽 그림에서 중앙의 수직 모양에 붙어있는 작은 조각들은 시각 시스템에 의해 그룹화되어 있지 않다. 일종의 지각적인 긴장감을 자아낸다. 반면에 오른쪽 그림은 완벽함에 대한 즐거운 감각을 제공한다. 뇌는 그룹화를 즐긴다.

동일한 세포에게 동일한 모습을 보여주면, 그 세포는 강력하게 자극될 수 있다. 그러나 처음과 동일하지 않은 자극에 대해 순서가 무작위인 것이 또 있다. 인식에 대한 문제는 신경자극의 정확한 패턴(반복되는 규칙)이 아니라 어떤 신경세포가 어떻게 활성화되느냐다. 이는 뮬러의 특수신경에너지 법칙으로 알려진 원칙이다.

1826년에 등장한 이 법칙은 소리, 빛, 핀으로 찌르기, 다시 말해서 듣는 것, 보는 것, 그리고 고통 등으로 뇌에 유발된 다른 인지적 특질은 활성화 패턴의 차이로 야기된 것이 아니라, 그러한 자극들로 인해 흥분된 신경구조의 위치가 달라서 야기된 것이라고 말한다. 이것은 단순히 전형적인 이야기일 수 있다. 그러나 독일 프랑크푸르트에 있는 막스플랑크연구소의 뇌 연구 부문 책임자인 볼프 싱거Wolf Singer와 미국 몬태나주립대학교의 찰스 그레이Charles Gray라는 두 신경과학자들이 이룩한 새로운 놀라운 발견은 기존의 이론을 새롭게 수정한다. 그들은 원숭이가 오직 파편들만 보이는 큰 물체를 쳐다본다면, 많은 세포들이 다른 조각들에게 신호를 보내기 위해 동시에 활성화된다는 것을 알아냈다. 여러분이 예상했던 일일 것이다.

놀랍게도, 모습의 단편들이 하나의 대상(이 경우에는 사자)으로 그룹화되면 활동전위들이 즉시 완벽하게 동시에 움직인다. 그러므로 정확한 활동전위들이 중요한 일을 하는 것이다. 우리는 아직 이것이 어떻게 일어나는지 모른다. 그러나 싱거와 그레이는 이 동시발생이 상위의 뇌 센터에 조각들이 하나의 대상에 속한다는 뜻이라고 주장했다.

나는 이 주장을 한 단계 더 진척시켜 동기화가 활동전위로 하여금 한 가지 방법으로 암호화한다고 주장하고 싶다. 즉, 이러한 방법을 통해 뇌의 감정의 핵에 일관되게 전달되어, 결국 "아하! 여기봐, 한 물체야!"라는 감탄을 만들어 여러분을 벌떡 일어나게 하는 것이다. 이 감탄은 여러분을 자극하고 여러분의 눈과 머리를 한 대상을 향해 움직이도록 해, 거기에 관심을 주고, 무엇인지 확인하고 반응을 보이도록 만든다. 그것은 아티스트나 디자이너가 그룹화할 때 사용하는 "아!" 하는 신호다. 소리가 들리는 만큼 설득력이 없는 것은 아니다. 편도체와 다른 변연계 구조로부터 2장에서 논의된 시각 처리과정의 단계에 있는 대부분의 시각적 영역까지 알려진 배면영사back projection가 있다. 확실히 이러한 영사는 시각적인 "아하!"를 조정하는 데 중요한 역할을 한다.

미학에 대한 나머지 보편적인 법칙들은 잘 이해가 안 된다. 그러나 그것들의 진화에 대한 내 생각을 멈출 수는 없다(이것은 쉽지 않다. 일부 법칙들 자체는 기능을 가질 수 없지만 기능을 가질 수 있는 다른 법칙의 부산물이 될 수 있다). 사실, 일부 법칙들은 실제로는 서로를 상반되는 것처럼 보인다. 그러나 이것은 실제적으로는 축복이 될 수도 있다. 과학은 종종 명백한 모순을 해결하면서 진행된다.

정점변경의 법칙

정점변경의 효과라고 할 수 있는 두 번째 법칙은 여러분의 뇌가 과도한 자극에 대해 어떻게 반응하는지와 관련이 있다(나는 '정점변경'이라는 어휘가 동물 학습 문헌에서는 정확한 의미를 담고 있다고 생각한다. 나는 약간 막연히 이 말을 쓴다는 것을 지적하고 싶다). 이는 또 만화가 왜 그렇게도 호소력이 있는지를 설명한다. 그리고 앞에서 언급했듯이, 고대인도 미학의 산스크리트어 매뉴얼에는 자주 라사rasa라는 단어가 등장하는데 이것은 대략 '어떤 사물의 근본적인 본질을 포착하는 것'이라고 해석할 수 있다. 그러나 예술가들은 어떻게 정확히 사물의 본질을 추출하며 그것을 그림이나 조각에 묘사하는 것일까? 또한 라사에 대해 우리의 두뇌는 어떻게 반응할까?

이상하게도, 그에 대한 열쇠는 특정 영상에 반응하도록 배운 쥐와 비둘기의 행동연구에서 나타난다. 쥐가 정사각형과 직사각형을 구별하는 가상실험을 상상해보자(그림 7-6). 매번 그 쥐가 직사각형에 접근할 때마다 당신은 치즈 한 조각을 주고, 정사각형에 접근할 때에는 아무것도 주지 않는다. 수십 번 시험을 한 후 그 쥐는

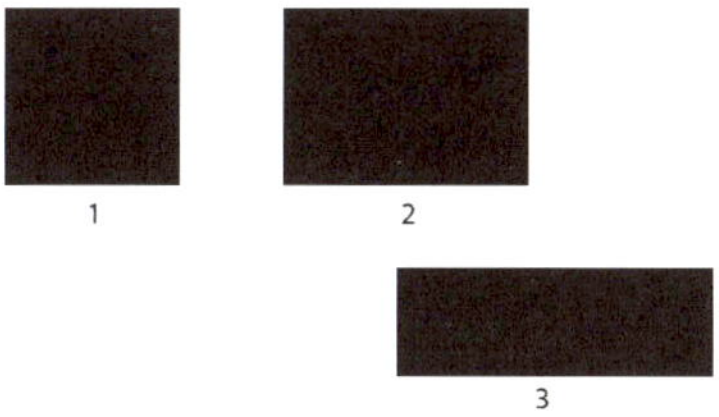

그림 7-6 정점변경의 원리. 쥐는 정사각형(1)보다 직사각형(2)을 선호한다. 동시에 더 길쭉하고 얇은 직사각형(3)을 좋아한다.

'직사각형=음식'이라는 등식을 배우고 정사각형은 무시한 채 혼자 직사각형을 향해 움직인다. 다시 말해 이제 그 쥐는 직사각형을 좋아하게 되었다. 그러나 더 놀라운 일이 있다. 여러분이 쥐에게 전에 보여주었던 직사각형보다 더 길고 더 좁은 직사각형을 보여주면, 그 쥐는 원래의 직사각형보다 그 직사각형을 선호한다! 아마 여러분은 이렇게 말할 것이다.

"음, 이상한데! 쥐는 왜 훈련시킨 직사각형이 아니라 새로운 직사각형을 선택한 거지?"

그러나 그 쥐는 절대로 멍청하지 않다. 그 쥐는 특정한 원형原型적인 직사각형이 아니라 직사각형의 법칙을 배운 것이다. 그래서 쥐의 시점에서는 더 직사각형일수록 더 좋은 것이다(그래서 '긴 쪽의 비율이 짧은 쪽보다 많을수록 더 좋다'라는 것을 의미한다). 여러분은 이러한 직사각형과 정사각형 간에 비교하는 이야기를 하면 할수록 더욱더 재미있어 할 것이다. 그래서 길고 좁은 직사각형을 보여주면, 그 쥐는 '우와! 완전 직사각형이네'라고 생각한다.

이러한 효과를 정점변경이라고 한다. 왜냐하면 일반적으로 동물에게 어떤 것을 가르칠 때 그 정점에 대한 동물의 반응은 여러분이 가르친 자극에 있다. 그러나 여러분이 무언가(이 경우에는 직사각형)에서 다른 무언가(정사각형)를 구별하도록 동물을 훈련시킨다면, 정점은 그 직사각형 유형에 있는 정사각형과는 더 멀리 떨어진 완전히 새로운 직사각형에 반응한다.

그렇다면 정점변경과 예술은 서로 어떤 관계가 있는 걸까? 만화를 생각해보자. 2장에서 언급한 것처럼, 여러분이 닉슨 전 대통령의 얼굴 캐리커처를 그리고 싶다면, 닉슨의 모든 특징을 모은 다음, 보통 때의 얼굴보다 특별하고 다르게 그린다. 예를 들어, 여러분은 그의 큰 코, 또는 짙은 눈썹을 크게 확대해서 그릴 수가 있다. 아니면 모든 남성의 얼굴들의 수학적 평균을 닉슨의 얼굴의 평균에서 빼서 그 차이를 확대시켜 그릴 수도 있다. 이렇게 해서 여러분은 실제 닉슨보다 더 닉슨 같은 그림을 만들 수가 있다. 한마디로 여러분은 닉슨의 가장 근본적인 특징을 점령한 것이다. 어떤 경우에는 도무지 그 사람으로도 보이지 않는 익살스러운 결과를 얻겠지만, 제대로 그린다면 멋진 초상화를 만들어낼 수 있을 것이다.

캐리커처와 초상화 이야기는 접고, 그렇다면 이런 원칙들이 어떻게 다른 예술형태에 적용되는 걸까? 여성의 관능미, 균형, 매력, 그리고 존엄성의 본질을 전달하는 파르바티Parvati 여신(그림 7-2(a))을 잠시 감상해보자. 작가는 어떤 방법으로 이러한 모습을 만들어냈을까? 첫 번째 답은 그가 평균 남성을 평균 여성에서 뺀 그 차이를 확대시켰다는 것이다. 그 전체적인 결과로 커다란 가슴과 엉덩이, 그리고 모래시계처럼 잘록한 허리를 가진 관능적인 여자가 탄생한 것이다. 이 여자가 실제적으로 일반 여성처럼 보이지 않는다는 사실은 무관하다. 여러분은 "우와! 끝내주는 여자네!"라며 감탄한다. 원래의 원형적인 타입보다는 더 좁은 직사각형을 좋아하는 쥐처럼 그 조각상을 조각을 좋아하는 것이다.

더 많은 예들이 있다. 그렇지 않다면 〈플레이보이〉의 핀업 사진도 예술 작품이 될 수도 있기 때문이다(나는 파르바티 여신의 허리보다 더 잘록한 허리를 가진 핀업 사진을 본 적이 없다).

시바의 아내이며 자비의 여신인 파르바티는 단순한 섹시한 여성만이 아니다. 그녀는 완벽한 여성상의 상징이다. 이 조각상을 만든 예술가는 어떻게 이런 모든 것들을 얻어냈을까? 그는 단순히 그녀의 가슴과 엉덩이만을 강조한 것이 아니다. 바로 그녀의 여성적인 자세를 강조함으로써 훌륭한 예술품을 만들어낼 수가 있었다(공식적으로 트리방가tribhanga로 알려진 이 말은 산스크리트어로 몸의 세부분을 비트는 '삼중굽힘triple flexion'을 뜻한다).

여성은 크게 노력하지 않고서도 취할 수 있는 자세들이 있다. 그러나 여성과 해부학적 차이가 있는 남성에게 그런 자세들을 갖는다는 것은 불가능(혹은 매우 희박)하다. 골반의 넓이, 목과 대퇴골의 축사이의 각도, 허리 척추의 곡률曲率에서 차이가 있기 때문이다.

여성에서 남성의 형태를 빼는 대신, 예술가는 좀더 추상적인 보통 여자들의 자세에서 보통 남자들의 자세를 뺀 자세의 공간을 들여다 본 후 그 차이를 확대 재생산시킨다. 그 결과는 우아함과 균형을 보여주는 정교한 여성의 자세다.

이제 그림 7-7에 있는 춤추는 요정을 보자. 해부학적으로 볼 때 몸통을 그렇게 비튼다는 것은 있을 수 없는 터무니없는 말이다. 그러나 우리에게 매우 아름다운 움직임과 춤을 보여준다. 다시 말하는데 이것은 고의적인 과장에 의해 이루어 진 것이다. 아마 상측두구

그림 7-7 11세기 인도에 있는 라자스탄에서 온 춤추는 석조 요정. 이것은 거울신경세포를 자극할까?

에 있는 감정이입세포인 거울신경을 활성화하는 자세일 수가 있다.

이 거울신경세포들은 사람이 몸의 자세와 동작을 바꿀 때뿐만 아니라, 얼굴 표정을 바꾸는 것을 볼 때 강하게 반응한다(경로 3, 2장에서 언급한 시각처리과정에서 '그래서 무엇?'의 흐름을 기억하기 바란다). 아마도 춤추는 요정과 같은 조각은 특정한 단계의 거울신경세포에서 강한 자극을 만들어낸다고 생각된다. 그에 상응하여 결과적으로 역동적인 자세에 대해 신체언어 해독능력을 높인다. 인도, 혹은 서양의 대부분의 춤들에도 특별한 감정을 전달하는 자세나 동작들을 의례적으로 과장한다(마이클 잭슨을 기억하기 바란다).

정점변경 법칙과 캐리커처 그리고 인체의 관련성은 명확하다. 그러나 이와 다른 종류의 예술은 어떨까? 우리는 반 고흐, 로댕,

구스타프 클림트, 헨리 무어, 혹은 피카소에게 접근할 수 있을까? 신경과학은 추상과 반半추상에 대해 우리에게 무엇을 말해줄 수 있을까? 추상과 반추상은 대부분의 예술이론이 실패하거나, 혹은 문화를 새롭게 일깨우는 곳이기도 하다. 그러나 난 굳이 우리가 하지 않아도 된다고 말하고 싶다. 격조 높은 예술 형식을 이해하기 위한 중요한 실마리는 기대하지 않았던 아주 뜻밖의 곳에서 온다. 즉 행동학, 동물행동에 관한 과학에서부터 나온다. 특히 1950년대 갈매기에 대해 선구적인 연구를 한 노벨상 수상자 생물학자 니콜라스 틴베런Nikolaas Tinberen에서부터 나온다.

틴베런 박사는 영국과 미국 해안에서 쉽게 볼 수 있는 재갈매기에 대해 연구했다. 엄마 갈매기의 길고 노란 부리에는 눈에 잘 띄는 붉은 반점이 있다. 새끼 갈매기는 부화된 직후 어미의 부리에 있는 붉은 반점을 힘차게 쪼며 음식을 달라고 조른다. 그럼 어미는 입 속에서 소화가 반쯤 된 음식을 내뱉어 새끼의 벌어진 입에 넣어준다. 틴베런은 스스로 아주 간단한 질문을 던졌다. 새끼 갈매기는 어떻게 엄마를 알아볼까? 새끼는 왜 엄마가 아닌 갈매기에게 먹을 것을 달라고 조르지 않을까?

틴베런은 엄마 갈매기 없이 새끼가 먹이를 구걸하도록 유도했다. 그는 새끼에게 먹을 것을 줄 때 몸통이 없는 가짜 부리만 흔들었다. 그러자 새끼는 붉은 반점을 힘차게 쪼며 부리를 흔드는 인간에게 음식을 달라고 보챘다. 성인 인간을 엄마 갈매기로 착각하는 새끼의 행동은 바보 같지만 그렇지 않다.

이 점을 기억할 필요가 있다. 시각은 신속하고 안정적으로 물체(대상)를 발견하고, 그에 대해 대응하도록 진화했다(인식하고, 움직이고, 먹고, 잡고, 그들과 관계를 갖는). 당면한 문제를 처리하는데 최소한의 노력만으로 가능하도록 말이다. 그래서 계산적으로 볼 때 부담을 가장 가볍게 할 수 있는 지름길을 택하는 것이다.

수백만 년 동안 축적된 이러한 진화의 지혜를 통해 새끼 갈매기의 뇌는 이렇게 배웠다. 녀석이 끄트머리에 붉은 점이 있는 긴 노란 것을 볼 때가 있을 것이다. 그때는 바로 어미가 부리 한쪽 끝에 그것을 붙이고 있을 때라는 것을 배운 것이다. 자연 상태에서 새끼는 결코 부리를 단 돌연변이 돼지나 가짜 부리를 흔드는 악의에 찬 동물행동학 학자를 맞닥뜨릴 일은 거의 없다. 그래서 새끼의 뇌는 압축된 자연의 통계를 이용하여 '붉은 반점이 있는 긴 것=어미'라는 공식이 뇌에 고정시킬 수가 있다.

사실 텐버런은 부리조차 필요 없다는 것을 알아냈다. 그냥 네모난 카드보드지 끝에 붉은 점만 있으면 새끼 갈매기는 전과 같이 정열적으로 먹을 달라고 구걸한다. 이것은 새끼의 두뇌 시각장치가 완벽하지 않기 때문에 생기는 것이다. 이러한 시각장치는 생존하고, 그리고 자손을 남기기 위해 엄마를 감지할 수 있는 충분히 높은 적중률을 갖고 있는 것으로 인식되어 있다. 그래서 여러분은 원본과 대략 비슷한 시각적 자극을 제공함으로써 신경세포들을 속일 수 있다(싸구려 자물쇠에는 열쇠가 완벽하게 맞지 않아도 되는 것처럼 말이다. 열쇠가 녹슬거나 약간은 마모되어도 된다).

그러나 더 놀라운 결과가 있었다. 텐버런은 세 개의 붉은 줄무늬가 있는 아주 길고 두꺼운 막대기를 가지고 있으면 그 새끼 갈매기는 펄쩍펄쩍 뛰며 진짜 부리보다 더 힘 있게 쫀다는 사실을 알아냈다. 새끼는 그 이상한 무늬를 선호하는 것이다. 그러나 원본이라고

그림 7-8 새끼 갈매기가 형체 없는 부리를 쪼고 있다. 이는 혹은 시각처리과정을 감안하여 만든 부리와 비슷한 막대기다. 역설적이지만, 세 줄무늬가 있는 막대기가 실제 부리보다 더 효과적이다. 이것이 '울트라 노말' 자극이다.

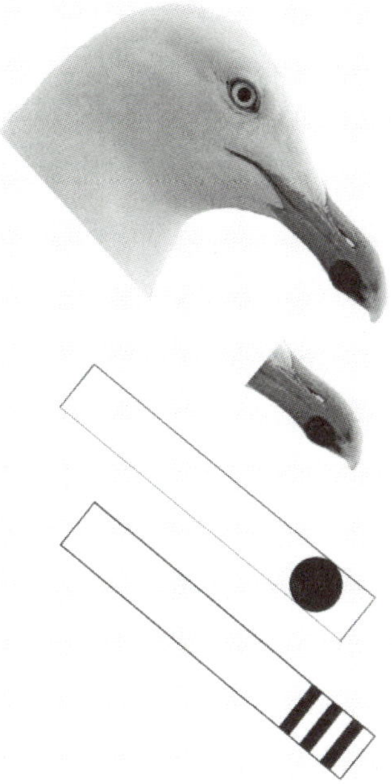

할 수 있는 엄마와는 전혀 닮은 점이 없는데도 말이다. 틴베런은 왜 이런 일이 생기는지 말하지 않았다. 그러나 새끼는 슈퍼 부리에 걸려 넘어질 정도로 그 무늬를 좋아했다(그림 7-8).

왜 그런 일이 일어날 수 있을까? 우리는 정말 갈매기나 인간의 시각적 인식의 기초도 모른다. 분명히 갈매기의 시각센터에 있는 신경세포들은 최적으로 작동하는 기계가 아니다. 그것은 단지 부리를 인식하여 어미라고 생각하는 것이고, 충분한 안정만 찾으면 된다.

생존은 진화가 유일하게 신경 쓰는 부분이다. 신경세포는 "더 많은 붉은 윤곽이 있을 때 더 좋아"와 같은 법칙을 가지고 있을지도 모른다. 그래서 세 줄무늬가 있는 긴 마른 막대기를 보여주면 그 세포는 훨씬 더 좋아하겠지! 이것은 한 가지 중요한 차이를 빼고는 앞서 언급된 쥐의 정점변경 효과와 관련이 있다. 쥐가 더 좁은 직사각형에 반응하는 경우를 볼 때 동물이 배우는 규칙이 무엇인지, 그리고 여러분은 무엇을 부연설명하려고 하는지 명확히 알 수가 있다. 그러나 이 갈매기의 경우, 세 줄무늬가 있는 막대기가 실제 부리의 과장된 버전이라고 볼 수 없다. 즉 여러분이 이를 통해 어떤 규칙을 이용하고, 어떤 규칙을 설명하려고 하는지 명확하지가 않다.

***

줄무늬 부리에 대한 새끼 갈매기의 과장된 반응은 확실한 기능을 가진 규칙의 전개라기보다 세포가 연결된 방식의 예기치 않은 결과일지도 모른다. 이러한 형태의 자극에 대해 새로운 이름이 필요하다. 그래서 나는 이를 '울트라 노말' 자극(이미 존재하는 '슈퍼 노말'과 구별하기 위해)이라고 부를 것이다. 울트라 노말 자극 패턴(세 줄무늬 부리)에 대한 반응은 원래의 것(한 개의 반점이 있는 부리)을 보고는 예측할 수 없다.

부리를 빠르고 효과적으로 감지할 수 있는 새끼의 뇌에 있는 기능적 논리의 회로를 자세히 알고 있다면, 적어도 이론상으로는 그 반응을 예측할 수 있다. 그러면 이 신경세포들을 원래의 자극보다 더 효과적으로 자극하여 새끼의 뇌가 "우와! 섹시한 부리다!"라고 할 수 있는 패턴을 고안할 수 있다. 틴버겐이 한 것처럼 시행착오를 통해 울트라 노말을 발견할 수도 있을 것이다.

이것은 여태껏 어떤 이론도 적절히 제안하지 못한 반추상적이거나 추상적인 예술에 대하여 나에게 결정적인 강한 펀치를 날려줄 것이다.

갈매기들이 미술관을 갖고 있다고 상상해보자. 그들은 벽에 세 줄무늬가 있는 길고 얇은 막대기를 걸 것이다. 그것이 녀석들 세계에서는 어떤 것도 닮지 않았는데도(이것이 중요한 포인트다) 항상 그것에 자주 끌리는 이유에 대해 궁금해 할 것이다. 녀석들은 그것을 피카소라 부르고, 찬양하고, 집착하고, 수백만 달러를 지불할 것이다. 나는 이것이 미술 감정가들이 추상적인 미술작품들을 보고 살 때 하는 행동과 일치한다고 본다. 다시 말해서 그들은 새끼 갈매기들과 똑같이 행동한다. 직감이든 천재성이든 간에, 피카소와 헨리 무어와 같은 예술가들은 시행착오를 통해 인간 두뇌와 갈매기 뇌 속의 세 줄무늬 막대기가 동등하다는 것을 발견했다. 그들은 원시상태에 있는 우리의 지각의 문법을 일깨워, 실제로 보이는 이미지와는 반하는 뇌 속의 특정한 시각 신경을 강력하게 자극하는 '울트라 노말'을 만들어내는 것이다. 이것이 추상미술의 본질이다. 이러한 내용을 명심했으면 좋겠다. 예술에 대해 너무 과장된 생각을 갖고 있는 환원주의자의 말처럼 들릴 수도 있다. 그러나 나는 그것이 예술이 전부가 아니라 하나의 중요한 부품일 뿐이라고 말하고 싶다.

반 고흐 혹은 모네 등과 같은 인상파 예술가들에게도 동일한 원리가 적용될 수 있다. 2장에서 나는 시각적 공간이 뇌 속에 구성되어 공간적으로 인접한 점들이 피질의 인접한 점 속에 1대 1로 도식화되어 있다고 언급했다. 더구나 두뇌의 30개 정도의 영역들 가운데 일부영역, 특히 V4(시각정보 처리 시 색채에 반응하는 측두엽의 영역) 영역만이 주로 색상에 전념한다. 그러나 색상영역에서 추상적인 '색상 공간'에 인접한 파장들은, 점들이 외부 공간에서 서로 가까이 있지 않아도 두뇌에 있는 인접한 점들 위에 서로 연결된다. 아마도 모네와 반 고흐는 '구성 공간,' 즉 의도적으로 얼룩진 구성보다는 추상적인 색상 공간의 정점변경을 도입했다고 볼 수 있다. 흑백으로 그린 모네의 그림은 의미상 서로 양립할 수 없는 모순어법이다.

'울트라 노말' 자극의 원리는 미술뿐 아니라 여러분이 누구에 매혹된 것처럼 미적 취향의 다른 기이한 성격과도 관련이 있을 수 있다. 우리 개개인은 성性이 다른 사람들(예를 들어 아버지와 어머니, 혹은 흥미진진한 여러분의 진정한 첫사랑)에 대해 어떤 견본을 갖고 다닌다. 어쩌면 당신은 납득이 안가고 균형 감각이 없으면서도 끌리는 그 사람들이 이러한 초기 원형의 울트라 노말 버전이라는 것을 발견하게 될 것이다. 그래서 다음에 여러분이 어떤 면에서도 분명히 아름답지 않은 어떤 사람에게 특별한 이유 없이 끌린다고 해서 단지 페로몬 혹은 '정확한 화학신호'와 같은 결론을 바로 내리지 마라. 그녀(혹은 그)는 당신의 무의식에 깊이 묻혀있는 성에 대한 울트라 노말 버전일 가능성이 있다는 것을 고려하기 바란다.

인간의 삶이 헤어나기 어려운 모래수렁 위에 세워졌으며, 주로 과거로부터 내려온 우연한 만남, 그리고 예측불허의 변화에 의해 지배받고 있다는 것은 이상한 생각이다. 우리가 미적 감각과 선택의 자유에 있어서 큰 자부심이 있는데도 말이다. 이 점에 관해서는 나는 프로이트 생각에 전적으로 동의한다. 우리의 두뇌가 적어도 예술을 감상하기 위해 부분적으로 하드웨어에 저장되어 있다는 생각에는 거부감이 다소 있다. 만약 이것이 사실이라면, 왜 모든 사람이 헨리 무어나 인도 촐라시대의 청동상을 좋아하지 않는 걸까? 이것은 중요한 질문이다.

놀라운 것은 모두가 헨리 무어나 파르바티 청동상을 진정으로 좋아하지만 모두가 이것을 알고 있지는 않다는 점이다. 이러한 진퇴양난의 문제를 해결하는 열쇠는 인간의 뇌가 가끔은 일관성 없는 정보를 신호로 보낼 수 있는 유사독립적인 모듈을 많이 갖고 있다는 것을 인식해야 한다. 아마도 우리 모두는 시각영역에 헨리 무어의 조각에 고도의 반응을 보여주는 기본적인 신경회로를 갖고 있는 것 같다. 신경회로가 이러한 작품[4]에 반응하도록 맞춰진 세포들을 과잉행동하게 만드는 특정의 작품형식으로 인해 만들어졌다고 생각하면 말이다.

그러나 아마도 많은 우리들 가운데에는 다른 높은 인식 시스템(언어의 메커니즘이나 왼쪽 뇌 반구에 있는 생각과 같은)이 나타나 "이 조각에 뭔가 문제가 있어요. 웃기게 뒤틀린 무늬 같아요. 그러니 당신의 시각 처리 가운데 조기 단계에 있넌 세포들의 강한 신호는 무시해요"라고 말하면서 검열하거나, 혹은 얼굴 신경세포들의 결과에 거부권을 행사할 것이다. 한마디로, 우리 모두는 헨리 무어를 좋아하지만 많은 사람들이 그것을 거부한다! 헨리 무어를 싫어한다고 주장하는 사람들은 드러나지 않은 헨리 무어의 마니아들이다(빅토리아 시대의 영국인들이 촐라 청동상 파르바티에 대한 반응과 같다).

독특한 미적 선호에 대해 더욱 놀라운 예가 있다. 송사리의 일종인 열대어 구피guppy 가운데는 파란색이 전혀 없다. 그런데도 일부 구피들은 파란색을 칠한 이성 구피들을 좋아하는 것이다(구피 한

마리를 파란색으로 만들어 우연한 돌연변이가 생긴다면, 앞으로 구피가 파란색으로 진화되는 몇 천년동안 새로운 종이 출현할 것이다).

바우어새들에게는 은박지의 매력, 사람들에게는 반짝이는 금속 장신구와 보석들의 보편적인 매력이 두뇌배선brain wring의 일부 색다른 성질의 기반이 될 수 있을까?(아마 물을 탐지하기 위해 진화할 수도 있겠다) 이것은 여러분이 보석 때문에 얼마나 많은 전쟁이 일어났는지, 얼마나 많은 사랑을 잃었는지, 그리고 얼마나 많은 인생들이 파멸에 이르게 되었는지를 고려한다면 쉽게 알 수 있는 생각이다.

***

지금까지 아홉 개 법칙들 가운데 오직 두개만 논의했다. 나머지 일곱 개 법칙은 다음 8장의 주제다. 우리가 논의를 계속하기에 앞서 마지막 한 가지 도전을 하고 싶다. 지금까지 추상적이고 반추상적인 예술과 초상화법에 관해 논한 아이디어들은 그럴듯하게 들렸다. 그러나 그것이 사실인지 우리가 어떻게 알 수 있을까? 이를 알아낼 수 있는 유일한 방법은 실험을 해보는 것이다. 이것이 당연한 것처럼 보일 수 있지만, 실험의 전체적 개념은 새롭고 놀라운 외계인과 같은 것이다. 다른 모든 것은 유지하면서 한 변수를 조종함으로써 여러분의 아이디어를 테스트할 필요가 있다. 그것은 갈릴레오의 실험들과 같이 비교적 최신의 문화적 발상이다.

갈릴레오 이전만 해도 사람들은 무거운 돌과 땅콩을 탑의 꼭대기에서 동시에 떨어뜨리면 당연히 무거운 것이 더 빨리 떨어진다고 믿었다. 갈릴레오가 2,000년의 지혜를 뒤집는 데 단 5분의 실험이 필요했던 것이다. 더구나 이 실험은 10살 먹은 어린아이도 할 수 있는데 말이다. 일반적인 오류 중 하나가 사람들은 과학이 세상에 대한 순진하고 편견이 없는 관찰로 시작한다고 생각하는 것이다. 사실은 그 반대가 진실인데도 말이다. 새로운 영역을 탐구할 때, 여러분은 항상 사실일지도 모르는 암묵의 가설, 즉 선입견이나 편견으로 시작한다.

영국의 동물학자이자 과학철학자인 피터 메더워가 말했던 것처럼 우리는 '지식의 목장에 풀을 뜯는 젖소들'이 아니다. 모든 발견은 두 가지 중요한 단계를 거친다. 첫째, 사실일지도 모르는 추측을 정확하게 말한다. 두 번째는, 여러분의 추측을 테스트할 절대적인 실험을 고안한다.

과거에는 미학에 접근하는 대부분의 이론적 방법은 두 번째 단계가 아니라 첫 번째 단계였다. 사실 이론들은 대개 확인, 혹은 논박을 허용하는 방식이 아니었다(그러나 주목할 만한 예외가 있다. 피부를 통해 측정되는 전기적 반응인 전기피부반응galvanic skin response 사용에 대한 브렌트 벌린Brent Berlyn의 선구자적인 연구가 그렇다). 정점변경, 울트라노말 자극, 그리고 미학의 다른 법칙에 대한 우리의 생각을 실험적으로 테스트할 수 있을까? 이를 시험하는 데에는 최소한 세 가지 방법이 있다. 첫 번째는 전기를 발생시키는 피부 반응GTS이다. 두 번째는 두뇌의 시각영역에 있는 각 신경 세포들로부터 신경 충동을 기록하는 일이다. 그리고 세 번째는 이 법칙들에 뭔가가 있다면, 우리는 상식으로 예측한 것보다 더 매력적인 새로운 그림들을 고안하는 데에 그것들을 사용할 수 있어야 한다(내가 '할머니 테스트'라고 이름 붙힌 것이다. 어떤 이론이든 할머니가 상식적으로 알고 있는 걸 예측하지 못한다면, 그만큼의 가치가 없는 것이다).

여러분은 이미 앞에서 나온 GSR을 알고 있다. 이 실험은 여러분이 무언가를 보았을 때 고도로 뛰어나고 매우 신뢰할 수 있는 감정적 각성의 지표를 보여준다. 여러분이 뭔가 무섭거나, 폭력적이거나 섹시한(혹은 당신 어머니나 안젤리나 졸리 같이 익숙한 얼굴들) 무엇을 볼 때, GSR에 큰 충격이 생기지만 신발이나 가구를 볼 때는 아무 일도 일어나지 않는다. 이것은 그녀에게 무엇을 느끼는지 묻는 것보다 외부에 대한 누군가의 가공되지 않은 정서적인 반응을 알 수 있는 훨씬 더 나은 실험이다. 사람이 구술로 하는 대답은 진짜가 아닐 가능성이 높다. 그것은 뇌의 다른 영역의 "여론"에 의해 오염될 수도 있다.

그래서 GSR이 우리에게 예술을 이해하는 데 편리한 실험적인 증거를 제공할 수 있다. 만약 헨리 무어의 조각의 매력에 대한 추측이 맞을 경우, 이러한 추상적인 작품에 관심을 보이기를 거부하는 르네상스 학자는(또는 촐라 브론즈에 무관심인척하는 영국 예술 역사가는) 그가 거부한 미적인 관심을 끄는 이미지에 엄청난 GSR이 기록될 것이다. 피부는 거짓말할 수 없다. 마찬가지로 우리는 낯선 사람의 사진을 볼 때보다 어머니의 사진을 볼 때 더 높은 GSR이 나타날 것을 안다. 그리고 나는 실제 사진을 볼 때보다 어머니를 떠올리게 하는 그림이나 캐리커처를 볼 때 그 차이는 더 커질 것이라고 생각한다. 이것은 직관에 반대되기 때문에 흥미롭다. 여러분은 반 캐리커처를 사용할 수 있을 것이다. 보통 얼굴에서 멀어지는 것보다는 원형으로부터 벗어나 평균 얼굴 쪽에 가까운 그림을 그릴 수가 있다는 의미다. 이것은 캐리커처로 높아진 GSR이 단지 왜곡으로 야기되는 놀라움 때문이 아니라는 것을 보장하는 내용이다. 순수하게 캐리커처로 호소했기 때문이다.

그러나 GSR은 우리를 여기까지만 데리고 갈 수 있다. 비교적 거친 방법이다. 왜냐하면 여러 유형들의 흥분을 모으고 부정적인 반응으로부터 긍정적인 반응을 식별할 수 없기 때문이다. 그러나 비록 이것이 거친 방법이지만 언제 여러분이 무관심을 가장하고, 언제 예술 작품에 무관심한지 실험자에게 말해줄 수 있으므로 시작하기에 나쁘지 않은 장소다. 실험이 긍정적인 흥분에서 부정적인 흥분을 구분할 수 없다는 비판(적어도 아직은)은 들리는 것처럼 손상을 가하는 것은 아니다. 왜냐하면 누군가 부정적인 흥분도 예술의 한 부분이라고 말할 것이기 때문이다. 처음부터 긍정적이든 부정적이든 사실 관심을 잡아끄는 것은 이끌림의 서곡이다(어쨌든 도살된 소들은 포름알데히드에 담겨 고아한 뉴욕의 현대미술관MOMA에 전시되었다. 전 세계 예술계에 충격을 주면서 말이다). 예술에 대한 반응 층들이 많다. 이것이 예술을 풍요롭고 호소력 있게 만드는 데 기여한 것이다.

두 번째 접근법은 눈의 움직임을 이용하는 것이다. 특히 러시아 심리학자 알프레드 야부스Alfred Yarbus가 개척한 기술을 사용하는 것이다. 여러분은 이 전자광학장치를 사용하여 사람이 어디에 시선을 고정하고 눈을 그림 한 곳에서 다른 곳으로 움직이는지 알 수 있다. 눈과 입술 주위에 집중적으로 고정되는 경우가 많다. 따라서 여러분은 이미지의 한 쪽에는 정상적으로 균형을 이룬 한 사람의 만화를, 그리고 다른 한 쪽에는 과장된 버전의 만화를 보여줄 수 있다. 일반 만화가 더 자연스럽게 보이는데도, 눈이 주시하는 곳은 캐리커처라는 것을 예측할 수 있다. 이러한 연구 결과는 GSR을 보완하는 데 사용될 수 있다.

세 번째 미학에 접근하는 실험적 방식은 영장류에서 시각경로를 따라 있는 세포를 기록하고 예술 대 고미술과의 반응을 비교하는 것이다. 단세포 기록의 장점은 GSR만으로 구현할 수 있다는 것보다 궁극적으로 미학신경학의 더 세밀한 분석을 가능케한다는 것이다. 우리는 특정한 익숙한 얼굴에 대한 정보처리에서 중요한 역할을 하는 방추상회라는 영역에 세포들이 있다는 것을 안다. 여러분 뇌에는 어머니, 상사, 빌 클린턴, 혹은 마돈나의 사진에 대한 반응을 활성화시키는 뇌세포들이 있다. 나는 이 얼굴인식 영역에 있는 '두목 세포boss cell'는 왜곡되지 않은 원래의 보스의 얼굴보다 그 캐리커처에 더 큰 반응을 보여야 한다고 생각한다. 1990년대 중반 빌 허스타인과 함께 쓴 논문에서 처음으로 이것을 제안했다. 이 실험은 이제 하버드와 MIT의 연구원들에 의해 원숭이에게 행해졌고, 예상대로 캐리커처가 얼굴 세포들을 활성화시켰다. 그 결과는 내가 제안한 다른 미학의 법칙들 가운데 일부가 사실일 수도 있다는 낙관론에 대한 근거를 제공할 수 있다고 생각한다.

인문학과 예술 분야의 연구자들 사이에서는 언젠가 과학이 인문학과 예술을 지배하고 그들의 일자리를 박탈해버릴 것이라는 공포가 널리 퍼져 있다. 나는 이것을 '신경의 질투neuron envy'라고 부른다. 진실보다 더 나아가는 것은 없다. 셰익스피어 작품에 대한 우리의 느낌이 보편적인 문법이 존재한다고 해서, 또는 모든 언어에 깔려 있는 촘스키의 깊은 구조 때문에 줄어들지는 않는다. 사랑하는 연인에게 줄—혹은 받을—다이아몬드가 빛을 잃었다고 사랑의 감정까지 사라지는 것은 아니다. 이것이 태양계가 생겼을 때 지구의 아주 깊은 곳에서 탄소로 만들어졌다고 그녀에게 말하더라도 말이다. 마찬가지로 위대한 예술은 신성한 영감을 받고 그리고 영적인 의미를 가질 때 비로소 탄생한다. 또한 그것은 현실주의뿐만 아니라 현실성 그 자체도 초월할 수 있다. 이것은 과학자들이 우리의 미적 충동을 통제하는 뇌에 있는 자연력을 찾는 것을 막아서는 안된다는 걸 의미한다.

8장 | 예술적인 뇌

우주의 법칙

> 예술은 외부 세계의 현상들 가운데서 우리 자신을 찾고자 하는 우리의 욕망이 이룩한 업적이다.
> **-리하르트 바그너**

다음의 일곱 가지 법칙으로 넘어가기 전에, 나는 '보편적이다universal'라는 말의 뜻을 분명히 하고 싶다. '시각 센터에 회로구성을 하는 것은 곧 보편적인 법칙을 구현하는 것이다'라는 말은 뇌와 정신 형성에서 문화와 경험의 중요한 역할을 부정하지 않는다는 의미이다. 인간의 삶의 방식에 필수적인 많은 인식 능력들은 부분적으로만 유전자에 의해 규정된다. 천성과 교육은 상호작용한다. 유전자는 정서적이고 대뇌피질성의 뇌 회로에 어느 정도까지는 배선공사를 한다. 그러나 나머지는 환경이 만들도록 믿고 내버려둔다. 그래서 여러분을 개성 있는 사람으로 만들어낸다. 이러한 점에서 인간의 뇌는 절대적으로 고유하다. 소라게가 자신의 껍질과 함께하듯 뇌는 문화와 공생하는 존재기도 하다. 법칙이 고착될 때까지 그 내용은 교육을 통해 이뤄진다.

얼굴 인식을 고려해보자. 얼굴을 외우는 능력은 선천적이다. 그러나 어머니의 얼굴이나 우편배달부의 얼굴을 처음부터 알고 태어나지는 않는다. 얼굴을 인식하는 데 전문화된 얼굴 세포는 만나는 사람들에게 노출을 통하여 익힌다.

일단 얼굴을 알게 되면, 그 회로는 자발적으로 풍자만화나 입체 초상에 더욱 효과적으로 반응할 것이다. 뇌가 사물이나 형상—육체, 동물, 자동차 등—을 알게 되면 여러분의 선천적인 회로는 자발적으로 정점변경 원칙을 전개하거나 나무조각의 줄무늬와 유사한 특이한 울트라 노말 자극에 반응할 것이다.

이러한 능력은 정상적으로 성장하는 모든 인간 뇌에 나타나기 때문에, 우리는 안전한 마음에서 보편적이라고 부른다.

대조

대조 없는 그림이나 스케치를 상상하는 것은 어렵다. 간단한 낙서조차 검은색 선과 흰색 배경으로 대조를 필요로 한다. 하얀 캔버스 위에 그린 하얀 그림은 그림이라 부르기 힘들다(1990년대에 극작가 야스미나 레자Yasmina Reza가 사람들이 미술비평가에게 얼마나 쉽게 영향을 받는지 풍자한 수상작이 있기는 하다).

과학적인 의미에서 대조는 명도, 색상, 그리고 공간적으로 인접한 동종의 두 영역 사이에 있는 속성에서 나타나는 상대적으로 급작스러운 변화다. 우리는 명도 대조, 색상 대조, 구성 대조, 심지어 농도 대조에 관하여 말할 수 있다. 두 영역 사이의 차이가 더 클수록 두 부분 사이의 대조도 더 뚜렷하다.

대조는 미술이나 디자인에서 중요하다. 어떤 점에서는 가장 최소한의 요구이기도 하다. 이것은 배경으로 펼쳐지는 형태뿐만 아니라 가장자리와 경계를 만들어내기도 한다. 대조 없이는 아무것도 보지 못한다. 너무 작은 대조와 디자인은 지루할 수 있다. 반대로 과도한 대조는 혼란스러울 수 있다. 몇몇 대조의 조합은 다른 것보다 눈에 즐거움을 준다. 예를 들면, 노란색 바탕에 파란색 얼룩 같은 고대비 색상들은 주황색 바탕에 노란색 얼룩과 같은 저대비보다 더 많은 관심을 끈다. 이것은 처음 볼 때는 당혹스럽다. 결국 주황색 배경 대비 노란색 물체를 쉽게 볼 수 있다고는 하지만 그러한 조합은 노란색 위의 파란색처럼 주의를 끌지 않는다.

고대비 색상의 경계가 더 주목을 끄는 이유는 우리 영장류의 기원까지 거슬러 올라가기 때문이다. 어둑한 황혼 무렵 잎이 무성한 나무꼭대기에서 팔을 흔들어 매달리며 아주 먼 거리를 가로질러가던 때로 말이다. 많은 열매들은 초록색 위에 빨간색으로 되어 있어 영장류의 눈들은 그것을 볼 수 있다. 식물은 동물이나 새들이 먼 곳에서도 볼 수 있도록 스스로 드러낸다. 열매가 익었고, 동물이나 새가 먹을 정도로 준비가 되어 있고, 배변을 통해 씨앗이 여러 곳에 뿌려진다는 것을 안다.

만일 화성에 있는 나무가 주로 노란색이라면, 우리는 파란색 열매를 기대할 것이다. 대비의 법칙은—비슷하지 않은 색상이나 밝기를 병렬하는—비슷하거나 똑같은 색상 연결을 수반하는 분류의 법칙을 왜곡하는 것처럼 보일지도 모른다. 그러나 대체적으로 양兩 원칙의 진화의 기능은 같다. 다시 말해서 즉 물체의 경계를 기술하고 관심을 가지는 것에 대해서는 비슷하다고 할 수 있다.

자연에서는, 두 법칙 모두 종種이 살아남도록 돕는다. 중요한 차이점은 비교 또는 색상의 통합이 일어나는 영역에 있다. 대비검출은 시각적 공간에서 서로 바로 가까이에 있는 색상영역을 비교하는 것을 말한다. 이것은 진화의 감각을 만든다. 물체의 경계는 때때로 대비되는 조도照度나 색상과 우연히 일치할 수 있기 때문이다. 반면 그룹화는 더 넓은 거리에서 상대를 비교하는 것이다. 그룹화의 목표는 덤불 뒤에 숨은 사자처럼 부분적으로 흐린 물체를 발견하는 데 있다. 노란 조각들을 함께 지각적으로 이어나가면, 결과적으로 사자 같은 모양을 한 하나의 큰 덩어리가 만들어지는 것이다.

현대의 인간은 원래의 생존 기능과는 관련 없는 새로운 목적을 충족하기 위해 비교와 분류를 활용한다. 예를 들어 좋은 패션 디자이너는 서로 닮지 않은 대조되는 색을 이용하여 끝의 돌출부를 강조할 것이며(대조), 광범위한 분야에서는 유사한 색상을 이용할 것이다(분류). 7장에서 언급했듯이 빨간색 신발은 빨간색 셔츠와 어울린다(분류에 도움이 된다). 물론 그 빨간색 신발이 빨간색 셔츠의 본질적인 부분은 아니라는 것은 맞는 말이다. 그러나 디자이너는, 진화의 초기 단계에서는 그것들이 하나의 물체였다는 원칙에 다가간다. 그러나 진홍색 셔츠에 주홍색 스카프는 끔찍하다. 지나치게 저대비인 것이다. 반면 빨간색 셔츠에 파란색 스카프 같이 고대비는 괜찮게 작용할 것이다. 빨간색 물방울무늬나 꽃무늬에 파란색이 점점이 있더라도 더 나을 것이다.

비슷하게, 추상화 화가는 여러분의 주의를 끌기 위해서 대비법칙의 더 추상적인 모습을 사용할 것이다. 샌디에이고 현대미술박물관에는 방향이 아무렇게 돋은 금속바늘로 짙게 덮여 있는 지름이 3피트인 큰 정육면체가 전시되어 있다(파라 도노반Fara Donovan의 작품). 그 조각은 빛나는 금속으로 만들어진 모피와 닮았다.

기대에 반하는 형상을 여기에서 볼 수 있다. 큰 금속 정육면체들은 보통 표면이 매끄럽지만 이것은 모피로 덮여 있다. 털이 유기적인데 반해 정육면체는 무기적이다. 털(모피)은 보통 자연적인 갈색 또는 흰색이다. 만지기에 부드러우며 금속성이지 않고 다루기 힘들지도 않다. 이 놀라운 개념상의 대비는 여러분의 관심을 끝없이 자극할 것이다.

인도의 작가(화가)들은 그들의 관능적인 요정 조각상에 비슷한 마술을 사용한다. 요정 조각에 걸쳐진 화려하고 조악한 무늬를 넣은 보석으로 된 몇 개의 끈을 제외하면 그녀는 벌거벗은 상태다. 바로크 양식의 보석은 뚜렷하게 그녀의 몸과 대비된다. 그리고 그녀의 드러낸 피부를 더 매끄럽고 육감적으로 보이게 만든다.

고립

앞서 나는 예술은 뇌에서 시각영역의 왕성한 활성화를 유도하는 이미지와 시각적 이미지와 연관된 감정을 창조하는 데 관여한다고 주장했다. 그러나 화가들은 간단한 윤곽 또는 끼적거린 낙서가—말하자면 피카소의 비둘기나 로댕의 누드 스케치 같은—컬러로 된 사진보다 더 효과적이라고 말할 것이다. 화가는 하나의 정보 원천을—색, 형태 또는 동작 같은—강조한다. 그러고는 일부러 가볍게 다루거나 다른 원천을 지워버린다. 나는 이것을 '고립(분리)

의 법칙'이라 부르겠다. 다시 우리는 명백한 모순과 마주친다. 앞서 나는 예술에 있어 과장법이라고 할 수 있는 정점변경을 강조했다. 그러나 지금은 절제를 강조한다. 두 생각은 극으로 반대되지 않는가? 어떻게 더 적은 것이 더 많은 것이 될 수 있는가? 대답은 이렇다. 이 둘은 서로 다른 목표를 갖고 있다.

표준생리학이나 심리학 교과서에는 스케치가 효과적이라고 되어 있다. 왜냐하면 시각 처리과정의 초기 단계가 일어나는 최초 시각피질 속에 있는 세포가 오로지 선에만 관심을 갖기 때문이다. 이 세포들은 물체의 경계와 가장자리에는 잘 반응하지만 보잘것없는 이미지의 보잘것없는 영역에는 덜 민감하다. 1차시각영역 회로에 대한 사실은 맞다. 그러면 이것이 왜 단순하게 묘사한 윤곽 스케치가 생생한 인상을 더 많이 전달할 수 있는지 설명할 수 있는가? 확실히 아니다. 그것은 단지 예측일 뿐이다. 윤곽 스케치는 적절해야 하고, 그리고 명암의 반 색조와 같이 효과적이어야 한다(흑백사진의 재현). 그러나 이것이 왜 더 효과적인지는 말해주지는 않는다.

스케치는 더 효과적일 수 있다. 왜냐하면 뇌에는 주의 병목지역이 있기 때문이다. 여러분은 한 번에 단 하나의 이미지 측면이나 본질에 집중할 수 있다(우리가 의미하는 '측면'이나 '본질'이 명백하지는 않지만). 비록 여러분의 뇌가 1,000억 개의 신경세포를 가졌다 할지라도, 그것들의 작은 부분만이 어느 특정한 순간에 활동적일 수 있다. 지각의 역학에서 볼 때 하나의 안정된 지각 대상(인지 이미지)은 자동적으로 다른 것을 배제한다. 뇌의 신경 활동과 신경 네트워크의 중복 패턴은 끊임없이 한정된 주의자원들을 위해 경쟁한다. 따라서 색으로 가득 찬 그림을 볼 때, 여러분의 주의는 질감

그림 8-1 (a) 나디아의 말 그림, (b) 다빈치의 그림, (c) 평범한 6살 어린이의 그림

의 소란스러움과 이미지의 다른 세부사항으로 인해 분산된다. 그러나 같은 물체의 스케치는 여러분의 모든 주의자원을 동작이 있는 윤곽(외형)에 배치한다.

거꾸로 말하면, 만약 작가가 정점변경과 울트라 노말 자극을 도입해 색의 맛을 불러일으키고 싶다면 그 윤곽을 가볍게 다루는 것이 낫다. 윤곽을 흐릿하게 하거나 의도적으로 번지게 하거나 또는 완전히 지워버림으로써 윤곽에 대한 강조를 줄여야 할 것이다. 이것은 뇌를 색 공간에 집중하도록 해방시켜 주의자원의 윤곽으로부터의 경쟁 노력을 줄일 수 있다. 7장에서 언급했듯이, 그것이 바로 반 고흐와 모네가 작품을 만들 때 한 일이다. 이것은 인상주의라 불린다.

위대한 화가들은 직관적으로 고립의 법칙에 다가간다. 그러나 그것에 대한 증거도 신경학에서 나온다(뇌의 많은 영역이 제대로 기능하지 않는 경우임). 하나의 뇌 모듈의 '고립'은 환자의 시도가 없어도, 뇌가 제한된 주의자원에 쉽게 접근하도록 한다.

뜻밖의 장소에서 놀라운 예가 나온다. 자폐적인 아이들이다. 그림 8-1에서 세 개의 말 그림을 비교해보자. 오른쪽에 있는 그림은

(그림 8-1(c)) 평범한 여섯 살 아이가 그린 것이다. 이렇게 말하면 좀 안쓰럽지만 이 그림은 약간 섬뜩하다. 널빤지 사진처럼 생명력이 전혀 없다. 왼쪽에 있는 그림은(그림 8-1(a)) 놀랍게도 지적으로 발달이 늦은 나디아Nadia라는 7살 자폐아가 그린 것이다. 나디아는 사람들과 말할 수 없고 간신히 신발 끈을 묶을 수 있다. 그러나 그녀의 그림은 말의 정서를 고스란히 잘 전하고 있다. 말이 캔버스에서 막 뛰쳐나올 것 같다. 마지막으로 가운데 그림(그림 8-1(b))는 레오나르도 다빈치가 그린 말이다. 강의할 때, 나는 종종 누가 그렸는지 청중에게 미리 말하지 않고 세 개의 그림 중 어느 것이 잘 그려졌는지 우선순위를 매기는 비공식적인 여론조사를 한다. 놀랍게도 많은 사람이 나디아의 그림을 다빈치의 그림보다 더 좋아한다. 여기서 우리는 또다시 다른 모순을 접한다. 겨우 말할 수 있을 정도로 지능이 뒤쳐진 자폐아동이 르네상스 시대의 위대한 천재의 작품보다 더 낫게 그릴 수 있다는 가능한 일인가?

이에 대한 해답은 뇌의 모듈 조직과 고립의 법칙에서 찾아볼 수 있다(모듈 방식이란 여러 뇌 구조가 각기 다른 기능에 전문화되어 있다는 개념을 설명하기 위한 일종의 가상 용어다). 나디아의 어색한 사회성, 미성숙한 감정, 언어능력 부족, 지능의 미발달 등은 모두 그녀의 뇌가 많은 부분에 손상을 입어 보통사람들과는 다르게 기능한다는 사실로부터 오는 것이다. 그러나 그녀의 오른쪽 두정엽에 피질 섬유에는 여분의 독립공간이 있다. 이 영역은 예술적으로 높은 감각을 포함하여 많은 공간적인 기술에 관여하는 것으로 알려져 있다. 오른쪽 두정엽에 뇌졸중이나 종양 등의 손상을 입는다면, 환자는 때로 간단한 스케치를 하는 능력마저 잃는다. 이러한 사람들이 그린 그림들은 보통 상세하기는 하지만 선의 유동성이나 생동감이 부족하다. 역으로, 나는 왼쪽 두정엽에 손상을 입은 환자의 경우 그림 실력이 향상되는 경우를 보았다. 그는 관련 없는 세부사항들은 지운다. 그러면 오른쪽 두정엽이 예술적 표현을 위한 뇌의 라사 모듈인가?

나는 나디아의 뇌 영역 가운데 많은 부분이 빈약하게 기능하기 때문에, 오히려 그녀의 주의지원의 가장 큰 몫을 얻도록 그녀의 남은 오른쪽 두정엽—그녀의 라사 모듈—을 해방시켰다고 제안하고 싶다. 그러나 정상적인 여러분과 나는 단지 훈련과 노력을 통해서만 그런 능력을 획득할 수 있다. 이러한 가설은 어째서 그녀의 그림이 다빈치의 그림보다 더 많이 시선을 끄는지 설명할 수 있을 것이다. 자폐를 앓고 있는 사람들이 천재적인 계산 능력을 보이는 것도 그런 이유다. 몇 초 만에 13자리수 두 개를 곱한 값을 알아내는 것처럼 산수에서 놀랄만한 능력을 보여주기도 한다(물론 '계산적인' 것은 수학이 아니다. 진정한 수학적 재능은 산수만이 아니라 공간적인 시각표상을 포함해 몇몇 기술의 조합을 요구한다). 우리는 왼쪽 두정엽이 수의 연산과 연관되어 있음을 알고 있다. 뇌졸중은 대부분 환자의 뺄셈과 나눗셈의 능력을 빼앗아버린다. 연산의 대가들에게 왼쪽 두정엽은 오른쪽에 비해 비교적 예비용의 성격이 짙다. 만약 모든 자폐아들의 관심이 왼쪽 두정엽에 있는 숫자 모듈에만 집중된다면 그림보다 산술에서 천재성을 보일 것이다.

아이러니컬하게도 나디아는 사춘기에 도달하면서 자폐적인 증세가 많이 호전되었다. 또한 그녀는 그림 능력을 완전히 잃어버렸다. 이 관찰은 고립사고의 법칙에 대해 신뢰성을 제공한다. 나디아가 성숙하여 다른 뛰어난 능력을 얻었을 때 그녀는 더이상 주의의 대부분을 오른쪽 두정엽에 있는 정서 모듈에 두지 않았다(정식 교육은 실재로 창조적인 몇몇 측면을 억누를 수 있다는 것을 암시한다).

주의가 다시 할당되는 것 외에도, 창의력을 설명하는 자폐증 환자의 뇌에 실질적인 해부학적 변화가 있는지도 모른다. 아마도 여분의 영역의 효력이 높아지면서 더 크게 자랄 수가 있다. 그래서 나디아는, 특히 오른쪽 각회인 오른쪽 두정엽이 좀더 커졌다. 이것이 그녀의 깊은 예술가적 능력을 설명해 줄 수 있었던 것이다.

대단한 능력을 가진 자폐아동들의 부모는 종종 자식들을 나에게 위탁하기도 한다. 언젠가는 그들의 뇌를 스캔하여 실제로 많이 자란 조직들이 있는지 알아보려고 한다. 불행하게도, 자폐아동들은 스캐너에 계속 앉아 있는 것을 어려워하기 때문에 이것은 말처럼 쉽지 않다. 말하자면 앨버트 아인슈타인은 각회가 대단히 컸다. 그래서 그는 우리가 상상조차 하지 못할 정도의 비범한 방법으로 숫자(좌두정엽)와 공간(우두정엽)에 대한 기술을 결합시키는 능력을 지니게 되었다.

예술에서 분리원칙을 대한 증거는 임상신경학에서도 찾아볼 수 있다. 예를 들어, 얼마 전 한 의사가 자신의 측두엽에서 발현된 간질 발작에 대해 써서 보냈다(발작은 스피커와 마이크를 통해 확대되는 피드백 방법으로 뇌에 흐르는 신경자극이 조절되지 않아 집중적인 충돌 현상 때문이다). 그 의사는 60대의 나이에 예상치 않게 간질 발작이 시작될 때까지만 해도 시에 대해 관심이 없었다. 그러나 갑자기 방대한 양의 시심詩心이 쏟아져나온 것이다. 그가 인생에 싫증을 느낀 것은 바로 그때다. 그것은 하나의 계시였다. 그의 지적인 삶이 갑자기 풍요로워진 것이다.

두 번째 예는, 샌프란시스코에 있는 캘리포니아대학교의 신경학자인 브루스 밀러Bruce Miller의 경우다. 말년에 빠르게 진행되는 치매로 인해 지능이 무뎌지는 환자들을 대상으로 한 훌륭한 연구다. 전측두엽 치매라고 불리는 이 질환은 판단의 토대이며 주의와 이성 판단의 중요한 측면인 전두엽과 측두엽에 선택적으로 영향을 준다. 그러나 이것은 두정피질에 여분의 영역을 남겨둔다.

지적 기능이 저하되면 일부 환자들 가운데는 갑자기 그림 그리는 능력이 놀랄 정도로 발달하는 경우가 있다. 이것은 나디아에 대한 내 추측과 일치하는 것이다. 그녀의 예술적인 능력은 여분의 영역인 오른쪽 두정엽이 활성화되었기 때문이다. 이러한 자폐증을 가진 학자와 간질, 그리고 전측두엽 치매를 가진 환자에 대한 추측은 매력적인 질문들을 제기한다.

능력이 많지 않은 평범한 우리 같은 사람들도 뇌질환이 생김으로 인해 해방되기를 기다리는 잠재적인 예술적 또는 수학적 재능을 가질 수 있을까? 그리고 뇌를 고의로 상처 입히거나 다른 능력을 파괴시키는 대가를 치루지 않고서도 이런 재능들을 풀어놓을 수가 있을까? 이것은 공상과학소설 속의 이야기처럼 보인다. 그러나 호주의 물리학자 앨런 스나이더Allan Snyder가 지적한 바에 따르면 이것은 현실이 될 수 있다. 이 아이디어는 시험될 수 있다는 것이다. 최근 인도 방문 동안 이 가능성에 대해 고민을 거듭할 즈음 나는 살면서 가장 이상한 전화를 받았다(그리고 소문도 자자했다). 〈사우스 시드니 헤럴드South Sydney Herald〉의 기자에게서 온 전화였다.

"라마찬드란 박사님, 휴식을 방해해서 죄송합니다."

그가 말했다.

"놀라운 발견이 있었습니다. 이것에 대해 몇 가지 여쭤봐도 될까요?"

"물론이지요. 말씀하세요."

"자폐성 석학에 대한 스나이더 박사님의 견해를 아시는지요?"

그가 물었다.

"예."

내가 말했다.

"그는 평범한 아이의 뇌에서는 하위下位의 시각적 영역은 말horse이나 다른 물체에 대해 아주 정교한 삼차원적 묘사를 만들어낸다고 했습니다. 결국 시각(통찰력, 상상력)이 무엇을 위해 발전하느냐 하는 겁니다. 아이가 점차 세상에 대해 더 많이 알면서 상위上位의 피질 영역이 말에 대해 더 추상적이고 개념적인 묘사를 하도록 하죠.

예를 들면 '긴 코, 네 개의 다리, 그리고 구레나룻 같은 꼬리가 있는 동물이다'와 같은 표현이죠. 시간이 갈수록 말에 대한 아이의 견해는 더욱 추상적으로 변하죠. 그는 더욱더 개념에 휘둘리고, 시각적인 표현에 대한 접근은 덜하게 됩니다. 자폐아동에게 이 고위 영역의 발달은 이뤄지지 않습니다. 그래서 그는 나와 당신이 할 수 없는 그러한 방법으로 이 초기의 표현에 접근하는 것이 가능합니다. 그래서 아이는 예술에서 놀라운 재능을 보이지요. 스나이더 박사는 내가 따라가기 어려운 수학 석학에 대해 비슷한 주장을 제시한 것으로 압니다."

"그러면 그의 견해에 대해 박사님의 생각은 어떻습니까?"

기자가 물었다.

"나는 그의 견해에 동의하며 같은 주장들을 해왔습니다."

"그러나 과학계에서는 스나이더의 견해가 너무 막연하여 사용하거나 시험할 수 없다고 주장하면서 무척 회의적이었습니다. 그러나 나는 동의하지 않습니다. 모든 신경학자들이 최소한 한 번쯤은 발작이나 정신적 외상 후에 새로운 기발한 재능을 갑자기 갖게 된 환자에 관한 놀라운 얘기를 하나씩은 있을 겁니다. 그러나 그의 이론에서 가장 두드러지는 부분은, 지금은 뒤늦게나마 명백하게 보이지만, 그가 한 예측입니다. 스나이더 박사는 만약 당신이 일시적으로 평범한 사람의 뇌에 있는 '고등' 중추 기능을 작동 불능으로 만든다면, 그 사람은 갑자기 이른바 하위 표현에 접근하여 아름다운 그림을 창조하거나 기초적인 소수素數를 산출하는 것이 가능해질지도 모른다고 주장했지요."

나는 말을 이었다.

"그의 예측을 좋아하는 이유는 이것이 그저 책상머리 실험이 아니라는 점입니다. 우리는 아무런 해가 없는 경두개 자기 자극계TMS라 불리는 장치를 사용할 수 있습니다. 이것은 일시적으로 평범한 어른 뇌의 부분들을 비활성화하기 위한 장치입니다. 비활성화되어 있는 동안 예술 또는 수학적인 재능이 갑작스럽게 절정을 볼 수 있을까요? 그리고 이것이 평범한 개념상의 장애물을 뛰어넘을 수 있다고 가르칠까요? 만약 그렇다면 개념상의 기술을 잃은 것에 대한 대가를 지불할 건가요? 그리고 그 자극이 장애를 뛰어넘도록 한다면(만약 자극이 그렇게 한다면), 그 자극이 없이도 자신이 그렇게 행동할 수 있을까요?"

"글쎄요, 라마찬드란 박사님."

기자가 말했다.

"박사님에게 알려줄 소식이 있습니다. 호주에서 스나이더 박사의 착상에 열정을 보이던 두 명의 연구자들이 평범한 학생 자원봉사자들을 모집했고, 실제로 실험을 했습니다."

"정말입니까?"

흥미로운 소식임이 분명했다. 나는 다시 물었다.

"무슨 일이 있었습니까?"

"자석으로 학생들의 뇌를 자극하자 이 학생들은 힘들이지 않고 아름다운 스케치를 할 수 있었습니다. 또 다른 경우는 그 학생이 자폐성 석학이 하는 것과 같은 방식으로 소수를 산출했습니다."

내가 조용해지자 기자는 내가 혼란스러워 하고 있다는 느낌을 받은 것 같았다.

"라마찬드란 박사님, 듣고 계시나요? 아직 제 말 듣고 계시죠?"

충격이 가라앉기까지 1분이 걸렸다. 그동안 행동신경학자라는 내 직업상 이상한 이야기를 많이 들었다. 그러나 의심할 여지없이 이 이야기가 가장 이상한 것이었다.

나는 이 발견에 대해 두 개의 다른 반응을 했다고(그리고 아직까지도 한다고) 고백해야겠다. 첫 번째 반응은 단순한 추측이다. 그 관찰은 우리가 신경학에서 알고 있는 어떤 것도 왜곡하지 않았지만(부분적으로 우리는 아주 조금은 알고 있기 때문에) 이상하게 들린다. 뇌의 일부를 기절시킴으로써 몇몇 기술을 촉진시킨다는 개념은 기괴할 정도다. 즉, 〈엑스파일X-File〉에나 나올 법한 이야기다. 또한 이것은 테이프를 사서 들으면 숨어 있던 모든 재능이 깨어난다고 광고하는 동기부여 전문가인 정신과 의사가 하는 격려 연설 느낌이 난다. 또는 마법의 물약이 창조력과 상상력의 새로운 차원으로 여러분을 초대할 것이라고 주장하는 마약 판매상 냄새가 난다. 또는 터무니없지만 고집스럽게 사실처럼 인정되는 것으로, 인간은 뇌의 10퍼센트만을 쓴다는 말로 들렸다. 그것이 무엇을 의미하던지 간에 말이다(기자가 이러한 주장에 대해 물을 때 나는 보통 이렇게 말한다. "글쎄요, 여기 캘리포니아에선 확실히 맞는 얘기입니다").

내 두 번째 반응은 "그래, 뭐 안될 거 있어?"라는 것이었다. 결국 우리는 깜짝 놀랄 만한 새 재능은 전측두엽 치매 환자에게 비교적 갑자기 일어날 수 있다는 것을 알고 있다. 즉, 뇌의 재구성에 의한 그런 정체를 드러내는 일이 일어날 수 있다는 것을 안다는 말이다. 실제로 증거가 주어진 마당에, 어째서 나는 호주 학자의 발견에 그렇게 놀라야 했던가? 어째서 TMS를 이용한 그들의 관찰이 중증 치매를 가진 환자들을 대상으로 한 브루스 밀러의 관찰보다 신빙성이 덜 가는 것은 왜일까?

그 놀라운 양상은 시간의 척도다. 뇌 질환이 진행되려면 몇 해가 걸리고 그 자석은 몇 초 만에 작동한다. 그것이 중요한 것인가? 스나이더에 따르면, 답은 '아니다'이다. 그러나 나는 그리 확신하지 못한다.

아마 우리는 분리된 뇌 부분에 대한 생각을 좀더 직접적으로 시험할 수 있을 것이다. 한 가지 접근방법은 fMRI 같이 기능성 뇌 이미지를 사용하는 것이다. 피실험자가 무언가를 하거나 보는 동안 혈류의 변화에 의해 생성된 자기장을 측정하는 장치다.

나는 스나이더의 아이디어와 고립에 관한 견해에 동의한다. 이는 여러분이 만화 스케치나 얼굴 낙서를 볼 때, 색상, 지형, 또는 심도를 처리하는 영역보다 얼굴 영역이 더 많이 활성화될 것이라는 예측이다. 대안으로, 컬러 얼굴 사진을 볼 때 당신은 반대쪽을 보아야 한다. 얼굴에 대한 상대적인 반응이 감소한다. 이 실험은 아직 끝나지 않았다.

까꿍놀이, 혹은 인식 문제 해결

그 다음 미학의 법칙은 표면상으로 고립과 닮았지만 사실은 꽤나 다르다. 가끔씩 뭔가를 덜 보이도록 만들어 더 매력적인 것으로 만들 수 있다는 사실이다. 나는 이것을 '까꿍놀이 원칙'이라 부른다. 예를 들어 샤워 커튼 너머로 비치는 벌거벗은 여인, 또는 몸매가 드러나는 꽉 끼는 옷을 입은 여인의 사진은 완전히 옷을 벗은 여인의 사진보다 더 유혹적일 수 있다. 그러한 사진을 보고 남자들은 '상상력에 여지를 남겨두는 것'이라며 고개를 끄덕인다. 비슷한 것으로 얼굴의 반을 숨긴 헝클어진 머리도 매혹적일 수 있다. 왜 그럴까?

결국, 만일 미술이 시각적인 영역과 정서적인 영역의 과도한 활성화를 내포한다면, 완전한 나체 여인이 더 매혹적이어야 한다. 만약 여러분이 이성애자인 남성이라면 시각 중심을 더 효과적으로 흥분시키기 위해 부분적으로 숨겨진 은밀한 부분보다는 그녀의 가슴과 생식기를 마음대로 보기를 기대할 것이다. 그러나 종종 반대의 경우가 옳을 수 있다. 마찬가지로 많은 여자들은 몸의 일부분을 가린 남자가 완전히 벗은 남자보다 더 매력적이라고 생각할 것이다.

우리는 이러한 은폐를 선호한다. 왜냐하면 뇌는 수수께끼 푸는 것을 좋아하도록 고정화되어 있기 때문이다. 뇌의 자각기능은 깨닫는 것보다 수수께끼 푸는 것을 더 좋아한다. 달마시안 개를 기억하는가? 수수께끼를 풀어 성공하면 우리는 즐거운 환호성을 지른다. 이는 가로세로 퍼즐이나 과학적인 문제를 풀 때 지르는 "아하!" 하는 감탄과 별반 다르지 않다. 문제의 답을 찾는 행동은 가로세로 퍼즐이나 논리 퍼즐처럼 순전히 지능적인 문제일 수 있다. 그러나 답을 찾기 전에도 우리에게 즐거움을 선사한다. 뇌의 시각 중추가 대뇌 변연계 보상 메커니즘까지 연결되어 있다는 것은 다행한 일이다. 그렇지 않으면 여러분은 이런 것들을 쉽게 포기해야 할지도 모른다. 좋아하는 소녀를 설득하여 함께 관목 안으로 숨는 방법을 생각할 때(사회적인 퍼즐을 풀려고), 또는 짙은 안개 속에서 관목 사이로 먹이나 동료를 추적할 때(빨리 바뀌는 일련의 감각운동 퍼즐을 풀면서) 같은 경우에 말이다.

그래서 여러분은 부분적인 은폐를 좋아하고 수수께끼 푸는 것을 좋아하는 것이다. 까꿍놀이 법칙을 이해하려면 영상에 대해 더 알아야 한다. 단순한 시각적인 장면을 볼 때 뇌는 끊임없이 모호한 표현을 재해석하고, 가설을 테스트하고, 패턴을 찾고, 기억력과 가능성으로 현재의 정보를 옛 기억과 예측을 비교한다.

영상에 대한 한 가지 순수한 견해가 있다. 연속적이고 단계적인 이미지의 과정이라는 것이다. 주로 컴퓨터 과학자들이 남긴 이론이다. 이 가공하지 않은 데이터는 망막에 사진 요소, 즉 화소로 나와서는 전하전송장치[1]처럼 연속적인 시각영역으로 넘겨진다. 각 단계에서 점점 더 정교한 분석을 거치면서, 마지막으로 사물의 궁극적인 인지로 종결된다. 이 시각 모델은 각각의 상위 시각영역이 하위 영역으로 돌려보내는 대량의 피드백 투시를 무시한다. 이 배경투사back projection는 너무나 대량으로 만들어지는 것이라서 체계적이라 하기에는 오해의 소지가 많다.

내 예감은 부분적인 가설로 진행과정의 각 단계에서 입력 정보 주위에 생성되어 하위 영역으로 되돌려져서 후속 진행과정에 조그만 성향을 만들어내는 것이다. 그러한 최적의 적합성은 우열을 다툰다. 그러나 결국은 그러한 부팅, 즉 연속적인 반복을 통해 최종 인식 해결책이 떠오른다. 마치 시각이 상향식보다 하향식으로 작용하는 것처럼 보인다.

사실, 인지하는 것과 환각으로 보는 것 사이의 차이는 생각처럼 그리 뚜렷하지 않다. 어떤 의미에서 우리가 세상을 본다고 할 때 그것은 항상 환각을 보는 것이라고 할 수 있다. 지각은 입력되는 데이터와 가장 잘 맞는 하나의 환각으로 간주할 수 있다. 이것은 자주 부분적으로 순식간에 일어난다. 환각과 실제 인식은 동일한 과정에서 나온다. 결정적인 차이점은 우리가 인지할 때, 외부의 물체와 사건에 대한 안정성이 그것들을 고착하는 데 도움을 준다는 것이다. 우리가 환각을 볼 때는 마치 꿈을 꾸거나, 감각차단 탱크에 떠있을 때처럼, 사물이나 사건에 대한 방향을 잃고 떠도는 것이다.

이 모델에서 부분적인 적합성이 발견될 때마다, 작은 감탄사 '아하!'가 여러분의 뇌에 생성된다. 이 신호는 대뇌 변연계 보상 조직으로 보내진다. 이것이 교대하면서 추가적으로 더 큰 감탄사 '아하!'를 촉구하는 것이다. 최종 물체나 장면이 구체화될 때까지 말이다. 이러한 견해로 보면, 미술의 목표는 뇌의 시각적인 영역을 흥분시키기 위해 가능한 많은, 그리고 상호적으로 일관된 적은 '아하!' 신호(일치 신호)를 만들어내는 것이다. 따라서 미술은 사물 인식에 대한 크나큰 정점을 위한 시각적 전희前戱의 형태다.

지각적인 문제해결 법칙, 즉 까꿍놀이는 더 이치에 맞아야 한다. 이것이 시각적 해결을 위한 연구가 짜증스럽게 하기보다 내재적으로 즐거운 것이 되도록 진화했는지도 모른다. 여러분이 쉽게 포기하지 않도록 하는 쪽으로 말이다. 따라서 이것은 반투명의 옷을 입거나, 또는 샤워커튼을 통해 살짝 부분적으로 열어 보이는 나체의 매력 쪽인 것이다.

미술적 즐거움과 문제해결의 '아하!' 사이의 추론은 강한 흥미를 돋우지만, 지금까지 추론들은 오로지 과학에서만 얻어진다. 우리는 궁극적으로 물어볼 필요가 있다. 뇌에서 미적인 '아하!'를 일으키는 실제 신경 메커니즘은 무엇인가?

하나의 가능성은 어떤 미적 규칙이 전개될 때, 신호는 시각적 영역에서 대뇌 변연계 조직으로 보내진다는 것이다. 앞에서 언급했듯이, 이런 신호는 내가 시각적 전희라 부르는 곳에서 일어나는 지각과정의 모든 단계(분류, 경계 인식, 기타 등등)에 걸쳐있는 다른 뇌 영역으로부터 보낸다는 것이다. 사물에 대한 인식의 최종 단계("와! 메리구나!")로부터 그저 오는 것은 아니라는 것이다. 어떻게 이것이 정확히 일어나는가는 명확하지 않다. 그러나 시각 과정의 모든 단계에서 편도체, 그리고 다른 뇌 영역과 같이 대뇌 변연계 조직 사이를 왔다 갔다 하는 것으로 알려진 해부학적 연결이 존재한다. 이것이 작은 '아하!'를 만들어내는 데 관여하는 것이라고 상상하기는 어렵지 않다. "왔다 갔다"라는 말은 여기에서 의미가 크다. 즉 예술가는 동시에 여러 개의 법칙을 이용하여 미적인 경험의 여러 층을 일깨우는 것이다.

분류로 돌아가 보자. 아마도 그룹화한 특징을 신호하는 넓게 퍼져 있는 신경세포에서 강력한 신경자극이 동시에 발현하는 것 같다. 아마도 이 동시성 자체가 대뇌 변연계의 신경을 그 다음에 활성화하는 것이다. 이런 과정은 위대한 예술작품에 대한 여러 측면 사이에서 즐거움과 조화로운 반향을 생성하는 데 관여하는 듯하다.

우리는 많은 시각적 영역을 대뇌 변연계 조직과 직접적으로 이어 주는 신경 통로가 있다는 사실을 안다. 2장에서 카그라스 증후군에 걸린 환자인 데이비드를 기억하는지 모르겠다. 그에게 어머니는 사기꾼처럼 보였다. 그의 시각 중추에서부터 대뇌 변연계 조직까지의 연결이 우연한 사고로 단절되어, 어머니를 볼 때 기대되는 감정적인 동요가 없다. 만약 시각과 감정 사이의 단절이 그 증후군의 근거라면, 카그라스 환자들은 시각적 예술을 즐길 수 없을 것이다(그들의 대뇌 피질에 있는 청각 중추가 대뇌 변연계 시스템과의 연결이 끊어진 상태가 아니므로 여전히 음악을 듣고 즐길 수는 있다). 증후군 자체가 너무 드물어 검증하기 쉽지 않다. 그러나 사실 예전 자료에 의하면 카그라스 환자들은 풍경이나 꽃을 보고도 갑자기 아름답게 느껴지지 않는다고 주장한 사례가 있다.

나아가 다중의 '아하!'에 대한 내 추론이 맞다면 보상신호는 인식의 마지막 과정뿐만 아니라 시각적 처리과정의 모든 단계에서 일어난다. 카그라스 망상증을 앓는 사람들은 프랑스 화가 모네의 그림을 즐기는 것뿐만 아니라 달마시안 개를 찾는 데 더 많은 시간이 걸릴 거라는 것이다. 그들은 간단한 조각 퍼즐도 풀어볼 것이다. 내가 알기로는, 이러한 것들은 직접적으로 테스트되지 않은 예측이다.

뇌의 보상 시스템과 시각 신경의 관계를 확실히 이해하기 전까지는 다음 질문들에 대한 논쟁은 뒤로 미루는 것이 좋겠다. 단순한 시각적 즐거움(아름다운 여성이 찍힌 사진을 볼 때)과 아름다움에 대한 시각의 미적 반응의 차이는 무엇인가? 후자가 단순히 대뇌변연계에서 고조된 즐거운 반응(7장에 묘사된 세 줄이 나 있는 막대가 새끼 갈매기에 작용하는 것처럼)만을 생산하지는 않는가? 아니면, 내 추측대로 전자와 후자 모두 더 풍부하고 더 많은 다차원의 경험을 갖다 주는 것은 아닐까? 그리고 단순한 각성과 미적 각성의 '아하!' 사이의 차이점은 무엇일까? '아하!' 신호의 강도는 단순한 놀라움, 두려움, 혹은 성적 자극을 받았을 때와 같지 않은가? 만약 그렇다면 뇌는 진정한 미에 대한 반응과 다른 타입의 반응을 어떻게 구분할까? 두 영역은 보이는 것만큼 완벽하게 나눌 정도로 구분되지 않는다. 누가 성애도 예술의 중요한 부분임을 부정할 수 있는가? 아니면 예술가의 창조적인 영감이 뮤즈에게서 비롯된 것을 누가 부정할 수 있는가?

이 질문들이 중요하지 않다는 말이 아니다. 사실 그것을 똑바로 인식하는 것이 가장 좋다. 우리는 곤혹스러운 모든 질문에 답할 수 있는 것은 아니다. 그러나 모든 시도를 포기해서는 안 된다. 반대로 미적 보편성을 발견하고자 노력하는 과정이 우리가 마주쳐야 하는 문제들을 해결해 준다는 사실에 만족해야 한다.

우연의 일치에 대한 혐오

내가 열 살 때 태국 방콕에서 배닛Vanit이라는 훌륭한 미술 선생님에게 가르침을 받은 적이 있다. 배닛 선생님은 우리 반 아이들에게 풍경을 그리라는 과제를 내주셨다. 나는 그림 8-2(a)와 약간 비슷한 그림을 그렸다. 두 개의 골짜기 사이에서 자란 야자수의 모습이다. 배닛 선생님이 그림을 보고는 눈살을 찌푸리며 말했다.

"라마, 야자수를 정확히 언덕 사이 중간에 두지 말고 약간 한쪽으로 기울게 두어야 해."

나는 이의를 제기했다.

"그렇지만 선생님, 이 그림에서 논리적으로 불가능한 것은 없어요. 아마 그 나무는 언덕 사이 V부분에서 정확히 줄기가 자랐나 봐요. 왜 이 그림이 틀렸다는 거예요?"

"라마, 그림에서 우연의 일치는 없다"라고 배닛 선생님이 말했다. 배닛 선생님과 나, 모두 그때 내 질문에 대한 답을 알지 못했다는 것이 정확할 것이다. 이제 나는 내 그림이 미적 인식에서 가장 중요한 법칙을 묘사했다는 것을 안다. 바로 우연의 일치에 대한 혐오다.

그림 8-2(a)가 실제로 눈에 보이는 장면을 묘사한다고 상상해

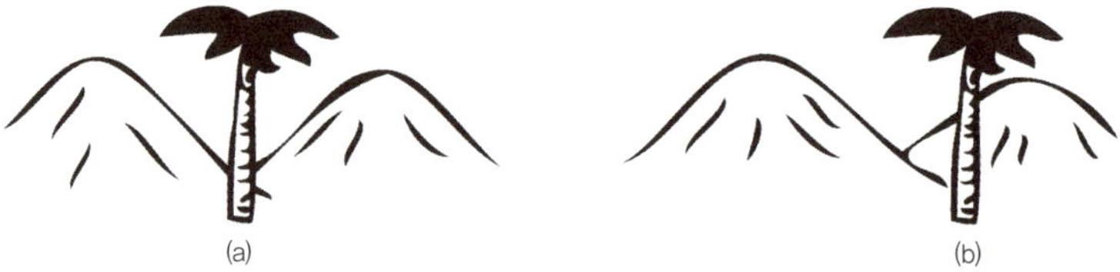

그림 8-2 두 언덕의 정 가운데 있는 나무. (a) 뇌는 유일한 지점을 싫어하며 (b) 포괄적인 지점을 선호한다.

보자. 주의 깊게 보자. 그러면 현실에서는 그림 8-2(a)에서 오직 하나의 시점에서만 그 장면을 볼 수 있음을 깨닫게 된다. 그림 8-2(b)에서는 여러 시점에서도 볼 수 있다. 한 시점은 유일하고 또 한 시점은 포괄적이다. 전체적으로, 그림 8-2(b)의 이미지는 훨씬 더 일반적이다. 그래서 그림 8-2(a)는 생리학자인 호레이스 발로우가 소개한 것처럼 '수상쩍은 우연의 일치'다. 뇌는 우연의 일치를 피하기 위해 항상 그럴듯하게 대체할 만한 포괄적인 해석을 찾으려고 한다. 이 경우에는 그것을 찾지 못해 이미지는 만족스럽지 않은 것이다.

이제 우연의 일치가 설명되는 경우를 보자. 그림 8-3은 이탈리

그림 8-3 파이 모양의 쐐기가 없는 세 개의 검정 원반. 뇌는 이러한 불투명한 흰색 삼각형의 정렬을 보는 것을 좋아한다.

아 정신학자 게타노 카니체Gaetano Kanizse가 묘사한 유명한 환영의 삼각형이다. 진짜 삼각형은 없다. 단지 세 개의 검은색 팩맨 모양이 서로를 향하고 있을 뿐이다. 그러나 여러분은 세 모서리가 검은

색 원으로 가려진 흰색 삼각형을 인지할 수 있다. 또한 이 세 개의 팩맨이 우연히 정열된 것처럼 보인다. 이것은 너무 미심쩍은 우연의 일치다.

차라리 세 개의 검은색 원이 막고 있는 불투명한 흰색 삼각형을 그렸다는 것이 더 그럴 듯하다. 여러분은 삼각형의 끝을 상상해서 볼 수 있다. 따라서 이 경우 시각 체계는 기분 좋은 기발한 해석을 떠올림으로써 우연의 일치를 설명한다. 그러나 골짜기 가운데 있는 나무의 경우, 뇌는 우연의 일치에 대한 해석을 찾기 위해 고군분투하고, 또 없기 때문에 좌절한다.

질서정연

질서정연함, 즉 규칙성은 의심할 여지없이 미술과 디자인에서—특히 후자에게—중요하다. 이 원칙은 너무나 명백하기 때문에 따분하기까지 한데, 그러나 시각적 미학에 대한 토론은 이것 없이는 완성할 수 없다. 나는 수많은 원리를 하나의 카테고리로 묶고자 한다. 이는 공통적인 예상에서 벗어나는 것에 대한 혐오라고도 말할 수 있다(예를 들어 사람들의 직선적 및 수평 가장자리, 그리고 카펫에 반복적으로 사용된 무늬에 대한 선호감 등). 나는 이것을 가볍게 언급하고 넘어갈 예정이다. 왜냐하면 에른스트 곰브리치Ernst Gombrich와 루돌프 아른하임Rudolf Arnheim과 같은 많은 예술역사가들이 이미 이에 대해 광범위하게 논쟁을 벌였기 때문이다.

벽에 살짝 기울어진 채 걸려 있는 그림을 생각해보자. 그것은 비율에서 이탈했기에 즉각 부정적인 반응을 자아낸다. 구겨진 종이 때문에 완전히 닫히지 않은 서랍, 봉투의 접합부분에 붙은 한 가닥의 머리카락, 또는 깨끗한 양복 위에 묻은 먼지도 마찬가지다. 왜 우리가 이런 반응을 보이는지는 명확하지 않다. 그저 학습되었거나 본능적으로 도출된 위생상의 문제일 수도 있다. 더러운 발을 보면서 느끼는 역겨움은 분명 문화적인 결과니까 말이다. 아이의 머리에 묻은 부스러기를 떼어내는 것은 아마 영장류의 치장하는 본능에서 비롯되었을 수도 있다.

기울어진 액자나 약간 흐트러진 책 더미와 같은 예들은 뇌가 규칙적이고 예측 가능한 것을 원래 선호했음을 의미한다. 그러나 이러한 설명이 큰 도움이 되지는 않는다. 왜냐하면 모든 규칙성과 예측가능성이 같은 법칙을 구현하는 것은 아니기 때문이다. 예를 들어 인도 미술이나 페르시아 카펫에서 보는 꽃잎 무늬와 같이 시각적으로 반복된 리듬을 선호하는 경향은 서로 밀접한 관련이 있다. 그러니 이런 경향이 똑바로 걸린 그림을 좋아하는 경향과 관련 있다고 상상하기는 어렵다. 두 사례의 공통점이라고는 아주 추상적이기는 하지만, 예측가능하다는 것뿐이다. 각 경우에서 규칙성이나 질서가 필요하다는 것은 시각 시스템이 경제적인 처리를 요구한다는 것을 반영할지도 모른다.

가끔 디자이너나 예술가들은 즐거움을 주기 위해 질서와 예측가능성으로부터 일탈하기도 한다. 그러면 왜 기울어진 액자 같은 일탈은, 미국의 패션모델 신디 크로포드Cindy Crawford의 아름다운 비대칭적인 입술과는 반대로 못나 보일까? 예술가는 극도의 규칙성을 지향하는 것 같지만 사실 이것은 지루할 뿐만 아니라 완전히 무질서

하다. 만약 여신을 조각하는 데 작은 꽃들을 반복적으로 사용한다면, 예술가는 단조로움을 피하려고 더 큰 꽃모양을 사용하여 주기가 다른 리듬을 만들기 위해 애쓸 것이다.

대칭

만화경을 가지고 노는 아이도, 인도의 타지마할을 본 어떤 연인도, 대칭이 주는 매력에 빠진다. 디자이너들은 이것을 인지하고, 곧잘 자신의 작품에 대칭의 미를 사용한다. 그러나 왜 대칭적인 사물이 아름다운가라는 질문은 별로 제기되지 않았다.

두 개의 진화적 힘이 대칭의 매력을 설명한다. 첫 번째는 시각이 주로 물체를 발견하기 위한 진화했다는 것이다. 움켜쥐거나, 움직이거나, 교미하거나, 먹거나, 잡는 행위 등이 여기에 해당한다. 그러나 시각적 공간은 항상 물체들로 가득 차 있다. 나무, 쓰러진 통나무, 땅 위 색깔 반점, 힘차게 흐르는 시내, 구름, 바위의 노출 등. 뇌의 용량에 한계가 있다는 사실에 비추어 보면, 어떤 경험 법칙을 사용하여 가장 필요로 하는 곳에 주의를 집중해야 할까? 뇌는 어떻게 규칙의 우선 순위를 매기는가? 자연에서 중요한 것은 '먹이, 포식자, 동종의 멤버, 짝 등의 생물학적 대상'을 의미하고, 이러한 모든 대상은 한 가지 공통점이 있다. 대칭이다. 이것이 아마도 왜 대칭이 관심을 끌고 각성시키는지, 또 넓게는 왜 예술가나 건축가가 이러한 특징을 좋은 쪽으로 사용할 수 있는지 설명해줄 것이다. 또 그것은 왜 갓 태어난 아기마저도 대칭적인 잉크 얼룩을 좋아하는지를 설명해줄 것이다. 아마도 아기의 뇌 속에서 경험법칙을 두드려 깨워서 "대칭적인 것. 저 느낌은 중요해. 나는 계속 봐야 해"라고 말하는 것 같다.

두 번째 진화의 힘은 더 미묘하다. 대학 학부 졸업생에게 무작위로 여러 가지의 대칭적인 얼굴을 연속적으로 보여주는 실험을 했다(평범한 기니피그 같은 실험). 심리학자들은 일반적으로 가장 대칭적인 얼굴이 가장 매력적인 것으로 판단된다는 것을 발견했다. 이 자체로는 거의 놀라운 것이 아니다. 아무도 이탈리아의 시인 콰시모도Quasimodo[2]의 비틀어진 얼굴이 매력적이라고 생각하지 않는다. 그러나 흥미를 자아내는 것은, 조금의 탈선조차도 용서되지 않는다는 것이다. 왜 그럴까?

그 놀라운 대답은 기생충에 있다. 인체에 침입한 기생충은 잠재적인 짝의 생식력과 생산력을 크게 줄인다. 그래서 진화는 여러분의 짝이 질병에 감염되었는지 찾아낼 수 있도록 아주 비싼 보험료를 책정한다. 만약 태아나 영아에 감염이 일어났다면, 외부적으로 가장 명확하게 드러나는 신호는 대칭성의 미묘한 상실이다. 그러므로 대칭성은 바람직한 건강을 위한 표시, 즉 신호가 되는 것이다. 이 주장은 왜 시각 시스템이 대칭성을 매력적으로 보고 비대칭성을 불안감을 주는 것으로 보는지 설명한다. 수많은 진화의 단면이—심지어 우리의 미적 선호도까지—기생충을 피하기 위한 노력의 일환에서 이루어졌다는 것은 묘한 생각이다(일전에 나는 〈신사는 금발을 좋아한다〉라는 제목의 풍자적인 글을 다음과 같은 이유에서 쓴 적이 있다. 기생충에 의해 유발되는 빈혈증과 황달은 짙은 피부색을 지닌 검은머리 여성보다 옅은 피부의 금발 여성에게서 쉽게 찾을 수 있다).

물론, 대칭적인 짝에 대한 이런 선호도는 완전히 무의식중에 일어난다. 사람들은 자신이 그런 행동을 하는지도 알아채지 못한다. 영원한 사랑의 우주적 상징이라고 할 수 있는 타지마할을 건설한 무굴제국의 황제 샤자한Shah Jahan의 뇌가 기생충 없는 얼굴을 가진 연인 뭄타즈Mumtaz를 선택한 것은 얼마나 잘 어울리는 대칭성인가?

그러나 우리는 이제 명백한 예외를 다루어야 한다. 어째서 때때로 대칭성의 부족이 더 호소력이 있는가? 여러분이 가구, 그림, 액세서리를 방에 정리한다고 상상해보라. 총체적인 대칭은 그렇게 좋지 않다고 말할 전문 디자이너는 필요 없다. 반대로 여러분은 가장 극적인 효과를 창조하기 위해 신중하게 비대칭을 골라야 한다. 이 역설을 푸는 실마리는 대칭의 규칙을 큰 스케일의 풍경이 아니라 오로지 개체에만 적용할 수 있다는 관찰에서 나온다. 이것이 완벽한 진화의 감각을 만들어내는데, 왜냐하면 포식자, 제물, 친구, 또는 동료는 언제나 분리되어 있고 독립적인 존재기 때문이다.

대칭적인 사물과 비대칭적인 풍경을 좋아하는 여러분의 선호도는 뇌의 시각처리 시스템의 '무엇'과 '어떻게'의 흐름에 반영된다. '무엇'(새로운 통로에서 두 지류 중의 하나)의 흐름은 1차시각영역에서 측두엽으로 이어진다. 그리고 별개의 개체와, 얼굴의 내적 비율과 같은 개체 내의 특성의 공간적 관계에 관여한다. '어떻게'의 흐름은 일차시각영역에서 두정엽으로 흘러간다. 그리고 스스로 일반적인 환경과 개체 사이의 관계에 더 관여한다(여러분과, 여러분이 쫓는 가젤과, 녀석이 숨으려고 하는 나무 사이의 거리와 같은 것에 말이다).

대칭에 대한 선호는 그것을 필요로 하는 '무엇'의 흐름에 뿌리를 내리고 있다 해도 놀랄 일이 아니다. 그래서 대칭성의 감지 및 즐거움은 뇌에서 배경 중심이 아닌 개체중심적인 알고리즘에 근거를 둔다. 진정으로 방 안에 대칭적으로 배치된 물건들은 우리의 뇌가 설명할 수 없는 우연의 일치를 싫어하기 때문에 우스꽝스러워 보이는 것이다.

그림 8-4 큰 나뭇가지 밑의 석상 님프. 마치 신이나 천국을 열망하듯 등을 구부려 위를 바라보는 관능적인 천상의 님프를 묘사했다. 인도, 카주라호, 11세기.

은유

언어에서의 은유법은 잘 알려져 있다. 그러나 시각예술에서도 광범하게 사용된다는 것은 아직 인정받지 못했다. 그림 8-4는 1100년 경 북인도의 카주라호에서 나온 사암 조각상이다. 마치 신이나 천국을 열망하듯 등을 구부려 위를 바라보는 관능적인 천상의 님프를 묘사해놓았다. 조각상은 아마도 사원 바닥에 있었을 것이다. 대부분의 인도 님프들처럼 그녀도 좁은 허리로 큰 엉덩이와 가슴을 무겁게 받치고 있다. 조각상 머리 위로 드리운 아치형의 가지는 팔의 곡선(종결이라 칭하는 분류 원리의 자세 예시)을 따라간다. 마치 님프처럼 가지에 대롱대롱 매달린 속이 꽉 찬 잘 익은 망고는 자연의 풍요와 다산을 상징하는 은유라는 것을 주지하라. 덧붙여서 망고의 속이 꽉 찼다는 것은 조각상 가슴의 풍성함과 농익음이라는 일종의 시각적 반향을 보여준다. 그래서 조각상에는 여러 겹의 은유와 의미가 들어 있고 그 결과는 놀라우리만치 아름답다. 그것은 마치 여러 은유가 서로 더 증폭시키는 것 같다. 비록 이런 내부의 공명과 하모니가 특히 즐거운 것이어야 한다는 것은 누군가의 추측이지만 말이다.

내가 흥미를 느끼는 것은, 상상력 부족한 좌뇌보다 우뇌로 시각적 비유를 이해할 수 있다는 사실이다(뇌반구적 전문화에 관한 많은 신뢰할 수 없는 대중심리학 지식과 달리, 이 특별한 구별은 일말의 진실이 있는 것처럼 보인다).

나는 좌반구의 언어에 기반을 둔 명제 논리학과 좀더 몽환적인, 직감적인 '사고'의 우반구 사이에는 표현의 장벽이 있다고 주장하고자 한다. 위대한 예술은 이따금씩 이런 장벽을 극복함으로써 성공한다. 여러분은 얼마나 자주 무미건조한 좌뇌가 해석하는 것보다 훨씬 더 미묘하고 풍부한 의미를 일깨우는 음악을 들어 보았는가?

디자이너들이 관심을 끌기 위해 사용하는 트릭이 좀더 평범한 한 예다. '비스듬한tilt'이라는 단어가 비스듬하게 인쇄되었다면 코믹하지만 즐거운 효과를 만든다. 이것은 우리가 '시각 공명' 혹은 '메아리'라 부르는 별개의 미학의 법칙을 사실로 받아들이도록 유혹한다(나는 형태심리학자들이 모든 관찰의 법칙으로 부르는 함정에 빠질까봐 걱정한다).

여기 공명은 실제로 말 그대로 기울기를 가진 '기울기'라는 단어의 개념 사이에 존재한다. 개념과 인식의 테두리를 흐릿하게 하면서 말이다. 만화에서 '무서운', '공포' 혹은 '떨림' 같은 단어들은 마치 그 글자들이 떨고 있는 것처럼 꾸불꾸불한 선으로 표현된다.

왜 이것이 이토록 효과적인가? 나는 그것을 꾸불꾸불한 선이 여러분 자신의 떨림의 공간 울림 때문이라고 말하고자 하는데, 결국 공포라는 개념에 공명하는 것이다. 떠는 사람(또는 꾸불꾸불한 글씨로 은유적으로 표현된 대로 떠는 것)을 보면 그 떨림을 미세하게 메아리로 전달한다. 왜냐하면 그것이 여러분에게 도망갈 준비를 하게 만들기 때문이다. 다른 사람이 떨도록 공포를 야기한 포식자를 예측하면서 말이다.

만일 그렇다면, 그냥 반듯한 선의 부드러운 글자로 인쇄된 것보다 구불구불한 글자의 '공포'라는 단어를 감지하는 반응시간이 훨씬 짧아질 것이다. 이 아이디어는 실험을 통해 확인할 수 있다.

인도 예술의 위대한 아이콘인 춤추는 시바, 즉 나타라자에 관련

그림 8-5 시바의 우주의 춤을 묘사한 라타라자. 인도 촐라Chola 시대, 12세기.

하여 은유 심미학의 법칙을 정리하겠다. 마드라스의 첸나이 주립 박물관에 남부 인도의 놀라운 청동 컬렉션을 전시해둔 갤러리가 있다. 그 중 우수한 작품이 12세기의 나타라자다(그림 8-5). 20세기에 막 접어든 어느 날 나이든 피란기firangi(힌두어로 '외국인' 혹은

'흰색'이라는 뜻) 신사가 나타라자를 경외하는 모습이 목격되었다. 박물관 경비원들과 지나가는 사람들을 놀라게 할 정도로 그는 무아지경의 상태로 빠져들었다. 그는 나타라자 앞에서 춤추는 자세를 흉내 내기에 이르렀다. 군중이 주위에 몰려들었다. 그 신사는 큐레이터가 나타나 사태를 진정할 때까지만 해도 제정신이 아닌 것처럼 보였다. 그 유럽인은 다름 아닌 세계적인 조각가 오귀스트 로댕Auguste Rodin이었다. 그러나 그의 신분을 알기 전까지만 해도 체포될 뻔했다. 로댕은 춤추는 시바 때문에 눈물을 흘렸던 것이다. 그는 이 일을 언급하며 이것은 인간의 마음이 창조한 빼어난 예술품이라고 기술했다.

이 청동작품의 위엄을 느끼기 위해 신앙심이 깊을 필요도, 인도 사람일 필요도, 혹은 로댕이 될 필요도 없다. 이 작품은 우주를 창조하고 유지하고 파괴하는 시바의 춤을 아주 기본적인 수준으로 묘사한다. 그러나 조각품은 더 큰 의미가 있다. 그것은 우주의 춤, 우주의 움직임과 에너지 그 자체의 비유다. 예술가는 많은 장치들을 능숙하게 사용하여 이러한 감각을 묘사한다. 예를 들면, 팔의 원심동작과 다리가 여러 방향으로 흔들거리는 것, 그리고 구불구불한 머리가 나부끼는 것들이 우주의 동요와 광란을 상징한다. 그러나 이런 모든 소요—삶의 변덕스러운 광기—한가운데에 있는 것은 시바의 고요한 영혼이다. 조각가는 최상의 평온과 균형으로 손수 만든 창조품을 바라본다. 한손에는 외견상 상반되는 움직임과 에너지의 요소를, 다른 손에는 영원한 평화와 안정을 얼마나 능숙하게 조합했는가!

내부의 영원하고도 안정된 감각은, 광기 속에서도 살짝 구부린 왼쪽 다리를 통해 그에게 균형과 평온을 준다. 그리고 그것은 고요하고 평화로운 표정에 의해 전달된다. 이것은 영원한 감각을 전달하는 것이다. 몇몇 나타라자 조각품에서 이런 평화로운 표정은 신비에 싸인 반 미소가 대신한다. 마치 위대한 신이 생과 사를 보고 같은 웃음을 띤 것 같이 말이다.

이 조각품에는 많은 의미가 담겨 있다. 그리고 하인리히 지머Heinrich Zimmer와 아난다 쿠마라스와미Ananda Coomaraswamy 같은 인도학자들은 열정적으로 그 의미를 빛내고 있다. 대부분의 서양 조각가들이 순간의 움직임을 포착하려고 한 반면, 인도 예술가는 자연의 시간 자체를 전달하려고 노력한다. 불의 고리는 동양 철학의 일반적인 주제인 우주의 창조와 파괴의 영원한 순환, 윤회를 상징한다. 그러나 때로 서양 사상가들에 의해 영향을 받기도 한다(나는 특히 영국의 천문학자이자 공상과학소설가인 프레드 호일Fred Hoyle의 진동우주론을 떠올렸다).

시바의 오른손 중 하나는 북을 쥐고 있다. 이것은 우주를 때려서 창조하고, 움직이는 물체의 맥박을 표현한 것이다. 그러나 그의 왼손 중 하나는 불을 들고 있다. 열을 내고 우주에 에너지를 공급하는 것이다. 그뿐만 아니라 파괴를 허용하여 영원한 순환에서 균형을 잡고 에너지를 소비하는 역할도 한다. 그렇게 나타라자는 시간의 추상적이면서 역설적인 삼라만상을 전달한다. 이전에 창조된 모든 것을 삼키면서 말이다.

시바의 오른발 아래에는 무서운 악마인 아파스마라Apasmara가 있다. '무지의 환영'이라 불리는 것으로 시바가 그것을 일그러뜨리고 있다. 그러면 이 환각은 무엇인가? 이 환각은 과학적 형상을 한 우리 모두가 그것으로 고통 받고, 지각없는 원자와 분자의 나선 이외의 어떤 것도 우주엔 없다는 것이며, 외적인 것 뒤에는 더 심오한 실재가 없다고 하는 것이다. 또한 일부 종교에서 망상이라고 할 수 있다. 개인은 각각의 영혼을 가지고 있다. 그리고 이는 그 자신의 특별한 지점에서 생의 현상들을 지켜본다는 것이다. 사후에는 끊임없는 공허함밖에 없다는 논리적인 망상이다. 시바는 만약 여러분이 환각을 부수고, 그래서 들어올린 왼쪽 발에서 위안을 찾으려고 한다면(그의 왼손이 가리키고 있다), 외부 모습(마야) 뒤에 더 심오한 진실이 있다는 것을 알 것이라 말한다. 이것을 깨닫는다고 해서 냉담한 관중이 되는 것이 아니다. 단순히 쇼를 지켜보기 위하여, 여러분은 죽을 때까지 우주의 썰물과 밀물 한 부분이 되는 것이다. 그리고 이런 깨달음과 더불어 불멸이나 열반에 다가갈 수 있다. 환각의 주문에서 해방되고 최고의 진리인 시바 자신과 일치가 된다. 내 마음 속에는 시바나 나타라자보다 신이라는 추상적 사고에 대한 더 위대한 예시화는 없다. 예술비평가인 쿠마라스와미는 "이것은 시詩지만 그럼에도 불구하고 과학이다"라고 말한다.

내가 논지를 비껴갔을까 봐 두렵다. 이 책은 신경학에 관한 것이지 인도 예술에 관한 것은 아니니까. 내가 시바와 나타라자를 예로 든 것에 특별한 이유는 없다. 이 장에서 소개된 미학에 대한 환원론자의 접근은 결코 위대한 예술 작품을 폄하하려는 의도가 아니라는 것을 강조하려는 것이다. 반대로, 그들의 고유한 가치에 대한 우리의 평가를 향상시킬 수도 있다.

* * *

다음 아홉 가지의 법칙은 왜 예술가들이 창작을 하고 왜 사람들이 그 감상을 즐기는지에 대한 설명이 될 수 있다. 우리는 예술을 뇌의 감각 센터의 고급 음식인 것처럼 감상한다. 마치 우리가 복합적이고 다각적인 맛과 질감의 경험을 통해 미각을 자극시키고 맛있는 음식을 소비하는 것처럼 말이다(질 낮은 제품으로 유추되는 정크푸드와는 반대로). 예술가들이 처음에 전개한 규칙들은 생존 가치 때문에 진화했는데도, 예술 자체의 제작은 생존의 가치가 없다. 우리는 예술 행위를 한다. 왜냐하면 그것은 재미있고 재미는 모든 것을 정당화하기 때문이다.

그러나 이것이 전부인가? 순수하게 즐기는 기쁨과는 별개로 사람들이 왜 그렇게 열정적으로 예술에 관여하는 데 덜 분명한 이유라도 있는지 나는 궁금하다. 네 가지 정도의 이론을 생각해볼 수 있다. 심미학의 즐거움이 아닌 예술 그 자체의 가치로 말이다.

첫째로, 미국의 인지과학자 스티븐 핀커의 주장이다. 어쩌면 건방지고 냉소적일 수도 있지만, 독특하고 유일한 작품을 소유하려는 이유는 고가의 작품을 보유할 만한 재력이 있음을 드러내는 과시욕의 상징이라는 것이다(뛰어난 유전자에 접속하기 위해 진화한 심리학적인 경험 법칙).

이것은 오늘날 사실로 드러났다. 늘어난 대량복제 기계들 때문에 작품 구매자 입장에서 보면 오리지널 작품에 더 높은 프리미엄이 붙는다. 아니면 적어도(작품 판매자의 기획에 의해) 구매자들을 한정판을 사게 함으로써 조롱의 대상으로 몰아넣기도 한다. 보스턴이나 라 졸라에서 열렸던 아트 쇼의 칵테일 리셉션을 참석했던 사람들은 거의 대부분 이 견해에 어느 정도 진실이 담겨 있다고 생각했다.

둘째, 뉴멕시코대학교의 진화심리학자 제프리 밀러Geoffrey Miller를 비롯한 몇 사람이 천재적인 아이디어를 제시했다. 예술은 잠재적인 짝에게 예술가의 손재주 및 손과 눈의 동작을 일치시키는 능력을 어필하기 위해 진화했다는 제안이다. 이것은 즉각적으로 "이리 와서 내 동판화를 보려무나"라는 예술이론으로 불렸다. 마치 수컷 바우어새처럼, 남자 예술가는 효과적으로 자신의 여신에게 "내 사진을 봐주세요. 내 놀라운 손과 눈의 조화와 복잡하고 잘 통합된 뇌 유전자를 보여준답니다. 당신이 낳을 아이들에게 이 능력을 전달해줄 거란 말입니다"라고 말한다. 밀러의 아이디어엔 짜증나는 진실이 약간 있지만 개인적으로 그리 수긍이 가지는 않는다.

주된 문제점은 왜 광고가 예술의 형태를 띠는지에 대한 설명이 없었던 것이다. 그것은 좀 지나친 과장 같았다. 잠재적 고객들에게 양궁 실력이나 축구 실력을 보여주듯이, 이 능력을 직접적으로 과시하지 않는 건가? 만약 밀러가 옳을지도 모른다. 그렇다면 여사들은 잠재적 남편감에게 매력적으로 보이기 위해 뜨개질하고, 수를 놓는 능력을 개발해야 한다. 그것이 굉장한 손재주를 필요로 한다는 것을 감안해서 말이지만 비록 대다수 페미니스트들은 남자들에게는 그러한 기술의 가치를 인정하지 않는다. 어쩌면 밀러는 여자들이 재주와 재능 자체에 가치를 부여하는 것이 아니고 완성된 제품에 깔려있는 창의성을 중시한다고 주장할 것이다. 그러나 인간에게 훌륭한 문화적 중요성에도 불구하고, 창조성의 지표로서의 예술의 생물학적 생존 가치는 의심스럽다. 그것이 꼭 다른 영역까지는 확산되지 않는다는 것을 감안하면 말이다(그냥 단순히 굶고 있는 수많은 예술가들을 보라!).

핀커의 이론에서 여자는 구매자 주위를 서성대야 한다. 하지만 밀러의 이론에 따르면 여자들은 굶주린 예술가 근처를 서성거려야 한다는 점을 주목하라. 이 아이디어에 2가지를 더해보겠다. 그것들을 이해하려면 프랑스의 라스코Lascaux에 있는 3만 년 된 동굴 예술을 고려해야 한다. 이 동굴벽화들은 현대의 시각으로 보아도 마음을 사로잡을 정도로 아름답다. 벽화를 그린 예술가들은 현대 예술가들과 똑같은 심미학적인 방법을 썼음에 틀림없다. 예를 들면, 황소들은 대부분 윤곽으로 그려졌다. 그리고 황소의 특징들, 가령 작은 머리, 크게 솟아오른 혹은 엄청 과장되어 그려졌다. 기본적으로 그것은 황소 캐리커처(정점 변경)다. 그러나 무의식적으로 황소로부터 네 개의 발을 가진, 유전적으로 발굽을 가진 동물을 추상화하고 동시에 그 차이점을 극대화한 것이다. "그 당시 사람들은 그냥 재미로 그렸겠지"라고 말하는 것을 빼고 더 할 말이 없을까?

인간은 시각적인 형상화에 능하다. 뇌는 이런 능력을 진화시켜 내부의 지적인 이미지를 만든다. 또한 세상의 모델을 만들어 앞으로 다가올 일을 대비한다. 현실 세계에서 위험에 빠지거나 벌칙을 받는 일이 없도록 말이다. 하버드대학교의 심리학자 스티브 코슬린Steve Kosslyn이 뇌 영상법 연구를 통해 이에 대한 힌트를 주었다. 뇌는 장면을 상상하기 위해, 실제로 물체를 볼 때와 같은 뇌 영역을 사용하는 것을 보여준다. 그러나 진화가 증명해왔듯이 그렇게 내부적으로 만들어진 표현은 절대로 실제 같은 진짜는 될 수 없다. 이것은 유전자 일부의 현명한 자제력의 부분이다. 만약 세상의 내부 모델이 완벽한 대체품이라면, 배고픔을 느낄 때마다 그저 만찬에서 음식을 먹는 것을 상상하기만 하면 된다. 그러면 여러분은 진짜 음식을 찾아야 할 동기가 없어질 것이고 아마도 곧 굶주림으로 죽게 될 것이다. 바드Bard가 말했듯이 "단지 연회宴會를 상상한다고 해서 절대로 식욕의 굶주림에 질릴 수가 없다."

이와 마찬가지로, 오르가즘을 상상하게끔 돌연변이한 생명체는 어쩌면 유전자를 물려주지도 못하고 빠르게 멸종할 것이다(우리 뇌는 오래 전에 포르노, 플레이보이 잡지, 정자은행 등을 진화시켰다). 어떤 '오르가즘 상상' 유전자도 유전자 풀에서는 큰 반향을 일으킬 것 같지는 않다.

만약 인류의 조상이 우리보다 지적인 상상력이 빈약했다면 어떻게 되었을까? 그들이 들소나 사자사냥을 예행연습했다고 상상해 보라. 아마도 그들에게 실제 도구가 있었다면 실질적인 예행연습을 하는 것이 훨씬 더 쉬웠을 것이다. 그렇게 본다면 이런 도구는 오늘날 우리가 말하는 동굴벽화일 것이다. 인류의 조상들은 아마 이 벽화를 마치 아이들이 장난감 병정들을 가지고 놀 때 가상의 전투 속에서 내적 상상력을 개발시킬 때 사용했을 것이다. 또한 동굴벽화는 신참에게 사냥하는 법을 가르칠 때도 유용하게 쓰였을 것이다. 몇 천 년 동안 이 기술들은 문화와 동화되었고 신앙적인 합의로 받아들여졌다. 요컨대, 예술은 자연의 고유한 가상현실과도 같을 것이다.

네 번째로, 결국 예술이 시대를 초월해서 호소하고자 하는 특별한 이유는 몽상적인 뇌의 우반구에 기초한 언어를 말하는 것이다. 이는 상상력이 없는 뇌의 좌반구로서는 이해할 수 없는 생경한 것이다. 예술은 희미하게나마 이해되거나 말로써만 전달 가능한 의미의 뉘앙스와 미묘한 분위기까지 전달한다. 더 고차원적인 인식기능을 표현하기 위해 양 뇌(우반구, 좌반구)에 의해 사용되는 신경 코드는 아마 말 그대로 판이할 것이다. 예술은 그렇게 하지 않으면 소통도 할 수 없고 꽉 막혀 있을 두 사고방식 간의 교감을 원활하게 해주는 역할을 한다. 아마도 감정은 가상현실 예행연습이 필요한데 미래에 사용을 위한 범위와 예민함을 늘리기 위해서다. 우리가 운동 예행연습과 가로세로 퍼즐을 할 때 미간을 찌푸리는 것, 혹은 지적고무에 대해 논리학자인 괴델Godel의 정리를 숙고하는 등의 행동을 할 때처럼 말이다. 이 점에 있어 예술은 우뇌의 운동영역이다. 학교에서 이 점을 강조하지 않는 실정이 안타까울 따름이다.

지금까지, 우리는 인지와 반대되는 개념의 예술의 창조에 대해 아주 조금 얘기했다. 하버드대학교의 스티브 코슬린과 마사 파라는 뇌 이미지 기술을 사용하여 창조적으로 뇌 이미지를 불러오는 것은 아마도 전두엽의 내측 부분(복내측피질)이 관여한다는 것을 보여주었다. 뇌의 이 부분은 시각적 기억에 관여하는 측두엽에 앞뒤로 연결되어 있다. 가공되기 전 그대로인 이미지는 이 연결을 통해 만들어진다. 이 형판型板 간의 앞뒤 상호연결과 그려지거나 또는 조각된 것은 그림의 장식과 발전단계를 거친다. 전에 얘기한 복수의 단계별 작은 '아하!'로 이어지면서 말이다. 시각 과정의 이러한 층간의 자가-증폭 메아리가 결정적인 볼륨에 도달했을 때, 이것들은 최종의 '아하'로서 격막隔膜핵과 같은 보상 센터로 배달된다. 그 다음 예술가는 담배에 불을 붙이고서 코냑을 한잔 따르고는 음악을 켜고서 휴식을 취한다.

그래서 예술의 창의적 창조물과 감상은 같은 통로를 거친다고 볼 수 있다(전자의 앞 단계만 제외하고). 우리는 정점 변환(다른 말로 캐리커처)을 통해 높아진 얼굴 및 사물 이미지가 방추상회 세포를 왕성하게 활동하게 한다는 것을 보아 왔다. 풍경화처럼 전체적인 배치는 아마도 우측 하부두정엽이 필요한 것으로 보인다. 반면에 '은유' 즉 예술의 개념 측면은 양쪽 각회를 사용한다. 우측 뇌든 좌측 뇌든 손상을 입은 예술가에 대한 철저한 연구가 가치 있는 것으로 보인다. 특히 우리의 미학의 법칙을 명심하면서 말이다.

분명한 것은 우리가 갈 길이 멀다는 것이다. 그러나 실수를 할 때 하더라도 한번 추측해보는 것도 재미있는 일이다. 찰스 다윈은 그의 책 《인간의 유래*Descent of Man*》에서 다음과 같이 말했다.

> 그릇된 사실은 오래 지속될 가능성이 있기 때문에 과학 발전에 있어 매우 위험하다. 그러나 근거가 뒷받침 되기만 한다면 잘못된 시각은 거의 해롭지 않다. 왜냐하면 사람들은 오류를 증명하면서 유익한 즐거움을 느끼기 때문이다. 증명이 끝나면 오류로 가는 길은 폐쇄되고 동시에 진리로 가는 길이 열린다.

9장 | 영혼을 가진 원숭이

자기성찰의 진화

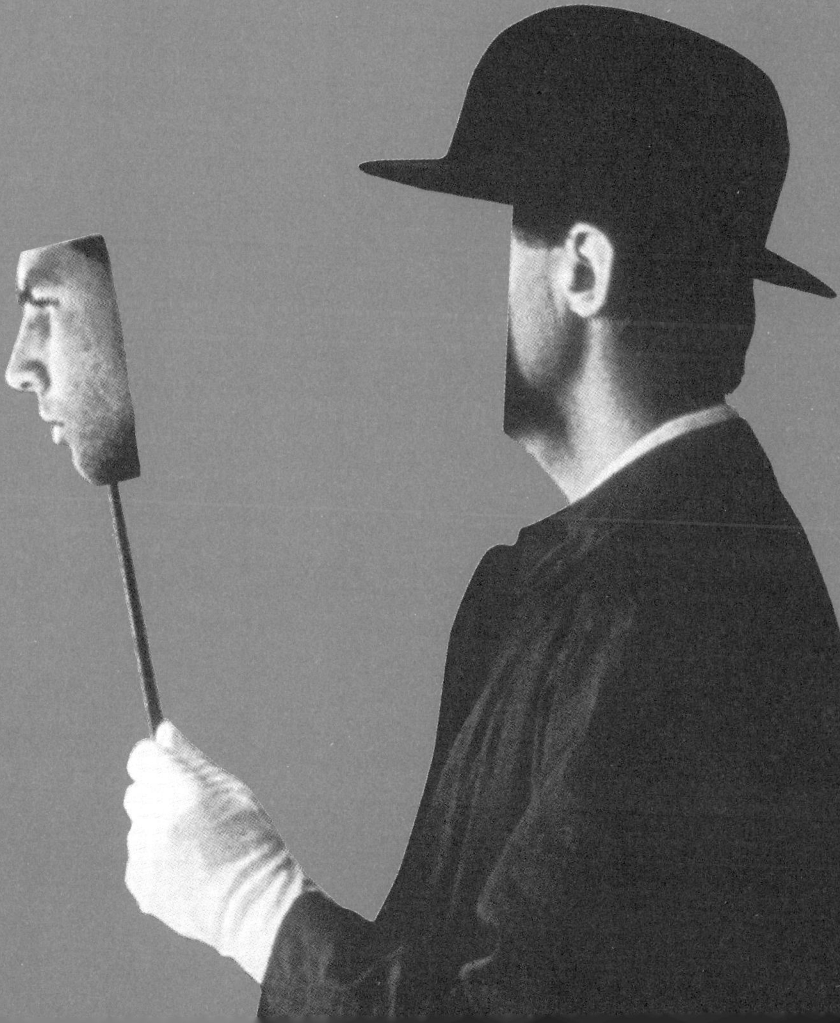

철학은 그만두라! 철학이 줄리엣을 만들 수 있지 않는 이상…
—윌리엄 셰익스피어

제이슨 머독은 샌디에이고의 재활치료센터에 입원한 환자였다. 멕시코 국경 근처에서 교통사고를 당해 머리에 심한 부상을 입었다. 그 후 거의 3개월 동안 혼수상태(무동무언증)가 지속되어 의식이 반 정도만 있는 상태였다. 내 동료 수브라마니람 스리람 박사가 그를 진단했다. 뇌의 앞쪽 전측대상회 피질에 손상을 입은 제이슨은 걷지도, 말하지도, 움직이지도 못했다. 생활 리듬은 정상이었지만 항상 침대에 누워 있어야만 했다. 잠에서 깼을 때 그는 의식이 또렷해 보였다(이것이 올바른 표현인지는 모르겠지만, 이러한 상황에서 말은 그 해결력을 잃어버린다). 때때로 미약하게 "아야"라며 고통에 반응하기도 했다. 그러나 지속적이진 않았다. 눈동자는 움직일 수 있었다. 그는 사람들의 움직임에 따라 눈동자를 굴리곤 했지만 부모나 형제는 물론 아무도 알아보지 못했다. 그는 말을 할 수도, 이해하지도 못했다. 그래서 사람들과 의미 있는 소통을 하지 못했다.

그런데 놀랍게도 아버지인 머독 씨가 옆방에서 그에게 전화를 걸면, 제이슨의 의식이 갑자기 또렷해지고 말을 하기 시작했다. 심지어 자기 아버지라는 것을 알아채고 일상적인 대화까지 나눴다. 그러나 그것은 머독 씨가 아들이 누워 있는 방으로 들어가기 전까지만이었다. 제이슨은 이내 의식이 완전하지 않은 반의식적인 '좀비' 상태로 되돌아가곤 했다. 제이슨이 보이는 증상은 텔레폰 증후군telephone syndrome이었다. 제이슨은 아버지가 눈앞에 있고 없음에 따라 두 가지 상태를 왔다 갔다 했다.

이 말의 의미를 잘 생각해보라. 이것은 마치 두 명의 제이슨이 있다는 것이다. 마치 한 몸에 두 명의 제이슨이 갇힌 듯했다. 의식이 또렷한 전화상의 제이슨과, 의식이 거의 없고 좀비와 마찬가지인 실제 제이슨 말이다. 이것이 어떻게 가능한가? 해답을 찾기 위해 제이슨의 뇌에 있는 시각 통로와 청각 통로가 사고를 통해 어떤 영향을 받았는지부터 알아보아야 한다. 놀랍게도 각 통로(시각과 청각)의 활동은 굉장히 중요한 전측대상회까지 모두 분리되어야 한다는 것이다. 이 신경 깃collar(생물체에서 세포에서 기관에 걸쳐 존재하는 깃 모양 구조)은 여러분의 자유의지의 감각이 부분적으로 유래하는 곳이다.

만일 전측대상회가 심각한 손상을 입을 경우 자발적으로 운동이나 발성을 할 수 없는 무동무언증 상태가 된다. 제이슨과 달리 환자는 영구적으로 몽롱한 상태에 빠져 어떠한 상황에서도 아무와도 소통할 수 없다. 전측대상회가 입은 손상이 더 미미할 경우에는 어떨까? 말하자면 전측대상회로 이어지는 시각 통로는 몇몇 단계에서 선별적으로 손상을 입었지만 청각 통로는 괜찮다고 치자. 이 경우 텔레폰 증후군이 나타난다. 제이슨은 전화로 말할 때면 갑자기 자유롭게 움직일 수 있지만, 아버지가 그의 방으로 들어올 때면 다시 무동무언증 상태로 돌아갔다. 전화로 통화할 때가 아니면 제이슨은 인간이라 할 수 없다.

이 문제를 내 임의대로 구별을 하려는 것은 아니다. 비록 제이슨의 시각이나 움직임 감지 체계는 공간의 물체들을 여전히 인지하고 추적할 수 있었다. 그러나 자신이 보는 대상을 인지하거나 의미를 부여하지는 못했다. 아버지와 전화로 통화할 때를 제외하고는 제이슨은 인간만의 능력이자 한 개인으로서 자아에 가장 필수적인 능력인 풍부하고 의미 있는 상상력이 부족한 상태다.

왜 제이슨은 전화 통화할 때는 살아있는 사람인데 통화 안할 경우는 그렇지 아니한가? 진화의 초창기에 뇌는 아주 제한된 수의 반응만을 이끌어낼 수 있는, 외부 개체에 대한 일차 감각 표현을 만들어내는 능력을 발달시켰다. 예를 들어 쥐의 뇌는 고양이에 대해 반사적으로 피해야 할, 털 많고 움직이는 물체라는 일차 표현만을 가지고 있다. 그러나 인간의 뇌는 점차 진화하면서 이차 뇌가 나타났다. 정확히 말하면 신경연결 체계인데 이는 어떤 의미에서는 기존의 뇌에 기생충 같은 존재였다. 이 이차 뇌는 일차 뇌에서 전달받은 정보들을 관리하여 더 정교한 반응을 만들어낸다. 그래서 언어와 상징적 사고를 포함하여 폭넓은 레퍼토리에 사용되도록 했다. 이것이 쥐에게는 단순히 '털 많은 적'으로 인지되는 대상인 고양이가, 인간에게는 포유류이며 포식동물, 애완동물, 개와 쥐의 적이자, 귀와 수염과 긴 꼬리가 있고 야옹 하고 우는 동물로 나타나는 이유다. 몸에 꽉 끼는 라텍스 수트를 입은 미국의 여배우 할리 베리Halley Berry를 연상시키기까지 하는 것도 이 이차 뇌 덕분이다.

그 덕에 '고양이'라는 모든 연관성을 상징하는 이름을 갖게 된 것이다. 요컨대 이차 뇌는 대상에 의미를 부여하고, 상상을 만들어내어 인간이 쥐와는 다른 방법으로 고양이를 인식할 수 있도록 한다.

상상은 우리의 가치와 신조, 우선순위들의 기반이기도 하다. 예를 들어, 혐오에 대한 일차 명령 표현은 '피하라'는 본능적인 반응이다. 반면에 상상을 하는 경우는, 사물들 중에서 도덕적으로 혹은 윤리적으로 그릇되고 부적합하다고 여기는 대상에 대해 느끼는 사회적 혐오감을 포함하기도 한다. 이와 같은 높은 차원의 명령 표현은 인간에게 고유한 방식으로 마음속에서 조절될 수 있다. 이는 자아의 감각에 연결되어 외부 세계에서 (물질적, 사회적) 의미를 찾아 그 의미와 관련하여 우리가 스스로 정의하게 한다. 예를 들어 "나는 고양이 화장실을 청소하는 그녀의 태도가 역겹다고 생각한다"고 말할 수 있다.

시각적으로 볼 때 제이슨은 죽은 사람이나 마찬가지다. 왜냐하면 그는 자신이 보는 대상에 대한 상상할 수 있는 능력이 위태로울 정도기 때문이다. 그러나 청각적으로 볼 때 제이슨은 아직 살아있다. 아버지와 제이슨 자신, 그리고 그들이 함께한 삶에 대한 상상은 그의 뇌의 청각적 동선을 통해 활성화되어 아주 온전한 상태였기 때문이다. 한 가지 흥미로운 점은, 머독 씨가 대화를 나누기 위해 실제로 아들을 찾을 때면 '청각적' 제이슨이 일시적으로 꺼진다는 것이다. 인간의 뇌가 시각적 과정을 강조한다는 점으로 미루어 볼 때, 아마도 이는 '시각적' 제이슨이 '청각적' 제이슨을 억압하기 때문일 것이다.

제이슨은 분열된 자아에 대한 아주 두드러진 사례라고 할 수 있다. 제이슨의 '조각들' 중 일부는 파괴된 상태며, 다른 조각들은 그 기능적 수준을 아주 놀라울 정도로 잘 보존하고 또 유지하고 있다. 여러 조각으로 분열된 상태인데도 제이슨을 제이슨이라 할 수 있을까? 다양한 신경학적 조건들을 보면 자아는 단일적인 개체가 아니라는 증거들을 보여준다. 이 결론은 우리가 자아에 대해 가장 깊게 자리 잡은 직관들 중 일부를 직접적으로 보여준다. 그러나 데이터는 그저 데이터일 뿐이다. 신경학이 말하고자 하는 것은 자아는 많은 요소들로 이루어져 있으며 일원화된 하나의 자아 개념은 착각이라는 것이다.

* * *

21세기 언젠가 과학은 가장 위대한 미스터리 중 하나인 '자아의 본성'이라는 문제에 직면하게 될 것이다. 여러분의 두개골에 붙어 있는 살덩어리는 외부 세계의 '대상'을 생성해낸다. 그뿐만 아니라 감각과 의미, 느낌에 대한 풍성한 정신적 삶인 내부세계를 직접적으로 경험하기도 한다. 가장 불가사의한 사실은 뇌가 자기인식 감각을 생성해내기 위해 자신을 돌아보기도 한다는 것이다.

자아를 찾는다는 것, 그리고 자아의 수많은 미스터리에 대한 해결책은 새로운 추적이라고는 할 수 없다. 지금까지 이 부분에 대한 연구는 철학자들의 전유물이었다. 그러나 아직까지 큰 연구 성과를 내지 못한 것이 사실이다(철학자들은 그동안 2,000년간이나 별다른 노력 없이 이에 대한 연구를 틀어쥐고 있었다). 그렇다고 하더라도 의미론적 위생을 유지하고 용어들에 대한 명확한 정의를 유지하는 데 철학이 굉장히 효율적인 역할을 해왔다. 예를 들어, 사람들은 서로 다른 두 가지에 대해 말할 때 막연하게 '의식'이란 단어를 사용한다. 하나는 특질이라는 빨간색의 붉은 기운과 카레의 매운 맛과 같은 감각에 대한 즉각적인 경험적 질을 말한다. 다른 하나는 이러한 감각들을 경험하는 자아다. 철학자들과 과학자들에게 있어서 특질은 상당히 성가신 존재다. 왜냐하면 비록 그것이 실제로 뚜렷하게 존재하고 정신적 경험의 핵심부에 있다고 하더라도, 뇌의 기능에 대한 물리적이고 계산적인 이론들은 이것이 어떻게 생겨나서 왜 존재해야 하는지 대한 질문에는 침묵으로 일관하기 때문이다.

사고思考 실험에 대한 문제를 설명하겠다. 지적능력은 엄청나게 높고 색맹인 화성인 과학자가 인간의 색깔에 대해 이해하게 되었다고 하자. 그는 영화 〈스타트랙〉 수준의 기술로 뇌를 연구한다. 그래서 여러분이 빨간색을 포함한 정신적인 경험을 할 때 일어나는 모든 세부적인 사항들을 세세히 밝혀낸다. 결국 그는 여러분이 빨간색을 보거나 빨간색을 생각하거나, 혹은 "빨간색"이라고 말할 때 일어나는 모든 물리화학적, 그리고 신경계산적인 현상들에 대해 설명할 수 있다. 이제 스스로 질문해보기 바란다. 과연 이 화성인 과학자가 하는 설명이, 빨간 것에 대해 보고 생각하는 그러한 능력에 있는 모든 것을 망라하고 있는가? 과연 색맹인 화성인이, 전자기의 특정 길이의 전파에 대한 반응에 직접적으로 자신의 뇌를 연결시키지 않고도 인간의 시각적 경험에 대한 이질적인 양상을 이해한다고 말할 수 있겠는가? 대부분의 사람들이 아니라고 대답할 것이다. 색깔 인식에 대한 외부 대상 설명이 아무리 정확하고 세부적이라 할지라도, 그 중심에는 빈틈이 있다고 말할 것이다. 왜냐하면 빨간색에 대한 특질이 빠져 있기 때문이다. 사실 여러분의 뇌를 그의 뇌에 직접적으로 연결시켜 빨간색이 가지는 형용할 수 없는 특성을 전달할 수 있는 방법도 존재하지 않는다.

아마도 과학은 결국 경험적 · 이성적으로 특질을 다루는 예상치 못한 어떤 방법에서 휘청거릴 것이다. 그러나 그러한 발전은, 중세 시대 사람들과 분자유전학의 거리만큼이나 오늘날 우리가 능력으로부터 멀리 떨어져 있다고 말할 수 있다. 어딘가에 제2의 아인슈타인이 숨어 있지 않는 이상 말이다.

철학자들이 밝혔듯이 특질을 느끼는 자아와 특질을 동일시한 것은 큰 실수다. 자아에 대한 철학적 책임을 맡았던 지그문트 프로이트는 자아와 의식을 동일시할 수 없다고 주장했다. 프로이트는 우리의 정신적 삶은 기억과 연관성, 반응, 자극, 동기動機, 욕구의 가마솥인 무의식에 지배된다고 말했다. 여러분이 '의식적 삶'이라 부르는 것은 일이 이미 벌어진 후에 나타나는 사후 합리화 작용이라고 할 수 있다. 당시만 해도 뇌를 관찰할 수 있을 정도로 기술이 충분히 발달되지 못한 상태였기 때문에 프로이트의 생각을 세상에 드러낼 도구들이 부족했다. 따라서 그의 이론은 줄에 메이지 않은 수사학과 실제 과학 사이에서 침체되어 있었던 것이다.

과연 프로이트가 옳을까? 자아를 구성하는 것들의 대부분이 무의식적이고 제어할 수 없으며 알 수 없는 것인가? 현재는 프로이트의 명성이 추락했지만, 현대 신경과학은 뇌의 지극히 한정된 부분만이 의식적이라는 그의 말이 옳았다는 입장을 밝히고 있다. 의식적인 자아는 어떠한 '알맹이'나 미로 같은 신경들의 중심에 위치한 특별한 영역에 서식하는 농축된 본질이 아니다. 또한 뇌 전체가 가지는 특성도 아니다. 대신에 자아는 경이로울 정도로 강력한 네트워크에 연결되어 있는 뇌의 비교적 작은 한 덩어리에서 생성되는 것으로 보인다. 그 영역들을 구분해내는 것은 중요하다. 왜냐하면 뇌 연구의 영역을 좁히는 데 도움이 되기 때문이다. 결국 우리는 간과 척추는 의식적이지 않다는 것을 알게 되었다. 오직 뇌만이 의식적이다. 우리는 단순히 한 발짝 앞으로 나아가 뇌의 일부분들만이 의식적이라고 말한다. 의식을 이해하려면 우선 뇌의 어느 부분이 무엇을 하는지 알아야 한다.

광원이나 시각적 자극을 정확히 느끼는 맹시 현상은 무의식에 대한 프로이트의 이론에 약간의 진실이 있을 것이라는 하나의 선명한 지표다. 2장에서 말했듯이 맹인들은 시각피질의 V1 구역에 손상을 입어 앞을 보지 못한다. 한 장님인 여자가 있다. 그녀는 시각과 관련된 어떠한 특질도 경험하지 못한다. 만일 그녀 앞의 벽에 빛을 비출 경우, 그녀는 아무것도 보이지 않는다고 단언할 것이다. 그러나 그녀에게 빛이 비춰진 부분을 만져보라고 한다면, 초자연적이고 정확한 능력으로 여러분의 말에 따를 것이다. 비록 그 요청이 그녀에게 터무니없는 추측을 요구하는 것으로 느껴질지라도 말이다. 앞서 확인했듯이, 그녀는 그 요청을 들어줄 수 있다. 따라서 그녀는 빛을 보지는 못해도 그 빛에 다가가 만질 수 있다. 맹인 환자들은 본인이 의식적으로 지각하지 못한다. 그러나 이와 같은 방법을 통해 선(세로 혹은 가로)의 색깔과 방향을 잘 추측해내곤 한다.

이는 실로 놀라운 일이 아닐 수 없다. 이는 시각 피질을 통한 정보들만이 의식과 연합되어 여러분의 자아에 닿을 수 있음을 암시한다. 이와 유사한 또 다른 방법으로는 손짓(혹은 색깔 맞추기)에 필요한 복잡한 계산들을 아무런 의식적 요소 없이 해내는 방법이 있다. 대체 왜 그럴까? 시각적 정보에 대한 이 두 방법은 꼭 닮은 신경들로 만들어졌다. 동등하게 복잡한 연산을 수행하는 것으로 보이나 새로운 통로만이 시각적 정보에 대한 의식의 빛을 발한다. 의식을 '요구'하거나 '생성'하는 이러한 회로에서 무엇이 그렇게 특별한가? 다른 말로 하면 시각과 (맹인들과 별 차이 없어 보이는) 시각에 따른 행동들에 대한 모든 관점들은 왜 비슷하지 아니한가? 확신과 정확함은 가지고 있으면서 왜 의식적 인식과 특질은 포함하지 않을까? 과연 이 질문의 해답이 의식에 대한 수수께끼를 푸는 열쇠일까?

맹시 현상은 무의식적인 마음에 대한 사고를 옹호하기 때문에 다소 도발적이라고 할 수 있다. 또 그것은 신경과학이 어떻게 미해결 문제들을 통해 돌파구를 만들기 위해 뇌의 중심부에서 일어나는 일들에 대한 증거들을 집결하는지를 보여준다. 말하자면, 철학자들과 과학자들을 1,000년에 걸쳐 괴롭힌 자아에 관해 풀지 못한 이야기를 하면서 말이다. 자기표현에 어려움을 가진 환자들을 연구하고, 그리고 뇌의 특정 부분들이 어떻게 기능하는지 관찰함으로써, 평범한 인간의 뇌에서 자아에 대한 의식이 어떻게 생겨나는지 더 잘 이해할 수 있을 것이다. 각 혼란들이 자아의 특정 관점에 대한 창문 역할을 해줄 것이다.

먼저 자아 혹은 자아에 대한 최소한의 직관에 대해 이와 같은 관점들을 정의해보자.

1. 통일성. 매 순간마다 다양한 감각적 경험들이 쇄도하지만 여러분은 여전히 자신을 한 명의 인간으로 느낀다. 게다가 다양한(때때로 모순적인) 목표와 기억, 감정, 행동, 믿음과 현재의 의식 등은 모

두 하나의 개인을 형성할 만큼 일관되게 보인다.

2. 지속성. 삶에는 엄청나게 많은 뚜렷한 사건들이 끼어들지만 여러분은 시간이 흐름에 따라 정체성의 지속됨을 느낀다. 심리학자 엔델 털빙Endel Tulving이 말했듯이 어린 시절부터 미래의 당신의 모습을 기획함으로서 아주 수월하게 정신적인 '시간 여행'을 할 수도 있다. 프루스트 풍의 이러한 기교는 인간만 가능한 것이다.

3. 전형. 여러분은 몸속에 고정되어 있다는 느낌을 받는다. 매일 자동차 키를 집는 데 사용하던 손이 당신의 것이 아니라는 느낌은 절대 일어나지 않을 일이다. 그리고 웨이터나 계산원의 팔이 사실은 당신이 팔이라고 믿을 수밖에 없는 위험한 상황 따윈 생각지도 않을 것이다. 그러나 그 팔의 표면을 긁어보면 전형에 대한 의식이 놀라울 정도로 실수를 할 가능성이 많고 또 융통성도 있다는 사실을 알 수 있다. 믿든 말든, 몸을 일시적으로 떠나 다른 장소에서 자신을 경험함으로서 시각적으로 속임을 당할 수 있다(이와 같은 현상은 자신의 모습을 실시간 영상을 보거나 거울로 가득찬 방에 들어갈 경우에 일어나기 쉽다). 짙은 화장을 하고 변장하거나 자신의 모습을 담은 영상을 봄으로써 자신의 몸에서 벗어난 유체이탈된 것 같은 느낌을 경험할 수 있다. 여러분이 여러 신체 부위를 움직이거나 표정을 다양하게 변화할 경우 더욱 잘 경험할 수 있다. 1장에서 확인했듯이, 신체 이미지는 상당히 변하기 쉽다. 거울을 이용해 위치나 크기를 다르게 보이게 하는 것만으로도 변할 수 있다. 그리고 이런 현상이 심각하게 번지면 병으로 이어질 수도 있다.

4. 프라이버시. 여러분의 특질과 정신적 삶은 자신의 것이기에 다른 사람들은 관찰할 수 없다. 거울신경 덕분에 다른 사람의 슬픔을

공감할 수는 있지만, 그의 고통을 그대로 경험할 수는 없다. 앞서 4장에서 언급한 바와 같이, 뇌는 어떤 조건 하에서 다른 사람이 경험한 감각을 정확하게 자극하는 촉각을 생성해낸다. 예를 들어, 만일 내가 여러분의 팔을 마취시킨 다음 내 팔을 만지는 모습을 당신에게 보여준다면, 여러분은 촉각을 느낄 것이다.

5. 사회적 수용. 자아는 다른 이의 뇌와 밀접하게 연결되었다고 착각하게 만드는 프라이버시와 자율성이란 오만한 감각을 보유한다. 우리가 느끼는 대부분의 감정들은 다른 사람들과의 관계 내에서만 이뤄진다는 것이 우연의 일치일까? 자존심과 거만함, 허영심, 야망, 사랑, 두려움, 자비, 질투, 분노, 자만, 겸손, 동정, 그리고 자기 연민까지, 사회적 공백 속에서 의미 있는 것은 아무것도 없다. 대인관계에 따라 대상에 대해 원한과 감사, 혹은 친밀감 등을 느끼는 것은 진화론적으로 완벽한 감각 의식이다. 여러분은 동료들에 대해 판단하고 선택할 수 있는 자유의지가 있으며, 풍부한 사회적 감정들을 바탕으로 그들을 행동으로 옮길 수 있다. 그러나 우리는 다른 이들의 행동을 그 동기나 의도, 비난 등과 같은 사항들을 낫하는 경향이 너무나 많아 사회적 감정들을 비인간이나 비사회적 대상, 혹은 상황에까지 적용시키곤 한다. 여러분은 머리 위로 떨어진 나뭇가지에도 '화'를 낼 수 있으며 고속도로나 주식시장에도 '분노'를 느낄 수 있다. 아무런 가치 없는 이런 현상들은 종교의 주된 근원이라 할 수 있다. 우리는 자연 자체를 인간과 같은 동기나 욕구, 의지로 채우고자 하는 경향이 있다. 그래서 하나님이나 인과응보, 혹은 자연재해나 다른 고난과 역경 등 우리를 (개별적으로 혹은 집단적으로) 벌하는 것으로 본 모든 것들에 대한 이유를 추구하며

탄원하고 기도하고 홍정해야 할 것만 같은 압박감을 느낀다. 이 끊임없는 욕구는 자아가 서로 상호작용하고 또 이해할 수 있는 사회 환경적인 부분을 얼마나 많이 필요로 하는지 설명한다.

6. 자유의지. 여러분은 완전한 지식을 바탕으로 어떠한 행동을 취할지 결정할 수 있는 의식적 선택 능력이 있다. 보통 자신은 로봇과 같다고 느끼거나, 자신의 마음은 그때그때 상황과 기회에 따라 좌지우지되는 수동적인 것이라고 느끼는 일은 없다(사랑과 같은 '병'에 걸릴 경우엔 그렇게 느낄 수 있다). 우리는 아직 자유의지가 어떻게 작용하는지 알지 못한다. 그러나 뇌에서 최소한 두 영역만큼은 결정적으로 연관이 있다. 첫 번째 구역은 좌뇌부에 있는 연상회다. 연상회는 다양한 잠재적인 행동 코스를 생각해내도록 한다. 두 번째는 전측대상회다. 이 부분은 전두엽에서 지시한 단계를 바탕으로 어떤 행동을 원하게 만들어 행동 방안 선택에 도움을 준다.

7. 자기인식. 자아의 관점은 아주 명백하다. 자신을 인식하지 못하는 자아란 모순적인 존재라 할 수 있다. 이번 장에서 논하겠지만, 자기인식은 뇌가 거울신경을 반복적으로 사용하여 다른 사람의 관점(타인 중심적)에서 자신을 보게 함으로써 부분적으로 결정된다. 따라서 '자기의식'의 진짜 의미는 당신을 의식하는 다른 사람을 의식한다는 뜻이다.

이 일곱 가지 관점들은 마치 탁자 다리가 탁자를 지탱하는 것과 마찬가지다. 함께 모여서 우리가 자아라고 부르는 것을 지탱해준다. 그러나 앞서 확인한 바와 같이, 이들은 환상과 착각, 장애 등에 취약하다. 자아라는 이름의 탁자는 7개의 다리 중 하나쯤 없어도 여전히 설 수 있지만, 다리가 없어지면 없어질수록 안정감을 잃는다.

자아의 다양한 속성은 과연 진화 과정에서 어떻게 나타났을까? 뇌의 어느 부분에 포함되었으며, 근본적인 신경 구조는 무엇일까? 해답은 단순하지 않을 것이다. 확실히 "신이 그렇게 만드셨기 때문이다"라는 단순한 답변보다 나은 것은 없겠지만 말이다. 그러나 해답이 복잡하고 반직관적이라는 이유만으로 질문에 대한 해답 찾기를 포기해서는 안 될 것이다. 정신과학과 신경학의 경계를 넘나드는 다양한 증상들을 밝혀냄으로서, 자아가 어떻게 창조되었는지에 대한 귀중한 단서를 엿볼 수 있을 것이다. 이러한 점에서 내 접근은 본 저서의 다른 곳에서 언급했던 그것과 유사하다. 정상적인 기능을 설명하기 위해 이상한 경우를 감안하여, 나는 자아의 문제를 풀었노라고 주장하는 것은 아니다(제발 그랬으면 좋겠지만!) 그러나 이러한 경우가 접근 가능한 방법을 제공한다고 믿는다. 종합적으로 판단하건대, 대부분의 과학자들이 타당한 것으로 간주되지 않는 문제와 씨름하는 데 이것은 그리 나쁘지 않은 시작이다.

구체적인 사례들을 살펴보기 전에 짚고 넘어갈 점이 몇 가지 있다. 첫째, 증상이 이상한데도 각각의 환자는 다른 면에서는 상대적으로 정상이다. 둘째, 환자는 자신의 믿음에 매우 자신감에 차 있고 진지한데, 그 믿음은 상식적으로 생각했을 때 올바르다는 지속적인 확신에 근거를 둔다(마치 합리적인 사람들이 집요하게 미신을 믿는 것처럼 말이다). 공황발작을 가진 사람의 경우, 이성적으로는 죽음에 대한 불길한 예감은 '현실'이 아니라는 당신의 말에 수긍할지도 모른다. 그러나 일단 발작을 일으키면 어떠한 말로도 그가 죽어가는 것이 아니라고 설득할 수 없다.

마지막 주의사항이다. 정신질환으로 인한 자기성찰을 연구할 때 주의해야 한다. 왜냐하면 그중 일부는 거짓이기 때문이다(내가 검사 중인 것에서는 하나도 거짓이 없기를 바란다). 드 클레랑보De Clerambault 증후군을 예로 들어보자. 이는 젊은 여성이 자신보다 훨씬 나이 많고 유명한 남자가 자신에게 매달린다는 강박적인 망상을 하는 것이다. 그러나 정작 그 남성은 만나본 적도 없고 전혀 그녀를 모른다. 못 믿겠으면 인터넷 검색을 한 번 해보라(아이러니컬하게도, 이와 반대로 젊고 섹시한 아가씨가 자신을 좋아한다고 믿지만 정작 그 여자는 눈치 채지 못했다는 어느 나이 든 신사의 흔한 망상에는 아무 이름도 붙지 않았다! 아마도 심리적 증상을 발견하고 명명하는 심리학자들이 대부분 남성이었기 때문일 것으로 생각된다).

코로Koro라는 장애가 있다. 섹스 중 성기가 줄어들며 쪼그라들 것이라고 걱정하는 것으로 주로 아시아 남자들을 괴롭히는 증상이다(반대 사례도 있다. 자신의 성기가 커진다는 망상에 빠져 있는 노년기 백인 남성들의 사례다. 이는 내 동료인 스튜어트 안스티스Stuart Anstis가 지적한 바 있다). 코로의 경우 서구의 정신과 의사들에 의해 조작된 것으로 보인다. 비록 그것이 신체 이미지센터인 오른쪽 상부두정엽에서 성기가 줄어든 상태로 나타났을 것이라고 생각할 수 없는 것은 아니지만 말이다.

이제 또 다른 주목할 만한 작품으로 '반항성 장애'를 떠올려보자. 이 진단은 때때로 영리하고 활달한 젊은이들에게 내려지는데 그들은 정신분석학자와 같은 기성세대의 권위에 도전하는 면모를 보인다(믿거나 말거나, 심리학자들이 실제로 의료보험회사에 청구서를 보낼 수 있는 진단인 것은 확실하니까). 이 증상을 지어낸 사람은 남자인지 여자인지 모르지만 정말 영리해 보인다. 왜냐하면 환자가 이러한 진단에 도전하거나 대항하려는 시도 자체가 이 증상이 있다고 입증하는 것으로 해석될 수 있지 않은가! 장애에 대한 정의 자체에 반박이 끼어들 수 없도록 되어 있는 것이다. 공식적으로 인정받은 또 다른 위성 질환pseudomalady은 '만성적인 성취감 저하 증후군'이다. '멍청함'이라고 불리던 증세다.

위와 같은 경고를 명심하고, 여러 증상 자체를 다뤄보고 자아와 인간 고유성과의 관련성을 탐구해보자.

전형

전형이라는 감각을 만드는 데 관여하는 메커니즘을 조사하기 위해 세 가지 장애를 놓고 시작하자. 이 조건은 뇌가 선천적인 신체 이미지를 갖고 있다는 점을 밝혀준다. 또한 이러한 신체 이미지가 시각적이든 육체적이든 간에 신체로부터 오는 감각 입력이 어긋나게 될 때, 그 뒤에 발생하는 부조화가 자아의 일체감을 방해할 수 있다는 것을 밝혀준다.

신체절단증후군: 박사님, 내 팔을 없애 주세요

인간의 자아의식을 말할 때 필수적인 요건은 자신의 몸에 깃든 감각 및 신체 부분을 점유한다고 느끼는 감각이다. 비록 고양이가 은연중에 일종의 신체 이미지를 갖고 있다 하더라도(자신의 크기를 아는 고양이는 쥐구멍에 억지로 몸을 밀어넣으려고 하지는 않는다), 녀석은 자신이 뚱뚱하다고 해서 다이어트를 할 수도 없고 자신의 발이 없길 바라며 잘라낼 수도 없다. 그러나 후자의 경우 신체절단증후군apotemnophilia이 있는 환자들에게서 정확히 일어날 수 있는 현상이다. 신체절단증후군이란 지극히 정상적인 개인이 자신의 팔 혹은 다리를 절단하고 싶다는 마음을 먹은 적이 있거나 강박적으로 원하는 이상한 장애다(apotemnophilia는 그리스어에서 비롯되었으며 '떨어지다'의 Apo, '자르다'의 temnein, '감정적인 집착'의 philia에서 유래했다). 환자는 자신의 몸이 지나치게 많은 것으로 이루어졌으며 자신의 팔이 거추장스럽다고 묘사한다. 피실험자는 형언할 수 없는 것들을 전달하려고 애쓴다.

"선생님, 이것이 제것이 아닌 것처럼 느끼는 것이 아니라, 오히려 지금 너무나 생생하게 나한테 붙어 있다고 느낀다니까요."

실제로 절반이 넘는 환자들이 스스로 자신의 사지를 절단한다.

신체절단증후군은 종종 '심리적인 것'으로 여겨진다. 지금까지는 프로이트의 희망-충족 환상, 즉 큰 페니스를 닮은 그루터기에서 나왔다고 보는 견해가 지배적이었다. 또 다른 이들은 이를 관심을 끄는 행위로 간주했다. 그러나 이러한 관심을 끌려는 욕구가 왜 이렇게 이상한 형태로 나타났는지, 왜 그렇게 많은 사람들이 그 욕구를 비밀로 하는지 설명할 수 없었다. 왜냐하면 그들 삶의 많은 부분이 비밀스러워서 구체적인 원인을 찾을 수 없었기 때문이다.

솔직히 말해서 나는 이러한 심리학적인 견해를 납득하기 어렵다. 이 증상은 대개 생애 초기에 발병하는데, 10살의 아이가 큰 페니스를 원한다고 볼 수는 없을 듯하다(물론, 정통 프로이트 연구가들은 이 가능성을 배제하지는 않을 것이다). 게다가 피실험자는 자르려는 특정 부위를 지정할 수가 있다. 가령 팔꿈치 위 2센티미터 지점 등과 같이 말이다. 이는 인간이 정신역학적인 표현으로부터 기대하는 것처럼, 사지를 절단하고 싶다는 단순히 모호한 욕구가 아니다. 또 관심을 끌려는 욕구도 아니다. 만일 그렇다면, 왜 환자가 굳이 특별히 부위를 정해서 절단해야 한다고 할까? 정리하자면, 피실험자는 보통 결과에 대한 어떠한 심리학적인 문제가 없다는 것이다.

이러한 환자들의 상태가 신경학적인 측면에서 왔다고 강력히 제시하는 두 가지 자료가 있는데 내가 이 환자들을 관찰하고 만든 것이다. 첫째, 사례의 2분의 3 이상은 왼쪽 팔에 관계된 것이다. 이처럼 왼쪽 팔이 거추장스럽다고 느끼는 증상은 결정적으로 신체망상분열증이라는 신경학적 장애를 떠올리게 한다(뒤에서 자세히 설명하겠다). 이는 오른쪽 뇌에서 뇌졸중을 일으킨 환자가 자신의 왼팔이 마비되었다는 것을 거부할 뿐 아니라, 그 팔이 자신의 것이 아니라고 주장하는 증상이다. 이 증상은 왼쪽 두뇌 뇌졸중에서는 잘 발병하지 않는다.

둘째, 내 제자 폴 맥거크와 데이비드 브랑과 함께, 환자가 자르려고 했던 지점의 밑 부분을 자극하자 전류피부저항GSR에는 큰 움직임이 있었다. 그러나 그 윗부분이나 다른 지점을 자극했을 때에는 별다른 움직임이 없다는 사실을 발견했다. 환자의 경보 시스템은 자르려 했던 지점의 밑 부분을 자극하자 분명 극도로 격렬하게 반응했다. GSR 결과에 거짓이 있다고 보기는 어려우므로, 위의 증상은 신경학적인 기반에서 발병한다는 믿음을 확실하게 할 수 있었다.

그렇다면 이 이상한 증상은 해부학적으로 어떻게 설명될 수 있을까? 1장에서 보았듯이, 촉각, 근육, 힘줄 및 관절감각을 위한 신경은 후중심각회postcentral gyrus 내외에 있는 1차S1 2차S2 체지각 대뇌피질에 이미지를 투사한다. 대뇌피질의 각 영역들은 신체 감각들의 체계적이고도 지형학적으로 구성된 지도를 보유하고 있다. 이곳으로부터 체지각 정보가 상부두정엽SPL으로 보내진다. 여기에서는 내이로부터 온 균형정보와 팔 위치 주위의 시각 피드백과 조합된다. 이 입력사항이 함께 여러분의 육체적인 자아의 실시간 표현인 통일된 신체 이미지를 구축한다. 이렇게 상부두정엽SPL에 반영된 신체의 표현은(그리고 그것의 후측뇌도posterior insula와의 연결) 부분적으로 타고난 것이다. 우리는 선천적으로 팔이 없는 환자가 가상의 팔이 있다고 착각하는 것으로부터 위와 같은 현상을 알 수 있다. 이것으로부터 유전자에 내장된 가상 기관의 존재를 유추할 수 있다. 그러나 여기에서 복합감각의 신체 이미지가 S1, S2에 있는 같은 방식으로 상부두정엽에 지형학적으로 구성되어 있다는 맹신을 필요로 하는 것은 아니다.

만일 팔이나 다리와 같은 특정 신체 기관이 당신의 신체 이미지에 가상 기관으로 입력되어 있지 않을 경우, 당신은 이상하다고 느끼거나 그 대상을 향한 혐오감을 가질 수도 있을 것이다. 왜 그럴까? 왜 환자는 단순히 사지에 무심해지지 않는 걸까? 어쨌든 팔의 신경 손상으로 아예 감지능력을 잃게 된 환자는 팔을 제거하고 싶다고 말하지는 않는다.

이 질문에 대한 답은 부조화의 혐오감에 대한 주개념에 있는데,

알다시피 정신병의 많은 형태 중에서 중요한 역할을 하는 것이다. 일반적인 사고는 뇌 모듈의 출력 간의 일관성 결여, 즉 부조화는 소외감, 왜곡, 환상 혹은 편집증을 만들어낼 수 있다는 것이다. 뇌는 내부 변칙적인 상황을 싫어한다—카그라스 증후군에서 정서와 정체성 사이에서의 부조화처럼—그리고 그것들을 거부하거나 설명하기를 회피해버린다(여기에서 나는 '내부적'이라는 말을 강조했다. 일반적으로 뇌는 외부 세계의 이례적인 상황들에게는 좀더 관대하기 때문이다. 심지어는 이를 즐기기도 한다. 어떤 사람들은 난해한 미스터리를 해결하면서 느끼는 스릴을 사랑하니 말이다). 불쾌감의 원인으로 지목되는 내부적인 부조화의 포착지점은 명확하지 않다. 나는 이것이 오른쪽 두뇌에서 생성된 뇌도에 의해 만들어졌다고 본다. 뇌도는 S2로부터 신호를 받아 편도체로 전달하는 작은 조직인데, 신호를 받은 편도체는 다시 몸 곳곳에 명령을 내린다.

신경이 손상되었을 경우, S1과 S2에 입력되는 신호는 사라지게 되므로 S2와 상부두정엽 사이에 있는 복합지각 신체 이미지 사이의 부조화나 차이는 발생하지 않는다. 이와는 대조적으로 신체절단증후군의 경우 정상적인 감각이 사지로부터 S1과 S2에 있는 신체 지도로 입력되지만 SPL에 의해 유지되는 신체 이미지로 전달될 사지 감각 신호를 보낼 기관이 존재하지 않는다. 뇌는 이러한 부적합함을 포용하지 못하므로, 이와 같은 이질감은 '거추장스러움'과 팔다리에 대한 혐오감을 야기하는 중요 요인이 되며, 늘 사지를 제거해야 한다는 욕구를 가지고 살게 한다. 이 신체절단증후군의 해석은 위에서 강조한 GSR 실험과 경험의 근본적으로 형언할 수 없는 그리고 역설적인 특성을 설명해 줄 것이다. 신체의 일부로 그리고 동시에 신체의 일부가 아닌 것으로 말이다.

이 전반적인 토대 위에서, 나는 환자들에게 작은 렌즈를 통해 축소된 팔다리를 보여주는 것만으로도 부조화를 경감시킴으로써 불쾌감을 줄일 수 있다는 사실을 알았다. 플라시보 효과 실험으로 확인이 필요하다.

마지막으로, 우리 실험실은 신체절단증후군이 있는 환자 네 명의 뇌를 스캔했고, 정상인 네 명의 피실험자 뇌와 그 결과를 비교했다. 통제에 있어, 신체의 어떤 부분을 자극해도 SPL 오른쪽에 불이 들어왔다. 4명의 환자는 제거하길 원하는 신체 부분을 자극했을 때 SPL의 어떠한 활동도 감지되지 않았다. 그러나 다른 부분을 자극하면 활동이 감지되었다. 이를 좀더 많은 환자들에게 적용한다면, 결론은 좀더 타당성을 얻을 수 있을 것이다.

우리 모델로 설명이 안 된 이 증상의 한 흥미로운 측면은 몇몇의 피실험자에서 연상된 성적인 경향이다. 즉 다른 신체절단환자와의 교분에 대한 열망이다. 이 성적인 함축은 사람들을 장애에 대한 프로이트적 견해를 제의하도록 잘못 끌고 간 것으로 보인다.

다른 것을 제시하겠다. 아마도 신체의 형태학에 대한 성적인 '미적 선호' 성향은 오른쪽 SPL과 대뇌피질 안에 삽입되어 반영되는 신체 이미지의 모습에 의해 통제되는 것으로 보인다. 이는 왜 타조가 후각적인 신호 물질이 제거된 후에도 짝으로 타조를 선호하는지, 왜 돼지가 인간은 제쳐두고 돼지다운 돼지를 선호하는지를 설명할 수 있게 한다.

이를 상세히 설명하자면, 내가 주장하고자 하는 것은 유전학적으로 구체화된 메커니즘이 존재하는데 신체 이미지의 견본을 떠

변연계 회로로 전환되게 하는 역할을 한다. 그리하여 미적인 시각 선호도를 결정하면서 말이다. 이 생각이 옳다면, 신체 이미지가 선천적으로 팔이 없거나 다리가 없는 사람이 같은 사지결손 장애를 가진 사람에게는 매력적으로 보일 것이다. 이 견해와 일관되게, 다리를 잘라낸 사람들은 항상 다리절단 환자에게 매력적으로 보인다. 팔 절단 환자가 아니라 말이다.

신체망상분열증: 박사님, 이건 엄마의 팔입니다

왜곡된 신체부위를 가지고 있다고 믿는 것은 신경계에서 일어나는 이상한 증상 중 하나인데, 신체망상분열증으로 불린다. 왼쪽 두뇌에 뇌졸중이 생긴 환자는 대뇌피질에서 척수로 가는 섬유다발에 손상을 입는다. 두뇌의 왼쪽은 몸의 오른쪽을 (두뇌의 오른쪽은 몸의 왼쪽을) 관장하므로 몸의 오른쪽에 마비가 온다. 환자들은 자신의 마비 증세에 대해 불평하며, 의사에게 몸이 언제쯤 회복이 되는지 묻기도 하고 당연히 의기소침해지기도 한다.

뇌졸중이 오른쪽에 왔을 때에는 몸의 왼쪽이 마비가 된다. 대다수의 환자들은 예상했던 것처럼 마비증상에 고통을 겪지만, 어떤 환자들은 마비를 부인하기도 하며(질병도 부인한다), 더 적은 숫자의 환자들은 왼팔이 자신의 것이 아니라 의사나 배우자, 남매 혹은 부모의 것이라고 여긴다(왜 특정한 사람들에게만 이러한 증세가 나타나는지는 명확하지 않지만, 카그라스 망상도 특정한 사람들에게만 발병한다는 점에서 맥락을 같이한다).

이 소수의 사람들에게는 대개 S1과 S2에 있는 신체 지도의 손상이 발견된다. 이 외에도 뇌졸중은 오른쪽 SPL 내에서 이에 상응하는 신체 이미지 표현을 파괴했는데, 이 SPL은 원래대로라면 S1과 S2에서 신호를 받아야 한다. 때때로 오른쪽 뇌도에도 추가적인 손상이 있는데, 이는 S2에서 직접 신호를 받아 신체 이미지 구축에 기여하는 곳이다. 이러한 기관들의 연쇄 손상은—S1, S2, SPL 및 뇌도—전체 조합의 손상을 야기하며, 팔이 없다는 자각을 하도록 만든다. 자신의 팔이 아니라는 생각은 환자에게 결국 절망감을 일으키게 할 수 있으며, 무의식적으로 팔이 이질적인 것이라고 생각하게 만든다(프로이트의 투시의 그림자가 여기에 드리워진다).

왜 신체망상분열증은 유독 왼쪽이 아니라 오른쪽 뇌가 손상되었을 때만 발현될까? 이를 이해하려면 두뇌의 양쪽이 각각 하는 일을 나눠서 생각해야 하는데, 이 주제는 후에 좀더 구체적으로 다룰 생각이다. 이러한 전문화의 본질은 아마도 유인원에게도 존재하는 부분이나, 인간의 그것은 좀더 심오하며 인간만의 고유한 특성에 기여하는 또 다른 요인도 존재한다.

성전환: 선생님, 제가 다른 몸에 갇혀 있어요

모두 성별이 있다. 당신은 자신을 남성이거나 여성으로 자각하며 남들도 그대로 당신을 대하게 마련이다. 성별이란 누구나 당연하게 여기는 선천적인 자아의 정체감이지만, 이것이 보수적이고 체제순응적인 사회와 마찰을 일으킬 때에는 얘기가 달라진다. '성전환'이라고 불리는 장애를 안게 된다는 소리다.

신체망상분열증처럼 SPL 내의 왜곡이나 부조화는 성전환의 증상으로 설명할 수 있다. 남자에서 여자로 성전환을 한 사람들은 자신의 페니스가 불필요하며, 거추장스럽다고 느낀다. 또한 여자에서 남자로 성전환을 한 사람은 자신이 여성의 몸에 갇힌 남성인 것 같다고 느꼈으며, 그들 중 대다수는 어렸을 때부터 가상의 페니스를 가지고 있었다. 또 이러한 여성들은 가상의 발기를 경험한다고도 말한다. 위 두 경우의 성전환에서, 내적으로 구체화된 성적 신체 이미지—이것은 놀랍게도 상세한 성적 해부학적 특질이 있다—와 외적인 해부학적 특질 사이의 괴리감은 강한 불편함과 함께 이러한 부조화를 줄이려는 열망을 낳는다.

과학자들은 뱃속에서 태아가 자라는 동안 성에 관한 다른 양상들이 동시다발적으로 발달한다고 보고 있다. 외적인 성의 해부학적 특질이나 자신을 바라보는 성 정체성, 여러분이 매력을 느끼는 이성의 대상, 여러분의 두뇌에 내재하는 성적인 이미지 등이 그러하다. 이것들은 신체적 사회적으로 발달하는 동안 정상적인 성별이 되도록 조화를 이루지만, 각각 분리될 수도 있다. 한쪽으로 일탈하거나 정상적인 성향의 범위에서 살고자 하는 쪽으로 이끌면서 말이다.

나는 여기서 '정상'과 '일탈'이라는 단어를 사용하는데, 대다수 사람들에게 관계있는 통계학적인 의미 내에서다. 이러한 존재의 방식이 바람직하지 않다거나 비뚤어졌음을 시사하는 것은 아니다. 많은 성전환자들은 그들의 소망을 '치료'받느니 차라리 전환수술을 받겠다고 말한다. 이것이 이상하다면, 강렬하지만 알아주지 않는 사랑에 대해 생각해보라. 사랑하는 마음을 없애달라고 하겠는가? 간단한 답이 없다.

프라이버시

4장에서 나는 다른 사람의 관점에서 세상을 보는 거울신경 시스템의 역할에 대해 설명했다. 공간적으로 그리고 은유적으로 말이다. 인간의 이러한 시스템은 마음 내부를 향해 있다. 자신의 마음을 표현하게 하면서 말이다. 그래서 거울신경 시스템과 함께 그 자체의 온전한 사이클에 '굽은 등' 즉, 자각自覺이 탄생하게 된다. 어느 것이 먼저냐고 하는 부수적인 진화의 질문이 따라올 것이다. 즉 타인자각인식 또는 자아인식 말이다. 그러나 이 둘은 별로 관련이 없다. 내 관점은, 이 두 가지가 함께 진화했다는 것이다. 상대를 살찌우고 오직 인간에서만 보이는 자각과 타인각성 간에 상호주의로 막을 내리면서 말이다.

거울신경은 일시적으로 다른 사람의 장점을 받아들이지만 유체이탈로 발현되지는 않는다. 여러분은 문자 그대로 장점이 있는 쪽으로 옮겨가지는 않으며, 인간으로서 정체성도 잃지 않는다. 비슷한 맥락으로 다른 사람이 자극을 받는 것을 목격할 때 당신의 '감각' 신경이 활성화된다. 그러나 자극을 받을 수는 있지만, 그와 똑같은 감각을 느낄 수는 없다. 결과적으로 두 경우에서 전두엽은 적어도 활성화된 거울신경이 이러한 일이 발생하지 않도록 억제하여 여러분이 자신의 신체에 온전히 남아있게 하는 셈이다. 추가로, 피부의 '촉각' 신경은 거울 뉴런에게 무효 신호를 보내 이렇게 말한다.

"어이, 너 지금 느끼고 있는 거 아니야!"

이는 여러분이 다른 사람이 느끼는 정도를 온전히 느끼는 것이 아니라는 점을 강조하기 위해서다. 그러므로 정상적인 두뇌에서는 세 가지 신호(거울신경, 전두엽, 감각반응)의 활달한 상호작용이 여러분의 개성은 물론 타인과의 상호작용을 지키는 임무를 담당한다. 이것은 인간만이 지니는 역설적인 특징이기도 하다. 이 시스템이 무너지면 내면의 경계와 자아의 정체성 및 신체 이미지가 왜곡되는데, 이를 토대로 정신의학에서 보이는 이해할 수 없는 증상들을 좀더 넓은 스펙트럼 안에서 바라볼 수 있다. 예를 들어 전두엽의 거울신경 억제 시스템에 혼란이 오면 유체이탈을 경험할 수도 있는데, 마치 위에서 자기 자신을 바라보는 것처럼 느낄 것이다. 이와 같은 증상들은 특정한 환경 하에서 현실과 환상의 경계가 모호해지면 어떻게 되는지 보여준다.

거울신경과 '이국적인' 증상

거울신경 활동은 이상한 쪽으로 흘러가기도 한다. 때때로 그 증상이 심한 신경학적인 장애에서 오기도 하지만, 내가 보기에는 좀더 미묘한 방식으로 발현되는 경우도 많다. 예를 들어, 인간과 인간 사이 경계가 모호해지는 이례적 증상인 '감응성 정신병'을 설명할 수 있다. 부시와 체니 두 사람이 서로의 광적인 면을 공유하는 것처럼 말이다. 낭만적인 사랑은 감응성 정신병이 약하게 발현된 형태다. 이들 간의 비현실적인 판타지는 종종 그들보다는 정상적인 사람을 고통스럽게 만들기도 한다. 또 다른 예는 대리인으로 설명되는 뮌하우젠Munchausen 증후군으로, 가벼운 증상을 모조리 심각한 질병의 증상으로 여기는 건강염려증은 무의식적으로 다른 대상(대리인)에 투영되며, 대개 자기 자신이 아닌 자녀들이 대상이 된다.

쿠바드Couvade[1] 증상은 훨씬 더 기이한데, 라마즈 수업을 듣는 남성이 상상임신을 하거나, 임신이라는 거짓 증상을 느끼는 것이다(아마도 거울신경 활동이 프로락틴prolactin과 같은 공감의 호르몬을 생성하는 듯한데, 이것이 뇌와 몸에 작용하여 상상임신을 만든다는 것이다).

투시와 같은 프로이트적인 현상들도 이 맥락에서는 설명이 가능하다. 여러분은 불쾌한 감정을 부인하고 싶어한다. 그러나 그것들이 너무나 핵심적인 것이라 완전히 부인할 수가 없다 그래서 여러분은 이를 다른 대상에게 투영하는 것이다. 나와 너의 경계가 모호해지는 또 다른 사례다. 우리가 알듯이 이는 신체망상분열증을 앓는 환자가 자신의 마비된 팔을 어머니에게 투영하는 것과 다르지 않다. 마침내 프로이트의 역전이 현상도 등장한다. 심리치료사가 환자의 문제에 빠져드는 경우로서, 상담자가 환자와 성별이 다를 경우 때때로 법적인 문제에 휘말릴 수도 있다.

나는 이러한 증상들을 명백히 설명했다고 주장하지는 않는다. 단지 그것들이 어떻게 우리 제도 전반에 나타나는가, 정상적인 두뇌가 자아의 감각을 구축하는 방법에 대한 힌트를 우리에게 어떻게 주는가 하는 것을 지적한다.

자폐

5장에서 나는 거울신경의 결핍, 혹은 그것이 투시하는 회로의 부족함이 자폐증을 발생시킨다는 증거를 제시했다. 만일 거울신경이 자기 역할을 제대로 한다면 자폐증 환자가 자기 표현을 하지 못하고, 자기 존중이나 자기 비하도 할 수 없을 것이다. 그리고 지금 사용되는 단어들의 의미조차도 모른다는 것을 예측할 수 있다. 그뿐만 아니라 자폐 아동은 자기 인식이 수반되어야 하는 당혹스러움이나 수줍음을 경험할 수 없다. 가볍게 관찰해도 자폐증 환자에 대한 이러한 생각들이 사실로 보인다. 그러나 자폐증 환자가 자기 성찰 능력에 제한이 있다고 결정짓는 어떠한 체계적인 실험이 없었던 것도 사실이다. 예를 들어 여러분에게 '필요하다'와 '바라다'의 차이를 묻는다면(당신은 치약이 필요하고, 연인이 생기기를 바란다). 혹은 자부심과 오만함, 자만심과 수치심, 슬픔과 비탄의 차이를 묻는다면, 철자의 차이를 인식하기 전에 이 단어의 전형적인 의미를 구별한다. 자폐 아동은 다른 추상적인 반대말은 인지할 수 있지만 이러한 차이점은 구별하지 못한다. 가령 '민주당과 공화당의 차이점이 아이큐 차이 말고는 또 뭐가 있을까?' 같은 식이다.

또 다른 가벼운 테스트는 중증의 자폐증 환자가 음흉한 의미가 담긴 윙크를 이해하는지 살펴보는 것이다. 이는 대개 세 가지 방식의 상호작용을 수반한다. 나와 내가 윙크하는 사람, 그리고 실제 사람이건 상상 속의 사람이건 간에 근처에 있는 제3자를 포함한다. 이 실험은 세 사람 모두의 마음을 표현하도록 요구된다. 만일 내가 다른 사람에게 거짓말을 하면서 그가 눈치 채지 못하는 사이 당신에게 음흉하게 윙크를 했다면, 나는 당신과 암묵적인 사회 계약을 체결한 셈이다.

"내가 당신을 여기에 끌어들였지, 내가 어떻게 다른 사람을 속이는지 봤어?"

이 방법이 전 세계적으로 통용되는지는 잘 모르겠으나, 윙크는 근처에 있는 사람들 모르게 어떤 사람을 유혹할 때도 쓰인다(마지막으로, 여러분은 농담을 던지면서 상대방에게 윙크를 하는데 이는 마치

"농담인 거 알죠?"라고 말하는 듯하다). 나는 중증 자폐증을 앓는 작가 템플 그랜딘Temple Grandin에게 윙크의 의미를 아느냐고 물었다. 그녀는 윙크의 개념은 알지만 윙크를 해본 적이 없고 어떠한 본능적인 느낌도 가져본 적이 없다고 했다.

자폐아동이 대화 중 '나'와 '당신' 이라는 대명사를 종종 헷갈려한다는 레오 캐너의 관찰은 이번 장의 틀과 좀더 직접적인 관련이 있다(그는 자폐증을 처음으로 묘사한 사람이다). 이 사례는 자아의 경계를 잘 구별하지 못함을 보여주며, 거울신경과 이와 연관된 전두엽 제어 기능으로 인해 자아와 타인을 구별하는 체계가 제대로 작용하지 못함을 나타낸다.

전두엽과 뇌도

이 장의 앞부분에서 나는 체지각피질이 S1, S2와 상·하부두정엽 사이의 부조화에서 비롯되었다는 점을 제시했다. 상부두정엽(하부두정엽)은 다 이 공간에서 여러분의 신체의 역동적인 이미지를 구성하는 영역이다. 그런데 정확하게 어떤 지점에서 부조화가 일어난다는 것인가? 아마도 측두엽의 측열에 깊게 놓여 있는 삼각형의 뇌 부분에 있는 뇌도인 것 같다. 이 구조의 후면 절반 부위에서 고통을 포함한, 내장, 근육, 관절, 전정기관으로부터 온 다양한 감각들이 혼합되어 입력된다. 전정기관은 귀에 있는 균형감각기관으로, 무의식적인 체득감각을 생성하는 곳이다. 서로 다른 감각들이 일관성 없이 입력되었을 경우에는 미묘한 불편함을 조성하기도 한다. 배를 탔을 때 전정기관과 시각감각이 서로 마찰을 빚을 경우에 메스꺼움을 느끼는 것처럼 말이다.

후위 뇌도는 그 다음 뇌도의 전위前衛 부위로 전달된다. 피닉스에 있는 바로우신경재단의 저명한 신경학자 아서 크레이그Arthur Craig는 후위의 뇌도는 본질적으로 무의식적인 감각에만 있다고 한다. 이것은 여러분의 신체 이미지가 의식적으로 경험하기 전에 전위뇌도에서 좀더 복잡한 형태로서 '재표현'될 필요가 있다고 말한다.

크레이그의 '재표현'은 내가 《라마찬드란 박사의 두뇌 실험실》에서 언급한 바 있는 '대사작용 재표현'과 유사한 면이 있다. 그러나 내 견해로는, 전측대상회 및 전두엽 구조와 더불어 좀더 긴밀한 전-후 상호작용이 요구되는데 감각을 반영하고 의사결정을 하는 전반적인 사고과정을 구축하기 위함이다. 이러한 상호작용이 없이는 구현 유무를 떠나서 의식적인 자아에 대해 말한다는 것이 의미가 없어 보인다.

이제까지 이 책에서, 인류에 특히 잘 발달했고 인류의 고유함에 틀림없이 중요한 역할을 하는 전두엽을 거의 언급하지 않았다. 기술적으로 전두엽은 전두엽 앞의 대부분의 피질인 전두전엽과 운동피질로 구성되어 있다. 각 전두전엽은 세 부분으로 나뉜다. 내부 바닥 부위인 내측전두전엽VMF, 바깥쪽 윗면인 배측면전두전엽DLF, 안쪽 윗부분인 등쪽내측전두전엽DMF이다(도입부의 그림 2 참조. 일상적인 용어인 전두엽은 전두전엽의 의미를 포함하므로 P가 아닌 F로 약자를 사용했다). 이제 이 세 가지 전두전엽의 기능을 생각해보자.

8장에서 나는 아름다움에 반응하는 미학적인 즐거움을 설명할 때에 내측전두전엽을 적용했다. 내측전두전엽은 전측 뇌도에서 구체화되는 의식 감각을 생성하는 신호를 받는다. 전측대상회의 각 부분과 함께, 이것은 욕망을 자극하여 행동을 취하게 한다. 예를 들어 오른편 전측 뇌도에서 비롯된 신체절단증상 내의 신체 이미지에서의 차이는 내측전두전엽과 전측대상회로 옮겨가 의식적인 행동계획을 자극한다. 마치 '멕시코로 가서 팔을 잘라내 버려!'라는 생각이 드는 것이다. 동시에 뇌도는 편도체amygdala에 직접 투영되는데, 편도체는 시상하부hypothalamus를 경유하여 자율적인 투쟁도주반응(갑작스런 자극에 대하여 투쟁할 것인가 도주할 것인가의 본능적 반응)을 활성화한다. 이것이 신체절단증상을 가진 환자에게 나타났던 고조된 피부 발한(전기피부반응, GSR)을 설명해 줄 것으로 보인다.

물론 이 모든 것은 완전히 추측에 불과하다. 이 시점에서 우리는 내 사지절단 증후군에 대한 설명이 맞는지조차 알지 못한다. 그렇다고 하더라도 이 가설은 많은 뇌의 기능장애 설명에 요구되는 추론의 방식을 설명한다. 이러한 기능장애를 '정신적인' 혹은 '심리학적인' 문제로 단지 무시해버린다는 것은 아무 소용이 없다. 그런 낙인은 정상적인 기능을 설명도 할 수 없을뿐더러 환자도 돕지 못한다.

변연계limbic 구조와의 확장 연결에 비추어 보면, 내측전두엽은—전두전엽과 아마도 등쪽내측전두전엽—윤리와 도덕성을 지배하는 가치들의 분류체계를 세우는 것에도 연관되어 있다. 그리고 그 특성이 특히 인간에게 잘 발달되어 있다는 것은 놀랄만한 일이 아니다. 만약 여러분이 반사회적 인물(안토니오 다마시오가 보여준 대로 이런 순환에 장해를 가진 사람)이 아니라면, 거짓말을 하거나 속이지 않는다. 노력했다면 100퍼센트 떨쳐버릴 수 있다고 확신할 때도 말이다. 실제로, 타인의 시선과 평가에 대한 걱정이 너무나 강력하여 심지어 죽음을 넘어서도 그것을 확장하기 위해 행동하는 경향이 있다. 당신이 말기 암 진단을 받았고, 서랍 속에는 당신을 섹스 스캔들로 몰아갈 수 있는 편지들이 있다고 상상해보라. 만약 당신이 보통의 사람과 같다면, 즉시 그 증거를 없앨 것이다. 가령 논리적이라 해도, 어째서 당신이 죽고 없는데 사후 명성이 그렇게 중요하단 말인가?

나는 이미 공감에 있어 거울신경세포의 역할을 암시했다. 유인원은 대부분 확실한 공감의 유형을 가지고 있지만, 인간은 도덕적 선택에 필연적인 구성요소인 공감과 자유 의지를 둘 다 가지고 있다. 이 특성은 이전에 어떤 유인원이 이룩한 것보다 거울신경세포의 수준 높은 전개를 요구한다. 전측대상회와 같이 결합 작용을 하면서 말이다.

이제 등내측두정전엽DMF 영역으로 시선을 돌려보자. 등내측두정전엽은 뇌 영상법 연구에서 자아에 대한 개념적 측면에 개입하는 것으로 드러났다. 만약 누군가에게 자신의 자질과 성격적 특성에 대해 묘사하라는 요청을 받으면, 이 영역이 뇌 영상법 연구에서 빛을 발할 것이다. 반면에 만약 전형에 대한 생생한 느낌을 묘사하도록 했다면, 전두전엽이 이것을 밝혀내기를 기대할 테지만 이것은 아직 시험을 거치지는 않았다.

마지막으로 배측면두정엽 영역이 있다. 이것은 여러분의 현재 진행 중인 지적 풍경을 붙잡는 데 필요하다. 그래서 여러분은 전측대상회를 이용해 정보의 여러 가지 측면에 주의를 기울이게 하고 여러분의 욕구에 따라 행동하게 한다(이 기능의 기술적 이름은 작동 기억이다). 또 배측면두정엽은 논리적 추론을 필요로 하는데, 이는 하나의 문제에 대한 여러 가지 국면에 관심을 가지는 거와 단어와 숫자같이 하부두정엽(4장 참조)에서 합성된 추상적 개념을 조작하는 것을 포함한다.

배측면두정엽은 두정엽과 상호작용한다. 두 가지가 공동으로 작용하여 시간과 공간에서 의식적으로 능숙하고 활발한 신체의 움직임을 만든다(이 움직임이 뇌도-전두전엽 간 경로 생성에 보완 역할을 하여 신체에 자아가 정착하는 데 더욱더 본능적으로 느끼게끔 한다). 이 두 가지 신체 유형 사이의 주관적인 경계는 다소 흐릿하다. 여러분의 신체 이미지만큼 '단순한' 무엇에 필요한 복잡한 연결을 우리에게 상기시키면서 말이다(여러분은 그의 몸 왼쪽에 있던 유령 쌍둥이를 가진 내 환자를 기억할 것이다. 전정 자극vestibular stimulation은 쌍둥이를 움츠리고 움직이게 했다). 이것은 (a)신체의 본능적인 정착을 이루는 뇌도 쪽으로의 전정 입력과, (b)근육, 공감각, 시력과 더불어 오랫동안 의식적으로 능숙하고 활동적인 신체의 생생한 감각을 구성하는 우측 두정엽 쪽으로의 전정 입력 간에 강력한 상호작용을 있음을 암시한다.

통합

만일 자아의 생성이 단일 독립체에 의한 것이 아니라 우리가 크게 의식하지 못하는 밀고 당기기의 복합적 강요에 의한 것이라면 어떻게 될까? 이제 질병부인anosognosia과 유체이탈 경험을 이용해 자아의 통합과 분열을 조사해보자.

반구상 특수화: 선생님, 저는 두 개의 마음 속에 있어요

수많은 대중심리학은 어떻게 양 반구가 여러 가지 역할용으로 전문화되었는지에 대한 의문을 다룬다. 예를 들어, 좀더 직선적이고, 이성적이고, 스포크스럽다[2]고 일컫는 좌측 반구보다 우측 반구는 직관적, 창조적, 감정적인 것으로 생각된다. 현대 서구적 가치를 거부하고 영적 사상, 점성술 등에 기반을 둔 생활 방식을 추구하는 뉴 에이지 구루(전문가)는 우측 반구의 숨겨진 잠재력을 불러일으키기 위한 방법들을 촉진하기 위해 이 아이디어를 써왔다.

가장 대중적인 사고와 마찬가지로, 이 모든 것들에 대한 진실의 핵심이 존재한다. 나는 양 반구는 다르지만 상호보완적이고, 세상에 대처하기위해 따라하는 유형을 갖고 있다고 주장해 왔다. 여기서 나는 일부 뇌졸중 환자에서 볼 수 있는 마비를 부인하는 질병부인 증세를 이해하고, 또한 관련성을 생각해보려고 한다. 좀더 일반적으로 말하자면, 그것은 보통 사람들조차 일상생활 속 스트레스에 대처하기 위해 사소한 거부와 합리화에 관여하는지를 이해하는데 도움을 준다. 만약 있다면 이 반구상의 차이점들의 신화기능은 무엇일까?

감각을 통해 도달하는 정보는 보통 이미 존재하는 기억들과 어우러져 여러분 자신과 세상에 대한 신념체계를 만들어낸다. 내적으로 일관된 신념체계는 주로 좌측 반구에 의해 만들어진다고 나는 주장한다. 만약 여러분의 '전체적인' 신념체계에 맞지 않는 비정상적인 작은 정보가 있다면, 좌측 반구는 행동의 안정감과 자아의 일관성을 지키기 위해 차이점들과 변칙들을 바로잡으려 할 것이다. 마음속으로 이야기를 지어내는 작화증[3]이라는 행위과정에서, 좌측 반구는 가끔 자신의 전반적 시각이나 조화를 지키기 위해 정보를 조작하기도 한다. 프로이트주의자는 좌측 반구가 자아파괴를 피하기 위해, 혹은 심리학자들이 언급하는 자아의 여러 내적인 측면 간 부조화인 인지 불협화음을 줄이기 위해 이러한 행동을 한다고 말할 지도 모른다. 그런 비연결은 작화, 부인, 그리고 정신의학에서 보여주는 망상들을 일으킨다. 다시 말해, 프로이트의 방어학설은 주로 좌측 반구에서 유래한다. 그러나 나는 정통 프로이트주의와 달리, 그것들은 '자아보호'가 아니라 행동을 안정시키고 일관성과 여러분 삶의 이야기를 도입하기 위해 진화한 것이다.

그러나 거기에는 한계가 있다. 만약 좌측이 억제되지 않으면, 좌측 반구는 사람을 착각하거나 미치게 만들려 할 것이다. 여러분 자신에 맞춰 약점을 낮추는 것도 하나의 일이다(비현실적 '낙천주의'는 일시적으로 빠르고 효율적으로 진행하는 데 유용할 수 있다). 그러나 다른 것도 있다. 여러분이 페라리를 살만큼 부자라고(혹은 당신의 팔이 마비되지 않았다고) 속이는데, 어느 쪽도 사실이 아니다. 그러므로 여러분을 여러분 자신에서 분리하고 객관적인(타인중심성의) 견해를 채택하도록 하는 우측 반구가 '일부러 반대 입장 취하는 사람'이라고 상정하는 것은 타당해 보인다. 이 우뇌 시스템은 종종 자기중심적인 좌측 반구가 무시했거나 억제했다. 그러나 해서는 안 되었던 주요한 차이를 발견할 수 있을 것이다. 그러면 여러분은 경계심을 갖게 되고, 좌측 반구는 말을 바꾸도록 자극을 받는다.

***

인간 정신의 많은 양상들이 양반구兩半球의 상호보완적 영역 사이에서 밀고 당기는 적대감으로부터 일어날 수 있다는 개념은 총체적이며 지나친 단순화로 보일 수 있다. 사실 그 이론 자체는 이분법', 즉 세상을 양극화함으로써 단순화하려는 뇌의 경향(밤과 낮, 음과 양, 남성과 여성 등)에서 나타나는 결과다. 그러나 이것은 시스템 공학 견지에서 볼 때 완벽한 감각을 만든다. 시스템을 안정시키는 기계장치를 조절하고 진동을 피하도록 돕는 메커니즘 조절은 생물학적 차원에서는 예외가 아니라 규칙이다.

나는 양 반구 간에 대처양식의 차이가 어떻게 질병부인 장애에는 마비의 부정을 설명할 수 있는지 말하려고 한다. 앞서 우리가 보았듯이 양반구가 뇌졸중에 의해 손상되면, 그 결과는 몸의 한 쪽이 완전히 마비되는 반신불수로 이어진다. 만약 뇌졸중이 좌측 반구에서 일어나면 몸의 오른쪽이 마비된다. 환자는 마비에 대해 불평하고 그에 대한 치료를 요구한다. 가장 많은 우측 반구 뇌졸중도 마찬가지다. 그러나 대다수 환자들은 여전히 무관심하다. 그들은 마비의 크기를 가볍게 본다. 그리고 그들은 끈질기게 움직일 수 없다는 것을 부정하거나 심지어 마비된 사지는 자기 것이 아니라고 한다! 그런 부인은 결과적으로 우측 반구 전두두정 부분에 있는 '악마의 대변자devil's advocate, 일부러 반대 입장을 취하는 사람'에 추가적인 손상을 초래한다. 그래서 좌측 반구는 이런 터무니없는 행동에 비난을 가하며 개회로로 들어간다.

최근에 노라라는 총명한 60세 환자를 치료한 적이 있다. 그녀는 특히 이 질병부인증후군이 너무나 심한 환자였다.

"노라, 오늘 어때요?" 내가 물었다.

"좋아요, 선생님. 병원 음식만 빼고요. 너무 끔찍해요."

"어디 좀 봅시다. 걸을 수 있겠어요?"

"네."(사실, 그녀는 지난주까지 한 걸음도 걸을 수 없었다.)

"노라, 당신 손을 움직일 수 있어요?"

"네."

"양손 다?"

"네."(노라는 일주일 동안 포크도 들지 못했다.)

"왼손을 움직일 수 있어요?"

"물론이죠."

"당신 왼손으로 내 코를 만져보세요."

노라의 손은 꼼짝도 하지 않지 않는다.

"지금 내 코를 만지고 있어요?"

"네."

"당신 손으로 내 코를 만지는 게 보여요?"

"네, 지금 당신 코를 거의 다 만졌는데요."

몇 분 후 나는 노라의 침묵하고 있는 왼팔을 잡아서 그녀의 얼굴을 향해 올린 다음 이렇게 물었다.

"노라, 이건 누구 손이죠?"

"그건 우리 엄마 손이에요, 선생님."

"어머니는 어디 계시죠?"

바로 그 순간 노라는 어리둥절한 표정으로 힐끔 주변을 살피며 엄마를 찾았다.

"음…… 엄마는 테이블 밑에 숨어 있어요."

"노라, 당신은 왼손을 움직일 수 있다고 했죠?"

"네."

"보여주세요. 왼손으로 당신의 코를 만져보세요."

노라는 조금도 주저하지 않고 오른손을 뻗어 축 늘어진 왼손을 쥐고는 마치 도구를 이용하듯 코를 만졌다. 놀라운 사실은 비록 그녀가 왼손의 마비를 부정한다 해도, 어느 정도는 알고 있다는 것이다. 만약 아니라면 왜 자연스럽게 오른손을 뻗어 왼손을 잡았겠는가? 그리고 그녀는 왜 '그녀의 어머니'의 왼손을 자신의 코를 만지는 도구로 사용했는가? 그것은 노라 안에 많은 노라가 있다는 것을 나타낸다.

노라는 질병부인이 극심한 경우이다. 이 환자는 마비를 완전한 부정이나 작화에 몰두하기보다는 너무나 쉽게 무시하려고 했다.

"문제없어요, 선생님, 매일 나아지고 있어요!"

몇 년에 걸쳐 나는 그런 환자를 무수히 만나왔다. 그들은 우리의 일상적인 차이를 넘어선다. 이 환자들이 하는 말은 마치 우리 모두가 갖고 있는 성향인 합리화와 그리고 일상적인 부정과 별로 다를 바가 없다는 사실에 충격을 받았다. 지그문트 프로이트(그리고 그의 딸 안나)는 '방어 메커니즘'이라고 언급했다. 그리고 그것은 '자아를 보호하기 위한' 기능이라고 주장했다. 프로이트의 방어의 예들 가운데는 부인, 합리화, 작화, 반응 형성, 투영, 합리화, 압박 등이 있다. 그런 별난 현상들은 '의식'과는 별로 관계가 없다. 그러나 프로이트가 주장한대로 그들은 의식과 무의식 사이의 역학 상호작용을 표현한다. 그래서 그것들에 대한 연구는 의식의 이해와 인간 본연의 또 다른 관련측면을 간접적으로 밝힐 수 있을 것이다. 그래서 그러한 현상들을 나열해보려고 한다.

1. 완전한 부정: "내 팔은 마비되지 않았다."

2. 합리화: 우리 자신에 대한 불편한 진실을 외부 요인 탓으로 돌리는 경향이다. 예를 들어 "나는 공부를 별로 안 했어"보다는 "시험이 너무 어려웠어"라고 한다. "난 똑똑하지 않아"보다는 "교수가 사디스트야"라고 한다. 이런 경향은 환자에게서 더욱 증폭된다.

예를 들어 나는 돕스Dobbs라는 환자에게 "왜 당신은 내가 요구한대로 왼손을 움직이지 않죠?"라고 물었다. 그의 대답은 다양했다.

"나는 육군 장교입니다. 그래서 나는 명령을 받지 않소."

"의과 학생들은 하루 종일 나를 시험하려 듭니다. 너무 피곤해요."

"나는 팔에 심한 관절염이 있어요. 움직이는 것은 너무 고통스럽군요."

3. 작화: 자신의 이미지를 지키기 위해 뭔가를 지어내려고 하는 성향이다. 이것은 무의식적으로 행해진다. 기만하려는 고의는 없다.

"나는 내 손을 움직일 수 있어요, 선생님. 당신 바로 코앞에 있어요."

4. 반응 형성: 무의식적으로 진실하다고 아는 것을 반대로 주장하거나 바꾸어 말하는 경향이다. 예를 들면 동성애자들이 동성 혼인에 대해 격렬한 반감을 갖는 것이 여기에 속한다. 또 다른 예로 내가 중풍 클리닉에 있을 때 무거운 테이블을 가리키며 왼팔이 마비된 환자에게 이렇게 질문했다.

"당신 오른손으로 저 테이블을 들어올릴 수 있겠어요?"

"네."

"얼마나 높이 들 수 있나요?"
"대략 1인치 정도요."
"당신 왼손으로는 테이블을 들어올릴 수 있을까요?"
"네. 2인치까지요."
그곳에 있던 다른 사람은 그녀가 할 수 없다는 것을 알고 있었다. 그녀는 왜 자신의 팔 능력을 과장했을까?

5. 투영: 여러분의 능력부족을 다른 사람의 탓으로 돌리는 것이다. 노라가 "그 (마비된) 팔은 우리 엄마 것이다"라고 하거나, 어떤 사람이 특정인을 가리키며 "그는 인종차별주의자다"라고 떠벌리는 경우를 말한다.

6. 지성화: 감정적으로 위협적인 사실을 지적 문제로 바꾸는 것이다. 그렇게 해서 관심의 방향을 돌려 감정적 충격을 누그러뜨린다. 죽을병에 걸린 배우자나 가족이 있는 많은 사람들은 그들이 곧 죽을 것이라는 잠재적 상실에 직면하지 않는다. 대신 아픔을 순수한 지적 도전으로 취급한다. 이것은 부인과 지성화의 조합이라고 할 수 있다. 그러나 용어가 중요한 것은 아니다.

7. 억압: 고통스러운 기억이 돌아오는 것을 막으려는 경향이다. 기억이 들춰지게 되면 '자아가 고통스러울' 수 있다. 이 단어는 대중심리학에서 자주 이용된다. 그러나 기억에 관해 연구하는 학자들은 오랫동안 이 억압에 의혹을 품어왔다. 내 생각은 이러한 현상이 사실이라는 쪽에 가깝다. 왜냐하면 많은 확실한 사례들을 내 환자

들 경우에서 보아왔기 때문이다. 수학자들이 말하는 '존재의 증거'를 제공하는 환자에게서 말이다.

예를 들면, 대부분의 환자들은 며칠간의 서서히 부정 끝에 서서히 질병부인에서 회복한다. 나는 한 환자를 지켜본 적이 있다. 그는 반복된 질문에도 불구하고 9일 동안이나 그의 마비된 팔이 "잘 움직인다"고 대답했다. 그러자 10일째 되는 날 그는 완전히 회복했다. 내가 그에게 컨디션을 묻자 그는 즉시 말했다.

"내 왼팔이 마비되었어요."

"마비된 지 얼마나 되었죠?"

내가 놀라며 물었다. 그는 대답했다.

"왜요, 지난 며칠간 당신은 날 치료하고 있었잖아요."

"어제 내가 당신의 팔에 대해 물었을 때, 뭐라고 했죠?"

"당연히 내 팔이 마비되었다고 했죠."

그는 부정을 '억압'하게 되었던 것이다!

***

질병부인은 내가 이 책에서 '신념'은 하나가 아니라고 반복해서 강조한 것을 생생하게 보여주는 놀라운 예이다. 신념은 진실한 자아가 대수롭지 않은 추상적 개념이 될 때까지 포장을 하나씩 하나씩 벗겨낼 수 있도록 수많은 층으로 되어 있다. 철학자 댄 데네트 Dan Dennett가 한때 말한 것처럼 자아는 개념적으로 복잡한 사물의 '중력의 중심' 즉, 하나의 가상점에서 교차하는 많은 매개체와 유사한 것이다.

이와 같이 질병부인은 단지 이상한 증후라기보다 우리에게 인간 마음을 알 수 있는 신선한 통찰력을 제공한다. 이러한 기능장애를 가진 환자를 지켜볼 때마다, 한 인간의 본연의 모습을 확대경을 통해 들여다보는 느낌이 든다. 나는 만약 프로이트가 질병부인에 대해 알았다면, 그러한 연구를 통해 크게 기뻐했으리라는 생각을 하지 않을 수 없다. 예를 들어, 그는 이러한 질문들을 던질 것이다. 어떤 특별한 방어를 사용할지를 결정하는 것은 무엇인가? 왜 어떤 경우에는 합리화하고, 다른 경우에는 완전히 부정하는가? 그것은 전적으로 특정한 환경에 의존하는가, 아니면 환자의 개성에 의존하는가? 왜 찰리는 항상 합리화하고 조Joe는 부인하는가?

프로이트주의 심리학을 진화적인 차원에서 설명하는 것 외에, 내 모델은 역시 조울증에도 관련이 있을 수 있다. 좌측과 우측 반구의 대처능력 사이에는 유사점이 있다. 즉 조증躁症이나 망상은 왼쪽, 불안해하는 악마의 대변자는 오른쪽이다. 그리고 조울증이라는 두드러진 기분의 변화 등이다. 만일 그렇다면, 그런 기분의 변화가 실제로 반구半球 간에 교대로 발생하는 것이 가능한 일인가? 내 스승인 남비아르K. C. Nambiar 박사와 잭 페티그루가 보여준 것이 있다. 정상적인 사람에게서도 반구와 그에 부합하는 인지 스타일 간 자발적인 '교대'가 있을 수 있다는 것이다. 신(하느님)과의 짤막한 기쁨의 교감을 계속하기 위해 기꺼이 우울증을 견뎌내는 환자들을 알고 있다. 그러나 이것은 정신적으로 과장된 오락가락하는 움직임의 극단적인 예에 불과하다. 정신과 의사들은 이를 두고 '기능불능' 또는 '조울증'으로 간주한다.

유체이탈: 박사님, 몸에서 이탈한 것 같아요

앞서 보았듯이 우측 반구가 하는 일 가운데 하나는 여러분 자신의 상황과 객관적인 전체 모습을 챙기는 것이다. 이 일은 제 삼자의 시각에서 볼 때는 여러분이 자신을 쳐다보는 것까지도 포함할 수 있다. 예를 들어 한 강연자가 강의 예행연습을 한다고 하자. 연단을 오르락내리락 하면서 청중들이 쳐다보고 있다는 상상을 할 수 있다.

이와 같은 상상은 유체이탈로 설명이 가능하다. 다시금 우리는 단지 거울신경 활동을 저지하는 억제회로를 방해하면 되는 것이다. 우측 전두두정 영역이 손상을 입거나 케타민제(역시 같은 순환을 방해할 수 있다)를 사용하여 마취시키면 이 억제기능을 없앨 수 있다. 그렇게 되면 여러분은 영혼이 몸을 떠나고, 심지어 고통을 느끼지 못한다. 고통을 '객관적으로' 쳐다보게 된다. 마치 다른 사람이 이것을 경험하는 것처럼 말이다. 때때로 여러분은 실제로 영혼이 몸 주변을 어슬렁대는 느낌을 받는다. 바깥에서 당신을 보면서 말이다. 주목하기 바란다. 만약 이와 같은 '구현' 회로가 특히 뇌의 산소 부족에 취약하다고 하자. 그렇다면 이것으로 왜 그런 유체이탈의 느낌이 임사경험에서 자주 일어나는지를 설명할 수가 있다.

대부분의 유체이탈 감각보다 더 이상한 것은 유타 주에서 소프트웨어 엔지니어였던 페트릭Patrick이 경험한 증상들이다. 그는 전두두정 부위에 악성뇌종양을 판정받은 적이 있는 환자였다. 종양은 그의 뇌 오른쪽에 있었다. 그나마 행운으로 생각되는 것은 종양에 대해 그가 덜 걱정했다는 사실이다. 패트릭은 종양이 제거 되어도 길어야 2년 남짓 살 수 있을 것이라는 선고를 받았다. 그러나 그는 자신의 병을 우습게 생각했다.

정말 그의 흥미를 끌었던 것은 이상한 현상이었다. 보이지는 않지만 생생하게 느낄 수 있는 '쌍둥이 유령'이 그의 몸 왼편에 붙어 있다는 것이었다. 이것은 흔히 환자가 자신을 위쪽에서 내려다보는 유체이탈 경험과는 아주 다른 경우였다. 쌍둥이는 그의 모든 행동을 거의 완벽하게 따라했다. 그와 같은 환자들을 광범위하게 연구한 것은 취리히대학병원의 페터 브루거Peter Brugger 박사였다. 그는 우리에게 마음의 여러 가지 측면 간의 일치, 다시 말해서 주관적 '자아'와 신체 이미지 사이의 일치가 뇌질환으로 인해 교란될 수 있다는 것을 상기시켜 주었다. 그러한 일치를 유지시키는 특정한 뇌 메커니즘이(혹은 잘 들어맞는 메커니즘이) 존재할 것이다. 그러한 메커니즘이 존재하지 않는다면 패트릭의 경우, 그의 마음의 다른 측면들은 다치지 않은 상태로 남은 채 선별적으로 영향을 받을 수는 없었을 것이다. 왜냐하면 그는 정서적으로 정상이었고, 내성적이었으며, 총명하고, 쾌활했다.

나는 그의 왼쪽 외이(달팽이관)를 얼음물로 자극했다. 이 절차는 전방前房 체제를 활성화시키고 신체 이미지에 특정한 충격을 줄 수 있는 것으로 알려져 있다. 예를 들어 두정 뇌졸중으로 '질병부인' 증상을 겪는 환자의 마비된 신체의 인식이 빠르게 회복될 수도 있다. 내가 패트릭에게 이러한 자극을 하자 그는 '쌍둥이 유령'이 크기가 작아지고 움직이며 자세를 고치고 있다는 것을 알고는 크게 놀랐다. 우리가 뇌에 대해 아는 게 얼마나 보잘것없는가! 유체이탈 경험은 신경학에서 종종 발견된다. 그러나 유체이탈은 소위 해리解離상태로 불리는 증상을 감지할 수 없도록 섞여버리게 된다. 보통 정신과 의사들이 이러한 사실을 안다.

해리상태라는 말은 환자가 정신적으로 고도의 외상 체험을 하는 동안, 자신의 몸과 떨어지게 된다는 것을 말한다(피고측 변호사는 해리상태 진단을 종종 사용한다. 즉 피의자가 그러한 상태에 있었고, 그래서 자신은 직접 관여하지 않는 상태에서 그녀의 몸은 살인하는 '행동'을 쳐다보는 상태라는 것이다).

해리상태는 이미 논의한 신경계 구조와 두 개의 다른 구조인 시상하부hypothalamus와 전측대상회가 추가로 전개되었다는 것을 의미한다. 일반적으로 위협에 직면하면 두 출력(요소)이 시상하부에서 밖으로 분출된다. 첫째 도망가거나 싸우는 행동적 출력과, 둘째 겁먹거나 포악해지는 정서적 출력이다(우리가 이미 언급했듯이 셋째 출력은 자율신경계의 자극해서 전류피부저항, 혈압, 심장 박동수 증가를 초래한다). 전측대상회는 동시에 활성화된다. 이것은 새로운 위협에 대한 흥분과 경계심을 일으키며, 또한 빠져나갈 수 있는 새로운 기회를 제공한다. 그러나 위협의 수준이 위 세 가지 시스템의 관여 수준을 결정한다. 만약 극단적인 위협에 직면할 경우, 때로는 아무것도 하지 않고 누워있는 것이 최선이다. 이것은 '죽은 척하는 행동'의 형태로 행동적, 정서적 출력(요소)을 멈추는 것이다. 이러한 행동은 포식자가 너무 가까이 있어서 탈출이 선택사항이 아닐 경우 완전해진다. 사실 어떠한 시도도 포식자의 본능을 활성화시켜 도망치면 쫓도록 만들 것이기 때문에 죽은 척하는 행동 외에는 대안이 없다. 그렇다고 하더라도 전측대상회는 만약 포식자가 속지 않거나 최단 탈출로가 생겼을 때를 대비하여 강력하게 경계하도록 전적으로 관여한다.

이러한 기만이라는 반사행동, 즉 선택적 진화(굴절적응)는 인간에게 극도의 긴급 상황에서 해리상태로 나타나게 한다. 사람의 정서와 마찬가지로 외적행동을 멈추고, 자신의 통증이나 공포로부터 객관적으로 분리되어 자신을 바라본다. 이것은 강간의 경우에 종종 나타난다. 예를 들어 범죄자에게 강간을 당하게 된 여자가 자기모순적 상태에 접어들면 '나는 강간 당하는 자신의 모습을 외부 관찰자의 입장에서 고뇌하지만, 극심한 공포나 육체적 고통을 느끼진 않는다'라고 느끼는 상태에 이른다는 것이다. 탐험가 데이비드 리빙스턴David Livingstone이 사자에게 공격당해 팔을 뜯겨먹힐 때에도 같은 현상이 나타났음에 틀림없다. 그는 그 당시 아무런 공포나 아픔을 느끼지 못했다고 회상했다.

이들의 신경회로 및 상호작용 활성화 비율은 행동을 저하시키지만, 감정은 그렇지 않다. 우리는 이것을 '제임스 본드 반응James Bond reflex'이라고 이름 붙였다. 강철 같은 강한 신경 덕분에 악당으로부터 마음이 교란당하는 것을 방지할 수 있다는 것이다.

사회적 수용

자아는 사회적 환경과 연관시켜 자신을 정의한다. 그런데 환경이 갑자기 낯설게 느껴질 때가 있다. 예를 들어 익숙한 사람들이 낯설거나 혹은 그 반대로 낯선 사람들이 익숙하게 느껴질 때, 자아는 극도의 스트레스를 느끼거나 심지어 위협을 느끼기까지 한다.

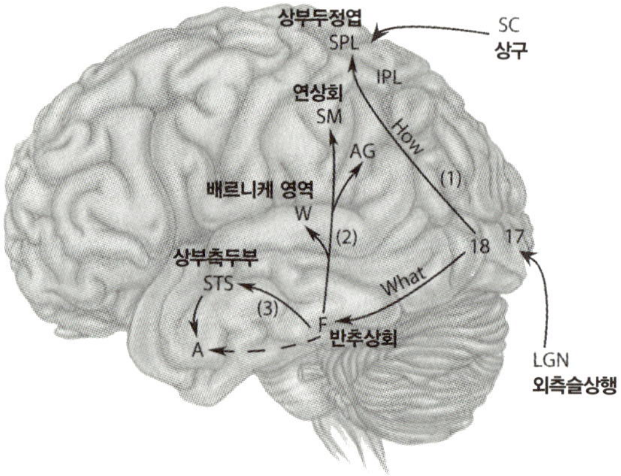

그림 9-1 정신병의 증상들을 설명하기 위해 필요한 시각적 동선 및 다른 부분들에 대한 고도의 도식적인 다이어그램: 상부측두구STS와 연상회SM는 아마도 거울신경이 가장 풍부할 것이다.
통로 1('어떻게')과 2('무엇')은 확인된 해부학적 통로다. '무엇' 통로는 '무엇'(통로 2)과 '그래서 뭐?'(통로 3) 두 가지 통로로 갈라진다. 이는 주로 기능적 고찰과 신경학을 바탕으로 한다. 상부두정엽SPL은 신체 이미지와 시각적 공간의 구성에 관여한다. 하부두정엽도 신체 이미지에 관여한다. 그러나 원숭이와 유인원들의 이해능력에도 관여한다.
연상회SM는 인간만이 지니고 있다. 인류의 진화 과정에서 하부두정엽에서 분리되어 도구 사용과 같은 숙련된 움직임들을 전담하는 역할을 맡게 되었다. 이와 같은 분리와 전담화에 대한 선택적 압력은 도구 제작과 무기 사용, 미사일 발사를 위한 손의 움직임과 능수능란한 손과 손가락 조정 능력의 필요에서 비롯된 것이다.
AG(Another Gyrus)는 아마도 우리 인간에게만 있는 고유한 것이다. 하부두정엽에서 분리된 AG는 본래 나무 타기나 시각적으로 크기 맞추기, 근육과 관절 정보 전달 등과 같은 교차양상적 능력을 촉진시키는 역할을 했다.
AG는 읽기와 쓰기, 어휘 능력과 같이 더 복잡한 형태의 인간의 관념에 맞게 선택적으로 진화되었다. 베르니케 영역W은 언어(의미론)를 다룬다. 상부측두구STS도 뇌도와 연관이 있다.
편도 복합체(A, 편도체 포함)는 감정을 다룬다. 시상의 외측 슬상핵LGN은 입수된 정보를 망막에서 17구역(일차 시각 피질, V1으로 알려져 있음)으로 전달한다.
상구SC는 망막으로부터 받은 신호를(시상침을 통해 전달된 후, 나타나 있지 않음) 오래된 통로를 통해 상부두정역SPL로 보내는 과정을 맡는다. 방추상회F는 얼굴과 물체 인지에 포함된다.

인식오류 증후군: 저 사람은 제 엄마가 아니에요

진부한 말처럼 들리겠지만 인간의 뇌는 다양한 자아가 점령한 무대로 자신이 속한 사회에 대해 통일되고 일관된 그림을 그려낸

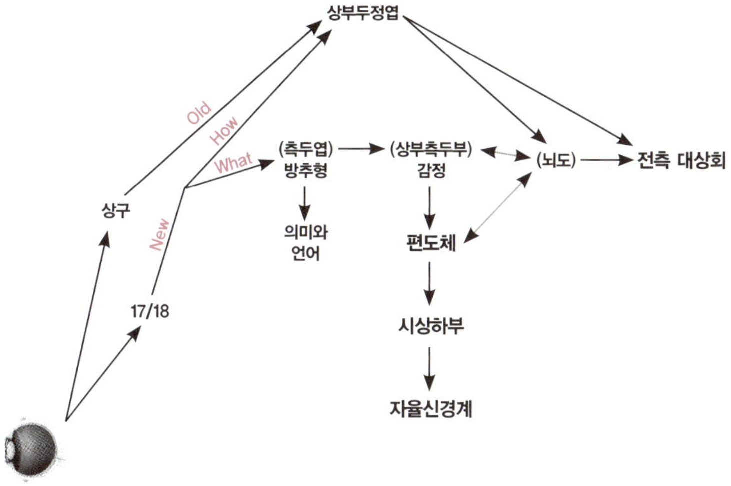

그림 9-2 그림 9-1의 생략형으로서 감정과 의미(뜻)의 구분을 보여준다.

다. 만약 정신착란에 빠지면 어떤 특정한 대뇌장치가 작동하여 자아에게 육체와 정체성을 부여한다.

2장에서 나는 시각 경로 2, 3이 방추상회를 이탈할 때 나타나는 카그라스 증후군을 설명한 바 있다(그림 9-1, 9-2 참조). 만약 경로 2(사물을 보고 '무엇인지' 인식하게 하는 줄기)는 정상적으로 작동하는 반면 경로 3('그래서 어떻지?'라는 감정을 떠올려주는 줄기)이 제대로 발휘되지 못하면, 환자는 자신과 가장 가까이에 있는 사랑하는 사람들에 대한 사실과 기억들을 떠올릴 수 있다. 그러나 너무나 괴로워서 마땅히 느껴야 할 따뜻한 희미한 감정들을 느낄 수가 없다.

그 부조화 현상은 받아들이기에 너무 고통스럽거나 혼란스럽다. 그래서 환자는 동일 인물을 모습이 비슷한 사기꾼으로 착각한다. 그 망상이 더 심각해지면, 그는 '내 두 번째 엄마' 얘기를 한다. 심지어 자신은 여러 명의 엄마를 두었다고 주장한다. 이것을 두고 복제, 또는 이중복제라고 부른다.

이제 카그라스 시나리오가 반전될 때 어떤 일이 일어날지 생각해보자. 경로 3은 온전한 반면 경로 2가 비정상적일 때다. 그렇다면 환자는 얼굴을 인식하는 능력을 상실하게 된다. 즉 그녀는 안면인식장애prosopagnosia를 겪게 된다. 무의식중에 안면 식별 능력은 손상되지 않은 방추상회로 인해 지속적으로 작동되어 신호는 경로 3을 통해 편도체로 보내진다. 결과적으로 그녀는 익숙한 얼굴에 대해 누구인지 인식하지 못하는데도 여전히 정서적으로 반응한다. 예를 들어 엄마를 볼 때, 누구인지는 전혀 모르지만 여전히 정상적인 강렬한 GSR 신호를 보낸다. 이상하게도 그녀의 뇌와 피부는 그녀가 의식적으로 인식하지 못하는 무언가를 알고 있다(이것은 안토니오 다마시오가 실시한 일련의 실험에서 나타났다). 이제 여러분은 카그라스와 안면인식장애를 구조적인 관점에서, 또한 임상 증상 관점에서 서로의 거울 속 이미지라고 생각할 수 있다.

손상되지 않은 정상적인 뇌를 가진 대부분의 사람들에게, 정체성(어떤 사람에 대해 알려진 사실들)이 친숙한 것(사람에 대한 정서적 반응)으로부터 분리된다는 것은 직관에 반하는 것으로 느낄 것이다. 어떻게 누군가 한눈에 그녀를 인식하지 않는다는 것을 인식할 수 있는가? 뜬금없는 장소에서 우연히 지인과 마주쳤는데, 그의 이름이 도무지 기억나지 않았을 때를 생각해 본다면, 여러분은 내가 설명하려는 것을 이해할 수 있을 것이다. 즉 여러분은 정체를 알 수 없는 상대방에 대해 익숙함을 느낀 것이다. 이런 해리현상이 분명 일어날 수 있다는 사실은 분리된 메커니즘이 연관되어 있다는 증거다. 여러분은 짧은 순간에 카그라스와는 반대되는 개념인 왜소하고 일시적인 '증후군'을 경험한 것이다. 여러분이 이런 인식 불일치 현상을 기분 나쁜 일로 여기지 않는 이유는(이름이 기억나지 않는 상대방과 짧은 대화를 통해 시간을 벌면서 자신의 머리를 쥐어박는 것을 빼고는), 이러한 부조화 현상이 결코 오래가지 않기 때문이다. 만약 앞뒤 맥락에 상관없이 그 지인이 계속 낯설게 느껴진다면, 그가 악의를 품고 다가온 듯 보일 것이다. 그리고 당신은 당연히 혐오와 편집증을 키우게 될 것이다.

자기복제: 또 다른 데이비드는 어디 있나요?

놀랍게도 우리는 카그라스 증후군에서 나타나는 복제 현상이 그 환자 자신과도 연관될 수 있다는 것을 알게 되었다. 앞에서 말했듯이 거울신경의 반복 작용이 타인의 마음에 대한 표현뿐만 아니라 자기 자신에 대한 상상으로까지 이어질 수 있다는 것이다. 이 혼란스러운 메커니즘은 우리의 환자 데이비드가 자신의 이력서 사진을 보고 "이것은 또 다른 데이비드예요"라고 말하는 이유를 설명해준다. 다른 상황에서도 그는 '또 다른 데이비드'를 언급했다. 심지어 슬픈 표정으로 "의사 선생님, 또 다른 데이비드가 돌아오면 부모님이 저 대신 그 데이비드를 좋아할까요?"라고 물었다. 물론 우리 모두 이따금 역할놀이에 빠져든다. 그러나 비유적 표현이 이 정도로까지는 일어나지는 않았다는 것이다.

다시 명심할 것이 있다. 현실의 꿈만 같은 비현실적인 오해에도 불구하고, 데이비드는 다른 면에서는 완벽하게 정상이었다. 영국 여왕도 자신을 삼인칭으로 언급하기도 한다. 그러니 이것을 병리학적으로 간주하기에는 어려움이 있다.

프레골리 증후군: 선생님, 모두가 신디 이모로 보여요

프레골리Fregoli 증후군이 있는 환자는 모든 사람들이 다 그가 아는 어떤 전형적인 인물을 닮았다고 주장한다. 예를 들어 나는 모든 사람이 다 신디Cindy 이모로 보인다고 말한 사람을 본 적 있다. 아마 이 일은 감정 경로 3(경로 2에서 소뇌의 편도체로 연결된 부분도 포함해서)이 병으로 인해 강해져서 발생했을 것이다. 이것은 간질에서와 같이 신호들의 계속된 공세가 우연히 경로 3을 활성화시켜서 일어났을 가능성이 많다. 이것을 발화發火라고 부르기도 한다. 증후군에서 나타나는 결과를 보면 이상하리만치 모든 사람이 낯설지 않고 친숙하게 보인다는 것이다. 왜 그 환자가 어떤 특정한 전형적 인물에 집착하는지는 불분명하다. 이러한 '분산된 친근성'은 말도 안 되는 것처럼 보일 수 있다. 유사한 경우로 우울증 환자에게 나타나는 분산된 불안감은 좀처럼 오래가지는 않는다. 그러나 특정한 장기나 질병에 달라붙기도 한다.

자기인식

1장에서, 자신을 인식하지 못하는 자아라는 것은 하나의 모순어법이라고 했다. 그러나 어떤 특정한 장애에서는 실제로 환자 자신이 죽었다고 믿거나 신과 함께하게 되었다는 환상에 빠져서 자기인식을 왜곡할 수 있다.

코타드 증후군: 선생님, 저는 존재하지 않아요

만약 여러분이 설문조사를 통해 신경과학자나 동양의 신비주의자들에게 무엇이 자아에 대한 가장 중요한 수수께끼냐고 묻는다면, 제일 흔한 답변은 자아는 자신을 인식한다는 내용일 것이다. 인간은 자신의 존재와 죽음에 대해 사색한다. 이는 인간 이외의 생명체가 할 수 없는 일이다.

나는 여름이 되면 종종 인도 첸나이를 방문하여 강연을 하고 마운트 로드에 있는 신경학연구소에서 환자를 본다. 동료인 산사남A. V. Santhanam 박사는 강의를 해달라고 나를 초대한다. 그들과 대화를 하다 보면 관심을 끄는 흥미로운 사건들을 접하기도 한다. 강연을 마친 어느 날 밤의 일이다. 내 사무실에서 산사남 박사가 부스스한 모습에 면도하지 않은 30대의 젊은 환자인 유소프 알리Yusof Ali와 함께 나를 기다리고 있었다. 알리는 청소년기 후반부터 간질을 앓았다. 그는 주기적으로 우울증을 겪었다. 그러나 이것이 그의 발작 증상과 관련 있는지, 아니면 여느 지성적인 청소년들처럼 철학자 사르트르나 하이데거의 작품을 너무 많이 읽어서인지는 알 수 없었다. 심지어 알리는 철학에 대한 깊은 관심을 내게 알려주었다.

알리가 이상하게 행동한다는 것은 그의 간질이 진단되기 오래 전부터 거의 모든 사람이 확인한 내용이다. 그의 어머니는 일주일에 두어 번 잠깐 동안 그가 현실 세계에서 분리되어 의식의 혼탁을 경험하고 끊임없이 입맛을 다시고 자세를 뒤튼다는 것을 알아챘다. 우리는 그의 임상 기록과 뇌전도를 종합하여 알리의 소발작을 복합적인 부분적 발작으로 진단했다. 이러한 발작은 많은 사람들이 간질과 연관 짓는 다른 대발작(몸 전체에서 일어나는 발작)과는 다르다.

대발작과 달리 이러한 소발작들은 주로 대뇌의 측두엽에 영향을 끼치며 감정 변화를 일으킨다. 발작이 없었던 지난 오랜 기간 동안에 알리는 완벽하고, 명쾌하고, 지적인 청년이었다.

"왜 우리 병원에 오게 되었나요?" 내가 물었다. 알리는 거의 1분 동안 나를 뚫어지게 쳐다보면서도 침묵으로 일관했다. 그리고 속삭이기라도 하듯 천천히 말했다.

"내가 할 수 있는 게 별로 없었어요. 저는 시체예요. 저는 제 몸이 부패해서 나는 고약한 냄새를 맡을 수 있어요."

"알리, 당신은 어디에 있나요?"

"제 생각에는 마드라스 의과대학에 있어요. 저는 킬폭Kilpauk(첸나이에서 유일한 정신병원)에 환자로 있었어요."

"당신 말은 즉 당신이 죽었다는 건가요?"

"네. 저는 살아있지 않아요. 저는 빈껍데기라 말할 수 있어요. 때때로 제가 다른 세상에 사는 유령으로 느껴져요."

"알리 씨, 당신은 분명히 똑똑한 사람입니다. 정신이상자가 아니에요. 당신의 뇌 안에는 당신의 사고에 영향을 끼치는 비정상적인 방전현상이 일어나고 있어요. 그것이 바로 당신이 이 정신병원에 온 이유입니다. 발작을 통제하는 매우 효과적인 약들이 있어요."

"무슨 말을 하는지 모르겠어요. 당신은 힌두Hindus신이 말한 대로 세상이 환상에 불과하다는 것을 알 거예요. 이는 모두 마야maya(산스크리트어로 '환상'이라는 뜻)에 불과해요. 그리고 만약 그런 세상이 존재하지 않는다면 나는 어떤 의미로 존재하는 거죠? 우리는 이 모든 것을 당연시하지만 그것은 결코 옳지 않아요."

"알리, 무슨 말을 하는 거예요? 당신이 실재하지 않는다고요? 당신이 지금 여기서 나와 대화하는 건 어떻게 설명하실 건데요?"

알리는 혼란스러워 보였고 눈가에 눈물이 맺혔다.

"음, 저는 죽었지만 동시에 불멸의 존재예요."

'정상적'이라는 인도의 신비주의자들처럼 말을 통해 나타나는 알리의 마음속에도 본질적인 모순이 존재하지 않는다. 나는 때때로 이런 측두엽 간질 환자들에게 평행우주로 통하는 작은 구멍이 있어서 다른 차원의 세상 속으로 접근할 수 있는지 궁금했다. 그러나 정신나간 사람 취급을 받을까봐 이러한 생각을 동료들에게 말하지 않았다.

알리는 신경정신병학에서 가장 특이한 장애를 갖고 있었다. 바로 코타드 증후군이다. 알리의 망상은 극도의 우울증이라고 하기에는 너무 쉬워 결론을 내리기가 불가능했다. 우울증은 종종 코타드 증후군을 동반한다. 그러나 오직 우울증 하나로는 원인이 되지 못한다. 반면 이보다는 덜 심각한 이인증(환자 자신이 빈껍데기로 느껴지지만 코타드 증후군 환자와는 달리 자신의 병에 대한 통찰력은 유지하는 증상)은 우울증 없이도 일어날 수 있다. 반대로 대부분의 심각한 우울증을 앓는 환자들은 자신이 죽었다고 주장하지는 않는다. 따라서 코타드 증후군에는 어떤 또 다른 무언가가 일어나는 것이 분명하다. 산사남 박사는 알리에게 경련방지제인 라모트리진 lamotrigine을 처방했다.

"이것이 당신을 낫게 할 거예요."

약봉지를 건내주며 그가 말했다.

"아주 드물게 심각한 알레르기 피부발진을 일으키기 때문에 먼저 소량을 투약할 거예요. 만약 이런 증상이 생기면 약 복용을 바로 멈추고 우리를 찾아오세요."

그 후 몇 달 후 알리의 발작은 사라졌다. 또한 급격히 변하는 기분도 사라졌으며 우울함도 다소 사라졌다. 그러나 3년이 지난 뒤에도 그는 여전히 자신이 죽었다고 주장했다.

무엇이 장애를 일으킨 것일까? 내가 전에 말했듯이 경로 1(하부두정엽의 부분들을 포함한)과 경로 3 모두 거울신경이 풍부하다. 전자는 암묵적 의도와 관련되고 후자는 뇌도와 함께 감정이입과 관련된다. 여러분은 거울신경이 타인의 행동을 스케치하는 것(기존 관념)뿐만 아니라 안쪽으로 자신의 정신 상태를 관찰하는 것과 관련되기도 한다는 것을 안다. 이것은 자아성찰과 자기인식을 강화한다. 내 말은 코타드 증후군을 극단적이고 일반화된 형태의 카그라스 증후군으로 생각해보자는 것이다. 코타드 증후군을 지닌 사람들은 종종 미술과 음악에 대한 흥미가 일반사람들보다 훨씬 떨어진다.

아마도 흥미가 덜한 것은 감성을 자극하는 데 실패했기 때문이다. 이는 편도체로 향한 모든, 혹은 대부분의 감각 경로들이 전부 절단되었을 때(오직 방추상회의 안면 영역만 편도체로부터 끊기는 카그라스 증후군과 반대로) 예상될 수 있는 일이다. 따라서 코타드 증후군 환자들에게는 엄마와 아빠뿐만 아니라 모든 감각 세계가 꿈속에 있는 것처럼 모두 비현실화되어 보인다. 만약 이 혼합된 상태에서 거울신경과 전두엽 장치 사이를 연결하는 곳에 교란이 일어나면 자아에 대한 감각도 잃어버릴 것이다. 여러분이 생각하는 바와 같이 자신도 잃고 세상도 잃는다면 죽은 것이나 마찬가지다. 그도 그럴 것이, 심각한 우울증은 종종 코타드 증후군을 동반하지 않는가!

비교적 덜 극단적인 형태인 코타드 증후군이 어떻게 임상적 우울증에서 자주 나타나는 비현실화("이 세상은 꿈속과 같이 비현실적이다")와 비인간화("내 존재가 실감이 안 나")라는 특정 상태의 근간을 이루는지 쉽게 볼 수 있다는 것에 주목하라. 만약 우울증 환자가 자기표현의 회로는 정상적인데 감정이입과 외부 물체의 특징을 중재하는 회로에 부분적 손상을 입었다. 그렇다면 결과는 비현실화와 세상에서의 소외감으로 나타날 것이다. 반대로 자기표현이 주로 영향을 받았으나 외부세계와 사람들에 대해선 정상적인 반응을 보인다면, 결과는 비인격화를 특징짓는 내적인 공허함 또는 허전함으로 나타날 것이다. 요컨대 비현실적인 느낌이 드는 것은 자기 자신이거나 세상에서 비롯된다. 가깝게 연결된 기능의 손상이 어느 정도인가에 따라서 말이다.

코타드 증후군을 설명하기 위해 언급한 극단적인 감각, 즉 감정 분리와 자아상실은 환자들에게 이상하게 나타나는 고통에 대한 무감각을 설명할 수도 있다. 그들은 통증을 감각적으로 느끼기는 하지만 미키(1장에서 언급함)와 같이 고통을 느끼지 못하는 경우도 있다. 무엇인가를 느낄 수 있는 능력을 복구하기 하기 위한 필사적인 시도로서, 이러한 환자들은 자신의 육체에 고정되어 있다는 것을 더 느끼기 위해 스스로 고통을 가할지도 모른다. 이것은 극도의 우울증을 앓는 환자들이 프로작과 같은 항우울제 처방을 처음 받을 때 자살을 시도한다는 역설적인 연구 결과에 대한 설명이 될 수도 있다(입증되지는 않았지만 많이 제안되는 내용이다).

극단적인 코타드 증후군의 경우 자살이 비일비재하다는 주장은 논란의 소지가 충분하다. 왜냐하면 본인은 이미 정신적으로 죽었기 때문에 고통에서 벗어나야 할 하등의 이유가 없기 때문이다.

한편 항우울제는 환자에게 자기인식을 회복시켜 세상이 무의미하다는 것을 인식하게 할 수도 있다. 다시 말해서 지금 중요한 것은 세상이 무의미하다는 것으로, 자살은 유일한 탈출구로 여겨질 수 있다는 점이다. 이렇게 본다면 코타드 증후군은 오직 한 팔, 또는 자기 자신 전부에 대한 신체절단애호증이며, 자살이야말로 아주 성공적인 절단이라 할 수 있다.

선생님, 저는 주님과 하나예요

극단적인 반대 현상이 일어나면 무슨 일이 생길지 생각해보자. 만약 측두엽 간질TLE의 발화로 인해 경로 3에 엄청난 과잉활성화가 일어났다고 하자. 결과는 타인, 자신, 심지어 무생물 세계에 대해 급격히 높아진 공감 능력으로 나타난다. 세상과 그 안의 모든 존재들은 매우 중요해진다. 신과 합쳐져 하나라는 느낌이 들 것이다. 이것도 TLE과 관련해서 자주 보고되는 현상이다.

이제 코타드 증후군에서처럼, 이런 복합적 현상에 거울신경 활동이 벌어지는 전두엽 체계에 손상을 입었다고 생각해보자. 대개 이 체계는 '과잉 공감'을 예방함과 동시에 자의식을 보존시켜 자기인식능력을 유지하면서 공감능력을 보호한다. 이러한 체계에 일어난 손상의 결과는 2차 감각[4], 또는 모든 것과 합류하는 더 깊은 감각체계에서 나타날 것이다.

육체를 초월하는 감각과 불멸하는 영원한 본질(신)과 조합하려는 노력은 인간에게만 나타나는 현상이다. 유인원은 신학이나 종교에 집착하지 않는다.

선생님, 저는 곧 죽어요

우리의 내적 정신 상태의 잘못은 외부 세계에서도 잘못으로 나타난다. 대부분 정신병을 일으키는 복잡한 상호작용들이 내부에서 비롯된다. 코타드 증후군과 '신과의 합일' 증후군이 바로 그 가운데서도 극단적 현상이다. 보편적인 현상은 공황상태의 증후군이다.

정상적인 사람들 가운데 특정 비율의 사람들은 40~60초간 임박한 종말에 대한 갑작스런 느낌으로 인해 발작을 일으킨다. 이 갑작스런 느낌은 강력한 감정적 요소와 결합된 순간적인 코타드 증후군의 한 종류다. 심장 박동수는 빨라지며(고동으로 느껴짐), 손바닥에 땀이 차며, 급격한 무력함을 느낀다. 이러한 충격은 일주일에 여러 번 일어난다. 공황상태의 가능한 요인 중 하나는 경로 3, 특히 시상하부를 통한 편도체와 이의 감정적, 자율적 자극 유출에 영향을 끼치는 짧고 작은 발작일 것이다.

이러한 경우 강력한 투쟁 도주 반응이 유발된다. 그러나 이러한 변화를 탓할 외부적 요인이 없기 때문에 여러분은 이것을 내면화시키며 여러분이 마치 죽어간다는 느낌을 받는다.

이것은 또 한 번 불일치에 대한 대뇌의 혐오감이다. 즉 중립적인 외부적 투입과 비중립적인 내부의 심리적 감정 사이의 불일치다. 이 복합 작용을 설명할 수 있는 유일한 방법은 변화의 요인을 이해할 수 없는 무시무시한 내부로 돌리는 것이다. 뇌는 분명한 요인으로 발생하는 걱정보다 막연한(설명할 수 없는) 불안감에 대해 참을

성이 떨어진다. 만약 이러한 주장이 옳다면 환자가 공황발작이 오기 몇 초 전에 알아차릴 수 있다는 사실을 이용해 공황상태를 예방할 수 있겠다는 생각을 한다.

만약 여러분이 환자라면 발작이 올 것임을 감지하자마자 재빨리 아이폰에 담아놓은 공포영화를 보면 된다. 이렇게 하면 당신의 뇌가 심리적 각성을 추상적인 내부적 요인이 아니라 외부의 공포에 빠져들게 함으로써 발작을 억제할 수 있을 것이다. 그러나 당신이 이러한 공포가 좀더 높은 지적 수준의 영화일 뿐이라는 것을 인식한다고 해서 꼭 치료를 할 수 있다는 것은 아니다. 영화에 불과하다고 인식하더라도 공포영화를 볼 때 사람은 실제로 공포를 느끼기 때문이다. 믿음은 단일체가 아니다. 믿음은 우리가 임상적으로 제대로 된 트릭을 사용하여 조작할 수 있는 많은 상호작용의 조직 속에 존재한다.

연속성

자아에 대한 생각에 함축되어 있는 것은 평생 축척되고 순차적으로 조직된 기억에 관한 개념이다. 기억 형성과 회복의 다양한 방면에 깊숙이 영향을 끼칠 수 있는 증상이 있다. 심리학자들은 기억(이 단어는 막연히 학습의 동의어로 쓰인다)을 각각의 신경기질을 갖고 있는 세 가지의 분명한 유형으로 분류한다.

첫 번째 유형은 절차기억procedural memory이라고 불린다. 이는 자전거 타기나 양치질하기와 같은 새로운 기술을 배우는 것을 가능케 한다. 이러한 기억들은 상황이 필요로 할 때는 바로 불러일으킨다. 이때 의식적 기억은 포함되지 않는다. 이런 종류의 기억은 모든 척추동물과 일부 무척추동물들에게는 보편적이다. 물론 인간에게만 고유한 것은 아니다. 두 번째 기억은 사물과 사건에 대한 사실적 정보에 대한 기억, 즉 의미기억semantic memory이다. 예를 들어 겨울은 춥고 바나나는 노랗다는 사실을 안다. 이러한 기억은 인간에게만 국한된 것이 아니다. 세 번째 카테고리는 캐나다 심리학자 엔델 털빙이 처음으로 알아낸 일화기억episodic memory이다. 즉 무도회 밤, 농구하다가 여러분의 발목이 부러진 날, 또는 언어심리학자 스티븐 핀커가 말한 대로 "언제, 그리고 어디서 누군가가 다른 누군가에게 무엇을 한 일"과 같은 특정한 사건들에 대한 기억들을 의미한다. 일화기억들은 일기장과 같은 반면 어의적인 기억들은 사전과 같다. 심리학자들은 이것을 '앎' 대비 '기억해냄'으로 정의한다. 오직 인간들만 후자가 가능하다.

하버드대학교 심리학자 댄 색터Dan Schacter는 독창적인 제안을 했다. 일화기억들은 여러분 자아에 대한 감각들과 아마도 긴밀히 연관되어 있을 것이라고 시사했다. 여러분은 기억을 부여한 자아와 자아를 풍요롭게 하는 기억들을 필요로 한다. 이 외에도 일화기억을 올바른 순서대로 대략적으로 구성하는 경향이 있다. 그래서 일종의 정신적 시간여행을 떠날 수도 있다. 우리의 삶에 향수적인 세부 내용을 담은 일화를 '방문하거나' 또는 '다시 체험하기' 위해 기억을 불러와서 말이다. 이러한 능력들은 확실히 인간에게만 고유하다. 더 역설적인 것은 우리의 능력으로 미래를 예상하고 계획하기 위해 무한대로 앞으로의 사건들을 여행할 수 있다는 것이다.

이런 능력도 아마도 우리 인간에게만 고유한 것이다(그리고 잘 발달된 전두엽을 필요로 할 것이다).

이런 계획 없었다면 우리 조상들은 사냥하기 전에 석기 연장들을 만들어 놓거나 다음의 수확을 위해 씨를 뿌리는 일을 하지 못했을 것이다. 침팬지와 오랑우탄들은 편의적인(기회적인) 용도로 연장을 만들고 사용한다(흰 개미를 잡기 위해 나뭇가지의 나뭇잎을 떼는 일 따위). 하지만 그들은 미래를 대비해서 개미들을 보호하는 연장을 만들지는 못한다.

의사선생님, 언제 어디서 제 어머님이 돌아가셨나요?

이 모든 것이 직관적인 감각을 만든다. 그러나 뇌 장애로부터 온다는 증거도 있다. 그러나 일부는 흔하고 일부는 드물다. 여기에는 기억의 다양한 구성요소들이 선별적으로 구성되어 있다. 이러한 증후군은 오직 인간에게서만 진화된 것을 포함하여, 기억의 여러 가지 하부시스템을 생생하게 설명해 준다. 대부분의 사람들이 머리에 손상을 입은 후 나타나는 기억상실증에 대한 이야기를 들어 왔다. 환자는 얼마나 똑똑하든, 사람들을 알아볼 수 있든, 새로운 삽화적 기억들을 해낼 수 있든 간에, 사고 몇 주 전, 혹은 몇 달 전의 특정한 사건들을 기억하는 데 어려움을 느낀다. 이 역행성 건망증 증후군retrograde amnesia은 할리우드 영화에서처럼 현실 속에서도 매우 흔하다.

매우 드문 경우로 엔델 털빙이 설명한 증후군이 있다. 그의 환자 제이크Jake는 그의 전두엽과 측두엽에 부분적 손상을 입었다. 결과적으로 제이크는 어릴 적 기억이든 최근의 기억이든 모든 일화기억을 하지 못했다. 그는 새로운 일화기억도 만들어내질 못했다. 그러나 자신의 세상에 대한 의미상의 기억은 온전히 보전되어 있었다. 그는 양배추, 왕, 사랑, 증오, 무한 등의 개념을 알았다. 제이크의 내면적 정신세계를 상상하는 것은 매우 어려운 일이다. 그러나 색터의 이론에 따른 예측에도 불구하고 환자인 제이크가 자아에 대한 감각이 있었다는 것은 분명하다. 자아의 다양한 속성들은 마치 내가 앞에서 언급한 자아의 정신적 '중력 중심'라는 상상 속의 목표물로 향하는 화살과 같다. 화살을 잃는 것은 자신을 피폐하게 하지만 파멸에 이르게 하지는 않는다. 자아는 잔인한 운명의 돌팔매와 화살에 대해 용감하게 맞서 싸운다. 그러나 나는 평생 동안의 일화기억으로 구성된 마음속은 우리의 자아 감각과 긴밀히 연관되어 있다는 색터의 견해에 동의한다.

측두엽의 안쪽 낮은 부분에 감춰진 것은 해마다. 새로운 일화를 얻기 위해 필요한 구조다. 양 쪽 대뇌에 있는 이것이 손상되면 진행성 기억상실증anterograde amnesia이라고 불리는 심각한 기억장애를 앓게 된다. 이런 환자들은 판단능력이 빠르고, 입심이 좋고, 지적이다. 그러나 새로운 일화기억을 하지 못한다. 만약 당신이 그녀를 처음 소개받은 뒤에 5분 정도 밖에 나가 있다가 돌아왔다고 하자. 그녀는 당신에 대해 일말의 기억도 하지 못할 것이다. 마치 그녀가 당신을 이전에 본적이 없는 것처럼 말이다. 그녀는 같은 추리소설을 읽고 또 읽어도 전혀 지루하지 않을 것이다. 그러나 털빙의 환자와는 반대로 그녀의 뇌는 손상되기 전의 옛 기억을 많은 부분 온전히 보존하고 있다.

그녀는 사고를 당한 해에 사귄 남자친구, 40번째 생일 파티 등을 기억할 것이다. 따라서 여러분은 오래된 기억이 아닌 새로운 기억을 만들어내기 위해 해마가 필요하다. 이것은 기억이 실제 해마에 저장된 것이 아니라는 것을 설명한다. 더구나 환자의 의미기억들은 손상되지 않았다. 그녀는 여전히 사람들, 역사, 단어의 의미 등과 같은 사실을 알고 있다. 이런 장애들과 관련된 많은 선구적인 일을 UC 샌디에이고에 있는 동료 래리 스콰이어Larry Squire와 존 윅스티드John Wixted, 그리고 몬트리올에 있는 멕길대학교의 브렌다 밀너Brenda Milner가 해냈다.

의미기억과 일화기억을 모두 잃어버려 세상에 대한 사실적 정보와 일생 동안의 일화기록을 상실하게 된다면 어떻게 될까? 이런 환자는 존재하지 않는다. 또한 만약 우연히 이런 복합적인 뇌 손상이 있는 사람을 만난다면, 그가 자신의 감각에 대해 무엇을 말하기를 기대하겠는가? 사실, 만약 그가 사실적, 일화기억 모두 없다면, 그는 '나'에 대한 개념 이해는 물론, 당신과 대화하거나 질문을 이해할 수 없을 것이다. 그러나 그의 운동 기능은 손상되지 않을 것이다. 자전거를 타고 유유히 집으로 가, 당신을 놀라게 할지도 모른다.

자유 의지

자아의 속성 가운데 하나는 자신의 행동에 대한 책임감이며, 그로 인해 여러분은 만약 원했다면 다른 행동을 취했을 수도 있다고 믿는다. 이는 추상적이고 철학적인 이야기로 들릴지도 모르지만 형사사법제도에서 아주 중요한 역할을 한다. (1)불가항력이 아니라 충분히 다른 행동을 할 수 있는데도 범죄를 저질렀다고 파악될 경우, (2)장 · 단기적으로 자신의 행동에 대한 잠재적인 결과를 충분히 인식했을 경우, (3)자신의 행동을 충분히 보류시킬 수 있었을 경우, (4)행위에 따라 나오는 결과를 원했을 경우에만 유죄라고 인정되는 것이다.

내가 앞서 연상회라고 언급한 것으로, 좌측 안쪽 두정엽으로부터 뻗어나온 상부 뇌회upper gyrus는 예측된 행동에 대한 다이내믹한 내적 이미지를 창조하는 능력과 상당히 관련이 깊다. 인간에게 이 구조는 상당히 진화된 부분이다. 이 구조가 손상되면 숙련된 행동을 하지 못하는 운동불능apraxia이라는 이상한 장애를 초래한다. 예를 들어 만약 여러분이 운동불능인 환자에게 작별인사로 손을 흔들라고 요구한다면, 그녀는 단지 자신의 손을 주시하며 자신의 손가락만을 움직일 것이다. 그러나 만약 그녀에게 "작별인사는 무엇을 의미하나요?"라고 물으면, 그녀는 "음, 동료와 헤어질 때 손을 흔드는 것이죠"라고 답할 것이다. 게다가 그녀의 손과 팔 근육은 정상적이어서 매듭도 풀 수 있을 정도다. 그리고 그녀의 사고와 언어는 정상적이며 운동조절기관도 정상이다. 그러나 그녀는 사고를 행동으로 옮기지는 못한다. 나는 인간에게만 존재하는 이 뇌회gyrus가 복합적 성질을 가진 도구의 제조와 배치(예를 들어 도끼머리에 잘 깎은 도끼 자루를 다는 일)를 위해 처음부터 생겨난 것일지도 모른다고 종종 생각해왔다.

이 모든 것은 이야기의 일부분에 불과하다. 우리는 때때로 의지라는 것을 여러 개의 선택권을 가진 의도적인 매개체의 감각에 연결되어 있는 것을 수행하는 동력으로 생각한다. 그러나 행위자의 이러한 감각(행동하기 위한 여러분의 욕구, 자신의 능력에 대한 신념)이 과연 어디서 비롯되는지, 이에 대해서는 오직 몇 개의 단서만 있을 뿐이다.

전두엽의 대상회에 손상을 입은 환자를 연구함으로써 강력한 힌트를 얻는다. 전두엽은 연상회를 포함하여 두정엽에서 차례차례로 입력 데이터를 받는다. 이 부분이 손상되면 무동무언증을 초래하거나 각성혼수를 야기한다. 이 상태는 9장 도입부에서 말한 제이슨 머독과 같은 상태기도 하다. 몇몇 환자들은 몇 주 후에 회복하여 이렇게 말했다.

"선생님, 저는 의식이 모두 온전해졌고요, 무슨 일이 일어나는지 인식하고 있었어요. 저는 선생님의 질문을 모두 이해했어요. 저는 단지 대답하거나 아무 행동을 취하기 싫었을 뿐이에요."

대상회의 손상이 야기하는 또 다른 결과는 '외계인 손 증후군'이다. 이 증후군 환자는 손이 그의 의지와 따로 논다. 나는 이러한 장애를 가진 어떤 여성을 피터 할리건Peter Halligan 박사와 같이 옥스퍼드대학교에서 본 적이 있다. 이 환자의 왼손은 그녀의 의사와 전혀 관계없이 뻗쳐서 물건을 쥔다. 그러고는 오른손을 이용해 손가락들을 느슨하게 만들어 물건을 놓도록 했다(내 연구실에 있던 몇몇 대학원 남학생들은 이를 두고 'third-date syndrome'이라고 이름을 붙였다. 외계인 손 증후군은 자유의지에서 대상회의 중요한 역할을 강조하고, 철학적 문제를 신경학적 문제로 전환시키는 경우라고 할 수 있다).

철학은 특질과 자아와의 관계 등과 같은 추상적 질문들을 생각하며 의식의 문제를 바라보는 방법을 제시했다. 정신분석학은 의식적, 또는 무의식적인 두뇌의 프로세스라는 조건에서 문제의 틀을 만든다. 그러나 시험 가능한 이론들을 분명히 공식화하거나, 그것들을 테스트할 수 있는 장치는 없다. 이번 장의 내 목표는 신경과학과 신경학이 자아 구조와 기능을 이해할 수 있는 새롭고 독특한 기회를 제공했다는 것을 증명하는 것이다. 행동 관찰을 통해, 외부로부터뿐만 아니라 뇌의 내적 진행에 대한 연구를 통해서 말이다.

이번 장에서와 같이 자아의 단일성에 있어서 결함이나 방해 요소들을 지닌 환자들을 연구하면서, 우리는 이것들이 인간에게 무엇을 의미하는지 더욱 깊은 통찰력을 얻을 수 있었다.

만약 이러한 문제들에서 성공을 거둔다면, 하나의 종이 자신의 기원을 이해할 수 있다. 또한 동시에 무엇이, 또는 누가 이러한 이해를 진행시키는 의식적 주체인지를 파악함으로써 자신을 되돌아보게 되는 최초의 진화경험을 하게 된다. 우리는 이 여정의 최종적 결과가 무엇인지 알 수 없다. 그러나 이것은 분명 인간이 착수한 보험 중 가상 위내한 모험일 것이다.

글을 마치면서

뇌와 우주, 시작에 대한 질문은 영원히 함께할 것이다

……희미한 무無에 잘 곳과 이름을 주기 위해서……

–윌리엄 셰익스피어

이 책의 중요한 주제 가운데 하나는—신체 이미지, 거울신경, 언어의 진화, 또는 자폐증—인간 내부의 자아가 프라이버시를 동시에 유지하면서 어떻게 세상과 상호작용하는지에 관한 질문이었다. 자아와 타인 간의 흥미로운 상호주의는 특히 인간에게서 잘 발달되어 있다. 그리고 유인원에게는 단지 흔적으로만 남아 있다. 나는 많은 형태의 정신적 장애들은 이러한 평형상태가 교란됨으로써 초래된 것이라는 생각을 제안했다. 이런 장애를 이해하는 것은 우선 이론적인 차원에서 자아의 추상적인(철학적인) 문제를 푸는 것뿐만 아니라, 동시에 정신적 장애를 치료하는 데 토대를 놓는 일일 것이다.

내 목표는 자아, 그리고 자아의 질병을 설명할 수 있는 새로운 구조를 내놓는 일이었다. 내가 제시한 아이디어와 관찰은 새로운 실험에 대한 영감을 불어넣고 미래에 더 일관성 있는 이론의 무대를 세우려는 데 있다. 좋아하던 아니던 간에, 이것은 처음 단계에서 과학을 시작하는 방법이다. 모든 이론을 망라하는 시도를 하기 전에 상황을 살핀다. 역설적으로 그것이 과학에서 가장 재미있는 단계다. 여러분이 시도하는 어떤 조그만 실험도, 여러분에게는 땅을 파헤쳐 화석을 찾는 다윈과 같이, 그리고 그 근원을 찾기 위해 나일 강의 새로운 굽은 곳을 찾아 헤매는 리처드 버튼Richard Burton의 심정과 같을 것이다. 그들처럼 고상한 위상을 나눠 갖지는 못할지라도, 그들의 스타일을 닮기 위해 노력하면 여러분은 마치 수호천사처럼 그들의 존재를 느낄 것이다.

다른 법칙으로부터 비슷한 점을 사용하기 위해서는 우리는 19세기의 화학과 같은 단계에 서 있다. 즉 기본적인 원소들의 발견, 그것들을 한 카테고리로 묶기, 그리고 다시 원소들 간의 상호작용을 연구하기 등이다. 우리는 여전히 주기율표에 상당하는 쪽으로 우리의 방법을 그룹분류 하고 있으나 어디에서도 기본적인 원자이론에도 근접하지 못하는 실정이다. 화학은 많은 오류를 범한 바가 있다. 신비스러운 물질인 플로지스톤[1]이 그렇다. 플로지스톤은 오류가 판명날 때까지만 해도 모든 화학적인 상호삭용을 실명힐 수 있는 성분으로 보였다. 다시 말해서 음의 무게를 가져야만 한다는 것이 발견될 때까지는 말이다. 또 화학자들은 겉으로만 그럴싸한 연관성만 내놓았다. 예를 들어, 옥타브에는 뉴랜드의 법칙Newland's Law이 있는데, 원소는 친근한 서구 음악 악보인 도-레-미-파-솔-라-시-도의 옥타브 안에 있는 8개의 음표와 같은 8의 무리로 왔다는 것을 주장한 것이다. 비록 틀리기는 했지만 이 생각은 주기율표를 만드는 데 밑거름이 되었다.

나는 진화와 해부학적인 구조의 윤곽을 그렸다. 많은 이상한 신경정신과적인 증상을 이해하기 위해서였다. 나는 이런 장애가 의식과 자각의 방해 탓일 수 있다고 제안했다. 따지자면 이것은 참으로 인간적인 특성인데도 말이다. 장애의 일부는 서로 다른 뇌 양상의 출력 사이의 참을 수 없는 차이, 또는 내부의 정서적인 상태와 외부 환경에 대한 인지평가 사이에 존재하는 모순을 처리하려는 뇌의 시도 때문에 일어난다. 또 다른 장애는 자각과 다른 각성의 정상적이고 조화로운 상호작용의 괴리로부터 오는 것으로, 이는 거울신경과 전두엽이 그것들을 규제하기 때문이다.

나는 이 책을 디즈레일리의 수사적인 질문과 함께 시작했다. "인간은 원숭인가, 아니면 천사인가?" 또한 빅토리아 시대의 두 과학자 헉슬리와 오웬의 논쟁에 대해 이야기했다. 그들은 30년간이나 이 문제를 놓고 논쟁한 사람들이다. 전자는 원숭이의 뇌와 인간의 뇌 사이의 연속성을 강조했고, 후자는 인간의 독자적인 고유함을 강조한 것이다. 인간의 뇌에 대한 지식이 늘어감에 따라 우리는 이제 이 문제에 대해 한 사람 편을 들 필요가 없다. 어떤 의미에서는 둘 다 옳다고 할 수도 있다. 그것은 어떻게 질문을 하느냐에 달려 있다. 미학은 새, 벌, 나비에 존재한다. 그러나 '예술'(모든 문화적인 함축으로)은 인간에 가장 잘 적용된다. 우리가 앞서 보았듯이 예술은 다른 동물들처럼 우리 안에 있는 많은 같은 회로 속으로 접근하기 때문이다. 아무도 간지럼 태울 때 웃는 하이에나나 원숭이에게 유머가 있다고는 생각하지 않는다. 인간에 대한 본질적인 모방은 오랑우탄이 할 수 있다. 그러나 창던지기 또는 손도끼 사용 등과 같이 더 요구사항이 많은 모방은 오직 인간에게만 나타나는 것이다. 그러한 모방의 초기에는 신속하게 동화되고, 세련된 문화가 확산된다. 무엇보다 인간이 행하는 모방은 하부 영장류에서 존재하는 것보다 더 복잡하게 진화한 거울신경 시스템이 필요했을 것이다. 물론 원숭이는 새로운 것을 배울 수 있고, 기억할 수도 있다. 그러나 녀석은 과거로부터 특정한 사건을 의식적으로 다시 그려낼 수 없다.

도덕성은 전두엽의 구조를 필요로 한다. 전두엽 구조는 전측대상회를 경유하여 만들어지는 선택을 바탕으로 가치를 구현하는 부분이다. 도덕성은 결과를 예상하고 선택한다는 의미에 있어서 필요불가결한 선행사 '자유 의지'라고도 할 수 있다. 이러한 특징은 오로지 인간에서만 볼 수 있다. 더 단순한 공감의 형태는 확실히 영장류에게서도 보인다.

복잡한 언어, 심볼 저글링, 추상적인 사고, 비유, 자각 등은 모두 확실히 인간에게만 고유한 것이다. 나는 이러한 것들이 어떻게 진화했는지, 그 근원에 대한 추측을 내놓은 바가 있다. 또한 이러한 기능은 각회와 베르니케 영역과 같은 전문화된 구조에 의해 부분적으로 중재된다는 의견을 제시했다. 미래에 사용할 목석으로 만든 다구성품 도구를 만들고 이용하려면 아마도 또 다른 인간의 뇌 구조가 필요할지 모른다. 이는 연상회라 불리는 것으로 원숭이로부터 가지를 내린 것이다. 자각(그리고 상호보완적으로 쓰이는 용어인 '의식')은 근원을 찾기가 무척 어려운 것으로 입증되었다. 그러나 앞서 우리는 신경생물학적인, 그리고 정신분석학적인 환자 내부의 지적생활을 연구함으로써 그것이 어떻게 접근이 가능한지 배웠다. 자각은 인간답게 만들 뿐만 아니라 단순한 인간 이상으로 원하게끔 만드는 특징이다. BBC 라이스 강의에서 내가 말한 것처럼

"과학은 인간을 짐승이라고 간단하게 말합니다. 그러나 우리는 그렇게 느끼지 못합니다. 우리는 짐승이라는 육체 속에 갇힌 천사로 느낍니다. 짐승을 초월할 것이라고 갈망하면서 말입니다."

이것이 호두 껍질 속에 갇힌 인간의 근본적인 문제다.

자아는 많은 가닥으로 구성되어 있고 그것은 각각의 실험을 통해 풀 수가 있다. 지금은 이러한 가닥들이 매일의 의식 속에서 어떻게 조화를 부리는가에 대한 이해할 수 있는 단계가 되었다. 더구나 일부 정신적 장애를 자아의 장애로 취급하는 것은 자아에 대한 이해를 넓혀줄 것이다. 또한 전통적인 장애를 보완하는 치료법을 고안할 수도 있다.

그러나 자아를 이해하려는 진정한 원동력은 치료법의 발달에 대한 요구가 아니다. 우리 깊은 곳에 자리 잡은 강열한 욕구에서 나온다. 즉 자신을 이해하겠다는 열망 말이다. 자각이 진화를 통해 나오고부터 한 유기체가 묻는다.

"나는 누구인가?"

이러한 질문은 필연적으로 뒤따를 수밖에 없다. 사람이 살기 힘든 공간과 측정할 수 없는 끝없는 시간을 가로질러 한 인간이 갑자기 태어난 것이다. 그러면 이 사람은 어디에서 왔는가? 왜 지금 여기에 있는가? 우주의 먼지로 만들어진 여러분은 지금 절벽 끝에서 있다. 별이 빛나는 하늘을 쳐다보면서, 인간의 기원과 우주에서 자신의 위치가 무엇인지를 생각하면서 말이다. 아마 바로 그 자리에 5만 년 전 또 다른 한 인간이 서서 똑같은 질문을 던졌을 것이다. 초자연주의 경향이 강한 물리학자이자 노벨상 수상자인 에르빈 슈뢰딩거Erwin Schrodinger가 이렇게 물었다.

"그는 진정 다른 사람이었는가?"

우리는 위험을 무릅쓰고 형이상학의 세계를 방황하지만 인간으로서 그렇게 하는 것을 피할 수 없다.

그들의 의식 있는 자아가 뇌 속의 원자와 분자를 아무렇게나 섞어 '간단하게' 출현하게 되었다는 것을 전해들으면 사람들은 맥이 빠질 것이다. 그렇게 해서는 안 된다. 20세기의 물리학자들 가운데 많은 사람들이, 예를 들어 베르너 하이젠베르크Werner Heisenberg, 슈뢰딩거, 볼프강 파울리Wolfgang Pauli, 아서 에딩턴Arthur Eddington, 그리고 제임스 진스James Jeans 등이 양자 같은 물질의 구성성분은 형이상학의 경계를 가르는 특징들 때문에 그 자체가 불가사의하다고 지적했다. 그래서 자아가 원자로 만들어졌다고 해서 더 놀랄 것도, 덜 무서워할 것도 없다. 원한다면 여러분은 이것을 경외심, 또는 놀라운 불멸의 신이라고 부를 수 있다.

찰스 다윈도 때때로 이러한 문제에 대해 양면적인 성격이었다.

창조에 관한 이 모든 질문은 인간의 지능으로는 납득할 수 없는 너무나 심오한 것임을 뼈저리게 느낀다. 개 한 마리가 뉴턴의 마음을 짐작하는 편이 낫겠다! 사람들이 저마다 원하고 믿는 대로 놔두어라.

그리고 다른 곳에서는 이렇게 썼다.

나는 다른 사람들처럼 평범하게 바라볼 수 없으며, 내가 보고 싶은 대로 바라볼 수 없다는 것을 인정한다. 창조의 증거와 우리 모두에게 널리 퍼져 있는 은총을 말이다. 내가 보기에 세상에는 너무나 많은 비참함이 널려 있다. 나는 은혜롭고 전지전

능한 하느님이 의도적으로 살아 있는 애벌레의 몸 안에 기생하면서 배를 채우는(기생말벌류의) 등빨간맵시벌을 창조했다는 게 이해가 안 된다. 그리고 고양이가 쥐를 잡아먹는 것도. 반면 나는 어쨌든 이 경이로운 세상, 특히 인간의 본성을 바라보는 게 별로 만족스럽지 못하다. 그리고 모든 것은 야만적인 폭력의 결과물이라는 결론을 내려야 하는 것도 별로 마음에 들지 않는다.

이러한 말들은 창조주의자들에게 신랄하게 반하는 이야기다. 다윈은 노골적인 무신론자로 자주 묘사되었지만 정작 그들에게서는 이러한 말을 찾기 어렵다.

과학자로서 나는 다윈, 굴드, 핀커, 그리고 도킨스 등과 같은 부류에 속한다. 나는 지적설계론을 옹호하는 사람들을 보면 참을 수가 없다. 노동에 시달리는 여인을 본 사람이라면, 백혈병 병동에서 죽어가는 어린아이를 본 사람이라면, 아무도 세상이 인간을 위해 창조되었다고 믿지 않을 것이다. 그러나 수치스럽지만 인간으로서 우리가 인정해야 할 것이 있다. 뇌와, 신이 창조한 우주를 아무리 깊이 이해한다 해도 궁극적인 기원에 관한 질문은 항상 우리와 함께 머문다는 것이다.

각회Angular gyrus | 측두엽과의 경계에 위치한 두정엽의 한 부위. 상변연회(supramarginal gyrus, 모서리 위 이랑)의 후측 부위로서 대략 브로드만 39번 영역에 해당한다

거울신경Mirror neuron | 동물이 특정 움직임(A)을 행할 때에나 다른 개체의 특정 움직임(A)을 관찰할 때 활동하는 신경세포다. 그러므로 이 신경세포는 다른 동물의 행동을 '거울처럼 반영한다'고 표현된다. 그것은 마치 관찰자 자신이 스스로 행동하는 것처럼 느낀다는 뜻이다. 이러한 신경세포는 영장류에서 직접 관찰되었다. 인간에게도 있다고 여겨지며, 조류를 포함한 다른 동물에도 있는 것으로 여겨진다. 인간의 경우에는, 거울신경세포와 연관된 지속적인 뇌 활동이 전운동피질과 하두정부 대뇌피질(하부두정엽의 피질)에서 나타난다.

공감각synesthesia | 어떤 자극에 의하여 일어나는 감각이 동시에 다른 영역의 감각을 일으키는 일을 가리킨다. 예를 들면 소리를 듣고 빛깔을 느끼는 경우의 감각을 공감각이라 한다. 한 가지의 감각이 자극되어 두 개 혹은 그 이상의 감각을 경험하는 것이다. 문학에서 이 용어는 다른 종류의 감각을 기술하는 데 쓰인다. 예를 들면 색채가 소리의 속성을 지니거나 향기가 색채의 속성을 지니는 것으로 간주된다. 특히 18세기 중엽과 후반의 프랑스 상징주의자들이 그 개념을 이용했다. 보들레르의 소네트 〈조응Correspondances〉과 랭보가 모음의 색에 관하여

언급한 소네트 〈A는 흑색, E는 백색, I는 적색, U는 초록색, O는 푸른색A noir, E blanc, I rouge, U vert, O bleu〉에 공감각의 특성이 잘 나타나 있다.

공통기어protolanguage | 예를 들면 현재의 프랑스어 · 에스파냐어 · 이탈리아어 등은 라틴어가 각각 변화하여 이루어진 언어들이므로 라틴어는 그 언어들의 조어이며 조어에서 분화된 언어들은 자매어 · 동계어, 또는 친족관계를 가진 언어라 한다. 그리고 라틴어는 그리스어 · 산스크리트 등과 함께 더 이른 시대에 존재했던 하나의 언어가 각각 분화되어 성립된 언어로 추정 되며 이것을 인도유럽어 조어라 한다. 같은 조어에서 분화된 여러 언어는 하나의 어족에 속한다고 한다.

교차 양상cross-modal | 시각과 청각, 시각과 촉각 등 서로 다른 감각 양상에 걸쳐서 발생하는 경우에 사용한다. 눈으로 보는 단어와 귀로 듣는 단어의 내용이 서로 간섭하여 판단에 영향을 준다면, 이는 교차 양상 상호 작용이다.

기능적 자기공명기록법functional magnetic resonance imaging fMRI | 두뇌가 활동할 때 혈류의 산소 수준 신호를 반복 측정하여 뇌가 기능적으로 활성화된 정도를 측정하는 방법. 공간 해상도와 시간 해상도가 높은 영상을 구성한다.

기억상실Amnesia | 과거의 일정 기간 또는 일정 사실의 기억이 결여된 상태. 소위 '건망'이나 '잘 잊어버리는 것'과는 다르다.

기저핵Basal Ganglia | 대뇌반구에서 뇌간에 걸쳐 존재하는 회백질성 신경핵군. 미상핵, 피각, 담창구, 시상하핵, 흑질로 구성되며, 전장도 여기에 포함시킬 수 있다. 이러한 핵은 서로 연락하여 전체적으로는 커다란 기능계를 형성하며 신체 전체의 균형을 위한 안정성 유지기능을 수행한다.

뇌간Brain stem, 腦幹 | 뇌에서 대뇌반구와 척수를 결합시키는 줄기부분. 대뇌반구와 소뇌를 제외한 가늘고 긴 형태로 연수, 교각, 중뇌, 간뇌를 모두 포함하는 부분이다. 뇌의 중축이 되고 생명유지에 관여하는 중요한 기능중추가 존재하는 등 뇌 전체의 기능에 있어 매우 중요한 위치를 차지한다.

뇌교pons | 척추동물의 중뇌와 연수 사이 소뇌 복측에 위치하는 추신경계의 일

부. 이 부위는 좌우 소뇌반구와 연락되는 중소뇌각 때문에 다리처럼 보인다. 뇌교 내부는 배복의 두 부분으로 나누어지며 포유류에서는 복측부에 교핵이라는 회백질이 있으며 추체로가 그 속을 관통한다.

뇌도insula | 측두엽의 측열에 깊게 놓여 있는 삼각형 부분.

뇌졸중stroke | 뇌혈류 이상으로 뇌에 혈류 공급이 부족하여 유발되는 갑작스러운 뇌질환이다. 크게 뇌혈관이 막혀서 발생하는 '허혈성 뇌혈관 질환'과 뇌혈관이 파열되어 발생하는 '출혈성 뇌혈관 질환'으로 구분된다. 소아기 뇌졸중의 원인으로는 첫째, 혈전증에 의해 뇌혈관이 막힌 것으로 모야모야병과 같은 혈관이형성증vascular dysplasia, 혈관염, 혈액 질환, 사립체 질환과 같은 대사 이상이 이에 속한다. 둘째, 선천성 심질환, 세균성 심내막염 등에 의한 색전증에 의해 뇌혈관이 막힌 경우이며, 셋째, 두부외상, 동정맥 기형, 혈액 질환 등에 의한 출혈성 뇌졸중이 있다.

뇌파검사electroencephalography EGG. | 두피에 전극을 붙여 뇌의 전기적 활동을 기록하는 검사이다. 간질의 진단, 분류 및 치료 경과를 평가하는 데 매우 중요하며 국소적 · 기질적 뇌병변이나 특이한 파형을 나타내는 신경 질환, 의식 장애 등을 진단하는 데 유용하다.

대뇌반구cerebral hemisphere | 사람의 경우는 특히 발달하여 크기가 크다. 간뇌 중뇌 · 소뇌의 위쪽 면을 덮고, 뇌척수막에 싸여서 두개강의 내면에 접해 있으며, 뇌 전체 무게의 약 80퍼센트를 차지한다. 대뇌반구의 주체를 외투라고 하며, 그 밖에 후뇌와 대뇌핵이 있다. 외투의 표층은 회백질인 대뇌피질이 차지하고 내부에는 백질인 대뇌수질이 있다. 좌우의 대뇌반구 사이는 깊은 홈인 대뇌종렬로 사이가 떨어져 있지만, 그 밑으로는 백질인 뇌량에 의해 연결되어 있다.

대뇌변연계limbic system | 척추동물의 전뇌에서 대뇌 신 피질에 대해 구 피질, 원 피질 및 신 피질와의 중간 부를 포함하는 부위. 구 피질, 원 피질 은 해마나 중격 영역, 편도 핵, 이상 엽에서 중간 부는 대뇌반구 정중내측면의 대상 회나 해마 방회 등이다. 신 피질이 지知, 정情, 의意의 고차적인 정신기능의 중추인데 반해 변연계는 개체유지, 종족보존에 필요한 기본적 생명현상의 중추로 정동, 욕구,

본능, 자율신경계 기능을 발현하여 통제한다. 자기보존에 불가결한 섭식 행동, 공포감, 노여움, 정동행동이나 성행동, 생식행동의 발현, 통제에 관여한다. 변연계는 모든 내 외계에서 감각정보에 대한 영향을 받는 것과 같이 그 활동은 시상하부, 뇌줄기, 척수를 거쳐 자율신경계를 통과하는 경로 및 신경투사와 순환에 의해 뇌하수체에 작용하여 내분비계를 통해 경로에 의해 전신에 작용한다.

대뇌피질cerebral cortex | 대뇌 양반구의 표층을 형성하는 회백질 부분. 내층의 신경섬유가 집합한 부위로서 계통발생학적으로는 양서류에서 이미 존재한 오랜 부분이며 포유류에서는 초기에 출현하는 새로운 부분이다. 또한 개체발생학적으로도 발생 초기에 형성되는 부분과 후기에 형성되는 부분으로 대별하며 구조 및 기능에도 차이가 있다.

두정엽parietal lobe | 중심 열, 외측 열과 두정－후두 구에 의하여 구분되는 뇌의 상층 부위이다. 뇌 피질의 바깥쪽 표면과 안쪽 표면에 걸쳐 있으며 감각신 경원이 들어 있다. 두정엽은 일차 체 감각 기능, 감각 통합과 공간인식 등에 관여한다. 손 운동과 혀 · 후두 · 입술 등 발성에 관한 운동 중추의 면적은 넓고, 허리와 하지 운동을 조정하는 중추는 비교적 좁다. 신체를 움직이는 기능뿐 아니라 사고 및 인식기능 중에서도 수학이나 물리학에서 필요한 입체 · 공간적 사고와 인식 기능, 계산 및 연상 기능 등을 수행한다. 또한 외부로부터 들어오는 정보를 조합하는 역할을 한다. 또한, 문자를 단어로 조합하여 의미나 생각을 만드는 곳이기도 하므로 이 부위가 손상되면 무인식증이 생긴다.

말초신경계peripheral nervous system | 뇌와 척수로부터 몸의 각 부분으로 뻗어 나오는 신경의 총칭. 뇌에서 나오는 신경은 후嗅, 시視, 동안, 활차, 삼차, 외전, 안면, 내이, 설인, 미주, 부, 설하 신경 등 12쌍이다. 척수신경은 경수經髓에서 8쌍, 흉수胸髓에서 12쌍, 요수腰髓에서 5쌍, 선수仙髓에서 5쌍, 미수尾髓에서 1쌍 등 31쌍이다. 척수 전근은 원심성 섬유(운동신경, 자율 신경), 후근은 감각신경에서 양자가 합류하여 척수신경을 형성한다.

맹시Blindsight | 시야에 있는 자극은 볼 수 없지만 가리키기pointing나 다른 방법으로 그 자극의 위치를 지적할 수 있는 상태.

발작장애seizure disorder | 뇌의 비정상적인 전기 활동으로 인해 갑작스럽게 일시적으로 나타나는 뇌기능 장애가 반복적으로 일어나는 것이다. 뇌 속의 수많은 뇌세포들은 미세한 수준의 전기 에너지를 이용하여 서로 정보를 주고받는다. 이러한 전기 에너지가 과잉 방출되면 근육 경련이나 혀 깨물기, 사지 떨림, 의식 불명 등의 발작 증상이 나타나게 된다. 발작 장애는 발작 증상이 반복적으로 일어나는 경우이며, 흔히 간질epilepsy이라고 한다.

방추상회fusiform gyrus | 후두엽과 측두엽에 걸쳐있는 내측 후두 측두회의 다른 이름. 얼굴에 대한 정보 처리에 중요한 역할을 한다.

베르니케 영역 Wernicke's area | 상측두회의 후측 부분에 위치한 언어 이해에 중요한 역할을 하는 부위이다.

브로카 영역 Broca's area | 외과의사이자 신경해부학자였던 폴 브로카의 환자 중에 다른 사람의 말은 이해하지만 자신은 말을 못하는 사람이 있었다. 그 환자가 사망한 뒤 뇌를 부검해보니 좌반구의 전두엽에서 둥글게 손상된 부분이 있었다. '브로카 영역'이라고 이름 붙은 이 부분은 말을 내뱉는 행위를 담당하는 곳이다. 브로카 영역이 손상되면 아예 말하지 못하거나 한 단어씩 끊어서 힘들게 말한다.

블랙박스Black Box | 예컨대 와트슨Watson의 행동주의에서는 동물의 반응 R을 외적자극 S의 함수 f(s)로 두고 동물의 내부 상태를 알지 못하는 그대로 f(s)의 구조를 탐구했다. 이때 동물은 블랙박스로 취급된 것이다. 일반적으로 어떤 기구의 내부 상태는 알려져 있지 않지만 그 기구에 입력이 주어지고 그 입력에 대한 출력이 주어질 때 그 기구를 블랙박스라고 한다. 과학자는 이러한 입력과 출력의 함수관계를 도출하기 위해 상자의 내부 상태에 관한 가정을 세운다.

선택적 진화exaptation | 처음에는 어떤 목적에 적응된 것이지만 나중에는 변화된 다른 목적에 유용하게 된 형질을 굴절적응이라고 한다. 새 깃털은 원래 체온조절의 기능을 위해서 진화한 것으로 확인된다. 그런데 나중에(충분한 진화적 시간이 흐른 후에) 날기 위한 것으로 기능이 바뀐 것이다. 굴드와 브르바는 이를 "선택적 진화"라고 불렀다. 다시 말해서 새 깃털은 체온조절에 '적응'된 것이고, 한

편 비행능력으로 '선택적 진화'가 된 것이다.

세로토닌Serotonin | 뇌에서 신경전달물질로 기능하는 화학물질 중 하나. 우울증을 치료하기 위해 SSRI(세로토닌 재흡수 억제제)를 투여하는 과정에서 체중감소 효과가 부수적으로 나타나면서 비만치료제로 부각되었다.
세로토닌은 내측 시상하부 중추에 존재하는 신경전달물질로서 세로토닌이 모자라면 우울증과 불안증 등이 생긴다. 또한 세로토닌은 식욕 및 음식물 선택에 있어서 중요한 조절자로 작용하며 탄수화물 섭취와 가장 관련이 있는 것으로 알려져 있다. 국소적으로 세로토닌이 증가하면 식욕이 감소하게 되고, 감소할 경우에는 반대 현상이 나타난다.

소뇌cerebellum | 후뇌의 배측부에 있는 제4 뇌실을 덮는 융기부. 척추동물 뇌를 구성하는 하나의 요소다. 소뇌는 몸의 평형을 바르게 유지하기도 하고 여러 근육의 정상적인 긴장상태를 유지시키기 위한 정밀한 제어기관으로서 작용한다. 대뇌와는 반대측의 반구끼리 결합하여 대뇌-소뇌 연관루프가 형성되어 있고 수의운동의 숙련획득 등에 도움을 준다고 한다.

수상돌기dendrite | 원형질돌기라고도 하며, 경세포체 · 축색돌기와 함께 신경단위의 뉴런을 구성한다. 신경세포는 일반적으로 다른 신경세포로부터 전기신호를 받아서, 다른 신경세포나 근세포에 전기신호를 보내어 전한다. 이때 전기신호를 보내는 것이 축삭돌기고, 전기신호를 받는 것이 수상돌기다.

시냅스synapse | 신경세포(뉴런)의 접합부를 가리키는 말. 뇌에는 수천억 개의 신경세포(뉴런)가 존재하며 서로 복잡한 신경망으로 구성되어 있다. 이들 1개의 신경세포는 수천 개의 다른 신경세포와 신호를 주고받는 '시냅스'란 연결을 통해 학습 기억 등 지적능력을 발휘한다.

시상thalamu | 뇌에 있는 핵으로 냄새를 제외한 모든 감각으로부터 온 신경 세포가 피질 수용 영역으로 가는 중간에 시냅스를 이루는 곳이다. 간뇌의 대부분을 차지하는 회백질 부위로 간뇌의 배측부에 있으며 대뇌 피질과 가장 관계가 깊다. 또한 간뇌의 복측부를 시상하부라 한다. 시상의 주요 기능은 후각 이외의 모든 수용기로부터 대뇌 피질에 전달되는 감각 신호를 중계하는 중계핵으로 작용

하는 것이다. 이 외에 운동 기능에 관여하며 대뇌 피질과 시상하부 사이에 있어 정동, 감정의 발현에도 중요한 역할을 한다.

시상하부hypothalamus | 시상 아래 뇌의 기저부에 위치하는 비교적 작은 구조물이지만 매우 중요한 부위로, 자율 신경계와 내분비계를 통제하고 종種의 생존과 관련된 행동들을 조직화한다.

신경전달물질neurotransmitter | 화학적 전달, 즉 뉴런의 축삭말단(종말버튼)에서 방출되어 제2의 세포를 흥분(흥분성 시냅스후전위 발생) 또는 억제(억제성 시냅스 후전위 발생)시키는 물질. 전달물질은 뉴런의 종류에 따라 다르다.

실인증Agnosia | 감각장애가 없는데도 여러 가지 감각 자극의 인식에 어려움을 겪는 증상. 주로 중추신경계 기능장애central nervous dysfunction로 발병한다.

실행증Apraxia | 마비나 기타 감각은 물론 운동 능력의 장애도 없고 이해력이나 동기의 결핍이 없으면서도 지시에 따른 운동을 하지 못하는 장애.

아스퍼거 증후군 Asperger syndrome | 자폐성 장애처럼 사회적 상호 교류의 장애, 제한된 관심, 행동 장애를 보이지만, 언어 및 인지 발달은 비교적 다른 영역보다 정상적인 발달 수준에 있는 전반적 발달장애의 한 유형이다

양극성 장애 Bipolar Disorder | 조증과 우울 또는 울증 상태가 반복적인 기분장애이다. 조증 에피소드에서 나타나는 고양된 기분은 '도취된', '몹시 기분 좋은', '기분좋은', '들뜬' 등의 용어로 표현되지만 환자를 잘 아는 사람들은 그 정도가 지나치게 나타난다고 한다. 조발성 양극성 장애는 간혹 정신분열증으로 잘못 진단되는 경우가 있다.

언어상실증Aphasia | 정상언어기능을 획득한 후에 대뇌의 언어 중추에 장애를 받아 듣기, 말하기, 읽기, 쓰기, 계산한다는 언어의 조작 능력 자체에 장애를 야기하는 언어장애의 일종

에임즈 방 환각 Ames room illusion | 앨버트 에임즈Albert Ames가 처음으로 고안한 왜

곡된 방. 벽의 양쪽 끝에 서 있는 두 사람 중 한 명은 실제로 다른 한 명보다 훨씬 먼 거리에 위치하지만, 두 사람이 같은 거리에 있는 것처럼 보이도록 방 안의 깊이 지각 단서를 조작했다. 그 결과 실제로 멀리 있는 사람은 난쟁이로 보이고, 다른 사람은 거인처럼 보인다.

연합 학습 Associative learning | 유기체가 환경 속에서 자극과 자극, 또는 자극과 그에 대한 반응이 반복해서 발생함을 경험할 때 자극과 자극, 특정 자극과 그에 대한 반응이 결합됨을 인식하게 되는 것.

의미 기억semantic memory | 특정 시점이나 맥락과 연합되어 있지 않은 대상 간의 관계 또는 단어 의미들 간의 관계에 관한 지식. 기억 유형 중 세상의 다양한 대상, 사물 또는 현상에 관하여 일반적인 지식 형태로 저장되어 있는 기억을 지칭한다.

의사수족증phantom limb | 사지의 하나가 외상이나 수술 등에 의하여 상실되어도 대뇌에서는 상실된 팔다리에 관한 기능이 상당부분 남게 된다. 그 때문에 감각상 상실된 팔다리가 잔존하여 여러 가지 태도를 취하는 것을 자각하게 된다. 이 상태는 시간과 함께 소멸되지만, 사람에 따라서는 오랫동안 남아서 괴롭힐 때가 있다.

인지cognition | 정보를 획득하고 파지하고 활용하는 것이다. 인지의 본질은 판단이며 판단을 통해 어떤 대상은 다른 대상과 구별되고, 그것이 어떤 한 개념 또는 몇 가지 개념에 의해 특징지어지는지를 규정한다.

인지신경과학cognitive neuroscience | 인지심리학과 인지과학에서 개발된 방법론과 이론으로 뇌, 행동 및 인지의 관계를 연구하는 분야. 인간의 신경 해부 구조가 지각, 기억, 주의, 학습과 같은 인지 과정에 어떤 제약을 주는지를 밝힌다.

인지심리학cognitive Psychology | 톨먼E. C. Tolman의 기호학습 이론에서 출발하여 1960년대에 세력이 확대된 미국의 심리학의 한 분파. 인간의 행동을 자극과 반응의 기계적인 연결에 의하여 설명하려는 S-R 이론에 반대하여 인지활동을 강조한다. 주로 전자계산기의 정보처리를 모형으로 택하여 주의 기억 · 사고 등을

연구한다.

일화기억episodic memory | 개인의 경험, 즉 자전적 사건에 대한 기억으로 사건이 일어난 시간, 장소, 상황 등의 맥락을 함께 포함한다.

자율신경계Autonomic nervous system | 척추동물 말초신경계의 하나로, 체성신경계로부터 분화되어 발달된 기능상 독자적 의지와 상관없이 체내기관이나 조직 활동을 지배하는 신경계

자폐증Autism | 정신분열병 환자에서 볼 수 있는 기본 증상. 대인교섭을 싫어하며, 원망이나 고뇌 따위를 마음속에 간직한 채 자기만의 세계에 사는 상태.

전두엽frontal lobe | 대뇌의 중심구에서 전측 끝에 이르는 영역. 운동 계획을 수립하고 실행하며 통제하는 운동 피질과 신체의 내부를 포함한 모든 감각 양상으로부터 입력을 받는 전전두피질을 포함한다.

전측대상회Anterior cingulate | 주의, 반응 억제, 정서 반응(특히 통증에 관한)에 관여하는 전두엽 한가운데에 있는 뇌 구조. 대상회의 전측 부분.

추상체cone | 망막의 중심와에 밀집되어 있는 시세포의 일종. 밝은 곳에서 움직이고 색각 및 시력에 관계되는 것으로 망막 중심부에 약 600~700만 개의 세포가 밀집되어 있다.

축색돌기Axon | 신경세포체의 축색소구에서 나오는 돌기상의 가늘고 긴 신경섬유. 그 구조는 원형질의 축삭형질을 중심으로, 쉬반 세포Schwann's cell로 이루어지는 나선상의 신경초가 그 주위를 둘러싸고 있다.

측두엽temporal lobe | 청각 수용 영역인 피질 측면 부. 각 뇌 반구의 외측, 즉 관자놀이 부근에 위치하며, 청각 정보가 일차적으로 전달되는 피질 영역이다. 인간에게 측두엽, 특히 대부분의 경우 왼쪽 측두엽은 구어를 이해하는 데 필수적이다. 또한 측두엽은 얼굴을 재인하는 것과 같은 복잡한 대상 재인 과정에도 관여한다. 측두엽에 종양이 생기면 정교한 시각적 환각이 야기되는 반면에, 후두엽

에 종양이 생기면 섬광과 같은 단순한 감각이 유발되는 것이 보통이다.

카그라스 증후군 Capgras Syndrome | 1923년 프랑스의 정신과의사 장 마리 조셉 카그라스Jean Marie Joseph Capgras에 의해 '꼭 닮은 착각'으로 발표되었고 나중에 카그라스 증후군이라는 용어로 대체되었다. 이 증후군의 증상은 자신과 밀접한 관련이 있는 사람, 동물, 심지어 물건이 감쪽같이 꼭 닮은 다른 어떤 것으로 바뀌었다고 믿는 것이다.

코타드 증후군cotard syndrome | 매우 희귀한 정신질환이다. 이 증후군을 앓는 사람들은 자신이 존재하지 않는다고 믿으며, 몸의 일부가 존재하지 않다거나 그 자신이 죽었다고 믿기도 한다. 이들은 허무망상의 매우 극단적인 양상을 보이며 자신이 존재하지 않는다고 확신하거나 심지어는 이 세상에 아무것도 존재하지 않는다고 믿는다. 가끔 자살시도를 하는 증후군 환자가 있는데 아이러니컬하게도 이들은 자신들이 영생한다고 믿는다고 한다.

편도체Amygdala | 측두엽 내부에 존재하는 뇌 구조물로서 변연계의 일부이며 동기, 정서, 학습에 중요한 역할을 한다.

피층 전기 반응galvanic skin response GSR. | 피부를 통해 측정되는 전기적 활동(반응)을 말하며, 정서적인 각성 상태를 나타내는 지표로 활용된다.

해마hippocampus | 인간의 뇌에서 기억의 저장과 상기에 중요한 역할을 하는 기관으로, 뇌의 변연계 안에 있다. 뇌는 전뇌, 중뇌, 후뇌로 구성되어 있으며, 전뇌는 대뇌 피질과 변연계로 구성되어 있다.

후두엽occipital lobe | 바깥쪽 표면에서 두정후두고랑 위쪽 끝부분과 후두전 패임을 잇는 가상적인 선의 뒤쪽 부분이고, 안쪽 표면에서는 두정후두고랑의 뒤쪽 부분 이다. 뇌 뒤쪽에 있으며 시각피질이라고 하는 시각중추가 있다. 눈으로 들어온 시각정보가 시각피질에 도착하면 사물의 위치, 모양, 운동 상태를 분석한다. 여기에 장애가 생기면 눈의 다른 부위에 이상이 없더라도 볼 수 없게 된다.

머리말

1.수상돌기 | 신경세포에 달려 신경 자극을 중계하는 가느다란 세포질의 돌기로 신경세포체와 함께 신경단위의 뉴런을 구성한다.

2.축색돌기 | 뉴런의 세포체에서 뻗어나온 긴 돌기. 축삭말단은 분지되어 뉴런이나 효과기에 시냅스 결합하여 신경세포의 흥분을 전달한다.

3. 시상 : 뇌의 중심부에 위치하는 간뇌에 속하는 중요한 기능을 가진 부위로 많은 핵군으로 구성.

4. 도파민 | 신경 전달 물질 등의 기능을 하는 체내 유기 화합물

5. 무도 병 | 몸의 일부가 갑자기 제멋대로 움직이거나 경련을 일으키는 증상

6. 편도체 | 측뇌실 하각의 전단에 있는 대뇌핵의 하나. 편도almond를 닮은 점에서 이러한 이름이 붙여졌다

7. 베르티케 영역 | 각회-측두엽과의 경계에 위치한 두정엽의 한 부위. 연상회(모서리 위 이랑)의 후측 부위로서 대략 브로드만Brodmann 39번 영역에 해당. 좌반구의 이 부위가 손상되면 전도성 실어증이 발생.

1장

1. 하이퍼그라피아hypergraphia | 환자로 하여금 통제 불능으로 생각을 기록하게 하는 고통의 증상. 추측컨대 측두엽 간질 또는 우측뇌졸중의 원인이다.

2. 가소성可塑性 | 변화와 발전 가능성을 의미한다. 또 예를 들어, 중추신경계의 손상 후 신경계가 기능적 요구에 적응하고 재 조직화하는 능력도 가소성이라고 한다.

3. 위(헛)약placebo | 고통과 같은 증상을 덜어 줄 것이라고 믿어지지만 그러한 증상에 실제로 작용할 만한 화학 물질은 전혀 포함되어 있지 않은 물질. 약이 행동에 미치는 영향을 연구하는 심리 약학자들은 종종 이러한 이중 은폐 방안을 사용한다

4. 트리플 블라인드triple-blind | 실험의 방법의 하나로 관리자와 통계 분석자가 반복하는 여러 처리 과정을 실험의 결과를 알려줄 때까지 비밀에 부쳐지는 것을 말함.

5. CRPS | complex regional pain syndrome, 복합적이고 국부적인 통증.

6. 더블 블라인드double-blind | 이중맹검. 두 그룹의 사람들을 비교하는데, 한 그룹은 테스트 받고, 반면에 한 그룹은 받지 않는 상태. 누가 테스트 받는지 서로 모른다.

7. 유형성숙幼形成熟 | 동물에서 체기관의 개체발생이 늦고, 생식소가 그대로 성숙하여 번식하는 현상

2장

1. 터널시각증tunnel vision | 주변이 거의 안 보이는 시각.

2. 둔덕(소구) | 뇌의 시엽視葉 표면에 돋아난 조그만 융기.

3. 시상침pulvinar, 視床枕 | 시상의 한 핵으로 시각정보 처리에 관여한다. 시상 thalamus, 視床. 뇌에 있는 핵으로 냄새를 제외한 모든 감각으로부터 온 신경 세포가 피질 수용 영역으로 가는 중간에 시냅스를 이루는 곳.

* **슬상관절신경절**geniculate ganglion | L자 모양의 섬유소와 얼굴의 감각신경의 집합으로 머리 안면신경관에 있다.

4. 방추상회 | 후두엽과 측두엽에 걸쳐있는 내측 후두 측두회의 다른 이름. 얼굴에 대한 정보 처리에 중요한 역할을 한다. 방추(紡錘- 물레의 가락 비슷한 원기둥 끝의 양 끝이 뾰족한 모양.

5. 편도체amygdala | 측두엽 내부에 존재하는 뇌 구조물로서 변연계의 일부이며 동기, 정서, 학습에 중요한 역할을 한다

6. 변연계 시스템 | 해마, 편도체, 전위 시상 핵, 변연계 피질, 뇌궁 등을 포함하

는 뇌의 구조.

7. 상측두구 | 생리학적으로 핵심적인 자극은 방추 상회로부터 측두엽에 있는 상측두구라고 불리는 하나의 영역을 통과한다. 그리고는 편도체로 넘어간다.

8. 시상하부hypothalamus | 시상 아래 뇌의 기저부에 위치하는 비교적 작은 구조물이지만 매우 중요한 부위로, 자율 신경계와 내분비계를 통제하고 종(種)의 생존과 관련된 행동들을 조직화한다

9. 투쟁도주반응fight-or-flight reaction | 갑작스런 자극에 대하여 싸울 것인가 도주할 것인가 하는 본능적인 반응.

10. 치펀데일 댄서 Chippendale dancer | 늙고 뚱뚱하거나 깡마른 이상한 차림의 춤꾼.

3장

1. 로라제팜lorazepam | 정신안정제용 화합물. 불안 장애를 치료하는데 쓰이는 약.

2. 전역 형태 | 자극의 전 영역에 걸쳐서 드러나는 형태. 도형이나 문자의 외형이나 윤곽을 가리키거나 복합 낱자의 큰 낱자를 가리킨다. 예를 들어, 작은 'ㄹ'로 이루어진 큰 'ㄱ' (복합 낱자)에서 큰 'ㄱ' 이 전역 형태이다.(실험심리학용어사전)

3. 교차-양상 | 시각과 청각, 시각과 촉각 등 서로 다른 감각 양상에 걸쳐서 발생하는 경우에 사용한다. 눈으로 보는 단어와 귀로 듣는 단어의 내용이 서로 간섭하여 판단에 영향을 준다면, 이는 교차 양상 상호 작용이다.

4. 원추체cone | 망막에 있는 추(원뿔) 모양의 시각 수용기로서 중심과 그 주변의 좁은 영역에 집중되어 있다. 낮(혹은 밝은 데)에 활동하며, 세부 시각과 색채 시각을 주로 담당한다

5. 마마이트 Marmite | 이스트 추출물로, 빵 등에 발라 먹거나 함

6. 사프란 Saffron | 크로커스crocus 꽃으로 만드는 샛노란 가루. 음식에 색을 낼 때 씀.

4장

5장

1. 가장假裝 **놀이** | 엄마 놀이 등 특정 상황을 가정해서 하는 아이들 놀이.

6장

1. 바빈스키 반사 | 신생아의 발바닥을 간질이면 발가락을 발등 바깥쪽으로 쫙 폈다가 오므리는 반응이다.

2. 추체로pyramidal tract, 錐體路 | 대뇌피질에 시발하는 원심성전도 경로로 포유류에서만 발달하는 수의운동의 주요 경로.

3. 눈덩이 효과 | 어떤 사건이나 현상이 작은 출발점에서부터 점점 커지는 과정을 비유적으로 이르는 말이다. 일반적으로 부정적인 뜻이지만, 긍정적인 의미로 사용하는 때도 있다.

4. 교차 양상 | 시각과 청각, 시각과 촉각 등 서로 다른 감각 양상에 걸쳐서 발생하는 경우에 사용한다. 눈으로 보는 단어와 귀로 듣는 단어의 내용이 서로 간섭하여 판단에 영향을 준다면, 이는 교차 양상 상호 작용이다.

5. 후크의 법칙 | 후크Hook가 제창한 탄성에 관한 법칙. 즉, 물체에 하중을 가할 때 어떤 한도에 이르기까지는 하중과 변형이 정비례 관계라는 법칙.

7장

1. 다다이즘 | 20세기 초의 문예 · 예술 운동. 기존의 사회적 · 예술적 관습을 조롱하고 거부함

2. 키치 Kitsch | '통속 취미에 영합하는 예술 작품'을 가리키는 말. '잡동사니', '천박한'이라는 의미.

3. 민족지학 | 현지조사에 바탕을 둔 여러 민족의 사회조직이나 생활양식 전반에 관한 내용을 체계적으로 기술한 자료.

4. 프리미티브 | 르네상스 이전 시기의 화가 · 작품

8장

1. 전하전송장치 | 전하 전송電荷傳送 소자의 일종. MIS형과 양극성형이 있다. 전자에서는 소스 · 드레인이 붙은 MIS 트랜지스터, 후자에서는 양극성 트랜지스터를 어레이 모양으로 배열한 영역 사이에서, 축적된 전하를 버킷 릴레이식으로 차례로 전송하여 신호의 처리 전달을 한다.

2. 콰시모도 | 이탈리아의 시인으로 밀라노 음악학원의 이탈리아문학 교수를 지냈다. 대표작으로는 시집 《그리고 곧 황혼이 되리니》, 《하루 또 하루》 등이 있으

며 많은 번역서를 남겼다. 1959년 노벨문학상을 수상했다

9장

1. **쿠바드**couvade | 남편이 아내의 출산 전후에 출산에 부수되는 일을 행하거나 흉내 내는 풍습. 의만擬娩 · 남자산욕男子産褥이라고도 한다.

2. **벤저민 스포크**Benjamin Spock | 1903~1998, 미국의 소아과 의사 · 교육자. 육아법으로 유명.

3. **작화증**confabulation, 作話 | 이야기나 세부적인 사항들을 꾸며내어 기억의 틈을 메우는 행위를 말한다.

4. **2차 감각** | 밖으로부터의 자극이 감각기관을 통하여 대뇌 겉질에 전달되며 그에 해당한 반응을 하는 신경생리학적 활동 체계. 일차 신호 체계와 이차 신호 체계가 있다.

글을 마치면서

1. **플로지스톤**Phlogiston | 17세기 말에서 18세기 초 연소설을 설명하기 위해 독일의 베허Becher, J.J와 슈탈Georg Ernst Stahl 등이 제안한 물질로서 가연성이 있는 물질이나 금속에 플로지스톤이라는 성분이 포함되었다고 주장했다.

명령하는 뇌, 착각하는 뇌

2012년 4월 16일 초판 1쇄 발행
2020년 4월 8일 초판 5쇄 발행

지은이 | V.S. 라마찬드란
옮긴이 | 박방주
발행인 | 윤호권·박헌용

발행처 | (주)시공사
출판등록 | 1989년 5월 10일(제3-248호)
브랜드 | 알키

주소 | 서울특별시 서초구 사임당로 82(우편번호 06641)
전화 | 편집(02)2046-2850·마케팅(02)2046-2894
팩스 | 편집·마케팅(02)585-1755
홈페이지 www.sigongsa.com

ISBN 978-89-527-6483-6 03400

알키는 (주)시공사의 브랜드입니다.